石油和化工行业"十四五"规划教材

国家级线上一流本科课程配套教材

波谱分析

湖南大学化学化工学院　组织编写

宦双燕　王玉枝　游常军　主编

化学工业出版社

·北京·

内容简介

《波谱分析》较为全面地介绍了主要波谱技术，包括紫外、红外、拉曼光谱分析法，核磁共振波谱分析法，质谱分析法，每种方法均从原理、仪器结构、实验方法和技术、谱图解析、在有机分析中的应用及研究进展等几个方面进行介绍。本书为2004年国家级精品课程、2014年国家精品资源共享课、2017年国家精品在线开放课程、2020年国家线上一流本科课程配套教材。编写时注重实用实验技术介绍和谱图实例解析，每章后有思考题和习题，书后附有波谱分析有关的常用数据表，有助于读者掌握最新的波谱分析知识和技巧，提高学习效率和阅读乐趣。本书为新形态教材，视频讲解、课件、习题参考答案可扫码学习。

《波谱分析》可作为高等院校化学、化工、材料、生物、环境等专业高年级本科生和研究生教材，也可供分析测试工作者参考和阅读。

图书在版编目（CIP）数据

波谱分析/宦双燕，王玉枝，游常军主编 .—北京：化学工业出版社，2023.7（2024.10重印）
ISBN 978-7-122-43147-9

Ⅰ.①波… Ⅱ.①宦…②王…③游… Ⅲ.①波谱分析-教材 Ⅳ.①O657.61

中国国家版本馆CIP数据核字（2023）第048070号

责任编辑：宋林青 李 琰　　　　　　　文字编辑：刘志茹
责任校对：刘 一　　　　　　　　　　装帧设计：关 飞

出版发行：化学工业出版社（北京市东城区青年湖南街13号　邮政编码100011）
印　　装：北京天宇星印刷厂
787mm×1092mm　1/16　印张19　字数473千字　2024年10月北京第1版第2次印刷

购书咨询：010-64518888　　　　　　　　　　售后服务：010-64518899
网　　址：http://www.cip.com.cn
凡购买本书，如有缺损质量问题，本社销售中心负责调换。

定　　价：49.80元

《波谱分析》编写组

主编

宦双燕　　王玉枝　　游常军

副主编

邱丽萍　　熊　斌　郑　晶

编者

（按姓名汉语拼音排序）

宦双燕　　蒋健晖　　邱丽萍　　王玉枝
吴海龙　　熊　斌　游常军　　袁　林
张晓兵　郑　晶

前言 >>>>>>

    人类从事科学研究与生产活动的最终目的是改造客观世界，而要达到这个目的，首先必须认识客观世界。波谱分析正是人类认识有机物质世界的手段。

    今天，在分子生物学、天然有机化学、有机合成、医药学以及石油化工、环境科学、材料科学和国防科学等领域中，无论从基础研究还是从生产控制方面，波谱分析所起的作用都是毋庸置疑的。

    湖南大学分析化学学科在教学与科研工作中，除开设"化学分析"和"仪器分析"课程外，曾将各种色谱分离分析法与波谱鉴定法结合起来，开设了"有机仪器分析"课程；随着高等学校教学改革的不断深入，课程相继变更为"分析化学（1）""分析化学（2）"和"波谱分析"。

    随着谱仪的普及与发展，波谱已成为化学工作者最常用的分析工具，鉴于此，课程组教师经过研讨，决定单列波谱分析课程，并根据多年授课经验编写本教材。

    全书共分为七章。前六章分别阐述波谱分析基础知识以及紫外光谱、红外光谱、拉曼光谱、核磁共振波谱和质谱的基本原理、仪器及实验技术、结构分析及应用，内容侧重于有机化合物结构与其谱图特征信息之间的关系及波谱法在有机化合物结构鉴定中的应用。第7章为综合谱图解析，用不同谱图提供的结构信息，推导较为复杂的有机化合物的结构。本书跟踪了学科新进展，并列举了大量谱图和分析实例来阐述波谱特征和有机化合物之间的密切关系。

    本书是湖南大学化学化工学院波谱分析课程组全体教师共同努力的结果。为贯彻党的二十大精神，悉心育才，落实"学思用贯通，知信行统一"思想，编写团队成员在全面"学"，提升领悟力，深入"思"，提升研究力的基础上，钻研"用"，提升表达力，以工匠精神和严实作风保证内容导向正确、引用材料权威、观点阐释精准、书写行文规范。参加编写的人员有宦双燕（第3、4、7章）、邱丽萍和熊斌（第2章）、王玉枝（第5章）、游常军（第6章）、郑晶（第1章）等。袁林、张晓兵对核磁共振实验及波谱解析部分提出指导性意见，并参与修订。蒋健晖提供了拉曼光谱法技术及应用相关资料和指导。吴海龙指导了近红外光谱与化学计量学章节的编写和修订。全书由宦双燕、王玉枝和游常军统编、审定。

    本书参考了大量相关著作和文献，也参考了一些网上资料，限于篇幅不能一一列举，在此谨对相关作者表示感谢。

    本书可作为高等学校化学、应用化学、化工、药学、材料、生物、环境等专业高年级本科生和研究生教材，也可供分析测试工作者参考和阅读。

    限于编者水平，书中疏漏和不当之处在所难免，恳请读者不吝赐教，热诚欢迎读者告知对本书的意见和发现的问题。E-mail：syhuan@hnu.edu.cn；wyzss@hnu.edu.cn。

编　者

2022 年 12 月于湖南大学

目录

微信扫码
➢ 重难点讲解
➢ 课件
➢ 参考答案

《《《 第 1 章 》》》
波谱分析概述

由于量子力学、电子及光学技术、计算机科学的兴起与发展，在分子生物学、天然有机化学、有机合成化学、医药学以及石油化工、环境科学、材料科学和国防科学等领域中，无论从基础研究方面还是从生产控制方面，波谱分析方法都得到了迅速的发展，并成为人类认识分子的最重要手段之一。

研究分子必须了解分子能级的性质。分子从一个态跃迁至另一个态，可以通过光（电磁辐射）的作用，也可以通过电子、中子等粒子的碰撞进行能量交换。

1.1 电磁辐射基础

自然界中温度在热力学零度以上的物体都会以电磁波的形式不停地向外放出能量，这一过程称为辐射。辐射和接收电磁波是一个相对平衡的过程。麦克斯韦于 1865 年提出了电磁场理论和电磁场方程，同时推测出振荡的电荷和变化的电流会产生电磁辐射，也称为电磁波。电磁波的传播速度等于真空中光的速度。在此基础上，麦克斯韦提出了光的电磁学说，该学说指出光是

波谱分析概述 1

一种电磁波。随后，德国物理学家赫兹于 1888 年用实验证实了麦克斯韦关于光的电磁说的预言，并证实电磁波和光波一样，能够发生反射、折射、干涉和衍射等现象。

电磁波是由不同波长的波组成的，其波长范围从 10^{-14} m 的宇宙射线延展到波长达几千米的无线电波。肉眼看得见的电磁波只是一个很窄的波段，波长从 400 nm 到 800 nm 这部分电磁波称为可见光。可见光波范围以外存在着大量看不见的射线。将电磁波按照波长或频率大小有序排列成谱，称为电磁波谱。电磁波谱覆盖了从高频率的极短波，如宇宙射线、γ 射线、X 射线、紫外光，到低频的可见光、红外光、微波和无线电波。不同的电磁辐射由不同的方法、不同的辐射源所产生。例如，阴极射线管可以产生 X 射线，放射性元素可以产生 γ

射线。此外，高温物体会辐射连续光谱，如太阳，能够辐射红外光、可见光和紫外光等连续光谱。

电磁辐射具有波粒二象性，即波动性和微粒性。电磁辐射在宏观传播上显示出波动性的特征，表现出干涉、衍射、偏振和色散等现象。在微观上，电磁辐射表现出粒子性，主要是指能够产生光电效应、吸收与散射现象。

波动性的特征可以用波的参数如波长、频率、周期等来描述。波长是指电磁辐射传播方向上相邻两同相位点间的距离，用 λ 表示，常用单位是纳米（nm）或微米（μm）。频率是指在单位时间内经过某一点的波的数目，用 ν 表示，单位一般是赫兹（Hz）。周期是指传递一个波长的距离所需要的时间，用 T 表示，单位是秒（s），周期和频率互为倒数关系。不同波长的电磁辐射，其波长与频率之间的关系见式(1-1)：

$$\nu = \frac{c}{\lambda} \tag{1-1}$$

式中，c 为光在真空中的传播速度，$c = 3.0 \times 10^8 \ \mathrm{m \cdot s^{-1}}$。

波长越长的电磁辐射波动性越显著，频率越高的电磁辐射粒子性越显著。电磁辐射与分子或原子的相互作用可以看作是具有一定能量、质量和动量的光量子流。不同波长的光量子具有不同的能量，能量的大小可以由普朗克方程(1-2)求出：

$$E = h\nu = h \times \frac{c}{\lambda} \tag{1-2}$$

式中，h 为普朗克常数，$h = 6.626 \times 10^{-34} \ \mathrm{J \cdot s}$。

1.2　电磁辐射区域划分

电磁辐射可分为高频、中频及低频区。高频对应放射线（γ 射线、X 射线等），涉及原子核和内层电子。中频指紫外-可见光、近红外、中红外和远红外光，涉及外层电子能级、分子振动及转动能级的跃迁。低频指电波（微波、无线电波等），涉及分子转动、电子自旋、核自旋等，具体如图 1-1 所示。

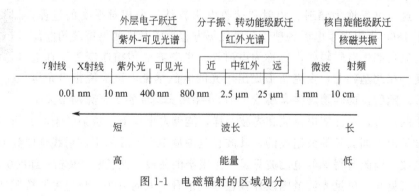

图 1-1　电磁辐射的区域划分

当原子核发生 α、β 衰变后，原子核往往衰变到某个激发态。处于激发态的原子核是不稳定的，能够通过释放电磁辐射使其跃迁到稳定的状态，发出的射线称为 γ 射线。γ 射线是由核能级跃迁产生的波长小于 0.01 nm 的电磁波，能量高，穿透力极强。

X 射线又称伦琴射线，波长分布在 0.01～10 nm 之间。X 射线的特征也是波长短、频率高，一般由原子中内层电子跃迁产生。

紫外光是波长位于 10～400 nm 之间的电磁辐射，分为 10～200 nm 的远紫外区（真空紫外区）和 200～400 nm 的近紫外区。波长为 400～800 nm 称为可见光。紫外光和可见光均是由外层电子跃迁产生的，其中近紫外区和可见光区在波谱分析中能够提供较多的有用信息。

红外光的波长覆盖了从 800 nm 到 1000 μm 的电磁辐射波段，主要由分子振动和转动能级跃迁引起。800 nm～2.5 μm 属于近红外区，2.5～25 μm 属于中红外区，25～1000 μm 是远红外区。自然界的任何物体都是红外线辐射源。即使是在漆黑的夜晚，借助于红外夜视仪也能像白天一样活动自如。

微波是频率在 300 MHz 到 30 kMHz 的电磁辐射（波长 1 mm～10 cm），主要由分子转动或电子自旋能级跃迁产生，可以作为信息传递而用于雷达、通信技术等领域中。射频辐射也称无线电波，主要是指波长大于 10cm 的电磁辐射，一般是由原子核自旋能级的跃迁产生的。

按照能量的高低，电磁辐射分为电离辐射和非电离辐射。电离辐射中电磁辐射波的能量水平大于 12 eV。电离辐射可引起分子的电离，如宇宙射线、X 射线、γ 射线等。非电离辐射包括紫外光、可见光、红外光、激光、射频辐射等。非电离辐射不足以使分子发生电离，但可以使分子中的电子能级、振动能级、转动能级或是核自旋能级发生变化。

1.3　电磁辐射能与波谱分析技术

物质与电磁辐射相互作用的本质是物质吸收电磁辐射后发生能级跃迁。分子的能量具有量子化的特征，因此分子对电磁辐射的吸收是具有选择性的。在正常状态下分子处于最低能级即基态（E_1），经过电磁辐射的激发后，分子吸收一定的能量，由基态跃迁到激发态（E_2）。分子所吸收的能量通常是两能级能量差的整数倍。当以一定波长范围的电磁辐射照射分子时，其中特定波长的光与分子发生相互作用并被吸收，科研工作者记录下来就可以得到吸收光谱，其与分子的特征能级相关。

波谱分析概述 2

分子的运动分为四种形式，具体为价电子运动、分子的平动、分子内原子在平衡位置附近的振动和分子绕其重心的转动。以上四种运动分别对应了四种不同的能级：即电子（价电子）能级、平动能级、振动能级和转动能级。四种能级都是量子化的，并且各自都具有相应的能量，最终共同构成分子的内能。分子的内能包括电子能量 $E_{电}$、平动能量 $E_{平}$、振动能量 $E_{振}$ 和转动能量 $E_{转}$，可以用式(1-3)表示。其中平动能量只与温度有关，对光谱的贡献意义不大。

$$E = E_{电} + E_{平} + E_{振} + E_{转} \tag{1-3}$$

对于双原子分子，其电子能级、振动能级和转动能级的关系如图 1-2 所示，其中 A 和 B 表示电子能级。在同一电子能级 A，分子的能量还因振动能量的不同而分为若干振动能级，即图中的 0、1、2…，而 0′、1′、2′…为电子能级 B 的各振动能级。此外，分子在同一振动能级时，因转动能量的不同而分为若干转动能级，如图中 0 和 1 振动能级之间密集的能级。由图可知，电子能量、振动能量和转动能量三者的关系是：$E_电 > E_振 > E_转$。

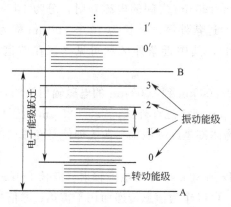

图 1-2　双原子分子三种能级跃迁示意图

由于这三种能级跃迁所需能量不同，因此需要采用不同波长的电磁辐射使它们发生跃迁，即它们在不同的波长区间出现吸收光谱。电子能级跃迁所需的能量较大，一般为 1～20 eV。电子能级跃迁产生的吸收光谱主要处于紫外-可见光区（200～800 nm），这种分子光谱称为电子光谱或紫外-可见吸收光谱。在电子能级跃迁的同时不可避免地要伴随振动能级和转动能级的跃迁。因此，紫外-可见吸收光谱中既包含了因价电子跃迁产生的吸收谱线，又包含了振动和转动能级跃迁产生的谱线，这样紫外-可见吸收光谱通常出现较宽的吸收峰，而不是尖锐的峰。

振动能级的跃迁所需要的能量在 0.05～1 eV 之间，所产生的吸收光谱出现在波长较长的红外光区，这种分子光谱称为振-转光谱或红外吸收光谱。当用 0.05～1 eV 的红外光照射分子时，分子吸收部分波长的红外光能够引起多种振动能级的跃迁，同时还会伴随多种转动能级的跃迁，但不会发生电子能级的跃迁，因此红外吸收光谱谱带要比紫外-可见吸收光谱窄，但谱线更复杂。若用能量更低的远红外光（小于 0.05 eV）照射分子，则只能引起转动能级的跃迁，这样得到的光谱称为转动光谱或称远红外吸收光谱。

同一分子在不同的波长区间存在不同的吸收，对应产生不同的吸收光谱。例如苯分子，采用紫外-可见光照射时会发生电子能级跃迁，同时伴随振-转能级跃迁产生紫外-可见吸收光谱。当采用红外光照射时，苯分子吸收一定的能量，引起振-转能级的跃迁产生红外吸收光谱。紫外-可见吸收光谱主要反映出苯分子中价电子跃迁的情况，这一现象与分子的共轭体系结构密切相关。红外吸收光谱主要反映苯分子中振动能级跃迁情况，与成键原子的振动或者说化学键的种类和强弱密切相关。不同的基团和化学键具有不同的特征吸收谱带，因此在研究化合物结构信息方面是可以互相补充的。

波谱学（spectroscopy）涉及电磁辐射与物质量子化的能态间的相互作用。其理论基础是量子化的能量从辐射场向物质转移（或由物质向辐射场转移）。物质分子是由原子核（质子、中子）和电子组成的。辐射电场与物质分子间相互作用，引起分子吸收辐射能，导致分子振动能级或电子能级的改变。辐射磁场与分子体系间相互作用，引起分子吸收辐射能，导致分子中电子自旋能级、核自旋能级的改变。

分子体系吸收的电磁辐射的能量，总是等于体系中两个允许状态能级的能量差，可用

ΔE 表示。与其相匹配的辐射能的波长或频率可表示为

$$\Delta E = E_2 - E_1 = h\nu \tag{1-4}$$

$$\lambda = hc/\Delta E \tag{1-5}$$

$$\nu = \Delta E/h \tag{1-6}$$

不同波长的电磁辐射作用于被研究物质的分子，可引起分子内不同能级的改变，即不同的能级跃迁。研究分子内不同的能级跃迁，可采用不同的波谱或光谱技术。三者之间的对应关系见表 1-1。

表 1-1　电磁辐射对应的能级跃迁及波谱技术

波长范围	电磁辐射光区	能级跃迁类型	波谱技术
$10^{-4} \sim 10^{-2}$ nm	γ 射线区	核内部能级跃迁	穆斯堡尔(Mossbauer)谱
$1 \sim 10$ nm	X 射线区	核内层电子能级跃迁	电子能谱
$100 \sim 400$ nm	紫外光区	核外层电子能级跃迁	紫外光谱
$400 \sim 800$ nm	可见光区	（价电子或非键电子）	可见光谱
$2.5 \sim 25\ \mu m$	红外光区	分子振动/转动能级跃迁	红外光谱
$0.1 \sim 50$ cm	微波区	分子转动能级跃迁	纯转动光谱
		电子自旋能级跃迁（磁诱导）	电子顺磁共振谱
$50 \sim 500$ cm	射频区	核自旋能级跃迁（磁诱导）	核磁共振波谱

1.4　波谱分析的分类及应用

波谱分析已成为物质分子结构分析和鉴定的主要方法之一。随着科技的发展，技术的革新和计算机应用，波谱分析也得到迅速发展。波谱分析法具有优点突出、应用广泛等特点，已经成为科研和生产领域不可或缺的工具。随着科技发展和分析要求的不断提高，波谱分析法也在不断创新。波谱分析的理论不仅对有机物结构分析和鉴定起着重要的作用，同时也是药物化学、药物分析、药物代谢动力学、天然药物化学等学科必不可少的分析手段。

波谱法主要包括红外光谱、紫外光谱、核磁共振波谱和质谱，简称为四谱。除此之外还包含拉曼光谱、荧光光谱、旋光光谱和圆二色光谱、顺磁共振谱。从 19 世纪中期至现在，波谱分析经历了一个漫长的发展过程。进入 20 世纪的计算机时代后，波谱分析得到了飞跃发展，不断地完善和创新，在方法、原理、仪器设备以及应用上都突飞猛进。四谱作为现代波谱分析中最主要也是最重要的四种基本分析方法，其发展直接决定了现代波谱的发展。在经历漫长的发展之后四谱的发展以及应用已渐成熟，也使波谱分析在化学分析中有了举足轻重的地位。

1.4.1　波谱分析的分类

（1）紫外光谱分析法

20 世纪 30 年代，光电效应应用于光强度的控制，由此产生了第一台分光光度计。由于

单色器材料的改进，紫外-可见光谱分析方法由可见光区扩展到紫外光区和红外光区。紫外光谱灵敏度和准确度高，应用广泛，对大部分有机物和很多金属及非金属及其化合物都能进行定性、定量分析。此外，由于仪器的价格便宜，操作简单、快速，易于普及推广，因此至今它仍是有机化合物结构鉴定的重要工具。近年来，采用了先进的分光、检测及计算机技术，紫外分光光度计的性能得到极大的提高，同时结合各种方法的不断创新与改善，紫外光谱法成为含发色团化合物的结构鉴定、定性和定量分析不可或缺的方法之一。

（2）红外光谱分析法

1947 年，第一台实用的双光束自动记录红外分光光度计问世。这是一台以棱镜作为色散元件的第一代红外分光光度计。到了 20 世纪 60 年代，科研工作者用光栅代替棱镜作为分光器的第二代红外光谱仪投入使用。由于它分辨率高，测定波长的范围宽，对周围环境要求低，加上新技术的开发和应用，红外光谱的应用范围扩大到络合物、高分子化合物和无机化合物的分析上，并且可以储存标准图谱用于计算机自动检索。20 世纪 70 年代后期，第三代即干涉型傅里叶变换红外光谱仪投入使用。此种光度计灵敏度、分辨率高，扫描速度快，是目前主要机型。近年来，科研工作者已采用可调激光器作为光源来代替单色器，成功研制了激光红外分光光度计，也就是具有更高的分辨率和更广的应用范围的第四代红外分光光度计。

（3）核磁共振波谱分析法

自 1945 年 F. Bloch 和 E. M. Purcell 为首的两个研究小组同时独立发现核磁共振现象以来，氢核磁共振在化学中的应用已有 70 余年了。近年来，随着超导磁体和脉冲傅里叶变换法的普及，核磁共振的新方法、新技术不断涌现，如二维核磁共振技术、差谱技术、极化转移技术及固体核磁共振技术，核磁共振的分析方法和技术不断完善，应用范围日趋扩大，样品用量减少，灵敏度大大提高。

（4）质谱分析法

J. J. Thomson 于 1912 年前后制成了第一台质谱装置，并用其发现了同位素 ^{20}Ne 和 ^{22}Ne。早期，这种方法主要用于测定原子量和发现新元素。在 20 世纪 30 年代，离子光学理论的建立促进了质谱仪的发展。20 世纪 40 年代以后质谱法除用于实验室工作外，成功拓展到了原子能工业和石油工业。60 年代开始，质谱就广泛应用于有机物分子结构的测定。近几十年来，质谱仪发展迅速，相继出现了多种类型和多种用途的质谱仪。

（5）其他波谱分析法

波谱分析除了四谱之外还有拉曼光谱、荧光光谱、旋光光谱和圆二色光谱、顺磁共振谱、X 射线衍射等。目前拉曼光谱和红外光谱的联用已应用广泛，旋光光谱、圆二色光谱在测定手性化合物的构型和构象、确定某些官能团在手性分子中的位置方面有独到之处，因此也常和紫外光谱联用以达到更高要求的分析目的。

1.4.2 波谱分析的应用

（1）药物分析中的应用

药物波谱分析是当今发展最为迅速的前沿科学之一。波谱分析在药物分析中的重要应用可见一斑。中药的化学成分复杂，有效成分难以确定。即便是单方制剂亦为多种成分的混合物，因此需要使用更严格和更先进的分离、分析手段进行鉴别和含量测定。波谱分析作为中药研究中应用最为广泛的一项技术可以提供各种化合物的分子量、结构碎片等信息，是鉴定有机物的有力工具。

（2）临床医学中的应用

核磁共振是目前唯一能无创性观察组织代谢及生化变化的技术，可以安全有效地研究人体许多部位的生化和能量代谢变化。核磁共振广泛应用于心血管病、动脉硬化、多发性硬化、肿瘤、首发偏执型精神分裂症等多种病症的诊断。其中[1]H-MRS临床应用技术最成熟，应用也最方便、最广泛。

（3）环境分析中的应用

紫外光谱已经被广泛应用于物质的纯度检查、定量分析和结构鉴定。在有机物的定量、定性分析中也有其独到之处。在环境有机污染物的分析中应用广泛，如土壤中敌敌畏、敌百虫等农药残留含量的分析。

此外，高效液相色谱-质谱/质谱法（HPLC-MS/MS）具有灵敏度高、定性准确等优点，近年来越来越多地应用于食品中残留痕量物质的分析检测。如动物源性食品中噻酰菌胺残留量的检测，蔬菜中敌敌畏、敌百虫、脲和硫脲类衍生物等农药残留的检测。乳液中聚氨酯、聚丙烯酸酯、三聚氰胺等能够采用紫外光谱进行分析检测。

（4）工业分析中的应用

波谱分析在精细化学品中的应用广泛，如对染料、颜料、涂料、食品添加剂、化学助剂的结构分析。此外，波谱分析还是纺织工业中检测纱线质量的关键技术。通过波谱分析可以了解纱条不匀率的性质，及时找出纺纱工艺的不足或机械缺陷，确定产生疵点的工序及部位，以便迅速改进工艺，调整机械状态，这对改善条干均匀度，保证成纱质量，减少突发性纱疵，使纺纱各工序处于受控状态起到一定的指导作用。现代波谱分析方法还广泛应用于陶瓷、钢铁、建筑等材料的无损检测，在地质方面如海洋波动、地下水以及地震监测等方面也有广泛应用。

思考题

1-1　请以 1～2 个诺贝尔奖获奖项目为例说明其直接或间接在波谱分析方面的突破。

1-2　为了能够最大限度地发挥每种分析仪器的最大优势，可将两种或三种仪器进行联用来分析样品，联用技术能够克服仪器单独使用时的缺陷。请结合未来分析仪器发展趋势谈谈波谱分析学科的发展。

微信扫码
➤ 重难点讲解
➤ 课件
➤ 参考答案

《《《《 第2章 》》》》
紫外光谱分析法

紫外光谱
分析背景知识

　　紫外-可见光谱（ultraviolet and visible spectrum）是分子中电子能级跃迁产生的吸收光谱，又称为电子吸收光谱。有机分子中电子能级跃迁吸收的电磁辐射波长范围为 10～800 nm。通过测定分子对紫外-可见光的吸收，可以对有机化合物和无机化合物的结构进行鉴定。其中，紫外光引起电子能级跃迁产生的吸收光谱称为紫外光谱。

2.1　紫外光谱分析法基本原理

2.1.1　紫外光谱特征

　　在紫外光区域的电磁辐射照射下，分子中的外层电子吸收一定波长的辐射，从较低能量的基态跃迁到较高能量的激发态，由此产生的吸收光谱称为紫外吸收光谱。紫外光谱和可见光谱并不是相互独立的，二者都属于电子光谱。在实际实验中紫外光谱和可见光谱都是在紫外-可见分光光度计（或称紫外光谱仪）上获得的，光谱波长范围覆盖了紫外和可见光区。当分子的共轭体系足够大时，其吸收带往往会超出紫外光区，到达可见光区。因此，一般将两者作为一个整体来介绍。

紫外光谱分
析基本原理1

　　紫外光是波长 10～400 nm 的电磁辐射，分为 10～200 nm 的远紫外区和 200～400 nm 的近紫外区。在实际光谱测量中，由于空气中的水、氧气、氮气、二氧化碳等在远紫外区会产生吸收，干扰样品的分析，所以仪器的光路系统必须抽成真空，故这一区域又称为真空紫外区。由于远紫外区的测量条件苛刻，所能提供的光谱信息有限，其光谱研究和应用都较少。通常所说的紫外吸收光谱指 200～400 nm 的近紫外区光谱。紫外-可见吸收光谱则指 200～800 nm 的光谱。

　　紫外吸收光谱的测定通常在非常稀的溶液中进行，将样品溶液放入石英比色皿中，让光穿过比色皿，利用光度计记录待测样品对紫外光区域电磁辐射的吸收。图 2-1 是丙酮溶液的紫外吸收光谱，以正己烷为溶剂。横坐标是波长 λ，单位是 nm，纵坐标是吸收强度，一般采用摩尔吸光系数 ε（或 lgε），也可以用吸光度 A 表示。由图可见，丙酮在 $240\sim320\,nm$ 的范围内对各种波长的辐射均有吸收，吸收曲线呈比较宽的带状，其中 279 nm 处的吸收强度最大，对应吸收曲线上峰值的位置，称最大吸收波长，记为 λ_{max}。此处对应的纵坐标上的值为 15，称最大摩尔吸光系数，记为 ε_{max}。丙酮在正己烷中的紫外吸收特征可以表示为：$\lambda_{max}^{正己烷}=279\,nm$（$\varepsilon_{max}=15$）。

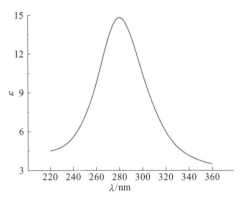

图 2-1　丙酮在正己烷中的紫外吸收光谱

　　同一物质在同种溶剂中的紫外吸收曲线形状相似，最大吸收波长相同。如果纵坐标采用吸光度，记录相对吸收强度，而同一物质的吸光度与其浓度成正相关，这是定量分析的依据。物质在最大吸收波长处的吸光度随浓度变化最明显，定量分析时选择最大吸收波长处的吸光度灵敏度最高。

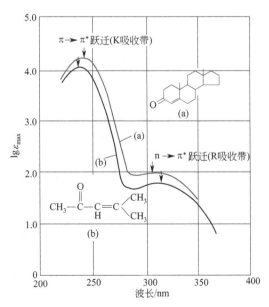

图 2-2　胆甾-4-烯-3-酮（a）和 4-甲基-3-戊烯-2-酮（b）的紫外吸收光谱

　　一方面，分子的结构不同，其紫外吸收曲线形状和对应的最大吸收波长位置可能不同；另一方面，尽管分子结构有很大不同，如果具有相同的官能团结构，产生相同的电子能级跃迁，则具有相近的紫外吸收光谱，图 2-2 所示为睾丸酮（胆甾-4-烯-3-酮）和异亚丙基丙酮（4-甲基-3-戊烯-2-酮）的紫外吸收光谱。因此可根据紫外吸收光谱了解一些分子结构的信息，为物质的结构分析提供一定依据。

2.1.2 电子跃迁类型

紫外吸收光谱是分子在紫外光作用下外层电子（价电子）发生能级跃迁而产生的吸收光谱。根据分子轨道理论，在有机化合物分子中有三种不同类型的价电子：σ 键电子、π 键电子和未成键的 n 电子（或称 p 电子）。价电子一般情况下处于能量较低的基态，这时电子占据的轨道称成键轨道，如 σ、π 轨道；当它们吸收一定能量后，会跃迁到较高能量的激发态，此时电子所占据的轨道称为反键轨道，如 σ^*、π^* 轨道。n 电子未成键，对应的是非键轨道，能量处于成键轨道和反键轨道之间，靠近成键轨道。电子跃迁与分子的结构密切相关，一般可将这些跃迁分成 4 种类型：$\sigma \rightarrow \sigma^*$、$n \rightarrow \sigma^*$、$n \rightarrow \pi^*$ 和 $\pi \rightarrow \pi^*$。四种跃迁所需能量是不同的。由图 2-3 可见，四种跃迁所需能量大小为：$\sigma \rightarrow \sigma^* > n \rightarrow \sigma^* \geqslant \pi \rightarrow \pi^* > n \rightarrow \pi^*$。

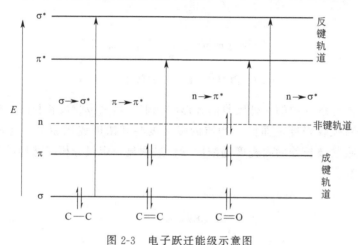

图 2-3 电子跃迁能级示意图

（1）$\sigma \rightarrow \sigma^*$ 跃迁

饱和单键碳氢化合物只有 σ 键电子，σ 电子的成键轨道和反键轨道之间的能级跨度比较大，只有吸收远紫外光的能量才能发生 $\sigma \rightarrow \sigma^*$ 跃迁，一般在远紫外区（10～200 nm）才有吸收带，该吸收只能被真空紫外分光光度计检测到。饱和烃中的—C—C—键属于这类跃迁，例如乙烷，最大吸收波长在 135 nm 左右。由于这类化合物在 200～1000 nm 范围内（紫外-可见区）无吸收带，在紫外吸收光谱分析中常用作溶剂（如己烷、庚烷、环己烷等）。

（2）$n \rightarrow \sigma^*$ 跃迁

当饱和碳氢化合物中含有杂原子（如氧、氮、卤素、硫等）时，由于这类原子中都有未成键的 n 电子，n 电子较 σ 键电子易于激发，能够产生 $n \rightarrow \sigma^*$ 跃迁。这类跃迁的吸收靠近近紫外区边缘，在 200 nm 附近，吸收强度很低，称末端吸收。例如，乙醚 $CH_3CH_2OCH_2CH_3$ 的最大吸收波长是 188 nm 左右，甲醇 CH_3OH 的最大吸收波长为 183 nm 左右。只有某些化合物，如胺、溴化物、碘化物、硫醚等才在近紫外区有弱吸收。例如 CH_3NH_2 最大吸收波长为 213 nm，CH_3Br 最大吸收波长为 204 nm，CH_3I 最大吸收波长为 258 nm。

（3）$\pi \rightarrow \pi^*$ 跃迁

不饱和化合物与芳香族化合物除了有 σ 键电子之外还有 π 键电子。孤立的双键化合物，

发生 $\pi \to \pi^*$ 跃迁的吸收峰一般在 200 nm 以下，其特征是摩尔吸光系数很大，一般 $\varepsilon_{max} \geqslant 10^4$ $L \cdot mol^{-1} \cdot cm^{-1}$，为强吸收带。如乙烯的最大吸收波长为 170 nm 左右。而共轭双键的 $\pi \to \pi^*$ 跃迁吸收峰则会向长波方向移动。这是因为共轭双键的 π 键电子是在整个共轭体系中流动的，不是定域在某个原子上，所以它们受到的束缚力比孤立双键上的 π 电子要小，只要较低的能量就能够被激发，从而使得吸收光谱的最大吸收波长向长波方向移动，同时吸收强度增强。如丁二烯，最大吸收波长为 217 nm（见图 2-4），己三烯最大吸收波长移动到了 258 nm，都为强吸收。共轭体系 $\pi \to \pi^*$ 跃迁产生的吸收带一般都在 200 nm 以上，且吸收强度大于 10^4 $L \cdot mol^{-1} \cdot cm^{-1}$。

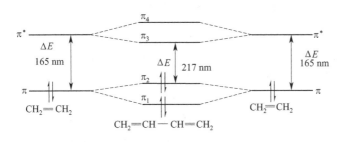

图 2-4　1,3-丁二烯分子轨道能级示意图

紫外光谱分析基本原理 2

（4）n→π^* 跃迁

当化合物中同时含有 π 电子和 n 电子时，可以同时发生 $\pi \to \pi^*$ 跃迁和 n→π^* 跃迁，如含羰基、硝基等化合物。由图 2-3 可知，n→π^* 跃迁所需的能量最低，发生在近紫外区，其特点是谱带强度弱，摩尔吸光系数小，通常小于 100，属于禁阻跃迁。如丙酮的最大吸收波长是 279 nm，强度很弱。$\pi \to \pi^*$ 跃迁和 n→π^* 跃迁在最大吸收波长的位置和吸收强度上都有明显差异，很容易区分。比如乙醛，在 190 nm（$\varepsilon = 10000$）和 289 nm（$\varepsilon = 12.5$）有两处最大吸收，前者对应 $\pi \to \pi^*$ 跃迁，后者对应 n→π^* 跃迁。

对于 C—C 单键，成键的是一对 σ 键电子，通常状态下，这一对电子是处于 σ 成键轨道上，受紫外光激发后，能发生 $\sigma \to \sigma^*$ 跃迁；C=C 双键成键的有一对 σ 电子和一对 π 电子，通常情况下分别处于 σ 成键轨道和 π 成键轨道上，受紫外光激发后，既能发生 $\sigma \to \sigma^*$ 跃迁，也能发生 $\pi \to \pi^*$ 跃迁；而对于 C=O 双键，除了具有 σ 和 π 电子外，还有 n 电子，因此 C=O 受紫外光激发后四种跃迁都能发生。在紫外-可见吸收光谱上可以观察到相应的谱带吸收。

不同跃迁类型产生的紫外吸收大致范围如图 2-5 所示。

2.1.3　紫外光谱吸收带分类

紫外吸收光谱中常见的吸收带主要有 R 带、K 带、B 带和 E 带。

R 吸收带（德文 Radikalartig，基团型的）是由 n→π^* 跃迁所产生的吸收带。如—C=O、—NO$_2$、—CHO 等化合物会产生 R 吸收带，其特点是吸收强度弱，$\varepsilon_{max} < 100$ $L \cdot mol^{-1} \cdot cm^{-1}$（$lg\varepsilon \leqslant 2$），吸收峰波长一般在 270 nm 以上。

K 吸收带（德文 konjuierte，共轭的）是由 $\pi \to \pi^*$ 跃迁所产生的吸收带，如共轭双键。该带的特点是吸收峰强度很强，$\varepsilon_{max} > 10^4$ $L \cdot mol^{-1} \cdot cm^{-1}$（$lg\varepsilon > 4$）。共轭双键延长，$\lambda_{max}$ 红移，ε_{max} 也会随之增加。

紫外吸收带及其特征

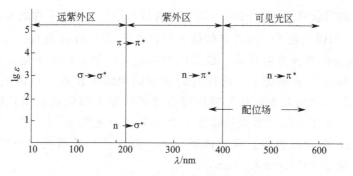

图 2-5　不同跃迁产生的紫外吸收范围

B 吸收带（德文 Benzenoid，苯的）为苯环的 $\pi \to \pi^*$ 跃迁所产生的吸收带，为一宽峰，并存在若干小峰，或者说存在精细结构，其波长在 $230 \sim 270$ nm 之间，中心在 255 nm，ε 约为 200 L·mol^{-1}·cm^{-1}，对于识别分子中是否含有苯环很有用。

E 吸收带是把苯环看成乙烯键和共轭乙烯键后其 $\pi \to \pi^*$ 跃迁所引起的吸收带。苯环化合物一般有两个 E 吸收带，分别称 E_1 带和 E_2 带，它们的吸收波长一般在 200 nm 左右，但强度很强，$\varepsilon_{max} > 10^4$ L·mol^{-1}·cm^{-1}，是芳香族化合物的特征吸收。其中苯分子在甲醇溶剂中 E_1 带最大吸收波长为 185 nm（$\varepsilon_{max} = 47000$），$E_2$ 带最大吸收波长在 204 nm（$\varepsilon_{max} = 7900$），另外还有上面提到的 B 带的弱吸收。当苯环上引入助色团后，如—OH、—Cl 等，由于 n-π 共轭，使 E_2 吸收带向长波长方向移动，但一般在 210 nm 左右；若有生色团取代且与苯环共轭（$\pi \to \pi^*$），则 E_2 吸收带与 K 吸收带合并且发生红移，这时候的 E_2 带也相当于 K 带。苯的紫外光谱如图 2-6 所示。

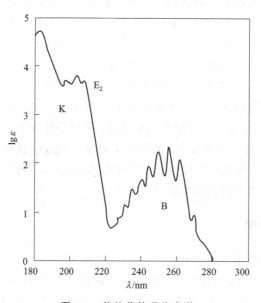

图 2-6　苯的紫外吸收光谱

影响紫外光
谱的因素 1

2.1.4　紫外光谱常用术语

紫外吸收光谱中常见的术语主要有生色团、助色团、红移、蓝移、增色效应与减色效应等。

（1）生色团

生色团的本意是使化合物呈现颜色的一些基团。在紫外光谱中沿用了这一名词，并将其含义进行了扩充，指能使化合物在紫外-可见光区产生吸收的基团，不论是否呈现出颜色。对解析化合物结构最有用的紫外光谱是由 $\pi \rightarrow \pi^*$ 和 $n \rightarrow \pi^*$ 跃迁产生的，这两种跃迁均要求有机物分子中含有不饱和基团，通常情况下，生色团就是指含有 π 键的不饱和基团，如双键或叁键体系、羰基、亚硝基、偶氮基（—N=N—）等。

（2）助色团

助色团是指本身不产生大于 200 nm 的紫外吸收，但当它们和生色团相连时，通过 n-π 共轭作用，增强了生色团的生色能力，吸收波长向长波方向移动，且吸收强度增加。带有 n 电子的基团，如—OH、—OR、—X、—SR、—NR$_2$ 等，与双键相连时，都会使双键化合物的最大吸收波长向长波方向移动，并且摩尔吸光系数增加，它们都属于助色团。

（3）红移与蓝移（紫移）

当生色团与助色团（如—OH、—OR、—X、—SR、—NR$_2$）相连时，吸收峰的最大吸收波长将向长波方向移动，这种效应称为红移。在某些生色团如羰基的碳原子一端引入一些取代基之后，吸收峰的最大吸收波长会向短波方向移动，这种效应称为蓝移（或紫移）。

（4）增色效应与减色效应

由于助色团的影响或溶剂的影响，使吸收带的强度，即摩尔吸光系数增大的效应称为增色效应，反之就是减色效应。一般来说，红移的同时往往伴随增色效应，蓝移的同时往往伴随减色效应。

2.1.5　影响紫外光谱的因素

（1）共轭体系对 λ_{max} 的影响

具有共轭双键的化合物，π 键与 π 键相互作用生成大 π 键。由于大 π 键各能级间距离较近，电子容易激发，$\pi \rightarrow \pi^*$ 跃迁所需能量减少，可以使紫外吸收峰红移，吸收强度增加。共轭双键数目越多，吸收峰红移越显著，如图 2-7 和图 2-8 所示。

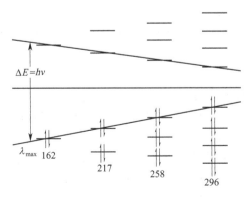

图 2-7　共轭多烯分子的休克尔分子轨道能级示意

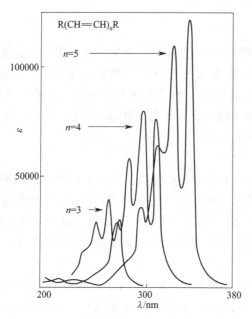

影响紫外光
谱的因素 2

图 2-8　共轭双键数目对紫外吸收光谱的影响

此外，当含不饱和键化合物与烷基连接时，烷基中 α-H 键中的 σ 电子能与相邻 π 键发生超共轭效应，可使吸收波长红移。

（2）溶剂极性对 λ_{max} 的影响

紫外吸收光谱一般是在很稀的溶液中测量得到的，浓度一般为 $10^{-6} \sim 10^{-2}$ mol·L^{-1}。选择溶剂时需要注意几个问题：容易溶解溶质，不发生化学反应；具有适当的沸点，测量过程中溶剂挥发不至于影响浓度；具有合适的透光性，不干扰样品的吸收曲线；价格低廉，容易回收。常用溶剂主要有正己烷、庚烷、环己烷、二氧杂环己烷、乙醇、水等。

溶剂的极性会对紫外吸收峰的波长、强度和形状产生影响。例如，异丙基丙酮在不同溶剂中的最大吸收波长如表 2-1 所示。

表 2-1　异丙基丙酮在不同溶剂中的最大吸收波长

吸收带	正己烷	氯仿	甲醇	水	移动
$\pi \to \pi^*$/nm	230	238	237	243	红移
$n \to \pi^*$/nm	329	315	309	305	蓝移

由表可见，当溶剂的极性增加时，从正己烷变到水，$\pi \to \pi^*$ 跃迁的最大吸收波长发生了红移，而 $n \to \pi^*$ 跃迁的最大吸收波长发生了蓝移。据推测，对于 $\pi \to \pi^*$ 跃迁，π^* 反键轨道的极性较 π 成键轨道大，与极性溶剂作用时，π^* 轨道能量下降多，π 轨道下降少，所以发生跃迁所需要的能量降低，最大吸收波长随着溶剂极性的增强而红移，如图 2-9 所示。对于 $n \to \pi^*$ 跃迁，n 轨道的极性较 π^* 反键轨道还要大，与极性溶剂作用时，n 能量下降比 π^* 下降更多，所以发生 $n \to \pi^*$ 跃迁所需要的能量反而增加，跃迁引起的吸收峰随溶剂极性的增强而蓝移。利用溶剂极性影响的不同，可区分 $\pi \to \pi^*$ 跃迁和 $n \to \pi^*$ 跃迁。

此外，溶剂对吸收强度、精细结构等均有影响，特别是极性溶剂。例如，苯环的 B 带，在非极性溶剂中可以观察到清晰的精细结构峰，但是在极性溶剂中，精细结构变得不明显，有时甚至出现比较宽的单峰，且吸收强度减弱。如图 2-10 所示，苯环的 B 带在异辛烷中可

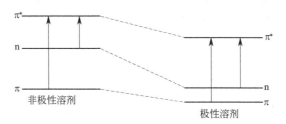

图 2-9　溶剂极性对跃迁的影响

以观察到 7 个精细结构的吸收峰，而在乙醇中变得不太明显了，且强度减弱。再如图 2-11，对称四嗪在蒸气态、环己烷和水中的紫外-可见吸收光谱，溶剂影响更为显著。因此，在溶解度允许的范围内，应选择极性较小的溶剂。另外，溶剂本身也有一定的吸收，应该尽量选择与溶质吸收带重叠小的溶剂，表 2-2 是紫外-可见吸收光谱分析中常用溶剂的最低波长极限，可作为参考，低于此波长时，溶剂的吸收是不能忽略的。

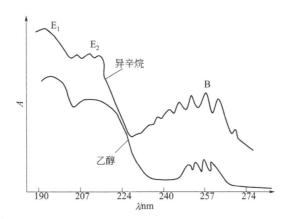

图 2-10　苯在异辛烷和乙醇中的紫外-可见吸收光谱

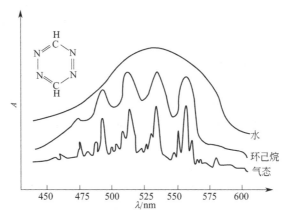

图 2-11　对称四嗪在蒸气态、环己烷和水中的紫外-可见吸收光谱

（3）溶液 pH 值对 λ_{max} 的影响

溶液 pH 值对紫外吸收光谱也有影响，pH 值的改变可能会引起共轭体系的延长或缩短，从而引起吸收峰位置的改变。特别是对烯醇、酚、不饱和酸及苯胺类化合物的紫外吸收光谱影响很大。图 2-12 是苯酚和苯胺在不同 pH 值溶剂中的紫外吸收光谱图。

表 2-2　常用溶剂的最低波长极限（1 cm 比色皿）

溶剂	最低波长极限/nm	溶剂	最低波长极限/nm
乙醇（95%）	204	丁醚	210
甲醇	205	乙二醇二甲醚	220
异丙醇	205	二氧六环	215
水	205	二氯甲烷	232
2-甲基丁烷	192	氯仿	245
戊烷	190	四氯化碳	265
己烷	195	N,N-二甲基甲酰胺	270
庚烷	197	苯	280
异辛烷	197	甲苯	285
环戊烷	198	四氯乙烯	290
环己烷	205	吡啶	305
甲基环己烷	209	丙酮	330
乙醚	215	二硫化碳	380

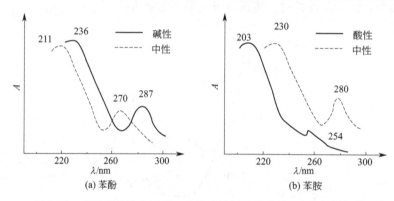

图 2-12　苯酚和苯胺在不同 pH 值的溶剂中的紫外-可见吸收光谱

苯酚溶液从中性变为碱性时，吸收峰发生红移；苯胺溶液从中性变为酸性时，吸收峰发生蓝移。这主要是因为，苯酚在碱性条件下形成苯酚阴离子，给电子能力增强，助色能力更强，发生红移；而苯胺在酸性条件下成盐后，氮上的未成对电子消失，氨基的助色能力减弱了，所以发生蓝移。

（4）空间结构对 λ_{max} 的影响

① 空间位阻

要使共轭体系中各因素均成为有效的生色因子，各生色因子应处于同一平面，才能达到有效的共轭。若生色团之间或生色团与助色团之间太拥挤，就会相互排斥于同一平面之外，使共轭程度降低。

联苯分子中，两个苯环处于同一平面，产生有效共轭，λ_{max} 为 247 nm（$\varepsilon_{max}=17000$）。甲基取代联苯中甲基的位置及数目影响如下（环己烷溶剂）：

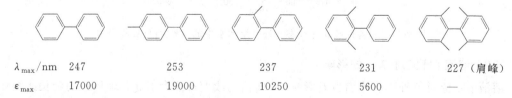

λ_{max}/nm	247	253	237	231	227（肩峰）
ε_{max}	17000	19000	10250	5600	—

随着邻位取代基的增多，空间拥挤造成连接两个苯环的单键扭转，使两个苯环不在同一平面，不能有效地共轭，最大吸收波长蓝移。

② 顺反异构

顺反异构多指双键或环上取代基在空间排列不同而形成的异构体，其紫外光谱有明显差别，一般反式异构体电子离域范围较大，键的张力较小，跃迁位于长波段，吸收强度也较大。

例如，肉桂酸的顺、反式最大吸收波长和吸收强度都不同。反式构型空间位阻小，偶极矩大；而顺式构型空间位阻大，因此反式构型的最大吸收波长比顺式长 15 nm，且吸收强度更大。采用紫外吸收光谱可以很容易区分。

λ_{max}=295 nm(ε_{max}=27000) λ_{max}=280 nm(ε_{max}=13500)

③ 跨环效应

跨环效应（transannular effect）指非共轭基团之间的相互作用。分子中两个非共轭生色团处于一定的空间位置，尤其是在环状体系中，有利于生色团电子轨道间的相互作用，这种作用称跨环效应。跨环效应可以发生在基态、激发态或基态和激发态两者。由此产生的光谱，既非两个生色团的加和，亦不同于两者共轭的光谱。

如二环庚二烯分子中有两个非共轭双键，与含有孤立双键的二环庚烯的紫外吸收有很大不同。在乙醇溶液中，二环庚二烯在 200～230 nm 有一个弱的并具有精细结构的吸收带。这是由于分子中两个双键相互平行，空间位置利于相互作用。

λ_{max}=205 nm(λ_{max}=2100)

2.1.6 紫外吸收波长的计算

（1）共轭烯烃和伍德瓦尔德-费塞尔（Woodward-Fieser）规则

Woodward 对大量共轭双烯化合物的紫外吸收光谱数据进行了归纳总结，找出了一定的规律，认为取代基对共轭双烯 $\pi \rightarrow \pi^*$ 跃迁 λ_{max} 的影响具有加和性。后经 Fieser 修正成 Woodward-Fieser 规则，如表 2-3 所示。在计算共轭烯烃最大吸收波长时，注意母体基本值的确定，如半环二烯，指共轭的双键一个处于环内，另一个是环外双键。环外双键增加值的计算时，共轭体系中所有的双键都要考虑，只要这些双键的一个碳原子在某个环上，不论是五元环还是六元环，都算一个环外双键。

推测不饱和
化合物最大吸收
波长的经验规则

表 2-3 计算共轭烯烃 $\pi \rightarrow \pi^*$ 跃迁 λ_{max} 的 Woodward-Fieser 规则

母体	基本值/nm
共轭二烯	217
结构类型	增加值
同环二烯	36
环外双键	5

取代基类型	增加值
烷基(或环基)	5
共轭双键	30
助色团—OCOR	0
—OR	6
—SR	30
—Cl，—Br	5
—NR^{1}R^2	60

例 2-1 计算下列各化合物的最大吸收波长。

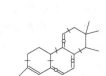

（A）　　　　　　（B）　　　（C）　　　（D）

解：（A）共轭二烯基本值：217 nm

同环二烯结构：36

三个环外双键：3×5（用。表示）

共轭双键延长：2×30

五个烷基取代：5×5（用—表示）

酰氧基取代：1×0

计算值（λ_{max}）：353 nm（实测值 355 nm）

（B）半环二烯基本值：217 nm

四个烷基取代：4×5

一个环外双键：1×5

计算值（λ_{max}）：242 nm

（C）共轭二烯基本值：217 nm

同环二烯结构：36

一个环外双键：1×5

共轭双键延长：1×30

四个烷基取代：4×5

计算值（λ_{max}）：308 nm

（D）共轭二烯基本值：217 nm

同环二烯结构：36

三个环外双键：3×5

共轭双键延长：1×30

五个烷基取代：5×5

计算值（λ_{max}）：323 nm

（2）共轭多烯和费塞尔-肯恩（Fieser-Kuhn）规则

Woodward-Fieser 规则可以一直适用到共轭四烯。对于四烯以上的多烯，如天然存在的类胡萝卜素，则可按照 Fieser-Kuhn 规则所提出的公式计算其 λ_{max} 和 ε_{max}：

$$\lambda_{max}=114+5M+n(48-1.7n)-16.5R_{endo}-10R_{exo}$$

$$\varepsilon_{\max(己烷)}=1.74\times10^4 n$$

式中，M——烷基数；n——共轭双键数；R_{endo}——具有环内双键的环数；R_{exo}——具有环外双键的环数。

例 2-2   计算全反式 β-胡萝卜素的 $\lambda_{\max}$ 和 $\varepsilon_{\max}$。

解：因 $M=10$，$n=11$，$R_{endo}=2$，$R_{exo}=0$，故

$\lambda_{\max}=114+5\times10+11\times(48-1.7\times11)-16.5\times2$

$\qquad=453.3\,nm$（实测值：452 nm，己烷中）

$\varepsilon_{\max}=(1.74\times10^4)\times11=19.1\times10^4$（实测值：15.2×10^4，己烷中）

（3）α,β-不饱和醛酮最大吸收波长的计算

某些羰基化合物同时还含有 α,β-不饱和键，羰基和双键之间的共轭作用导致 π^* 轨道能量下降，吸收向长波方向移动。共轭羰基化合物的 $\pi\rightarrow\pi^*$ 跃迁最大吸收波长也有计算规则，如表 2-4 所示。

表 2-4 α,β-不饱和羰基化合物最大吸收波长的计算规则

母体 $\overset{\delta\ \gamma\ \beta\ \alpha}{\diagup}\overset{O}{\underset{}{\diagup}}$ R	基本值/nm		
α,β-不饱和醛（R=H）	207		
α,β-不饱和酮（R=C）	215		
α,β-不饱和六元环酮	215		
α,β-不饱和五元环酮	202		
α,β-不饱和酸或酯	193		
结构类型	增加值/nm		
同环二烯	39		
环外双键	5		
取代基类型	增加值/nm		
共轭双键	30		
共轭体系上的取代	α-	β-	γ-
R（烷基或环基）	10	12	18
—OH	35	30	50
—OCOR	6	6	6
—OR	35	30	17
—Cl	15	12	
SR	85		
—NR$_2$	95		

例 2-3   计算下列化合物的最大吸收波长。

解：α,β-不饱和酮基本值：215nm

一个共轭双键延长：1×30

γ 位一个烷基取代：18

δ 位 2 个烷基取代：2×18

计算值（λ_{max}）：299 nm

例 2-4 计算下列化合物的最大吸收波长。

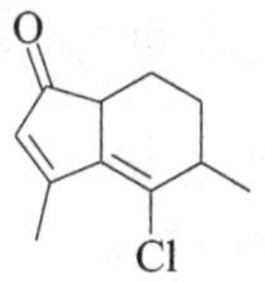

解：α,β-不饱和五元环酮基本值：202 nm

一个共轭双键延长：1×30

一个环外双键：1×5

β 位一个烷基取代：12

γ 位一个烷基取代：18

δ 位一个烷基取代：18

δ 位一个 Cl 取代：0

计算值（λ_{max}）：285 nm

（4）苯甲酰基衍生物最大吸收波长的计算

苯甲酰基衍生物由于苯环和羰基共轭能够产生很强的紫外吸收，最大吸收波长可以根据 Scott 规则进行计算，取代基影响如表 2-5 所示。对于取代苯，由于取代基团之间关系复杂，谱带吸收也相对复杂，在本书中不予讨论。

表 2-5　苯甲酰基衍生物最大吸收波长的计算规则

母体 Y—PhCO—X	λ/nm		
X=烷基或环残基(酮)	246		
X=H(醛)	250		
X=OH 或 OR(酸或酯)	230		
苯环上取代导致的 λ_{max} 增加	邻位	间位	对位
Y=R(烷基或环)	3	3	10
Y=OH,OR	7	7	25
Y=O^-	11	20	78
Y=Cl	0	0	10
Y=Br	2	2	15
Y=NH_2	13	13	58
Y=$NHCOCH_3$	20	20	45
Y=$NHCH_3$			73
Y=$N(CH_3)_2$	20	20	85

例 2-5 计算下列化合物的最大吸收波长。

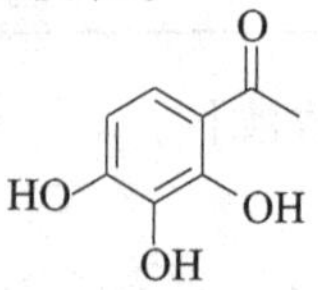

解：苯甲酰基母体基本值：246 nm

邻位—OH：7

间位—OH：7

对位—OH：25

计算值（λ_{max}）：285 nm

例 2-6 计算下列化合物的最大吸收波长。

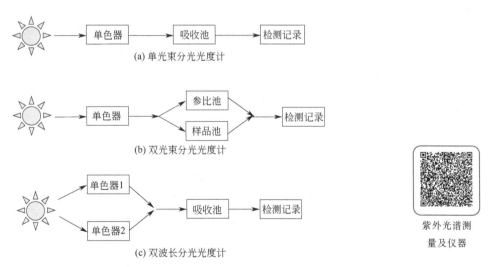

解：苯甲酰基母体基本值：246 nm

邻位—OH：7

邻位 R：3

对位—Cl：10

计算值（λ_{max}）：266 nm

2.2 仪器装置与实验技术

2.2.1 仪器

2.2.1.1 仪器类型

紫外-可见分光光度计的类型很多，但归纳起来主要有三类：单光束分光光度计、双光束分光光度计和双波长分光光度计，它们的区别如图 2-13 所示。

图 2-13 紫外-可见分光光度计的类型

紫外光谱测量及仪器

（1）单光束分光光度计

经单色器分光后的一束平行光，先通过参比溶液进行吸光度的测定，然后再更换样品溶液进行测定。这种类型的分光光度计结构简单，操作方便，维修容易，适用于常规分析。如常见的 71、721、722、724、751 等型号，适于在给定波长处测量吸光度或透光率，每一波长均需要校正，一般不能做全波段光谱扫描，要求光源和检测系统具有很高的稳定性。

（2）双光束分光光度计

光源发出的光经单色器分光后被分解为强度相等的两束光，一束通过参比池，另一束通过样品池进行检测。光度计能自动做两束光的强度比，经对数变换将它转换成吸光度并作为波长的函数记录下来，即能够自动记录吸收光谱曲线。由于是两束相同的光同时分别通过参比池和样品池，能自动消除光源强度变化所引起的误差。现在几乎所有高级的分光光度计都是双光束的。

（3）双波长分光光度计

有些高精度的仪器则采用两个单色器，即双波长分光光度计。由光源发出的光被分成两束，分别经过两个单色器，得到两束不同波长的单色光（λ_1 和 λ_2）。利用切光器使两束光以一定的频率交替照射同一吸收池，然后检测记录，最后显示出来的是两个波长处的吸光度差值 $A_1 - A_2$。双波长分光光度计的特点是可以消除共存物质产生的吸收、散射、光源波动等干扰，还能获得导数光谱，提高灵敏度和选择性，适合于多组分混合物、浑浊试样（如生物组织液）的分析。

生产紫外-可见分光光度计的知名国外厂家和型号主要有：美国 PE 公司（Perkin Elmer Instruments）的 Lambda 系列；美国瓦里安公司（Varian Analytical Instruments）的 Cary 系列；美国贝克曼库尔特公司（Beckman Coulter Inc）的 DU 系列；日本日立公司（Hitachi Instruments Inc）的 U3 系列；日本岛津公司（Shimadzu Scientific Instruments）的 UV、MS、PharmaSpec 及 Bio 系列；日本 JASCO 公司（Jasco Corp Ltd）的 V 系列；美国安捷伦公司（Agilent Technologies）的 HP 系列；美国海洋光学公司（OceanOptics）的 S、USB2000 及 PC2000 系列等。国内生产厂家有上海分析仪器总厂的 75 和 76 系列；天津光学仪器厂的 WFZ 系列；北京瑞利分析仪器公司的 UV1/9100 系列；北京普析通用仪器公司的 TU2 系列；上海棱光的 S51/2/3/4 系列；天美科学仪器有限公司 8500 等。生产紫外-可见分光光度计的厂家和仪器型号众多，总体上来说，国内产品的性能指标接近国外中等水平。

2.2.1.2 仪器结构

紫外-可见分光光度计的基本组成部分包括光源、分光系统（单色器）、样品室、检测器和显示器五大部分，如图 2-14 所示。

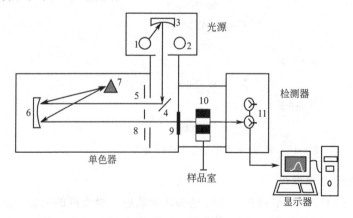

图 2-14　51 型紫外-可见分光光度计结构示意

1—钨灯；2—氢灯；3—凹面反射镜；4—平面反射镜；5—入射狭缝；6—球面准直镜；

7—石英棱镜；8—出射狭缝；9—滤光片；10—吸收池；11—光电管

（1）光源

光源的作用是提供辐射能，使待测分子产生吸收。紫外-可见分光光度计的光源应该满足以下三个基本要求：在所需要的光谱区域内发射连续波长的电磁辐射；具有足够的辐射强度、稳定性和较长的使用寿命；辐射能量随波长无明显变化。紫外-可见分光光度计中使用的光源主要有热辐射光源和气体放电光源两大类。

热辐射光源是采用固体灯丝材料在高温条件下放热产生辐射能的光源，主要用在可见光区，如钨丝灯和卤钨灯。其中，卤钨灯的使用寿命和发光效率比钨灯要高。使用的波长范围为 340～2500 nm，辐射能的大小与施加的外电压的四次方成正比，必须配备稳压装置严格控制外加电压。气体放电光源是在低的直流电压下使气体放电产生连续的电磁辐射的光源，常用的是氢灯和氘灯，可以在 160～375 nm 的范围内产生连续光，主要用于紫外光区。但在实际应用中，使用的吸收池一般是石英材料，对低于 200 nm 的辐射（熔融石英是 185 nm）透过性能有影响，而大于 360 nm 时，氢的发射光谱叠加到连续光谱上，也不宜使用，所以氢灯和氘灯的使用波长范围一般为 200～360 nm。其中氘灯的光强度比同功率的氢灯大。氙灯是新型光源，发光效率高，强度大，而且光谱范围宽，包括紫外、可见和近红外光区。

常用的紫外-可见分光光度计在扫描过程中可以自动地完成光源的切换，从而记录全波段的吸收光谱。

（2）分光系统（单色器）

分光系统或单色器的作用是将光源发出的复合光分开得到所需要的单色光的装置。一般由入射狭缝、准光器（透镜或凹面反射镜使入射光成平行光）、色散元件、聚焦元件和出射狭缝构成，其中色散元件是核心部分，起分光作用。入射狭缝首先过滤掉杂散光，准光器将入射光变成平行光，色散元件将该复合光分解成单色光，如图 2-15 所示，然后通过聚焦元件将单色的平行光聚焦于出射狭缝，通过出射狭缝的限制，可以得到纯度较高的所需要波长的单色光。

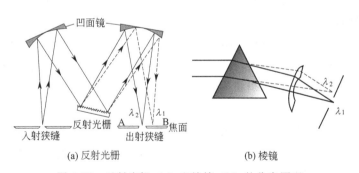

图 2-15　反射光栅（a）和棱镜（b）的分光原理

起分光作用的色散元件主要有棱镜和光栅，它们的色散原理不同，棱镜是利用光的折射原理研制的。当一束复合光通过棱镜时，由于不同波长的光具有不同的折射角，可以按波长大小被一一分开。棱镜的形状一般是等边三角形或 30 度直角三角形，使用的材料一般是玻璃和石英，玻璃棱镜只能用于可见光区，石英棱镜则可以用于紫外、可见和近红外光区，波长范围可达 185～4000 nm。棱镜受温度、湿度的影响较大，所以实验时要保证仪器恒温恒湿。棱镜得到的色散效果较好，但是非线性的色散，具有长波密、短波疏的特性。

光栅是一种折射率周期性变化的光学元件，是利用光的衍射和干涉作用研制而成的。最常用的光栅是由大量等宽、等间距的平行狭缝组成的，当平行的复合光垂直投射到光栅上，在每个狭缝，光都要产生衍射，不同波长的入射光衍射角不同，若在光栅后面放置一个聚焦元件，则多个狭缝产生的同一偏转角的衍射光会聚焦，并相互干涉，所以光栅的衍射条纹是单缝衍射和多缝干涉的总效果。光栅主要有透射光栅和反射光栅。透射光栅是在透明的材料上刻划出一系列平行、等距且紧密相靠的凹槽，如用金刚石刻刀在平面玻璃上刻出等间距的平行细线，就构成透射光栅，刻痕处由于散射不易透光，光线只能从刻痕间的狭缝中通过。反射光栅是在打磨成镜面的玻璃或熔融石英表面镀铝，再在铝表面上刻划一系列平行、等距且紧密相靠的凹槽而制成的。在单位长度内，刻线越多，光栅的色散效果越好。一般用于紫外-可见光谱仪的光栅大多是 600 条/cm 到 1200 条/cm。光栅在坚固度上不如棱镜，会产生多级光谱，干扰分析，但光栅是线性色散，在全波段具有良好的、均一的分辨能力，而且光栅可以复制，成本较低，易于保存和制备。

目前在制造工艺上，采用全息照相技术拍摄的全息光栅已全面取代了刻划光栅，它是采用激光干涉条纹光刻而成的，几乎没有线槽间的周期误差，具有光谱范围宽、杂散光低（"鬼线"少）、分辨率高的特点。最大线槽密度可达 6500 线/mm，最大直径可达 400 mm，最常用的是 1200～1500 线/mm 的全息光栅。

（3）样品室

实际测定中样品一般是配制成溶液然后盛放在吸收池中，光路从吸收池中穿透，为减少光的损失，吸收池的光学平面应该与光路方向垂直。吸收池也称比色皿。对吸收池的要求是透光性能好，无折射、反射现象，宽度精确。紫外-可见分光光度计使用的吸收池一般是石英的，玻璃材料的吸收池只能用于可见光区的分析。每台紫外-可见分光光度计一般都配有不同液层厚度如 0.5 cm、1.0 cm、2.0 cm、3.0 cm 等一套规格的吸收池，最常用的是 1.0 cm 的。同一厚度的吸收池之间透光率的误差应该小于 0.5%。吸收池材料本身和使用的溶剂都有背景吸收，对测定结果是有影响的。在双光路分光光度计中有两个吸收池，其中一个盛放空白溶液作为参比，另一个盛放样品溶液，光谱记录的是两者的差值，这样就扣除了背景的影响。如果吸收池只有两面石英的，在实验中应注意吸收池放置的位置，使透光面垂直于光路，注意保持吸收池透光面的洁净和不受磨损。

（4）检测器

检测器是一种光电转换元件，利用光电效应将单色光透过溶液后光强度变化信号转换成能检测出的电流信号的装置。常用的检测器有光电池、光电管或光电倍增管。硒光电池结构简单，价格便宜，更换方便，低档的分光光度计中常使用。光电管由真空管壳内的光敏材料阴极和阳极所构成，一定的电磁辐射照射阴极时，阴极发射出光电子，在电场的作用下光电子流向阳极，产生光电流。由于所采用的阴极材料的光敏性能不同，光电管可分为红敏和蓝敏两类，红敏适用于波长范围为 625～1000 nm 的可见光区，蓝敏的适用波长范围为 200～625 nm。光电倍增管与光电管相比多了若干个倍增极，工作时阴极发射的光电子被多个倍增极进一步信号放大，在末级倍增极能够得到数量指数级放大的次级电子。因此光电倍增管是检测微弱光最常用的检测器，灵敏度比一般的光电管要高 200 倍。正是因为光电倍增管具有灵敏度高、光敏范围广、不易疲劳等优点，其在紫外-可见分光光度计中的应用相当普遍。

（5）显示器

显示器的作用是放大信号并以适当方式显示或记录下来。常用的信号显示装置有直读检流计、电位调节指零装置以及数字显示或自动记录装置等。检流计有两种标尺，透过率 T 或吸光度 A，两者可以互换。现在常用的紫外-可见分光光度计都采用微机处理，对实验操作的控制和数据处理都由相应的软件操控。

2.2.2 实验技术

在紫外光谱测量过程中，首先要注意溶剂的选择。所选用的纯溶剂必须在测量波段是透明的。表 2-2 列举了常用溶剂的使用波长极限，在极限以上溶剂是透明的，在极限以下则有吸收而产生干扰。

紫外-可见吸收光谱实验一般包括以下几个步骤（以 751 型紫外-可见分光光度计为例）：

① 开机预热。将所有开关置于关的位置，接上电源。打开稳流稳压电源和主机的电源开关预热 $20 \sim 30$ min。开机顺序一般是首先打开紫外分光光度计、显示器，再打开钨灯或氢灯。

② 主要仪器参数的选择，包括光源、滤光片、波长、光电管和吸收池的选择。依据实验需要，将选择开关拔向钨灯 W（$320 \sim 1000$ nm）或氢灯 H（$200 \sim 320$ nm），钨（或氢）灯指示灯亮。选用钨灯时，为减少杂散光影响，可选用主机上的滤光片。将波长调节旋钮调至所需波长处，狭缝调至 2 mm。根据所选波长选择光电管，波长小于 625 nm 选蓝敏管，大于 625 nm 选红敏管。波长 350 nm 以下，需要使用石英吸收池，波长 350 nm 以上可选用玻璃吸收池。再根据所测溶液浓度大小，选择液层厚度合适的吸收池。

③ 仪器校正。配制好需要测量的一系列样品溶液和空白对照溶液，测量前再用空白对照溶液冲洗样品池 $1 \sim 2$ 次。将样品溶液和空白对照溶液（参比）分别倒入吸收池中，溶液高度控制在吸收池高度的 $2/3 \sim 3/4$。打开样品室，将吸收池依次放入托架中卡紧，以免测定时摇晃，测量过程中关闭样品室的门。光路中无溶液时，处于暗置电流状态，按"0% T"旋钮，读数窗显示 0.00。然后将参比溶液置于光路中，按"100% T"旋钮，使读数窗显示 T 为 100.0（若显示值小于 100.0，则旋大狭缝，使其大于 100.0，再按"100% T"旋钮即可）。

④ 样品测定。拉动样品室拉杆，依次将样品溶液置入光路中，读数窗上的显示值就是该样品溶液的透光率。如要记录吸光度（A），只需按"A"键即可。分析保存图谱，记录实验结果。

⑤ 关机。测定完毕，将每个开关、旋钮、操作手柄等复原或关闭。关机顺序是先关钨灯和氩灯，再关显示器，最后关主机。

实验操作中有一些相关的注意事项，例如：光源灯有一定的寿命，仪器不工作时不要开灯，若工作时间短，可不关灯和停机。一旦停机，则应等待灯冷却后再重新启动，并预热 15 min 左右。吸收池是光度测量最常用的器件，使用过程中手应该捏住比色皿四个棱而不要碰到面，避免磨损透光面。使用后用蒸馏水清洗样品池三次，倒置在吸水性纸上，干燥后放入盒中保存。在使用过程如需取出比色皿更换溶液时，必须注意应先关上暗电流闸门，然后方能开启暗箱室盖。

2.3 紫外吸收光谱与分子结构

2.3.1 有机化合物的紫外吸收光谱

(1) 共轭烯烃的紫外吸收

含碳-碳双键的烯烃分子，如果双键和单键是相互交替排列的，称为共轭烯烃；如果双键被两个及以上单键所隔开，则为非共轭烯烃；如果共轭烯烃分子的碳链首尾相连接，则生成环状共轭多烯烃。共轭烯烃可以用通式 H—(CH═CH)$_n$—R 来表示。共轭烯烃产生的紫外吸收峰位置（λ_{max}）一般处在 217~280 nm 范围内，即前面提到的 K 带，吸收强度大，摩尔吸光系数 ε_{max} 通常在 10^4~10^5 L·mol^{-1}·cm^{-1} 之间。K 带的最大吸收波长和强度与共轭体系的数目、位置、取代基的种类等相关，如表 2-6 所示。共轭链越长，红移越显著，甚至会产生颜色。

各类有机化合物的紫外吸收

表 2-6 共轭烯烃的紫外-可见吸收光谱特征

n 值	代表性化合物	λ_{max}/nm	ε_{max}	颜色
1	乙烯	165	10000	无色
2	丁二烯	217	21000	无色
3	己三烯	258	35000	无色
4	二甲基辛四烯	296	52000	无色
5	癸五烯	335	118000	浅黄
8	二氢-β-胡萝卜素	415	210000	橙色
11	番茄红素	470	185000	红色
15	去氢番茄红素	547	150000	紫色

这种现象主要是因为共轭烯烃中形成了离域 π 键，使得 π→π* 跃迁的基态和激发态之间能量差变小，如图 2-4 所示。从乙烯到丁二烯，两个乙烯基的 π 电子轨道发生裂分和重新组合，形成了新的成键轨道 π$_1$、π$_2$ 和新的反键轨道 π$_3^*$、π$_4^*$，能量高低如图所示。两对电子分别填充到 π$_1$ 和 π$_2$ 轨道上。当丁二烯分子中的价电子受紫外光激发后，一般从能量最高的占有轨道跃迁到能量最低的空轨道，即电子从 π$_2$ 成键轨道跃迁到 π$_3^*$ 反键轨道。这时所需要的能量小于组合前跃迁所需要的能量，所以，最大吸收波长从 165 nm 红移到了 217 nm。

当分子的共轭体系越长时，所形成的最高占有轨道和最低空轨道之间的能量差越小，发生跃迁所需要的能量越低，当 n 值增加到 8 时，最大吸收波长将红移到 400 nm 以上，到了可见光区，肉眼可以观察到颜色。也就是说，共轭体系足够长时，用可见光照射化合物就能够产生 π→π* 跃迁，化合物吸收一定波长的可见光，从而呈现出对应的补充色。如胡萝卜素，吸收蓝紫光，而呈现出橙色。物质的颜色与吸收光波长的关系如表 2-7 所示。

表 2-7　物质的颜色（透过光）与吸收光颜色的互补关系

物质颜色	吸收光波长/nm	吸收光颜色	物质颜色	吸收光波长/nm	吸收光颜色
红	490～500	青	青	650～760	红
橙	480～490	青蓝	青蓝	610～650	橙
黄	450～480	蓝	蓝	580～610	黄
绿	400～450	紫	紫	560～580	绿

当共轭烯烃上引入助色基时也会使最大吸收波长发生一定程度的红移，这一点由表 2-3 中 Woodward-Fieser 计算规则可以看出。当共轭体系上有给电子能力强的助色基（如 —NR$_2$、—SR 等）取代时，最大吸收波长增加很明显，相当于双键延长；当有吸电子能力强的助色基（如—Cl、—Br 等）取代时，最大吸收波长也会增加，但不太明显。

（2）共轭烯酮（醛）的紫外吸收

共轭烯酮（醛）类化合物可以用通式 R—(CH =CH)$_n$—CO—R'(H) 来表示，它们通常同时含有共轭 π 键和羰基，共轭作用使得 π→π* 跃迁和 n→π* 跃迁需要的能量都降低，K 带和 R 带的最大吸收波长均发生红移。例如胆甾酮（结构见图 2-16），在己烷溶液中的紫外-可见吸收光谱表现出两个最大吸收波长，一个在 230 nm，吸收强度大于 10^4，属于 π→π* 跃迁（K 带）；另一个在 329 nm，吸收强度小于 100，属于 n→π* 跃迁（R 带）。

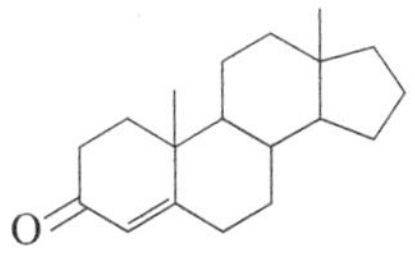

图 2-16　胆甾酮的结构

当烯酮（醛）中共轭 π 键延长时，K 带最大吸收波长的位移情况和共轭烯烃类似，表 2-8 列出了不同 n 值时 K 带的最大吸收波长变化。

表 2-8　不同 n 值时烯醛 K 带的最大吸收波长变化

化合物	λ_{max}/nm	化合物	λ_{max}/nm
CH$_3$CH =CHCHO	217	CH$_3$(CH =CH)$_2$CHO	270
CH$_3$(CH =CH)$_3$CHO	312	CH$_3$(CH =CH)$_4$CHO	343
CH$_3$(CH =CH)$_5$CHO	370		

分子在紫外区的吸收与价电子结构紧密相关，不同结构的分子具有不同的紫外吸收光谱，但也会发现，只要两分子中共轭结构相似，即使总的结构相差较大，其紫外吸收光谱也是相似的。例如胆甾酮与异亚丙基丙酮（见图 2-2），虽然两者的分子结构差异很大，但均含有相同的 O =C—C =C 共轭结构，因此两者具有相似的紫外吸收峰。

（3）芳香族化合物的紫外吸收

芳香族化合物都是环状共轭体系，苯环结构中三个环状共轭乙烯的 π→π* 跃迁产生 E$_1$、E$_2$ 强吸收带和 B 弱吸收带。E$_1$ 带一般在 200 nm 以下的远紫外区，不容易观察到，E$_2$ 带在 200 nm 左右，即近紫外区的边缘。当苯环上有助色团取代时，由于 n-π 共轭，使 E$_2$ 吸收带红移到 210 nm 左右；若有生色团取代而且与苯环共轭（π-π 共轭），则 E$_2$ 吸收带与 K 带合并（通称 K 带）进一步红移。另外，在 230～270 nm 范围，由于 π→π* 跃迁和苯环的振动发生重叠，而引起的 B 带也是芳香族化合物的特征吸收带。所以通常的紫外吸收光谱上，芳香族化合物可以观察到的代表性吸收带就是 K 带和 B 带，在非极性溶剂中可以观察到 B 带的精细结构，常被用来辨别芳香族化合物，苯和苯甲酸的紫外吸收光谱如图 2-17 所示。

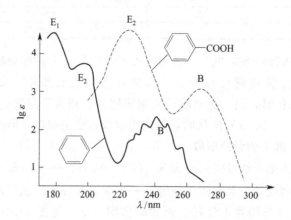

图 2-17　苯和苯甲酸的紫外吸收光谱

当苯环上有给电子基团（如—NH_2、—OH、—R 等）取代时，由于助色团的 n 电子与苯环的 π 电子形成 n-π 共轭，使 K 和 B 吸收带都发生红移，红移程度可参考以下顺序：

$$—O^- > —NH_2 > —OR > —OH > —Br > —Cl > —CH_3$$

苯酚溶液中加入氢氧化钠后可以观察到吸收峰发生红移，就是取代基由—OH 结构转化成了—O^-，给电子能力增强的缘故。

当苯环上有吸电子的发色团（如—CO—、—NO_2 等）取代时，由于发色团的 π 电子与苯环上的 π 电子形成 π-π 共轭，使得 K 带和 B 带都发生较大的红移，吸收强度增加，各种常见基团对吸收带红移的影响可参考以下顺序：

$$—NO_2 > —CHO > —COCH_3 > —COOH > —CN, COO^- > —SO_2NH_2$$

苯环与生色团连接时，除了 K 带和 B 带以外，有时还有 R 吸收带，其中 R 吸收带的波长最长。常见取代苯化合物的最大吸收波长如下：

	E_2带	B带		E_2带	B带
苯	204 nm	255 nm	—NH_2	230 nm	280 nm
—Br	210 nm	261 nm	—CH=CH	244 nm	282 nm
—OH	211 nm	270 nm	联苯	246 nm	—
—OCH_3	217 nm	269 nm	—CHO	244 nm	280 nm
—C≡N	224 nm	271 nm	—NO_2	252 nm	280 nm
—COOH	230 nm	273 nm	二苯乙烯	296 nm	—

二取代苯的两个取代基在对位时，吸收强度和波长都较大，而间位和邻位取代时，吸收强度和波长都较小。例如：

$\lambda_{max}=318\ nm$ 　　　 $\lambda_{max}=274\ nm$ 　　　 $\lambda_{max}=279\ nm$

如果对位二取代苯的一个取代基是给电子基团，另一个是吸电子基团，红移就非常大。例如：

$\lambda_{max}=230\ nm$ 　　　 $\lambda_{max}=269\ nm$ 　　　 $\lambda_{max}=381nm$

（4）稠、杂环芳烃化合物的紫外吸收

稠环芳烃，如萘、蒽、芘等，均有苯的三个吸收带，即 E_1、E_2 带和 B 带，但是与苯本身相比较，这三个吸收带均发生了红移，且吸收强度增加。例如萘，E_1 带红移到 220 nm，E_2 带红移到 275 nm，而 B 带红移到 314 nm。稠环芳烃的 B 带很弱，有时容易被旁边的强吸收带所掩盖，无法辨别，但 E_1 和 E_2 带均在近紫外区，且吸收强度非常高。随着苯环数目的增多，最大吸收波长红移得越明显。以 E_1 带为例，芳环为两个时，如萘，E_1 带的最大吸收波长为 220 nm；芳环为三个时，如蒽，E_1 带最大吸收波长为 252 nm；芳环为四个时，如并四苯，E_1 带红移到 278 nm（但如果是芘，最大吸收波长只有 240 nm）；当芳环增加为五个，如并五苯，E_1 带红移到 310 nm，如图 2-18 所示：

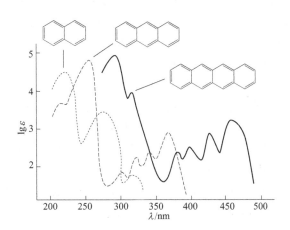

图 2-18　萘、蒽和并四苯的紫外-可见吸收光谱

当芳环上的碳原子被氮原子取代后，则相应的氮杂环化合物（如吡啶、喹啉）的紫外-可见吸收光谱，与相应的芳烃及其取代衍生物大致相似。如吡啶与硝基苯相似，吡咯与环戊二烯相似，异喹啉与萘相似。

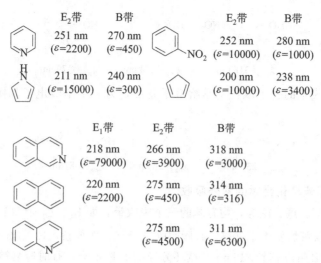

此外，由于引入含有 n 电子的 N 原子，这类杂环化合物还可能产生 $n \rightarrow \pi^*$ 吸收带。

2.3.2 无机化合物的紫外-可见吸收光谱

除了有机化合物的 $\pi \rightarrow \pi^*$ 和 $n \rightarrow \pi^*$ 跃迁吸收带以外，当用电磁辐射照射某些无机化合物时，也能够发生电子的跃迁，产生紫外-可见吸收光谱。这类电子跃迁和前面提到的 $\pi \rightarrow \pi^*$ 和 $n \rightarrow \pi^*$ 跃迁不同，主要分为两类：一类是从体系中的电子给予体向电子接受体的电荷转移跃迁；另一类是配位场能级跃迁。

（1）电荷转移吸收带

电荷转移跃迁是指用电磁辐射照射化合物时，电子从体系中具有电子给予体特性的部分（称为给体，donor）转移到该体系另一具有电子接受体特性的部分（称为受体，acceptor），这种电子转移跃迁产生的吸收谱带，称为电荷转移吸收带。电荷转移吸收带的谱带较宽，吸收强度较大，颜色较深，最大摩尔吸光系数达到 $10^3 \sim 10^4 \ \mathrm{L \cdot mol^{-1} \cdot cm^{-1}}$ 以上。例如，$KMnO_4$ 呈紫红色，K_2CrO_4 呈黄色，就是发生了电荷转移跃迁。

电荷转移跃迁是给体的一个电子向受体的一个空轨道上的跃迁，因此电荷转移跃迁的实质是一个内氧化-还原的过程。由于无机配合物内会发生中心离子和配体之间的电荷转移。根据电荷转移发生的方向，可以分为配体对金属的电荷转移（LMCT），即金属还原带，金属对配体的电荷转移（MLCT），即金属氧化带以及金属对金属的电荷转移（MMCT）。

如果配体是 σ 电子给体，如 NH_3、$-CH_3$，或者既是 σ 电子给体又是 π 电子给体，如 X^-、S^{2-}、O^{2-} 等，则可以发生从配体到金属的电荷转移，如 MnO_4^- 和 CrO_4^{2-}，它们就存在 σ 和 π 电子给体到金属的电荷转移。这种跃迁相当于发生了中心离子的还原和配体的氧化，中心离子越容易还原，跃迁需要的能量越小，对应的吸收波长越长。如图 2-19 所示，MnO_4^- 和 CrO_4^{2-} 的最大吸收波长分别是 $540\,nm$ 和 $430\,nm$，相当于分别吸收了绿光和蓝光，而呈现紫红色和黄色。

一些具有 d^{10} 电子结构的过渡金属形成的卤化物及硫化物，如 $AgBr$、HgS、SnS 等，也是由于 LMCT 跃迁而产生颜色的。对于金属卤化物，如 $AgCl$、$AgBr$ 和 AgI，卤化物颜色的深浅决定于电子跃迁前后两种轨道的能量差，按 Cl、Br、I 的顺序，电荷转移跃迁能依次降低，因此 $AgCl$ 是白色，而 $AgBr$ 和 AgI 显浅黄色和黄色。同一种离子的硫化物比氧化

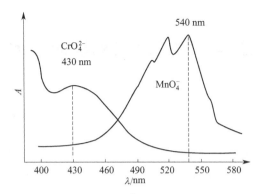

图 2-19　MnO_4^- 和 CrO_4^{2-} 的紫外-可见吸收光谱

物颜色要深，是由于 S 比 O 易失去电子，电荷跃迁能小的原因。

当配体中含有较高能量的空轨道，如 CO、NO、邻菲啰啉（phen）、联吡啶（bipy）等配体，并且与之配位的金属离子富含 d 电子，如 Fe^{2+} 等，就容易发生从金属到配体的跃迁吸收带（MLCT），如 $[Fe(Phen)_3]^{2+}$ 呈现深红色，就是发生了从金属到邻菲啰啉配体的跃迁（MLCT）。

在混合价态的化合物中，也常发生金属到金属的 MMCT 电荷转移跃迁，如 Fe_3O_4、Pb_3O_4、$KFe[Fe(CN)_6]$（普鲁士蓝）等化合物。电子在同一元素不同氧化态离子之间发生能级跃迁，这些能级能量差较小，在可见光区产生较强的吸收，所以这些化合物也呈现出明显的颜色。

（2）配位体场吸收带

根据配位体场理论，具有 d 轨道电子的过渡金属离子，在无配位场存在时，d 轨道的能量是相等的，称为简并轨道。而当 d 轨道电子处于配体形成的负电场中时，5 个简并的 d 轨道就会发生分裂，形成能量不同的轨道。如 H_2O、NH_3 之类的偶极分子或 Cl^-、CN^- 这样的阴离子（配体）按一定的几何形状排列在中心离子如 Cu^{2+} 的周围，就会使 Cu^{2+} 的 d 轨道发生能级分裂，不同的配体形成的配位体场不同，就可以使 d 轨道分裂的情况不同。因为 Cu^{2+} 的 d 轨道有 9 个电子，是未充满的，采用一定波长的电磁辐射就会使电子在不同能级间发生跃迁，产生配位体场吸收带。由于裂分形成的能级间能量差不大，只要较小的能量就可以发生跃迁，它们的吸收峰多在可见光区，呈现一定的颜色，但配位体场吸收带的吸收强度很弱，一般为 $0.1 \sim 100 \, L \cdot mol^{-1} \cdot cm^{-1}$，对定量分析的意义不是很大。

实验室经常使用的变色硅胶含有氯化钴（$CoCl_2$），在干燥情况下呈蓝色，吸水后会变成 $CoCl_2 \cdot 6H_2O$，呈粉红色。这一现象就是因为 Co^{2+} 是 d^7 未充满结构，在 $CoCl_2$ 晶体中，Co^{2+} 受到配体 Cl^- 的影响，d 轨道发生能级分裂，d 电子吸收一定波长的光可以发生跃迁，使 $CoCl_2$ 呈蓝色，吸收水之后，配体结构发生了变化，有了 H_2O 的参与，H_2O 分子的场强比 Cl^- 要大，使得 d 轨道分裂形成的能级能量差增加，电子要发生跃迁所需的能量增加，吸收光波长向短波方向移动，透过光的波长则向长波方向移动，所以观察到 $CoCl_2 \cdot 6H_2O$ 呈粉红色。

镧系和锕系离子的 5f 电子也能发生类似的 f-f 跃迁，吸收谱带也出现在紫外-可见区。由于 f 轨道被外层轨道所屏蔽，受溶剂和配体的影响很小，所以谱带较窄。

2.4　紫外吸收光谱的应用

紫外吸收光谱反映了分子中价电子能级跃迁的能量差与发色团之间的关系，谱图的特征与分子中所含有的双键数目和共轭程度等情况，且与相邻基团的种类、数目以及未成键电子的共轭情况等因素密切相关。紫外吸收光谱图能提供分子内共轭体系的结构信息，是研究化合物共轭结构以及结构信息变化的重要手段。

紫外光谱辅助结构解析

2.4.1　化合物中微量杂质检查

如果有机化合物在紫外光区都没有明显的吸收峰，而杂质有较强的吸收峰，那么即使是痕量的杂质也可以通过紫外吸收光谱检测出来。例如环己烷和乙醇等溶剂在紫外光区都没有吸收峰，而苯具有一定的吸收，λ_{max} 为 255 nm 左右。如果环己烷或乙醇中含有少量苯，可利用在 255 nm 处出现苯的 B 吸收带，被检测出来。再如，可以采用紫外吸收光谱 270～290 nm 范围内吸光度变化来检测无醛乙醇中醛的限量；要检测四氯化碳中有无二硫化碳杂质，只要观察在 318 nm 处是否有二硫化碳的吸收峰即可。

2.4.2　样品纯度检查

如果化合物在紫外光区有较强的吸收，有时可用摩尔吸光系数来检查其纯度。例如菲的氯仿溶液在 296 nm 处有强吸收，如果是纯度高的菲，标准摩尔吸光系数应该是 $\lg\varepsilon = 4.10$。采用紫外吸收光谱检验，测得的 $\lg\varepsilon$ 值比标准菲低 10%，这也说明该物质中菲的实际含量只有 90%，其余的可能是蒽等杂质。

还可以采用差示法来检测样品的纯度。即取相同浓度的纯品在同一溶剂中测定作为空白对照，样品与纯品之间的差谱就是样品中含有杂质的光谱。

紫外吸收光谱在生物分析中也有很多有价值的应用，例如估计 DNA 纯度。蛋白质和核酸在紫外光区都有吸收，核酸中含有嘌呤、嘧啶结构，最大吸收波长为 260 nm，蛋白质中含有酪氨酸和色氨酸残基，所以蛋白质溶液在 280 nm 产生紫外吸收。在一定浓度范围内，核酸和蛋白质溶液在最大吸收波长处的吸光度与其浓度成正比，服从朗伯-比耳定律，可以作定量分析。利用 280 nm 和 260 nm 的吸收差值可以计算蛋白质的含量（c），经验计算公式为：

$$c\,(\mathrm{mg/mL}) = 1.45A_{280} - 0.74A_{260}$$

也可以通过测定 280 nm 和 260 nm 处吸光度的比值来估计核酸的纯度。纯净 DNA 的比值为 1.8，RNA 为 2.0。若比值大于 1.8，说明 DNA 样品中的 RNA 尚未除尽；如果比值小于 1.8，可能是含有酚和蛋白质等干扰。这种情况可以考虑采用酚/氯仿抽提，酚可以使蛋白质变性，氯仿有强烈的脂溶性，可去除脂质类杂质，最后以冰乙醇沉淀纯化 DNA。紫外分光光度法适用于浓度大于 0.25 μg/mL 的核酸溶液。

紫外吸收光谱在工业上的应用也相当广泛。例如，工业上往往要设法将不干性油转化为干性油，紫外吸收光谱就是观察是否发生转化的有力手段。不干性油是饱和脂酸酯或双键不共轭的化合物，最大吸收波长一般在 210 nm 以下，而干性油一般都含有共轭的双键，两个共轭双键的最大吸收波长约在 220 nm 处，三个共轭双键的在 270 nm 左右，四个共轭双键的则能达到 310 nm 左右。所以干性油的紫外吸收谱带一般都在较长的波长处。通过紫外吸收光谱上最大吸收波长的位移就可以直观地判断不干性油是否发生了转化以及转化的程度。

2.4.3 未知样品的鉴定

对于一个未知的化合物，要通过多谱综合分析才能对其进行结构鉴定，单纯依靠紫外吸收光谱来推导化合物结构是不可靠的，但紫外吸收光谱能够提供化合物骨架特征和官能团的有用信息，特别是共轭体系。

如果未知化合物在紫外-可见光区（200～800 nm）是没有吸收的，摩尔吸光系数小于 10，说明该化合物不存在共轭体系，它可能是脂肪族碳氢化合物、胺、腈、醇等不含双键或环的化合物，没有醛、酮或溴、碘等基团。如果化合物在 210～250 nm 有强吸收，则可能是含有两个双键的共轭系统（如共轭二烯或 α,β-不饱和醛、酮）。如果化合物在 250～300 nm 有强吸收，则可能具有 3～5 个不饱和的共轭双键。如果化合物在 260～300 nm 有中强吸收（$\varepsilon=200\sim1000 \text{ L·mol}^{-1}\text{·cm}^{-1}$），且具有一定的精细结构，则可能有苯环。如果化合物在 270～350 nm 范围内有很弱的吸收峰（$\varepsilon=10\sim100 \text{ L·mol}^{-1}\text{·cm}^{-1}$），而无其他强吸收峰，说明可能存在非共轭的 n 电子的生色团，如羰基基团。通过紫外吸收光谱估计未知化合物中生色团、助色团和共轭程度的信息，帮助有机化合物结构的推断和鉴别，这也是紫外吸收光谱最重要的应用之一。

通过与标准物质的紫外吸收光谱的比较来对化合物做定性分析也是一种常用的未知物的鉴定手段。比较法有标准物质比较法和标准谱图比较法两种。利用标准物质比较，必须在相同的测量条件下，测定和比较未知物与已知标准物的紫外吸收光谱曲线，如果二者的光谱完全一致，可以初步认为它们是同一化合物。需要注意的是，必须在相同的条件下测定，尽量使用与测量物质作用力小的非极性溶剂，以观察到光谱的精细结构。

常用的标准谱图有以下几种：

①《The Sadtler Standard Spectra，Ultraviolet》（萨特勒标准图谱）Heyden，London，1978。这是由 Sadtler Research Laboratories，Inc. 编纂出版的标准光谱图集，包括紫外-可见吸收光谱、红外光谱、核磁共振波谱、拉曼光谱等。其中紫外部分收集了 46000 种化合物的紫外-可见吸收光谱图。附有化合物的名称索引、化合物类别索引、分子式索引和光谱号码索引等。

②《Ultraviolet and Visible Absorption Spectra of Aromatic Compounds》，R. A. Friedel and M. Orchin，New York，Wiley，1951。该书收集了 597 种芳香化合物的紫外-可见吸收光谱。

③《Handbook of Ultraviolet and Visible Absorption Spectra of Organic Compounds》，Kenzo Hirayama，New York，Plenum Press，1967。

④《Organic Electronic Spectral Data》（Vol Ⅰ～Ⅸ），J. M. Kamlet，J. J. Phillips，1945。该书是通过对从 1945 年起的主要期刊的完全检索形成的，这是一套由众多学者积累多年的经验而共同编写的大部头手册性丛书，延续至今不断续编。化合物采用分子式检索，吸收最大值均被列出，并附有文献。

紫外吸收光谱的形状、吸收峰的数目和位置、最大吸收波长及相应的摩尔吸光系数都是定性分析的主要依据。例如，药典中对维生素 B_{12} 的定性鉴别有以下规定：维生素 B_{12} 的紫外吸收光谱在 278 nm、361 nm 和 550 nm 均有吸收峰，其中 361 nm 处吸收最强，药典规定只有这三处的吸光度满足下列要求时才能认为该化合物是维生素 B_{12}。

$$\frac{A_{361}}{A_{278}}=1.70\sim1.88 \qquad \frac{A_{361}}{A_{550}}=3.15\sim3.45$$

另外，还可以根据伍德瓦尔德（Woodward）规则和斯科特（Scott）经验规则计算不饱和有机化合物最大吸收波长，与实测值进行比较确认化合物的结构。

例 2-7 某化合物的 λ_{max} 为 237 nm，可能是下列哪种化合物？

A   B   C   D

解：根据经验规则计算上述化合物的最大吸收波长：

A. $\lambda_{max}=214$（共轭二烯）$+15$（三个烷基取代）$=229$ nm

B. $\lambda_{max}=215$（α,β-不饱和酮）$+12$（β 位烷基取代）$=227$ nm

C. $\lambda_{max}=215$（α,β-不饱和酮）$+10$（α 位烷基取代）$+12$（β 位烷基取代）$=237$ nm

D. $\lambda_{max}=215$（α,β-不饱和酮）$+30$（延长一个双键）$+39$（同环双烯）$+10$（α 位烷基取代）$+18\times2$（2 个 δ 位烷基取代）$=330$ nm

由此可见，该化合物的结构应该是 C。

2.4.4　异构体的判别

紫外吸收光谱可以用于顺反异构体和互变异构体的判别。

生色团和助色团处在同一平面上时，可以产生最大的共轭效应。由于反式异构体的空间位阻效应小，分子的共平面性能较好，共轭效应强，紫外最大吸收波长比顺式的要长，可以采用紫外吸收光谱区分。

同一分子式的多环二烯，可能也有两种异构体，即顺式的同环二烯和反式的异环二烯，同上原理，异环二烯的吸收波长和吸收带强度总是比同环二烯的大，也可以采用紫外吸收光谱区分开。

在有机化学中，有同分异构现象，紫外吸收光谱可以灵敏地区别某些具有共轭体系的同分异构体。例如，紫罗兰酮具有 α-、β-两种同分异构体：

α-紫罗兰酮 β-紫罗兰酮

$\lambda_{max}=228$ nm（$\varepsilon_{max}=14000$） $\lambda_{max}=296$ nm（$\varepsilon_{max}=11000$）

β-紫罗兰酮的共轭体系更长，其最大吸收波长比 α-紫罗兰酮要长将近 70 nm，采用紫外吸收光谱区分是最理想的手段。

某些有机化合物在溶液中可能有两种以上的互变异构体处于动态平衡中，在互变过程中常常伴随双键的移动和共轭体系的变化，也会产生紫外吸收光谱的变化。最常见的是酮式与烯醇式异构体之间的互变。例如，乙酰乙酸乙酯就具有酮式和烯醇式两种互变异构体：

酮式
$\lambda_{max}=272\,nm\ (\varepsilon_{max}=16)$　　　　烯醇式
$\lambda_{max}=243\,nm\ (\varepsilon_{max}=16000)$

酮式异构体是孤立的羰基，$\pi\rightarrow\pi^*$ 跃迁产生的吸收在 204 nm，$n\rightarrow\pi^*$ 跃迁的最大吸收波长在 274 nm，是很弱的吸收；而烯醇式异构体羰基与双键共轭，$\pi\rightarrow\pi^*$ 跃迁产生的吸收带红移到 243 nm，吸收强度很强，两者具有明显区别。

乙酰乙酸乙酯在溶液中的存在形式主要取决于溶剂的极性。在极性溶剂，如水、乙醇中，由于羰基能与水分子形成氢键而降低能量达到稳定状态，所以酮式异构体占优势。而在非极性溶剂，如己烷中，烯醇式异构体容易形成分子内氢键，且形成共轭体系，使能量降低达到稳定，所以这时平衡向右移动，烯醇式异构体比例增加。在水、乙醇、乙醚、二硫化碳和正己烷中，烯醇式异构体的占比分别是 0.4%、12.0%、27.1%、32.4% 和 46.4%。

酮式与水形成氢键　　　　　　烯醇式形成分子内氢键

此外，紫外吸收光谱还可以判断某些化合物的构象（如取代基是平伏键还是直立键）及旋光异构体等。

2.4.5　其他方面的应用

（1）纳米材料的表征

纳米材料具有很多传统材料所不具备的特殊性能，如表面效应、小尺寸效应、量子尺寸效应、宏观量子隧道效应等，近年来受到各领域的广泛关注。纳米颗粒尺寸小，比表面积大，在熔点、磁性、热阻、电学性能、光学性能、化学活性和催化性能等方面都较宏观物理性质发生了显著变化。例如，对光的吸收效果显著增加，金属胶体在紫外可见区产生吸收带，这是由于等离子共振激发或带间跃迁而形成的。

紫外光谱在有机化合物结构研究中的应用 2

纳米金或银胶表面自由电子按其固有频率作协同振荡，当入射光的频率刚好和自由电子的振荡频率相等时，就会与入射光发生共振，产生金属粒子的表面等离子体共振（surface plasmon resonance，SPR），在紫外可见光区产生特征吸收光谱，使溶液呈现出一定的颜色。所以紫外-可见吸收光谱是表征等离子体共振的有效工具之一。

表面等离子体共振频率与电子密度、粒子大小和形状等密切相关。表面等离子体共振吸收峰与纳米球的尺寸有很强的相关性，随着纳米球尺寸的减小，由于量子尺寸效应，吸收峰将发生宽化和蓝移。理论和实验均表明，通过改变球形或近球形的固体金和银纳米颗粒的半径，可以改变表面等离子体共振波长。例如，直径小于 10 nm 金胶的共振吸收在 510 nm 左右，随着粒子直径的增加，其表面等离子体共振吸收峰发生红移，如图 2-20 所示，粒子直径分别为 10 nm、25 nm、50 nm 和 70 nm 时，相应的最大吸收波长分别是 510 nm、523 nm、

532 nm 和 545 nm，溶胶颜色由红变紫。纳米银球的等离子吸收带比金的波长小一些，光谱性质类似。可见在一定的尺寸范围内，吸收峰的最大波长随粒子直径的变化关系大体呈线性。

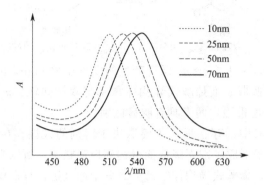

图 2-20　不同粒径纳米金胶的紫外-可见吸收光谱

　　纳米粒子的形状对其等离子体共振吸收峰位置的影响相对于尺寸效应而言更为明显。如果金属纳米粒子不是球形，而是椭球形，其溶胶会出现两个等离子吸收带，一个对应于沿短轴方向的横向等离子吸收带，另一个则对应于沿长轴方向的纵向等离子吸收带。其中纵向等离子吸收带的波长要比横向的长几百个纳米，并且强度非常强，对椭球的光学性质起主导作用。多吸收峰的现象也反映了纳米金属椭球具有光学各向异性的形状。具有各向异性形状的粒子根据其形状的不同，可能会产生两个以上的吸收峰。三角形纳米棱镜具有两个不等性的面，因此会在紫外-可见光区域出现多于两个的明显的吸收峰。2001 年，Chad A. Mirkin 团队首先报道了通过光照在溶液中反应得到了具有规整三角形的银纳米棱镜，他们观察到了明显的多极共振吸收峰。另外，接近同一尺寸的球形、三角形和五边形的金属纳米粒子等离子共振吸收带相比较而言，由大到小的排列顺序是：三角形＞五边形＞球形。

　　不同的金属材料制备的纳米颗粒其表面等离子共振吸收带也具有独特的光学性质。在材料的组成与结构研究方面，双金属复合纳米颗粒，核/壳型纳米颗粒以及中空纳米颗粒等，与其单组分实心金属纳米颗粒相比，都具有独特的光学、催化和磁性等性质。以金核/银壳型纳米颗粒为例，如图 2-21 所示，纯的金、银纳米颗粒的等离子吸收带最大吸收波长分别是 520 nm 和 390 nm 左右，形成金核/银壳型纳米颗粒后，其吸收光谱出现两个等离子吸收带，一个位于 390 nm 左右，是银壳层表面引起的特征的等离子体吸收峰；另一个介于 390 nm 和 520 nm 之间，随着反应试样中银含量的增加而发生定向的蓝移，这个吸收峰是受核/壳结构调节的等离子吸收峰，随着银壳层的变厚，核/壳相对厚度发生变化，使最大吸收波长蓝移，理论上可以制备波长可调的金核/银壳型纳米颗粒。

　　紫外-可见吸收光谱是表征无机纳米材料的一种常用有效手段。纳米材料光谱特性与宏观材料存在显著不同，这主要是当粒子的尺寸进入纳米级时，金属费米能级附近的电子能级由准连续变为离散的（费米能级就是金属内的电子由于泡利不相容原理，不能使每一个电子都处于最低能级，导致这些电子依次往高能级填充，最后填充的那个能级就是费米能级，即导带的最高能量状态），能级分裂导致能隙变宽，在紫外-可见吸收光谱上表现出特征吸收峰明显蓝移的现象。例如，纳米 ZnO、Al_2O_3、TiO_2、SiO_2 等粒子与常规的粉体相比都存在谱带蓝移的现象。无机纳米膜也具有类似的性质，随着镀膜厚度或层数的减小，可以观察到吸收边缘的波长蓝移。另外纳米粒子或纳米膜的自组装过程也可以引起吸收峰的蓝移或红

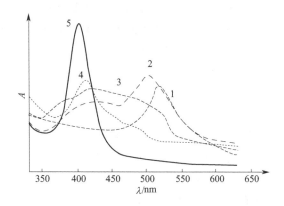

图 2-21 金核/银壳型纳米颗粒的紫外-可见吸收光谱

1—纯金纳米粒子；2~4—金核上银壳逐渐变厚的变化过程；5—纯银纳米粒子

移，采用紫外-可见吸收光谱可以对这些无机材料的组装过程进行表征。

（2）研究分子间相互作用

小分子与生物大分子，特别是与核酸、蛋白质之间的非共价键相互作用的研究具有重要意义。紫外-可见吸收光谱则是研究这一相互作用最简便、最常用的技术之一。小分子与生物大分子之间的作用力主要包括氢键、静电作用、范德华力、π-π 堆叠、疏水作用等。虽然作用强度很弱（<10 kJ/mol），作用力范围也很小（0.3~0.5 nm），但大量分子之间的加合和协同效应可以形成很强的分子间相互作用力，这也是超分子识别与分子自组装的基础。核酸和蛋白质在紫外光区 260 nm 和 280 nm 均有相应的吸收，当小分子与它们相互作用后，会引起紫外吸收带的红移（蓝移）现象或增色（减色）效应，光谱的变化过程就是生物分子和小分子之间相互作用下结构与构象变化的动态描述。吸收光谱的增色效应和减色效应与生物分子的结构密切相关，以小分子与核酸的相互作用为例，减色效应可能是 DNA 分子轴向收缩、构象变化造成的，增色效应则可能是 DNA 双螺旋结构被破坏。如果观察到吸光度减小，吸收带红移，并且形成等吸收点，可能是小分子嵌插到 DNA 双链之间，与 DNA 的碱基等基团发生相互作用。通过吸收光谱的变化可以判断小分子是否与生物大分子之间产生了相互作用，作用方式是怎样的，并可以进一步测定和计算热力学参数。

思考题

2-1 生色团和助色团的区别是什么？

2-2 什么叫摩尔吸光系数？它的单位是什么？有什么意义？

2-3 采用什么方法可以区别 $n \to \pi^*$ 和 $\pi \to \pi^*$ 跃迁类型？

2-4 $(CH_3)_3N$ 能产生 $n \to \sigma^*$ 跃迁，其 λ_{max} 为 227 nm（$\varepsilon = 900$）。试问若在酸性溶液中测定，该峰会怎样变化？

2-5 一氯甲烷、丙酮、1,3-丁二烯、甲醇四种化合物中，同时有 $\sigma \to \sigma^*$、$n \to \pi^*$、$\pi \to \pi^*$ 跃迁的化合物是哪种？

2-6 比较单光束分光光度计、双光束分光光度计及双波长分光光度计在工作原理上有什么区别？

2-7 在进行紫外吸收光谱测试时，选择溶剂时需要考虑哪些因素？

2-8 紫外吸收光谱能提供哪些分子结构信息？该技术在结构分析中有何局限性？

2-9 紫外吸收光谱法在日常生活中有哪些应用？

习题

2-1 试推测 $CH_3CH_2CH_2CH{=}CH{-}CH{=}CH{-}COOH$ 的近紫外吸收光谱及强度，并分析溶剂极性增大时该化合物的紫外光谱吸收带将如何变化？

2-2 试根据所学紫外吸收波谱知识对邻菲啰啉分子（结构式如下图所示）进行分析：

（1）邻菲啰啉分子中存在的能级跃迁类型；

（2）溶剂极性增大时，该分子最大吸收波长有何影响？其原理是什么？

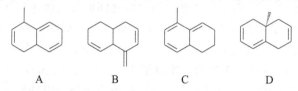

2-3 下面分子中紫外吸收波长最大的分子是（　　），并说说推测的依据。

　　　A　　　　　　B　　　　　　C　　　　　　D

2-4 计算下列化合物的紫外最大吸收波长。

2-5 某化合物的分子式如下所示，试分析该分子中存在哪些类型的价电子，有哪些跃迁类型，画出能级跃迁示意图，并计算该化合物的紫外最大吸收波长。

2-6 当溶剂从乙醇变为正己烷时，异亚丙基丙酮在紫外吸收光谱中的 K 带和 R 带的最大吸收波长分别发生什么变化？

2-7 顺式肉桂酸和反式肉桂酸的紫外光谱吸收强度相差一倍，这种差异主要是由于什么效应导致的？

2-8 在苯、甲苯、苯胺三种化合物的紫外吸收光谱图中，B 带对应的吸收波长从高到低的顺序如何？

2-9 试分析共轭二烯在己烷和乙醇溶剂中最大吸收波长的大小及其原因。

2-10 苯酚由中性变为碱性时，紫外吸收峰会发生什么变化？为什么？

《《《 第 3 章 》》》
红外光谱分析法

1800 年，Herschel 采用玻璃棱镜和温度计研究太阳光的热效应时，发现从紫外区移动到红外区时，测量温度逐步升高，首次发现了肉眼看不见的"红外辐射"。1882 年，Abney 和 Festing 获得了 50 多种有机化合物的红外光谱，并将吸收谱带与分子中特定的有机官能团相关联。1892 年，Julius 记录了 20 多种有机化合物的红外光谱，并发现了甲基在特征波段的吸收。20 世纪初，Coblentz 研究了 120 多种有机和无机化合物的红外光谱，证明不同基团结构会产生不同红外特征吸收，为近代红外光谱学的建立奠定了基础。

1947 年，第一台商业化的红外光谱仪问世并用于工业定性分析，如合成橡胶、石油产品分析等。20 世纪 60 年代出现第二代光栅型红外光谱仪，70 年代第三代干涉型傅里叶变换红外光谱仪问世，其灵敏度和工作效率大大提高，同时催生了步进扫描、时间分辨和红外成像等新技术，大大拓展了红外光谱的应用领域。

红外光谱分析法是利用物质分子对红外光的吸收特性进行分析鉴定的一类方法。红外光谱和紫外光谱均属于分子吸收光谱，但红外光的能量只能引起分子振动和转动能级的跃迁，因此红外光谱也称为分子振-转光谱。化合物中不同官能团在红外光区具有特征吸收，通过红外光谱分析可以获得分子所带官能团的信息，依此鉴定化合物的分子结构。红外光谱具有测试便捷，谱图重现性好，检测灵敏度高，试样用量少，仪器结构简单等优点。它既可以用于无机和有机化合物的分子结构测定，又可以用于未知物结构鉴定和混合物成分分析。红外光谱分析法在材料科学、石油化工、生物医药、环境科学、催化、生命科学等领域均有着广泛的应用。

3.1 红外光谱的表示方式

当采用一束连续波长的红外光照射样品分子时，分子会吸收一定波长的红外光，引起多种振动能级的跃迁，同时伴随多种转动能级的跃迁，产生振-转光谱，或称红外吸收光谱。红外光的波长范围为 $0.75 \sim 1000\,\mu m$，处于可见光和微波之间，通常分为三个区域，即近红外区（$0.75 \sim 2.5\,\mu m$）、中红外区（$2.5 \sim 25\,\mu m$）和远红外区（$25 \sim 1000\,\mu m$）。通常所说的红外光谱主要利用的是中红外区，标准红外光谱的横坐标可以用波长（λ）和波数（$\tilde{\nu}$）两种刻度表示，波数的单位是 cm^{-1}，物理意义是每厘米长度内波长的数目，二者的关系是：

$$\tilde{\nu}(cm^{-1}) = \frac{10^4}{\lambda(\mu m)} \tag{3-1}$$

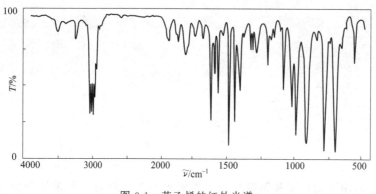

图 3-1 苯乙烯的红外光谱

红外吸收
光谱概述

两种表示方式各有优缺点，二者可以互换，如波长 $2.5 \sim 25\,\mu m$ 的中红外光对应的波数为 $4000 \sim 400\,cm^{-1}$，红外光谱中最常用的还是波数。标准红外光谱的纵坐标常用透光率（T）或吸光度（A）表示，标准红外光谱图如图 3-1 所示。透光率越低，吸光度越强，谱带的强度越大，根据 T 值大小，红外光谱的谱带强度大致分为很强吸收带（vs）、强吸收带（s）、中强吸收带（m）和弱吸收带（w）。T 在 10% 以下为很强吸收，10%～40% 为强吸收，40%～90% 为中强吸收，大于 90% 为弱吸收，如吸收峰较宽则用宽吸收带（b）表示。T 和 A 为负对数关系，稀溶液中吸光度遵循朗伯-比耳定律，可用于定量，本书中主要介绍与结构分析密切相关的光谱分析原理和技术。书中所指的强或弱吸收是对于整个红外光谱图的相对强度。

3.2　红外光谱的基本原理

原子之间通过化学键连接构成分子，分子中的原子和化学键都在不停地运动，除了价电子运动和平动外，还有分子中原子的振动和分子本身的转动。当采用一定波长的红外光照射被研究的物质分子时，要获得该物质的红外吸收光谱，需要满足两个条件：①能量匹配，$\Delta E = E_2 - E_1 = h\nu$。如果辐射能大小刚好等于振动能级跃迁所需的能量时，分子可能会吸收能量引起振动能级的跃迁，同时伴随转动能级跃迁；②振动引起了偶极矩的变化，$\Delta\mu \neq 0$。即并非所有的振动都能产生红外吸收，要将红外光的能量传递给分子，需要通过偶极相互作用，即能量的传递要通过分子振动偶极矩的变化来实现。分子的偶极矩等于正、负电荷中心的距离 r 与电荷中心所带电荷 δ 的乘积，可以体现分子极性的大小。如 H_2O、HCl 都

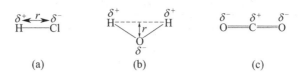

(a)	(b)	(c)

是极性分子，存在偶极矩，振动能够产生红外吸收，为红外活性振动。同核双原子分子如 N_2、O_2 偶极矩为 0，振动不能产生红外吸收，为红外非活性振动。而像 CO_2、CS_2 这样的线性分子，对称的振动不发生偶极矩的变化，不产生红外吸收，但不对称的振动则存在偶极矩变化，产生红外吸收。

3.3 分子的振动与跃迁选律

以双原子分子为例，质量为 m_1 和 m_2 的两个原子以较小的振幅在平衡位置附近做伸缩振动，可以看作一个简单的谐振子，如图 3-2 所示。双原子分子的化学键可以看成质量忽略不计的弹簧，两个原子类似平衡位置附近做伸缩振动的小球。根据经典力学原理，简谐振动遵循虎克（Hooke）定律，即力的大小与位移成正比，方向与位移相反。简谐振动的振动频率可以用下式表示：

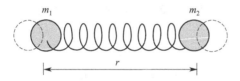

图 3-2 双原子分子处于平衡位置和振动某瞬间的示意图

双原子分子
的振动

$$\nu = \frac{1}{2\pi}\sqrt{\frac{k}{\mu}} \tag{3-2}$$

式中，ν 为振动频率；k 为键力常数，相当于弹簧的虎克常数，单位为 $N \cdot cm^{-1}$（或 $10^5 \ dyn \cdot cm^{-1}$）；μ 为折合质量，可由两原子的质量求出：

$$\mu = \frac{m_1 m_2}{m_1 + m_2} \tag{3-3}$$

用波数表示为：

$$\tilde{\nu} = \frac{1}{2\pi c}\sqrt{\frac{k}{\mu}} = 1302\sqrt{\frac{k}{\mu}} \tag{3-4}$$

其中，

$$1302 = \frac{1}{2\pi c}\sqrt{N_A \times 10^5} = \frac{1}{2\pi c}\sqrt{6.022 \times 10^{23} \times 10^5}$$

式中，c 的单位采用 $cm \cdot s^{-1}$，阿伏伽德罗常数 $N_A = 6.022 \times 10^{23} \ mol^{-1}$。如果已知某化学键的力常数，根据式(3-4)可以推测该振动发生红外吸收的波长或波数的位置。

常见化学键的力常数如表 3-1 所示（单位为 $N \cdot cm^{-1}$）。

表 3-1　常见化学键的伸缩振动键的力常数

化学键	分子	力常数	化学键	分子	力常数
C—C		4.5～5.6	H—Br	HBr	4.1
C=C		9.5～9.9	H—I	HI	3.2
C≡C		15～17	H—O	H_2O	7.8
C—O		12～13	H—S	H_2S	4.3
C=O		16～18	H—N	NH_3	6.5
C—Cl	CH_3Cl	3.4	H—C	$CH_2=CH_2$	5.1
H—F	HF	9.7	H—C	CH≡CH	5.9
H—Cl	HCl	4.8	H—C	CH_3X	4.7～5.0

如 C=C 双键的力常数为 $9.5～9.9 \, N \cdot cm^{-1}$，取 $9.7 \, N \cdot cm^{-1}$，根据式(3-4)推测其伸缩振动出现的波数值：

$$\tilde{\nu} = \frac{1}{2\pi c}\sqrt{\frac{k}{\mu}} = 1302\sqrt{\frac{k}{\mu}} = 1302 \times \sqrt{\frac{9.7}{\frac{12 \times 12}{12+12}}} = 1655 \, cm^{-1}$$

与正己烯中实测得到的 C=C 键伸缩振动波数值 $1652 \, cm^{-1}$ 很接近。通常实测值低于理论计算值，如甲烷的 C—H 键伸缩振动波数理论计算值为 $2960 \, cm^{-1}$，实测为 $2915 \, cm^{-1}$；C≡C 键伸缩振动波数理论计算值为 $2170 \, cm^{-1}$，实测为 $2160 \, cm^{-1}$。这是由于非谐振子的振动频率要小于谐振子的振动频率，二者相差 $2\tilde{\nu}x$（x 为非谐性常数）。

由式(3-4)可知，构成化学键的原子质量和键力常数决定了该化学键的振动频率或波数。键力常数越大，折合质量越小，化学键的振动频率（波数）越高，力常数和化学键的键能成正比，质量相近的基团存在叁键>双键>单键的规律，因此在红外光谱上也观察到振动频率存在如下关系：

$$\nu_{C≡C} > \nu_{C=C} > \nu_{C—C}$$

与氢原子相连的基团如 C—H、O—H、N—H，折合质量都较小，因此红外吸收出现在较高波数，如—OH 的伸缩振动在 $3600～3200 \, cm^{-1}$。

从量子力学的角度来看，分子中的振动能级不是连续的，而是量子化的，双原子分子振动模型的势能曲线如图 3-3 所示。V 表示振动量子数，可以取 0，1，2···值。由 $V=0$ 跃迁到 $V=1$ 发生的吸收称为基频吸收或基频峰，由 $V=0$ 跃迁到 $V=2$ 或 3 的吸收，称为倍频吸收或倍频峰。曲线 aa' 是谐振子振动模型的势能曲线，bb' 是实际分子的势能曲线。由图可知，V 取值大于 3 时，分子振动势能曲线开始显著偏离谐振子势能曲线。通常的红外光谱主要由基频和倍频吸收引起，可以利用谐振子的运动规律来做近似处理。

分子的振动可以作为简谐振动处理时，一般遵循 $\Delta V = \pm 1$ 的跃迁选律，即跃迁必须在相邻能级之间进行。满足选律的跃迁称为允许跃迁，其跃迁概率大，吸收较强，不满足选律的跃迁称为禁阻跃迁，跃迁的概率小，吸收强度弱。由 $V=0$ 到 $V=1$ 的跃迁属于允许跃迁，而 $V=0$ 到 $V=2$ 或 3 的跃迁属于禁阻跃迁，因此基频吸收一般较强，而倍频吸收很弱。

多原子分子的振动情况要复杂一些，但可以将多原子分子分成若干个简单的基频振动来处理，这种基频振动称为简正振动。多原子分子振动时各原子间的相对位置称为该分子的振动自由度。一个原子在空间的位置可以用坐标 (x, y, z) 来表示，即一个原子有 3 个自由度。如果一个分子由 n 个原子构成，则该分子有 $3n$ 个自由度，包括平动、振动和转动自由度。其中振动

多原子分子
的振动

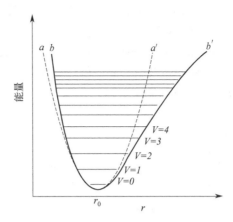

图 3-3 双原子分子振动模型的势能曲线

自由度可以用 $3n$ 扣除平动和转动自由度获得。在空间 x、y、z 方向，分子有 3 个平动自由度；如果是非线性分子，还需要扣除 3 个转动自由度；如果是线性分子，其中一个方向的转动是无效操作，只需要扣除 2 个转动自由度。因此，非线性分子的振动自由度为 $3n-6$，而线性分子的振动自由度为 $3n-5$，振动自由度的数目就对应基本振动方式的种类。理论上可以分别观测到 $3n-6$ 和 $3n-5$ 个振动谱带，但实测的谱带数目远小于理论值。如 CO_2 分子是由 3 个原子组成的线性分子，理论上有 $3n-5$ 个振动自由度，即产生 4 个振动谱带，但由于其对称伸缩振动是红外非活性的，另外两种弯曲振动谱带发生了简并，只能观察到 2 个明显的吸收峰，如图 3-4 所示。

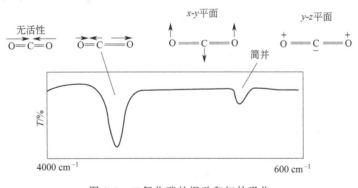

图 3-4　二氧化碳的振动和红外吸收

红外光谱产
生条件与谱带强度

　　水是非线性分子，振动自由度为 $3n-6$，产生 3 个吸收峰。苯环 C_6H_6 是由 12 个原子组成的非线性分子，振动自由度为 30，但实际观测到的吸收峰数目远远小于理论值。可能的原因有：频率相同的振动发生简并；有些吸收峰太弱，或被强或宽的吸收峰掩盖；有些振动未产生瞬时偶极矩的变化，不引起红外吸收；吸收峰范围落在红外区域之外等。

3.4　分子振动类型和谱带

　　分子的振动形式主要分为两大类：伸缩振动和弯曲振动（或变形振动）。

伸缩振动指成键原子沿键轴方向的往复运动，振动过程中键长发生变化，而键角不变，用符号 ν 表示。伸缩振动可分为对称伸缩振动（symmetric stretching vibration）和反对称伸缩振动（ansymmetric stretching vibration），分别用 ν_s 和 ν_{as} 表示。以亚甲基为例，其伸缩振动如图 3-5 所示，其中反对称伸缩振动引起的偶极矩变化比对称伸缩振动大，因此谱带吸收强度更强，出现的波数也高于对称伸缩振动。

对称伸缩振动(ν_s)　　　反对称伸缩振动(ν_{as})

图 3-5　对称和反对称伸缩振动

弯曲振动（或变形振动）是分子中的原子做垂直于键轴方向的振动，振动时键角发生变化或分子中的原子团对其余部分做相对运动，用符号 δ 表示。弯曲振动分为面内弯曲振动和面外弯曲振动，以亚甲基为例，其弯曲振动如图 3-6 所示。如果弯曲振动的方向垂直于分子的平面，称面外弯曲振动；如果弯曲振动完全位于分子的平面上，称面内弯曲振动。

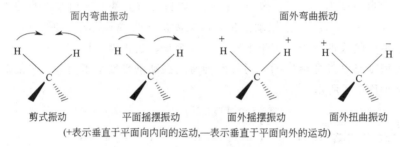

面内弯曲振动　　　　　　　　　　　　面外弯曲振动

剪式振动　　　平面摇摆振动　　　面外摇摆振动　　　面外扭曲振动

(+表示垂直于平面向内向的运动，—表示垂直于平面向外的运动)

图 3-6　亚甲基的弯曲振动示意图

如果进一步细分，面内弯曲振动有剪式振动（常用 δ 或 σ 表示）和平面摇摆振动（常用 γ 或 ρ 表示）两种形式，面外弯曲振动有面外摇摆振动（常用 ω 表示）和面外扭曲振动（常用 τ 表示）两种，如图 3-6 所示，面内弯曲振动的波数一般比面外弯曲振动的要高。

此外，还存在多原子分子的骨架振动，如苯环的骨架振动。同一种基团伸缩振动的频率远大于弯曲振动，如甲基 C—H 的反对称和对称伸缩振动在 2950 cm^{-1} 左右和 2850 cm^{-1} 左右出现，而其弯曲振动吸收峰则出现在 1450 cm^{-1} 左右和 1380 cm^{-1} 左右。

分子的红外光谱中，除了基频振动外，还能观察到倍频、组合频、振动偶合和费米共振谱带等吸收峰。

（1）倍频

分子从 $V=0$ 到 $V=2$、$V=3$……的跃迁会引起弱吸收，对应第一倍频、第二倍频……，统称倍频吸收带。以第一倍频为例，其出现位置略低于两倍基频吸收峰，如羰基的伸缩振动出现在 1715 cm^{-1} 左右，其第一倍频吸收出现在 3400 cm^{-1} 左右。从基态到 $V=3$ 以上激发态的跃迁概率很小，倍频峰几乎观测不到。

（2）组合频

组合频吸收峰出现在两个基频振动频率之和或之差附近，也属于弱吸收。倍频和组合频统称为泛频，其跃迁的概率很小，强度很弱，通常难以检测出。具有代表性的是苯环在

2000~1660 cm^{-1} 范围的泛频带，该范围吸收峰的形状和数目与芳环的取代类型相关，如苯环单取代出现四个精细结构的小峰。

（3）振动偶合

当两个或两个以上相同基团与同一个原子相连时，由于振动频率相近，会产生振动偶合，进而使得吸收峰发生裂分，偏离基频位置，一个移向高频，另一个移向低频。振动偶合包括伸缩振动偶合、弯曲振动偶合、伸缩与弯曲振动偶合三类。如酸酐类化合物两个羰基之间的伸缩振动偶合作用，在 1860~1800 cm^{-1} 和 1800~1750 cm^{-1} 左右出现双峰。二元羧酸 HOOC—CH$_2$—COOH 也存在振动偶合，在 1740 cm^{-1} 和 1710 cm^{-1} 出现双峰。蛋白质分子中，C—N 的伸缩振动和 N—H 的面内弯曲振动频率接近，也能产生振动偶合，在 1540 cm^{-1} 左右和 1240 cm^{-1} 左右出现酰胺Ⅱ带和酰胺Ⅲ带的特征吸收。异丙基则存在两个甲基的弯曲振动偶合作用，在 1385 cm^{-1} 和 1365 cm^{-1} 左右出现双峰。含氢基团的振动偶合作用可以通过氘代实验验证，氘代后基团折合质量改变引起振动频率的变化，振动偶合吸收峰可能会消失。

（4）费米（Fermi）共振

当振动的倍频（或合频）与另一振动的基频吸收峰接近时，由于发生相互作用而产生很强的吸收峰或发生吸收峰的裂分，这种振动偶合现象称为费米共振。醛类化合物在 2850~2700 cm^{-1} 出现的两个吸收峰就是典型的费米共振，特别是 2720 cm^{-1} 左右的峰，可以用来区别醛类和酮类。这两个吸收峰正是 C—H 键的伸缩振动与 C—H 键弯曲振动的倍频之间发生费米共振产生的。再如环戊酮骨架振动吸收峰 889 cm^{-1} 的倍频峰位于羰基的伸缩振动吸收峰附近，由于费米共振产生 1746 cm^{-1} 和 1728 cm^{-1} 的双峰。

3.5　特征频率与区域划分

如果把具有相似结构化合物的红外光谱加以比较，就会发现，一定频率的吸收峰与分子中某些特征官能团密切相关。也就是说，红外光谱中某些吸收峰的存在可以指示某些特征官能团的存在。这种能够代表某些官能团存在，并具有较高强度的吸收峰称为特征吸收峰，对应的吸收频率称为特征频率。特征频率具有以下特点：不同化合物中的同种基团特征频率大致相同，如羰基的伸缩振动吸收在各种化合物（如醛、酮、酸、酯、酰胺等）中总是出现在 1800~1650 cm^{-1}，一般在 1710 cm^{-1} 处。当化合物中有 C≡C 键时，其吸收峰总是出现在 2500~2000 cm^{-1}。

有机化合物官能团的特征频率位于 4000~1300 cm^{-1} 区域，这个区域称为特征频率区。在此区域内振动频率较高，受分子其余部分影响小，这是对官能团进行定性分析的主要依据。该区域还可细分为氢键区（4000~2500 cm^{-1}，如 O—H、N—H、C—H、S—H 等的伸缩振动），叁键和累积双键区（2500~2000 cm^{-1}，如 C≡C、C≡N、C=C=C、N=C=O 等的伸缩振动），以及双键区（2000~1300 cm^{-1}，如 C=O、C=C、C=N、—NO$_2$、苯环等的伸缩振动）。

1300~400 cm^{-1} 的区域称为指纹区。在此区域内，各种官能团的吸收峰受分子结构的影响较大，结构上的微小变化都会引起指纹区光谱的明显改变，它好像化合物的"指纹"一样，可用来识别异构体。该区域主要对应单键的伸缩振动（如 C—C 键、C—O 键、C—N 键、C—X 键等），以及 C—H 键和 O—H 键的弯曲振动。苯环不同取代情况在指纹区可以观察到精细结构的差异。将化合物指纹区与标准红外光谱图或已知样品红外光谱比较，可以鉴定化合物，特别是区分结构非常相似的化合物。

3.6 影响红外吸收频率的因素

分子中不同的基团具有不同的特征红外吸收，但各基团的振动不是相互独立的，而是受分子内部和外部因素影响的，当测试条件或样品物态不同时，也会改变基团的特征吸收。即使是同一基团结构，当其周围的化学环境和测试条件不同时，特征吸收峰的位置也会在一定范围内波动。

影响基团频率位移的因素 1

3.6.1 内部因素

3.6.1.1 键力常数和成键原子影响

由于双原子分子的化学键可以看成是谐振子的振动，在前述讨论中已知，化学键的键力常数 k 越大，成键原子的折合质量越小，振动波数越高。一些常见化学键的伸缩振动波数范围见表 3-2。

影响基团频率位移的因素 2

表 3-2　常见化学键的伸缩振动波数范围

化学键	波数/cm^{-1}	化学键	波数/cm^{-1}
C—C	1250~1150	H—O	3600
C≡C	1680~1600	H—S	2570
C≡C	2200~2060	H—N	3400
C—O	1300~1050	H—C	2900
C≡O	1850~1650	H—F	4000
C—F	1400~1000	H—Cl	2890
C—Cl	800~600	H—Br	2650
C—Br	600~500	H—I	2310

由表 3-2 可知，当成键原子相同时，键力常数越大，其振动出现的波数越高；成键原子的电负性越强，振动出现的波数越高。

3.6.1.2 电子效应

（1）诱导效应

分子中引入不同电负性的原子或官能团时，通过静电诱导作用，可使分子中电子云密度发生变化，即键的极性发生变化，这种效应称为诱导效应。诱导效应使得键力常数发生变化，从而引起振动频率的变化。吸电子基团或原子引起的诱导效应使特征频率升高，如羰基上连接不同基团时，C≡O 键伸缩振动吸收峰位置有较大变化，如表 3-3 所示。

表 3-3 诱导效应对羰基化合物伸缩振动频率的影响

化合物	$\nu_{C=O}/cm^{-1}$	化合物	$\nu_{C=O}/cm^{-1}$
R—CO—R′	1715	R—CO—H	1730
R—COOR′	1740	R—CO—Cl	1800
Cl—CO—F	1876	R—CO—F	1920
F—CO—F	1942	R—CO—NH$_2$	1680

碳氧双键的电子云偏向电负性强的氧，在强极性条件下，羰基具有 $\overset{+}{C}$—$\overset{-}{O}$ 的形式，当羰基与 F、Cl 等吸电子基团相连时，诱导效应使氧上的电子云向碳氧键之间移动，双键的极性减弱，键力常数增加，吸收谱带向高波数移动。当羰基与 NH$_2$ 等给电子基团相连时，碳氧键之间电子云密度减小，极性增强，双键性减弱，即键力常数减小，所以酰胺类化合物的羰基吸收峰会移动到 1700 cm^{-1} 以下。带孤对电子的烷氧基（OR）既存在吸电子的诱导效应，又存在 p-π 共轭效应，前者影响较大，所以酯类的羰基伸缩振动频率高于醛、酮，低于酰卤。诱导效应可以沿化学键传递，对相邻的化学键影响最显著，相隔两个以上的化学键时，虽然仍能够传递，但已经非常弱了。

（2）共轭效应

分子中由于共轭体系的形成，电子云可以在整个共轭体系中自由移动，使得双键性降低，引起谱带向低波数移动的效应称为共轭效应。这里的共轭效应主要有三类：π-π 共轭效应、p-π 共轭效应和 σ-π 超共轭效应。

π-π 共轭效应使得共轭体系中电子云密度平均化，双键略有伸长，具有部分单键特性，而单键略有缩短，具有部分双键特性。这样双键的力常数减小，伸缩振动频率向低波数移动，而单键的键力常数有所增加，伸缩振动吸收峰向高波数移动。如下所示，丙酮的 C=O 伸缩振动吸收峰出现在 1715 cm^{-1} 左右，当一个甲基被苯环取代后，由于共轭效应，C=O 吸收峰向低波数移动到 1686 cm^{-1}，被两个苯环取代后，C=O 吸收峰移动到更低的波数 1666 cm^{-1}。但是化合物中 C—C 单键的伸缩振动吸收的变化是相反的，丙酮的 C—C 单键吸收峰在 1220 cm^{-1} 左右，有一个苯环取代后移动到 1265 cm^{-1} 左右，两个苯环取代后，则移动到 1280 cm^{-1} 左右。共轭效应超过一个化学键就大大降低，共轭体系越大，共轭效应越显著。

1715 cm⁻¹   1686 cm⁻¹   1666 cm⁻¹

p-π 共轭效应是指当双键与 p 轨道上含有孤对电子的原子相连，并且 p 轨道和 π 轨道平行时，会发生 p-π 共轭，使双键上的电子云密度降低，键力常数减小，伸缩振动频率向低波数移动，而单键的变化相反。p-π 共轭往往和诱导效应同时存在，例如当 C=O 键与 p 轨道上含有孤对电子的 N、O、Cl 原子相连时，这些原子都具有一定的吸电子诱导效应，同时又存在与羰基的 p-π 共轭效应，C=O 键伸缩振动频率的移动方向取决于哪种效应作用更强。比如，乙酰胺诱导效应小于 p-π 共轭效应，C=O 键伸缩振动向低波数移动到 1684 cm^{-1} 左右。乙酸乙酯诱导效应大于共轭效应，C=O 键的伸缩振动向高波数移动到 1743 cm^{-1} 左右。如果取代基是氯原子，则诱导效应更强。

超共轭效应又称σ-π共轭，即烷基中的碳氢键电子（σ电子）容易和相邻的π电子体系发生共轭，产生电子的离域现象。例如丙酮分子中C—C单键是可以自由旋转的，甲基上的C—H键也是在快速旋转的，当C—H键与C=O键刚好处于同一平面上时，就会发生σ-π超共轭效应。结果C—H键力常数增大，丙酮的甲基反对称伸缩振动出现在 3000 cm^{-1} 以上，比普通烷烃甲基的反对称伸缩振动（2965 cm^{-1} 左右）高，正是超共轭效应引起的。

3.6.1.3 场效应

诱导效应与共轭效应通过化学键传递，引起电子云密度的变化，场效应则是通过空间作用引起电子云密度的变化。只有立体结构上相互靠近的基团之间才能产生明显的（偶极）场效应。如邻硝基苯乙酮存在两种构型，当硝基在空间上与C=O基团接近时，如下图（1）构型，由于负电性基团空间接近时产生相互排斥作用，使氧上的电子云向碳氧键之间移动，双键的极性降低，双键性增强，C=O伸缩振动吸收峰向高波数移动。当硝基空间上远离C=O时，如（2）所示，场效应很弱，C=O伸缩振动吸收峰出现在 1702 cm^{-1} 左右。

又如溴取代 4,4-二甲基环己酮中，由于 4 位两个甲基的空间位阻影响，负电性 Br 原子处于平伏键的概率更大，如下图（4）构型，此时与 C=O 靠近，产生较强的场效应，使C=O极性降低，双键性增加，C=O吸收峰出现在较高波数的 1728 cm^{-1}；如果 Br 处于直立键状态，如（3）所示，空间上与 C=O 远离，场效应减弱，C=O 伸缩振动吸收峰出现在较低的 1716 cm^{-1}。

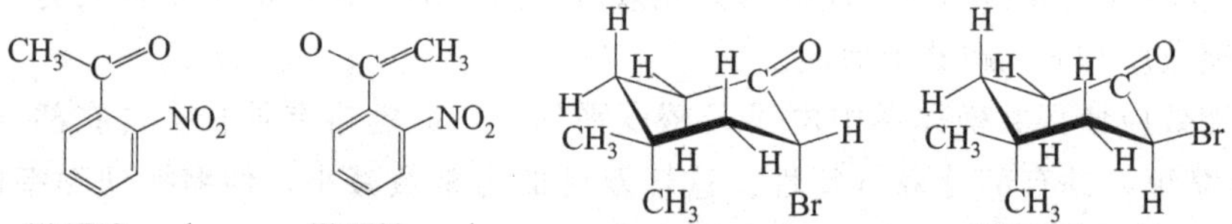

(1)1713 cm^{-1} (2)1702 cm^{-1} (3)1716 cm^{-1} (4)1728 cm^{-1}

3.6.1.4 空间效应

（1）空间位阻

当共轭体系中的共平面性被偏离或被破坏时，共轭体系也会相应地受到影响或破坏，使得吸收峰向高波数移动。例如：

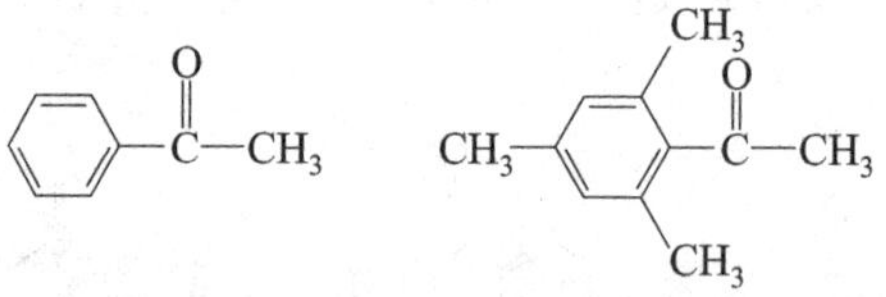

1686 cm^{-1} 1700 cm^{-1}

苯乙酮的 C=O 伸缩振动峰出现在 1686 cm^{-1}，当苯环被三个甲基取代后，甲基取代基的空间位阻效应使得 C=O 与苯环不能共平面，共轭受到限制，因此 C=O 双键性增加，波数升高到 1700 cm^{-1}。

（2）环张力（键角张力作用）

随着环内原子数的减少，环内键角减小，环张力增加，环内形成σ键的p电子成分增加，s电子成分减少，键长增大；而环外形成σ键的p电子成分减少，s成分增加，键长减小。所以随着环内原子数的减小，环外双键的键力常数增大，伸缩振动出现的波数升高；而环内双键的键长增大，键力常数减小，伸缩振动出现的波数降低，两种影响是相反的。

因此，环酮类化合物中，六元环张力最小，以六元环为准，每减少一个碳原子，使环外

C=O 双键伸缩振动吸收升高 30 cm^{-1} 左右；而环烯类化合物随着环内原子数的减少，环内角减小（环丁烯内角 90°），C=C 双键伸缩振动吸收峰向低波数移动。如果环烯的双键为环外双键，变化规律与上述环酮类似。如果是环状内酯，变化规律也与环酮类似。

1710 cm^{-1}　　1745 cm^{-1}　　1775 cm^{-1}　　1800 cm^{-1}

1650 cm^{-1}　　1645 cm^{-1}　　　1610 cm^{-1}　　1565 cm^{-1}

3.6.1.5　跨环效应

在环状体系中，有些基团之间并不直接相连，但处于较近的空间位置上，也存在空间发生的电子效应。如中草药中的克多品生物碱，它的 C=O 双键比正常的 C=O 双键伸缩振动吸收峰波数低一些。这主要是因为，C=O 与 N 原子在空间上比较接近，它们之间存在跨环相互作用，使 C=O 双键性下降，键力常数减小，故 C=O 键伸缩振动吸收峰向低波数移动。当克多品生物碱生成高氯酸盐时，几乎观察不到 C=O 键的伸缩振动吸收峰，而 3650 cm^{-1} 左右可以观察到 O—H 的伸缩振动。

3.6.1.6　氢键效应

分子中含有电负性强的原子 N、O、F 等时，容易和质子形成分子内或分子间氢键。氢键的形成使参与成键的电子云密度降低，化学键的力常数减小，伸缩振动的吸收峰向低波数移动。键长增加，使基团振动时的偶极矩变化增大，谱带变宽，同时吸收强度增加。羟基与羰基相邻，如化合物（1）容易形成分子内氢键，羟基与羰基相隔较远时，如化合物（2）所示结构，不易形成分子内和分子间氢键。（1）中的 C=O 和 O—H 的伸缩振动吸收峰与（2）相比均向低波数移动。

ν$_{C=O}$ 1622 cm^{-1}
1675 cm^{-1}
ν$_{OH}$ 2843 cm^{-1}（宽）

ν$_{C=O}$ 1676 cm^{-1}
1673 cm^{-1}
ν$_{OH}$ 3610 cm^{-1}

(1)　　　　　　　　　　　　　　　(2)

氢键主要存在于醇、酚、羧酸和酰胺等化合物中，游离态时，O—H 的伸缩振动吸收谱带位于 3640 cm^{-1} 左右，呈中等强度的尖峰，当处于缔合状态时，吸收谱带红移到 3300 cm^{-1} 左右，谱带增强变宽。分子内氢键不容易受溶液浓度的影响，而分子间氢键受浓度影响较大，在极稀的溶液中（醇或酚）呈游离的状态，随着浓度的增加，分子间形成氢键的可能性增大。固体或液体羧酸通常以二聚体形式存在，氢键效应明显，O—H 的伸缩振动吸收谱带移向更低波数，谱带更宽，位于 3200～2500 cm^{-1} 范围，也是羧酸类化合物的特征吸收。

3.6.2 外部因素

外部因素主要指测定时物质的状态和溶剂的影响。

（1）样品物态影响

一个化合物在固态、液态和气态时红外光谱是不同的，气态时分子间的相互作用小，低压下能得到游离分子的吸收峰，可以观测到分子的振转光谱精细结构；液态时，分子间出现缔合或分子内氢键，作用力较强，峰的位置和强度都会发生变化；固态时分子间距减小，相互作用更强，存在分子振动与晶格振动的偶合作用，吸收峰变得尖锐且数目增加。因此在查阅标准谱图时要注意样品的物理状态，如图 3-7 所示苯甲酸采用不同制样方式获得的红外光谱是不同的。

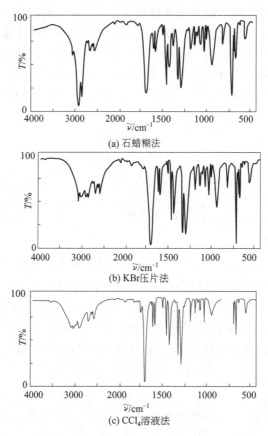

(a) 石蜡糊法

(b) KBr压片法

(c) CCl$_4$溶液法

图 3-7　苯甲酸采用不同制样方式获得的红外光谱

（2）溶剂的影响

极性基团的伸缩振动频率常常随溶剂的极性增大而降低，但吸收强度增加。同一种化合物在不同的溶剂中，因为溶剂与溶质分子之间相互作用的不同，如偶极作用、氢键作用、静电作用等，产生溶剂化，使溶质分子化学键的力常数发生变化，从而改变化合物特征吸收峰的位置和强度。因此，在红外光谱的测量中尽量使用非极性溶剂。例如 C=O 键在不同状态和溶剂中，伸缩振动吸收峰出现的位置是不同的：

气态时　$\nu_{C=O}$　$1780\,cm^{-1}$（游离）

非极性溶剂中 $\nu_{C=O}$　1760 cm^{-1}（游离）

乙醚中 $\nu_{C=O}$　1735 cm^{-1}

乙醇中 $\nu_{C=O}$　1720 cm^{-1}

碱液中 $\nu_{s,C=O}$　1400 cm^{-1}；$\nu_{as,C=O}$　1610～1550 cm^{-1}

3.7　各区域官能团的红外吸收

分子结构上的差异可以通过相应红外吸收峰的位置、峰形、强度信息等反映出来，在前述 3.5 节中介绍了特征频率区（4000～1300 cm^{-1}）和指纹区（1300～400 cm^{-1}）的区域划分和谱带特点。了解了特征吸收带，就能够根据红外光谱确定某些官能团的存在，判断化合物的类型；指纹区的某些吸收峰的差异，则可以用来识别异构体；在做某一官能团结构判定时，又需要结合特征区和指纹区的多个相关峰来判断。因此本节重点介绍特征区和指纹区中代表性官能团的红外吸收特点。

特征区与
指纹区 1

3.7.1　特征区主要官能团吸收

3.7.1.1　氢键区（4000～2500 cm^{-1}）

在 4000～2500 cm^{-1} 范围内主要是 X—H 键的伸缩振动吸收峰，如 C—H、N—H 和 O—H 等基团。对应的是醇、酚、羧酸的—OH 吸收峰，胺类的 N—H 吸收峰，不饱和烷烃和饱和烷烃的 C—H 吸收峰。

特征区与
指纹区 2

（1）—OH 伸缩振动

—OH 以游离状态存在时，在 3650～3300 cm^{-1} 范围内表现为中等强度、尖锐的吸收峰。有些由于空间位阻效应难以形成氢键的酚类化合物如 2,4,6-三氯苯酚，如图 3-8（a）所示，在非极性溶剂中就产生游离态的—OH 吸收峰。当形成分子内或分子间氢键后，羟基吸收峰谱带变宽，峰形变钝。如图 3-8（b）所示，在 3600～3200 cm^{-1} 范围内产生宽而钝的强吸收峰。同时存在游离和缔合态时，如图 3-8（c）所示。

糖类化合物存在多个羟基，在 3600～3000 cm^{-1} 范围内出现多个—OH 伸缩振动吸收峰，相互叠加在一起，形成宽的吸收峰。分子中氢键作用力越强，—OH 伸缩振动吸收峰向低波数移动越多。如羧酸类化合物，其—OH 吸收峰在 3300～2500 cm^{-1} 范围呈现弥散的宽吸收带。液态水分子的羟基吸收峰表现为 3400 cm^{-1} 左右的宽吸收峰，包含了对称和反对称伸缩振动。样品中如果含有结晶水，红外吸收光谱中会出现羟基的伸缩和弯曲振动的吸收峰，对判断醇类和酚类化合物产生干扰。

（2）N—H 伸缩振动

N—H 键主要存在于胺、酰胺、铵盐等化合物中，N—H 键伸缩振动一般出现在 3500～3100 cm^{-1} 的范围，表现为中等强度或弱的吸收峰。与—OH 伸缩振动吸收峰相比，N—H 键的吸收峰强度略弱，峰形更尖锐。如果是游离的伯胺基，则在 3500 cm^{-1} 和 3400 cm^{-1} 左右出现双峰，对应于—NH$_2$ 的反对称和对称伸缩振动。氢键缔合的—NH$_2$ 则在较低波数的

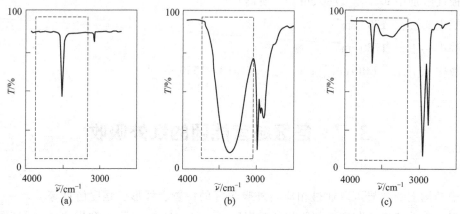

图 3-8　2,4,6-三氯苯酚（CCl₄ 溶液）(a)、乙醇（液膜法）(b)及
环己醇（CCl₄ 溶液）(c)的—OH 伸缩振动吸收峰

$3350\,cm^{-1}$ 和 $3180\,cm^{-1}$ 左右出现双峰。游离的仲胺在 $3440\,cm^{-1}$ 左右出现单峰，氢键缔合的仲胺则在 $3100\,cm^{-1}$ 左右出峰。叔胺无 N—H，几乎不出峰，如图 3-9 所示。一般只有在非极性溶剂的稀溶液中才会观察到游离态吸收峰。酰胺存在类似胺类的红外吸收特征，根据出峰的数目，可以推测伯、仲、叔胺或酰胺结构。芳香胺（或酰胺）类 N—H 伸缩振动吸收峰要强于脂肪胺（或酰胺）类。

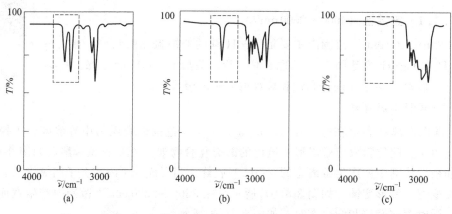

图 3-9　苯胺（CCl₄ 溶液）(a)、N-甲基苯胺（CCl₄ 溶液）(b)及
N,N-二甲基苯胺（液膜法）(c)的 N—H 伸缩振动吸收峰

　　胺类易与酸形成铵盐（在惰性溶剂中通入干燥的氯化氢气体即可生成），分子中的氨基转化成铵离子，$\overset{+}{N}$—H 与 N—H 键相比，伸缩振动向更低波数移动，谱带形状与羧酸的羟基类似，在 $3300\sim2000\,cm^{-1}$ 出现强、宽而散的吸收。L-丙氨酸的红外光谱如图 3-10 所示，氨基酸一般以内盐的形式存在，$\overset{+}{N}$—H 键伸缩振动与伯铵盐振动谱带类似，在 $3300\sim2000\,cm^{-1}$ 出现了弥散的—NH_3^+ 吸收带。

（3）C—H 伸缩振动

　　不饱和烃类化合物的 C—H 伸缩振动出现在 $3300\sim3000\,cm^{-1}$ 范围内，如炔烃的 $\nu_{\equiv C-H}$ 吸收峰出现在 $3300\,cm^{-1}$ 左右，谱带尖锐，中等强度。在无羟基、氨基干扰的情况下，可以

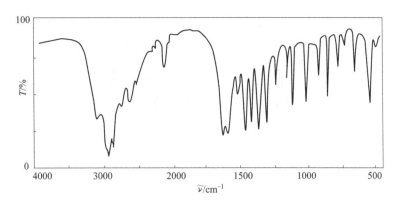

图 3-10　L-丙氨酸的红外光谱（KBr 压片法）

从谱带强度和峰形来识别。烯烃的 $\nu_{=C-H}$ 吸收峰一般出现在 $3100\sim3010\ cm^{-1}$，强度都很弱。芳烃的 C—H 伸缩振动出现在 $3030\ cm^{-1}$ 附近，或作为饱和 C—H 伸缩振动带的一个肩峰出现。如甲苯的 C—H 伸缩振动出现在 $3028\ cm^{-1}$，如图 3-11 所示。采用高分辨红外光谱仪测定时，可在 $3100\sim3010\ cm^{-1}$ 范围观测到多条谱带。$3100\sim3010\ cm^{-1}$ 的吸收峰可以用来辅助判断化合物是否含有烯基或苯环。

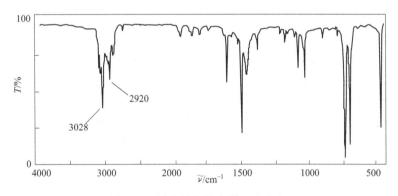

图 3-11　甲苯的红外光谱（液膜法）

饱和烃类的甲基（—CH_3）、亚甲基（—CH_2—）和次甲基（ —$\overset{|}{C}H$— ）的 C—H 伸缩振动出现在 $3000\ cm^{-1}$ 以下，与不饱和烃类很容易区分开。其中甲基出现在 $2960\ cm^{-1}$ 和 $2870\ cm^{-1}$ 左右，亚甲基出现在 $2930\ cm^{-1}$ 和 $2850\ cm^{-1}$ 左右，特征性很强，分别对应于反对称和对称伸缩振动。次甲基的 C—H 伸缩振动吸收特征性不明显，强度相对较弱，无实际鉴定价值。

醛基（—CHO）的 ν_{C-H} 伸缩振动位于 $2850\sim2720\ cm^{-1}$ 的波数范围。这是因为醛基的 C—H 伸缩振动与 C—H 弯曲振动（$1390\ cm^{-1}$ 左右）的倍频峰之间发生费米共振，出现双峰。其中，$2720\ cm^{-1}$ 的吸收峰不易与高波数的 C—H 伸缩振动发生重叠，常用来判断化合物是否含有醛基基团，是醛的特征吸收峰。如图 3-12 异戊醛的费米共振峰出现在 $2822\ cm^{-1}$ 和 $2719\ cm^{-1}$，其中前者与甲基 C—H 对称伸缩振动吸收峰（$2875\ cm^{-1}$）有重叠，后者可以作为醛基的判断依据。也有少数醛类 C—H 弯曲振动偏离 $1390\ cm^{-1}$，不发生费米共振，如三氯乙醛就只能观测到 $\sim2850\ cm^{-1}$ 的单峰。

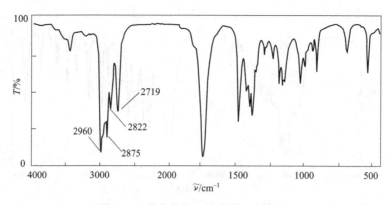

图 3-12　异戊醛的红外光谱（液膜法）

巯基化合物中的 S—H 伸缩振动谱带出现在更低一点的 $2600 \sim 2500 \, cm^{-1}$ 波数范围，谱带比较尖锐，强度中等偏弱，容易识别。

3.7.1.2　叁键和累积双键区（$2500 \sim 2000 \, cm^{-1}$）

$2500 \sim 2000 \, cm^{-1}$ 区域是叁键和累积双键的伸缩振动区，该区域主要的特征吸收谱带是 $C \equiv C$、$C \equiv N$ 以及累积双键的吸收。

（1）$C \equiv C$ 伸缩振动

炔烃化合物 $C \equiv C$ 键的伸缩振动出现在 $2280 \sim 2100 \, cm^{-1}$ 范围。如果 $C \equiv C$ 键两端连接的取代基相同，伸缩振动没有发生偶极矩的变化，属于红外非活性振动，几乎不产生吸收谱带，如乙炔。如果两端的取代基不同，伸缩振动引起偶极矩的变化，将产生吸收峰。一元取代时，$C \equiv C$ 键的伸缩振动出现在 $2140 \sim 2100 \, cm^{-1}$ 范围，吸收强度中等偏弱。如 1-戊炔的 $C \equiv C$ 键伸缩振动吸收峰出现在 $2120 \, cm^{-1}$，如图 3-13 所示。结合前述 $\nu_{\equiv C-H}$ 在 $3307 \, cm^{-1}$ 处的吸收峰就可以判断末端炔烃的结构。如果取代基中含有吸电子基团，则伸缩振动吸收峰会向低频方向移动到 $2100 \sim 2000 \, cm^{-1}$ 范围。二元取代时，$C \equiv C$ 键的伸缩振动出现在 $2260 \sim 2190 \, cm^{-1}$ 区域。当两个取代基性质差别较大时，化合物的极性增强，吸收峰的强度增大。多炔化合物，如1,4-壬双炔会出现多个 $C \equiv C$ 键吸收峰。

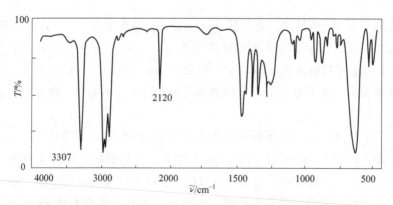

图 3-13　1-戊炔的红外光谱（液膜法）

（2）$C \equiv N$ 伸缩振动

氰化物、氰酸酯和硫氰酸酯等化合物都含有 $C \equiv N$ 叁键，脂肪族氰类化合物在 $2250 \, cm^{-1}$

左右有中等强度的吸收峰，而芳香族的氰类化合物吸收峰，因为共轭效应移动到 2240～2220 cm^{-1} 左右。如邻氯苯甲腈的 C≡N 叁键吸收峰在 2230 cm^{-1} 处，如图 3-14 所示。氰酸酯（—O—C≡N）的 C≡N 伸缩振动也在 2250 cm^{-1} 左右产生特征吸收，如氰酸钠在 2241 cm^{-1} 出峰。脂肪族和芳香族硫氰酸酯（—S—C≡N）的 C≡N 伸缩振动吸收峰均出现在较低的 2160 cm^{-1} 左右，强度较大。

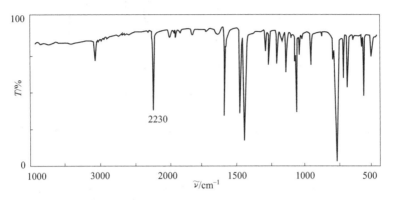

图 3-14　邻氯苯甲腈的红外光谱（KBr 压片法）

（3）累积双键伸缩振动

累积双键类化合物，如丙二烯类（—C=C=C—）、烯酮类（—C=C=O）、异氰酸酯类（—N=C=O）、叠氮类（—N=N$^+$=N$^-$）、重氮盐类（—N$^+$≡N）在该区域都存在振动偶合的谱带。其中反对称伸缩振动偶合带出现在 2300～2100 cm^{-1} 范围，谱带强，而对称的伸缩振动偶合带一般出现在指纹区，强度比较弱，参考价值不大。各类累积双键及重氮盐的出峰位置不一，具体如表 3-4 所示。

表 3-4　累积双键及重氮盐伸缩振动特征吸收带

类别	基团结构	波数/cm^{-1}	强度	备注
丙二烯类	—C=C=C—	2100～1950	s	ν_{as}
		约 1070	w	ν_s
烯酮类	—C=C=O	约 2150	s	ν_{as}
		约 1120	w	ν_s
异氰酸酯类	—N=C=O	2275～2250	s	ν_{as}
		1450～1370	w	ν_s
叠氮类	—N=N$^+$=N$^-$	2160～2120	s	ν_{as}
		1350～1180	w	ν_s
重氮盐类	—N$^+$≡N	2280～2240	s	
硫代氰酸酯	—S—C≡N	2175～2140	s	
异硫代氰酸酯	—N=C=S	2140～1990	s	
烯亚胺	—C=C=N	约 2000	m	

如 1,2-戊二烯在 1966 cm^{-1} 和 1070 cm^{-1} 附近出峰（见图 3-15），对应于 $\nu_{as,—C=C=C—}$ 和 $\nu_{s,—C=C=C—}$。异氰酸酯类化合物的 N=C 键与 C=O 键也能发生振动偶合，使谱带发生裂分，产生 2275～2250 cm^{-1}（$\nu_{as,—N=C=O}$，s）和 1360～1330 cm^{-1}（$\nu_{s,—N=C=O}$，w）的

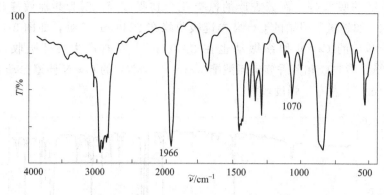

图 3-15　1,2-戊二烯的红外光谱（液膜法）

双峰。如乙基异氰酸酯存在 2279 cm⁻¹ 的强吸收和 1349 cm⁻¹ 的中等偏弱吸收峰，红外光谱如图 3-16 所示。空气中的二氧化碳（O=C=O）在 2350 cm⁻¹ 也出现累积双键的吸收带。

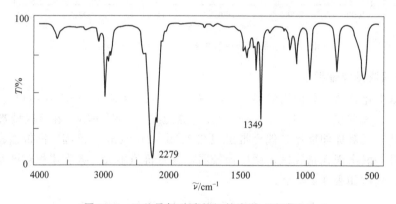

图 3-16　乙基异氰酸酯的红外光谱（液膜法）

另外，B—H、P—H、Si—H 和 Se—H 的伸缩振动吸收峰也在该区域。B—H 在 2640～2350 cm⁻¹，如果形成氢桥键，吸收峰会向低波数移动。P—H 吸收峰出现在 2450～2280 cm⁻¹，如苯基膦化氢出现在 2350 cm⁻¹。Si—H 出现在 2360～2100 cm⁻¹ 范围，而 Se—H 出现在 2300～2280 cm⁻¹ 范围。某些金属羰基配合物的羰基伸缩振动吸收峰也可以移动到 2200～1700 cm⁻¹ 的范围，如 $Ni(CO)_4$、$Fe(CO)_5$ 在 2030 cm⁻¹ 左右出现宽而强的吸收峰，表明配位后碳氧键的键力常数增加，具有类似叁键的特征。

3.7.1.3　双键区（2000～1300 cm⁻¹）

2000～1300 cm⁻¹ 主要是双键的伸缩振动区，该区域的特征吸收谱带包括 C=O、C=C、芳环骨架和 N=O 的伸缩振动吸收，双键区的末端还存在 C—H、O—H 和 N—H 的弯曲振动吸收峰。

（1）C=O 伸缩振动

醛、酮、羧酸、酯、酰胺、酰卤、酸酐等化合物都含有羰基，当 C=O 双键与不同原子或基团相连时，C=O 双键的键力常数受到不同的影响（具体见 3.6.1 节），使其振动频率出现差异。各类羰基化合物的 C=O 伸缩振动均在 1900～1600 cm⁻¹ 范围产生强吸收，羰基吸收峰强度大，位置相对恒定，所受干扰较小，是红外光谱中最容易识别的吸收峰。

在各类羰基化合物中，酰卤和酸酐的羰基在较高波数出峰（>1760 cm⁻¹），醛、酮、羧酸、酯的羰基差异不大（大多在 1750～1700 cm^{-1}），而酰胺类的羰基一般在 1700 cm^{-1} 以下出峰，$\nu_{C=O}$ 的大致变化规律如下：

$$\underset{1815\sim1770\text{ cm}^{-1}}{R-\overset{O}{\underset{O}{C}}-Cl} \quad \underset{\sim1820\text{ cm}^{-1},\ \sim1760\text{ cm}^{-1}}{R-\overset{O}{C}-\overset{O}{\underset{O}{C}}-R'} > \underset{\sim1760\text{ cm}^{-1}}{R-\overset{O\ (\text{游离})}{C}-OH} > \underset{\sim1740\text{ cm}^{-1}}{R-\overset{O}{C}-OR}$$

$$> \underset{\sim1710\text{ cm}^{-1}}{R-\overset{O}{C}-H\quad R-\overset{O}{C}-R} \quad \underset{\sim1680\text{ cm}^{-1}}{R-\overset{O\ (\text{缔合})}{C}-OH > R-\overset{O}{C}-NH_2}$$

卤素的强吸电子效应，使得 C=O 双键伸缩振动移动到 1815～1770 cm^{-1} 之间。酸酐的两个羰基连在同一个 O 上，由于振动偶合产生 1820 cm^{-1} 和 1760 cm^{-1} 左右的双峰，两峰间隔 60～80 cm^{-1}。酰卤和酸酐的 $\nu_{C=O}$ 特征性强，易于从出峰位置和峰形进行结构判断。游离的羧酸出现在 1760 cm^{-1} 左右，而缔合态的羧酸向低波数移动到 1710 cm^{-1} 左右，与醛、酮的羰基类似。酯类的羰基比醛酮略高 20 cm^{-1} 左右，在 1740 cm^{-1} 左右出峰。酰胺的羰基通常在 1690～1630 cm^{-1}。当 C=O 双键与苯环共轭时，C=O 双键的伸缩振动吸收峰会进一步移向低波数。醛、酮、酸、酯类化合物的鉴定必须结合其他相关特征吸收辅助。

（2）C=C 伸缩振动

C=C 的伸缩振动位于 1670～1620 cm^{-1} 区域，与 C=O 双键相比吸收强度较弱。当双键与吸电子基团（如含氧基团）相连时，吸收强度显著增强。一般 α-烯烃 C=C 双键伸缩振动强度较大，分子对称性越高，吸收强度越弱。四取代的 C=C 双键伸缩振动几乎不出峰，有杂原子取代时吸收强度会增加。如果 C=C 双键与 C=O 双键或苯环形成了共轭，吸收峰向低波数移动，吸收强度也会增大。共轭二烯烃两个 C=C 键存在振动偶合，在 1650 cm^{-1} 和 1600 cm^{-1} 左右出现双峰。环状烯烃的双键在环内和环外时，C=C 键伸缩振动吸收峰随环张力的变化规律相反（详见 3.6.1.4）。

（3）芳环骨架伸缩振动

含有共轭 π 键的环状化合物，如苯环、吡啶等，其骨架的伸缩振动频率比普通 C=C 双键更低，位于 1600～1450 cm^{-1} 之间，出现 3～4 条谱带（1600 cm^{-1}、1580 cm^{-1}、1500 cm^{-1}、1450 cm^{-1}），其中 1600 cm^{-1} 和 1500 cm^{-1} 左右的两个谱带是芳环的特征吸收带，出峰位置稳定，一般后者吸收强度更强，可以作为鉴定有无芳环的依据。1450 cm^{-1} 的谱带容易与饱和 C—H 的弯曲振动重叠，特征性不强。当芳环与不饱和基团形成 π-π 共轭，或与含有孤对电子的杂原子形成 p-π 共轭时，会出现 1580 cm^{-1} 的吸收峰，且 1600 cm^{-1} 和 1500 cm^{-1} 的峰增强。当分子的对称性很强时，1600 cm^{-1} 的峰可能观测不到。

芳环在 2000～1660 cm^{-1} 之间会出现泛频带，谱带较弱、较宽，由于该区域其他干扰峰少，能够观测到。图 3-11 甲苯的红外光谱中可以观察到该区域呈现四个精细结构的小峰，与苯环单取代密切相关。

（4）N=O 伸缩振动

硝基和亚硝基化合物的 N=O 伸缩振动位于该区域，均为强吸收带。硝基存在反对称和对称 N=O 伸缩振动，脂肪族硝基化合物在 1580～1540 cm^{-1} 和 1380～1340 cm^{-1} 左右出峰，如硝基乙烷中的N＝O出现在 1556 cm^{-1}（$\nu_{as,N=O}$）和 1367 cm^{-1}（$\nu_{s,N=O}$）。芳香族硝基化合物由于—NO$_2$与苯环共平面，产生 p-π 共轭，使—NO$_2$的伸缩振动吸收峰向低频方向移动，在 1550～1500 cm^{-1} 和 1360～1290 cm^{-1} 左右出峰（见图 3-17）。

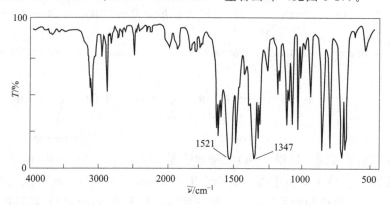

图 3-17　硝基苯的红外光谱（液膜法）

亚硝基化合物的 N＝O 伸缩振动位于 1600～1500 cm^{-1} 范围，在稀溶液中以单分子形式存在，固态时以二聚体的形式存在，分顺式和反式两种，一般来说，顺式 N＝O 伸缩振动频率（1420～1390 cm^{-1}）比反式（1300～1170 cm^{-1}）要高一些。芳香族亚硝基化合物多以顺式结构出现，谱带吸收常常会和苯环的骨架伸缩振动谱带发生重叠，给指认带来困难。

（5）烷基的 C—H 弯曲振动（变形振动）

甲基（—CH$_3$）C—H 键的反对称弯曲振动（δ_{as}）吸收出现在 1450 cm^{-1} 左右，对称弯曲振动（δ_s）在 1380 cm^{-1} 左右。当甲基与饱和碳原子相连时，1380 cm^{-1} 峰的位置不发生变化。当有两个或三个—CH$_3$ 连接在同一个碳原子上时，1380 cm^{-1} 处的吸收峰会发生裂分，形成 1385～1380 cm^{-1} 和 1370～1365 cm^{-1} 的双峰。两峰的强度与碳原子上连接的甲基数目有关，异丙基两峰强度相等，叔丁基低波数的峰更强，如图 3-18 所示。甲基与电负性不同的原子相连时，对称弯曲振动吸收峰位置也会有所变化，如甲基与 F、Cl、Br、I 相连时，δ_s 分别出现在 1475 cm^{-1}、1355 cm^{-1}、1305 cm^{-1} 和 1256 cm^{-1} 左右。

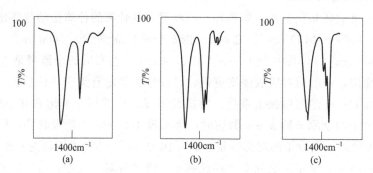

图 3-18　正己烷（—CH$_3$）（a）、2,3-二甲基丁烷［(CH$_3$)$_2$C—］（b）和
2,2-二甲基丁烷［(CH$_3$)$_3$C—］（c）的 C—H 弯曲振动吸收峰（液膜法）

当甲基与羰基基团相连时，弯曲振动吸收峰的频率都向低波数移动，这与伸缩振动的变化规律刚好相反。如丙酮，其 CH$_3$ 与通常的甲基相比，$\nu_{as,C-H}$ 和 $\nu_{s,C-H}$ 吸收移动到较高的 3004 cm^{-1} 和 2924 cm^{-1} 左右，而其 $\delta_{as,C-H}$ 和 $\delta_{s,C-H}$ 吸收移动到较低的 1421 cm^{-1}

和 1363 cm^{-1} 左右。

亚甲基（—CH$_2$）的剪式振动出现在 1450 cm^{-1}（w），与甲基的 δ_{as} 重叠。当化合物中只含有亚甲基，不含甲基时，如环烷烃，就观察不到 1380 cm^{-1} 左右的吸收峰。亚甲基与不饱和基团或电负性强的原子相连时，其弯曲振动的吸收峰也向低波数移动，如 3-氯丙酸的—CH$_2$ 弯曲振动频率移动到了 1439 cm^{-1}。次甲基（—CH—）的 C—H 弯曲振动在 1340 cm^{-1}（w），不特征。

（6）O—H 和 N—H 的弯曲振动

O—H 的面内弯曲振动吸收峰出现在 1500～1300 cm^{-1} 区域，而面外弯曲振动则到了指纹区。N—H 的弯曲振动比—CH$_2$ 的弯曲振动频率要高一些。伯胺的—NH$_2$ 出现在 1650～1590 cm^{-1} 之间，伯酰胺 R—CO—NH$_2$ 中—NH$_2$ 的弯曲振动和 C—N 的伸缩振动发生偶合作用，裂分成两个谱带，出现在 1640～1600 cm^{-1} 区域，称为酰胺Ⅱ带，起主要贡献的是—NH$_2$ 的弯曲振动。它和 1690～1650 cm^{-1} 范围出现的酰胺Ⅰ带是伯酰胺的两个特征吸收峰。仲酰胺的酰胺Ⅱ带位于 1550～1530 cm^{-1}，吸收强度大。叔酰胺则没有酰胺Ⅱ带吸收峰。

3.7.2 指纹区代表性官能团吸收

指纹区的谱带主要是由饱和键 C—O、C—C、C—N、P—O 的伸缩振动，P=O 双键的伸缩振动，以及不饱和双键上 C—H 的弯曲振动引起的，同时还存在相邻化学键之间的振动偶合峰。

3.7.2.1 单键的伸缩振动

（1） C—O 伸缩振动

含氧化合物，如醇、酚、醚、酸酐、羧酸、酯类等，都含有 C—O 单键，伸缩振动峰位于 1300～1000 cm^{-1} 范围。只有醚类化合物的 C—O—C 伸缩振动是确定醚键存在的唯一谱带，其余化合物在其他峰区都有特征吸收，C—O 伸缩振动的吸收可作为参考。

醚类化合物的 C—O—C 伸缩振动出现在 1250～1050 cm^{-1} 范围，非对称的醚类表现为 $\nu_{as,C-O-C}$ 和 $\nu_{s,C-O-C}$ 两个吸收峰，分别位于 1250 cm^{-1} 和 1050 cm^{-1} 左右。而对称的醚类，$\nu_{s,C-O-C}$ 是红外非活性的，只能观测到一个 $\nu_{as,C-O-C}$ 吸收峰。脂肪族的醚类振动吸收峰的频率低于芳香族。如二苯醚的 $\nu_{as,C-O-C}$ 出现在 1230 cm^{-1} 左右，而乙醚的相关吸收峰则出现在 1123 cm^{-1} 左右。环状的醚类在 1260～780 cm^{-1} 的宽范围出现两条或两条以上的 C—O—C 伸缩振动吸收带。环的张力越大，ν_{as} 吸收带向低波数移动，而 ν_{s} 吸收带向高波数移动。如环氧戊烷 ν_{as}1098 cm^{-1} 和 ν_{s}813 cm^{-1}。而环氧乙烷的环张力很大，ν_{s} 的吸收峰到了 1270 cm^{-1}，而 ν_{as} 吸收峰到了 839 cm^{-1}，二者位置反转。

酯类的 C—O—C 伸缩振动与醚类似，在 1300～1050 cm^{-1} 范围表现出 2～3 条谱带，对应于 C—O—C 的 ν_{as} 和 ν_{s} 振动，均为强吸收带。酸酐的 C—O—C 伸缩振动也位于 1300～1050 cm^{-1} 的范围，表现为强而宽的吸收谱带。

醇和酚的 C—O 伸缩振动是位于 1250～1000 cm^{-1} 范围的强吸收带，与 3000 cm^{-1} 波数以上的—OH 伸缩吸收带结合，可以判断化合物是否为醇或酚类化合物，并进一步判断是伯醇、仲醇还是叔醇或酚类。伯醇（RCH$_2$OH）的 ν_{C-O} 在 1050 cm^{-1} 左右，仲醇（RR$'$CHOH）及 α-不饱和叔醇在 1100 cm^{-1} 左右，叔醇（RR$'$R$''$COH）出现在 1150 cm^{-1}

左右，如果是酚类则到了 1200 cm^{-1} 左右。

羧酸的 C—O 伸缩振动位于 1430 cm^{-1} 和 1250 cm^{-1} 左右，与 O—H 的面内弯曲振动发生重叠，羧酸盐以离子的形式存在，有对称和反对称伸缩振动两种，反对称伸缩振动位于 1610～1550 cm^{-1}，而对称伸缩振动位于 1430～1300 cm^{-1}，不同于 C═O 或 C—O 的伸缩振动。

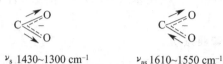

ν_s 1430~1300 cm^{-1}　　　　ν_{as} 1610~1550 cm^{-1}

（2）C—C、C—N 伸缩振动

C—C 键的伸缩振动吸收峰太弱，几乎无鉴定价值。C—N 键的伸缩振动位于 1350～1100 cm^{-1} 范围，但其吸收强度不大，应用价值也不大。酰胺类化合物在该区域会出现 1310 cm^{-1} 左右的酰胺Ⅲ带吸收峰，具有一定的参考价值。另外，硝基苯类化合物由于强的吸电子基效应，C—N 键的伸缩振动向低波数移动到 850 cm^{-1} 左右，吸收强度增大，也具有参考价值。

（3）P═O 和 P—O 的伸缩振动

P═O 键的伸缩振动吸收峰位于 1320～1105 cm^{-1}，吸收强度大。当 P 原子与不同基团连接时，P═O 双键的伸缩振动也会发生变化。如烷基氧膦（R_3P═O）的 $\nu_{P═O}$ 在 1150 cm^{-1} 左右；烷基磷酸酯 $[(RO)_3P$═O] 的 P═O 双键受氧的吸电子效应影响，伸缩振动吸收峰频率向高波数移动到 1280 cm^{-1} 左右；三苯基氧膦的 $\nu_{P═O}$ 在 1200 cm^{-1} 左右；三氯氧磷受三个氯原子强吸电子效应的影响，$\nu_{P═O}$ 吸收峰移动到 1300 cm^{-1} 左右。

磷酸酯类化合物同时含有 P—O 单键和 C—O 单键，振动频率相差不大，容易发生振动偶合，产生谱带裂分，形成位于 1060～975 cm^{-1}（$\nu_{as,P—O—C}$）和位于 865～805 cm^{-1}（$\nu_{s,P—O—C}$）的双峰。

3.7.2.2　弯曲振动

（1）烯烃的 C—H 弯曲振动

烯烃中═C—H 的面内弯曲振动位于 1420～1300 cm^{-1}，为中等或弱吸收，干扰大，特征性不强。但其面外弯曲振动位于 1000～670 cm^{-1}，吸收峰特征明显，易于指认，可以用来判断烯烃的取代情况。反式烯烃的 C—H 面外弯曲振动位于 980～960 cm^{-1}，而顺式烯烃的 C—H 面外弯曲振动位于 730～665 cm^{-1}。末端烯烃可以观察到 990 cm^{-1} 和 910 cm^{-1} 左右强的双峰。

（2）芳烃的 C—H 弯曲振动

芳烃 C—H 的面内弯曲振动位于 1000 cm^{-1} 以上，吸收强度弱，干扰多，应用价值不大。但其面外弯曲振动位于 900～650 cm^{-1} 范围，吸收强度较大，吸收峰的位置和数目与苯环上取代情况密切相关。例如，苯环单取代时，在 770～730 cm^{-1} 和 710～690 cm^{-1} 出现强的双峰；邻位二取代苯在 770～735 cm^{-1} 出现强的单峰；而对位二取代时，在 833～810 cm^{-1} 出现强的单峰。另外取代不同时在泛频带的吸收峰也不相同，如单取代时呈现四个精细结构的小峰。常见苯环取代情况与泛频带吸收，以及 C—H 的面外弯曲振动关系如图 3-19 所示。

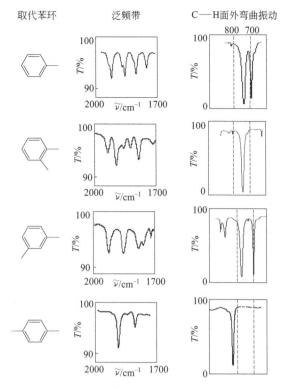

图 3-19 取代苯环的泛频带和面外弯曲振动吸收峰

不同的波数区间对应不同的振动类型，如表 3-5 所示。

表 3-5 不同的波数区间和振动类型

区间	波数/cm^{-1}	振动类型
特征频率区	3650~3000	ν_{OH}；ν_{N-H}；$\nu_{=C-H} > \nu_{=C-H} \approx \nu_{Ar-H}$
	3000~2500	ν_{C-H}（—CH_3、—CH_2、—CH、—CHO）；ν_{S-H}
	2500~2000	$\nu_{C≡C}$、$\nu_{C≡N}$、$\nu_{累积双键}$
	2000~1300	$\nu_{C=O}$（酸酐、酰氯、酯、醛、酮、羧酸、酰胺）；$\nu_{C=C}$（烯烃、芳烃）、$\nu_{C=N}$、$\nu_{N=O}$；δ_{C-H}、δ_{O-H}、δ_{N-H}
指纹区	1300~1000	ν_{C-O}；ν_{C-C}；ν_{C-N}；ν_{P-O}；$\nu_{P=O}$
	1000~650	δ_{C-H}（烯烃、芳烃）

3.8 各类有机化合物的红外光谱

在 3.7 节中按照从高到低波数的顺序，分别阐明了特征频率区和指纹区中代表性官能团的红外光谱特点。而采用红外光谱进行某类化合物的结构判定时，往往需要结合特征频率区和指纹区的多个相关峰来分析。在本节中，将从各类有机化合物的角度对其红外光谱特点进行综合归纳。

常见化合物的
特征吸收峰 1

3.8.1 烷烃化合物

烷烃主要吸收峰是由甲基、亚甲基的伸缩振动（ν_{C-H}）和弯曲振动（δ_{C-H}）产生的。

常见化合物的特征吸收峰 2

① 伸缩振动吸收峰（ν_{C-H}）一般小于 $3000\ cm^{-1}$，直链饱和烷烃的伸缩振动吸收峰在 $3000\sim2800\ cm^{-1}$ 的范围内，环烷烃随着环张力的增加向高频区移动。具体表现为：

—CH_3：$\sim2950\ cm^{-1}$(s)，$\sim2870\ cm^{-1}$(m)

—CH_2：$\sim2925\ cm^{-1}$(s)，$\sim2850\ cm^{-1}$(m)

—CH：$\sim2890\ cm^{-1}$，容易被掩盖。

—CH_2—（环丙烷）：$3100\sim2990\ cm^{-1}$(s)

② 甲基、亚甲基的面内弯曲振动（δ_{C-H}）出现在 $1490\sim1350\ cm^{-1}$ 的范围。

—CH_3：$\sim1450\ cm^{-1}$(m)，$\sim1380\ cm^{-1}$(s)

—CH_2：$\sim1465\ cm^{-1}$(m)

③ C—C 骨架的伸缩振动一般出现在 $1250\sim800\ cm^{-1}$ 的范围，但强度弱，具有特征性的有异丙基和叔丁基的 ν_{C-C}，如异丙基常出现在 $1170\ cm^{-1}$ 和 $1155\ cm^{-1}$（肩峰），对鉴别骨架结构具有参考价值。

烷烃中是否含有甲基可通过观察是否存在 $1380\ cm^{-1}$ 的吸收峰来判断，当含有多个甲基时，可以根据 $1380\ cm^{-1}$ 峰发生裂分的情况来推测具体结构。

长链烷烃—$(CH_2)_n$—，当 $n>4$ 时，亚甲基的面内弯曲振动在 $720\ cm^{-1}$ 处出现弱吸收峰，位置恒定，特征性强。当 $n=4$ 和 5 时谱峰差异不大。当 $n>15$ 时，又观察不到特征吸收峰，失去鉴别意义。有些长链的烷烃结晶态化合物此处的吸收峰裂分成双峰，分别位于 $730\ cm^{-1}$ 和 $720\ cm^{-1}$ 左右。结晶态化合物熔化的话，$730\ cm^{-1}$ 处的吸收峰消失。

图 3-20～图 3-22 所示为正癸烷、2-甲基壬烷和 2,2-二甲基正辛烷的红外吸收光谱图。

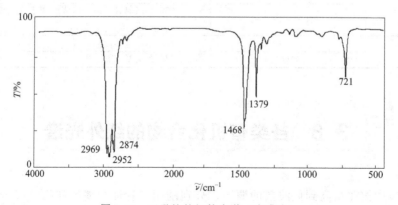

图 3-20　正癸烷的红外光谱（液膜法）

三者为同分异构体，分子式均为 $C_{10}H_{22}$。正癸烷无支链，$1379\ cm^{-1}$ 处的单峰对应于甲基的面内弯曲振动（δ_{C-H}），$721\ cm^{-1}$ 的吸收峰对应于多个亚甲基存在时的面内弯曲振动。2-甲基壬烷含异丙基，在 $1380\ cm^{-1}$ 处的吸收峰裂分为等强度的双峰，分别位于 $1384\ cm^{-1}$

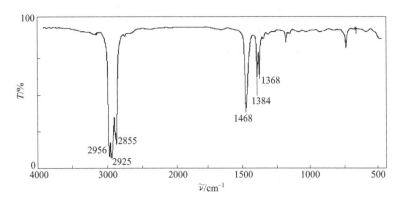

图 3-21　2-甲基壬烷的红外光谱（液膜法）

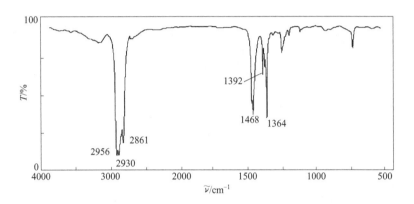

图 3-22　2,2-二甲基正辛烷的红外光谱（液膜法）

和 1368 cm^{-1}。2,2-二甲基正辛烷含叔丁基，1392 cm^{-1} 和 1364 cm^{-1} 处的双峰后者强度更强。

当烷烃化合物不含甲基时，如环己烷，只能观察到 1460 cm^{-1} 左右亚甲基中等程度的变形振动吸收峰，如图 3-23 所示。

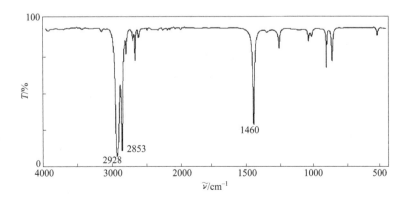

图 3-23　环己烷的红外光谱（液膜法）

饱和烷烃类化合物的特征频率列于表 3-6。

表 3-6　饱和烷烃类化合物的特征频率

基团结构	振动类型	波数/cm^{-1}	基团结构	振动类型	波数/cm^{-1}
C—H 伸缩振动					
—CH$_3$	$\nu_{as,C-H}$	2975~2950(s)	CH$_3$—C(=O)—	ν_{C-H}	3000~2900(s)
	$\nu_{s,C-H}$	2885~2860(s)	—CH$_2$—C(=O)—	ν_{C-H}	2925~2850(w)
—CH$_2$	$\nu_{as,C-H}$	2940~2915(s)	CH$_3$—O—	ν_{C-H}	2850~2815(m)
	$\nu_{s,C-H}$	2870~2845(s)	O—CH$_2$—O	ν_{C-H}	2820~2710(s)
—CH	ν_{C-H}	2900~2880(w)	CH$_3$N—	ν_{C-H}	2820~2760(m)
—CH$_2$(环丙烷)	ν_{C-H}	3080~3040(s)	CH$_3$F→CH$_3$I	ν_{C-H}	3005→3058(s)
C—H 变形振动					
—C—CH$_3$	$\delta_{as,C-H}$	1470~1435(m)	CH$_3$—C(=O)—	δ_{C-H}	1360~1355(w)
	$\delta_{s,C-H}$	1385~1370(s)	—CH$_2$—C(=O)—	δ_{C-H}	1435~1405(m)
R—CH(CH$_3$)$_2$	$\delta_{as,C-H}$	1385~1380(s)	CH$_3$—C(=O)—O—	δ_{C-H}	1375~1340(s)
	$\delta_{s,C-H}$	1370~1365(s)	CH$_3$—O—	δ_{C-H}	1455~1430(m)
R—C(CH$_3$)$_3$	$\delta_{as,C-H}$	1395~1385(m)	O—CH$_2$—O	δ_{C-H}	1485~1350(m)
	$\delta_{s,C-H}$	1374~1366(s)	CH$_3$N—	δ_{C-H}	1460~1430(m)
—CH$_2$	δ_{C-H}	1480~1440(m)	CH$_3$F→CH$_3$I	δ_{C-H}	1475→1252(s)
—CH	δ_{C-H}	~1340(w)			
C—C 骨架					
R—CH(CH$_3$)CH$_3$	ν_{C-C}	1175~1165(s)	—(CH$_2$)$_n$—	$n=1$	810(s)
	ν_{C-C}	1170~1140(s)		$n=2$	754(s)
	ν_{C-C}	840~790(m)		$n=3$	740(s)
R—C(CH$_3$)$_2$CH$_3$	ν_{C-C}	1255~1245(s)		$n=4$	725(s)
	ν_{C-C}	1250~1200(s)		$n=x$	722(s)
—CH$_2$(环丙烷)	ν_{C-C}	1020~1000(m)			

3.8.2 烯烃化合物

烯烃类化合物主要有双键上 C—H 伸缩振动 ($\nu_{=C-H}$)、C=C 伸缩振动 ($\nu_{C=C}$) 和双键氢的面外弯曲振动 ($\delta_{=C-H}$)。

① $\nu_{=C-H}$：$3100 \sim 3010\,\mathrm{cm}^{-1}$（w）。

② $\nu_{C=C}$：$1680 \sim 1610\,\mathrm{cm}^{-1}$（w），共轭烯烃还存在约 $1600\,\mathrm{cm}^{-1}$（m）的吸收峰。

③ $\delta_{=C-H}$：反式 $980 \sim 960\,\mathrm{cm}^{-1}$（m~s）；顺式 $730 \sim 665\,\mathrm{cm}^{-1}$（m~s）。

烯烃双键上 C—H 的伸缩振动与饱和烷烃相比振动频率更高，饱和烷烃都在 $3000\,\mathrm{cm}^{-1}$ 以下，但烯烃的 $\nu_{as,C-H}$ 出现在 $3080\,\mathrm{cm}^{-1}$ 左右，$\nu_{s,C-H}$ 出现在 $2975\,\mathrm{cm}^{-1}$ 左右，其中 $\nu_{as,C-H}$ 具有特征性。α-烯烃 C=C 的伸缩振动吸收峰较强，在 $1650\,\mathrm{cm}^{-1}$ 左右，分子的对称性越强，吸收强度越弱。所以顺式烯烃 C=C 键的伸缩振动吸收峰强度比反式强。四取代的烯烃吸收峰非常弱，除非有杂原子取代，强度增强。单烯烃的双键伸缩振动频率较高，强度弱；共轭烯烃在 $1650\,\mathrm{cm}^{-1}$ 和 $1600\,\mathrm{cm}^{-1}$ 出现两个吸收峰，吸收强度增大。烯烃中=C—H 的面外弯曲振动吸收峰可以用来判断烯烃的取代和顺反异构情况。

图 3-24 和图 3-25 所示为 1-戊烯和 2-戊烯的红外吸收光谱。$3100 \sim 3010\,\mathrm{cm}^{-1}$ 的范围都能观察到双键上 C—H 伸缩振动吸收峰。1-戊烯是末端烯烃，其 C=C 的伸缩振动吸收峰（$1643\,\mathrm{cm}^{-1}$）明显要比 2-戊烯强。此外，末端烯烃在 $1000\,\mathrm{cm}^{-1}$ 以下的 $\delta_{=C-H}$ 表现出 $993\,\mathrm{cm}^{-1}$ 和 $912\,\mathrm{cm}^{-1}$ 两个强吸收峰，其中 $912\,\mathrm{cm}^{-1}$ 是=CH_2 的面外弯曲振动吸收峰。

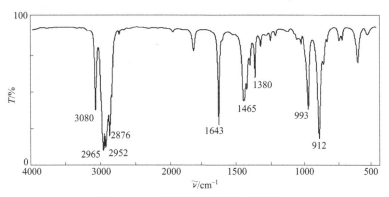

图 3-24　1-戊烯的红外光谱（液膜法）

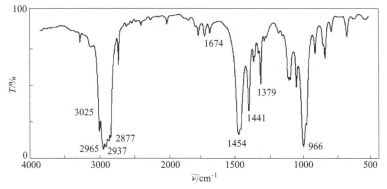

图 3-25　反式 2-戊烯的红外光谱（液膜法）

如果是 2-戊烯则存在顺反异构，如图 3-25 和图 3-26 所示，由图可见，顺式 2-戊烯 $1669\,cm^{-1}$ 处的 C＝C 键伸缩振动吸收峰比反式强很多。反式 2-戊烯的 $\delta_{＝C—H}$ 在 $966\,cm^{-1}$ 处产生强吸收峰，而顺式 2-戊烯在 $698\,cm^{-1}$ 处产生强吸收峰。

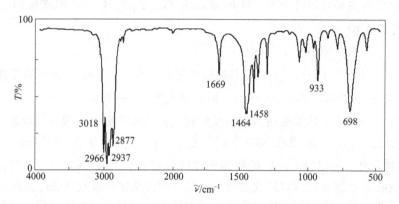

图 3-26　顺式 2-戊烯的红外光谱（液膜法）

环状烯烃化合物 C＝C 双键的伸缩振动吸收峰位置又有一定区别，双键在环内部时，随着环张力的增加，振动频率向低波数移动；双键在环外时，结果相反。烯烃的特征频率列于表 3-7 中。

表 3-7　烯烃类化合物的特征频率

基团结构	振动类型	波数/cm^{-1}
RCH＝CH$_2$	$\nu_{C＝C}$	1645～1640(m)
	$\nu_{＝C—H}$	3040～3010(m)
	$\delta_{＝C—H}$	～990(s)；～910(s)
R^{1}R^{2}C＝CH$_2$	$\nu_{C＝C}$	1660～1650(m)
	$\nu_{＝C—H}$	3095～3075(m)
	$\delta_{＝C—H}$	～890(s)
R^{1}CH＝CHR^2(顺式)	$\nu_{C＝C}$	1665～1660(m)
	$\nu_{＝C—H}$	3040～3010(m)
	$\delta_{＝C—H}$	730～665(s)
R^{1}CH＝CHR^2(反式)	$\nu_{C＝C}$	1675～1665(w)
	$\nu_{＝C—H}$	3040～3010(m)
	$\delta_{＝C—H}$	980～960(s)
C＝C—C＝C(二烯)	$\nu_{C＝C}$	1660～1600(s)
—(C＝C)$_n$—	$\nu_{C＝C}$	1650～1580(s)
Ar—C＝C	$\nu_{C＝C}$	～1630(s)
C＝C—X(卤素)	$\nu_{C＝C}$	1650(F)→1593(I)(s)

3.8.3　炔烃和氰类化合物

炔烃化合物主要有叁键氢的伸缩振动吸收峰（$\nu_{＝CH}$）和 C≡C 叁键的伸缩振动吸收峰（$\nu_{C≡C}$）。

① $\nu_{≡CH}$：3360～3300 cm^{-1}（s）

② $\nu_{C≡C}$：2260～2100 cm^{-1}（w）

末端炔烃含有一个与叁键直接相连的氢原子，因此在 3300 cm^{-1} 以上可以观察到很明显的

≡C—H 伸缩振动吸收峰。如 1-戊炔（见图 3-27）在 3307 cm^{-1} 处出峰，2120 cm^{-1} 处对应于叁键的 $\nu_{C\equiv C}$。苯环与叁键共轭时，如苯乙炔（见图 3-28），$\nu_{\equiv CH}$ 吸收峰出现在 3291 cm^{-1} 左右，$\nu_{C\equiv C}$ 吸收峰出现在 2110 cm^{-1} 左右。叁键氢的伸缩振动频率大于双键氢和单键氢，有 $\nu_{\equiv CH} > \nu_{=CH} > \nu_{-CH}$ 的关系。其他二取代的炔烃只有 C≡C 键伸缩振动的特征吸收峰。

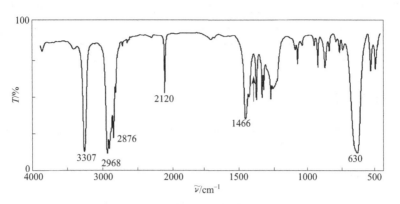

图 3-27　1-戊炔的红外光谱（液膜法）

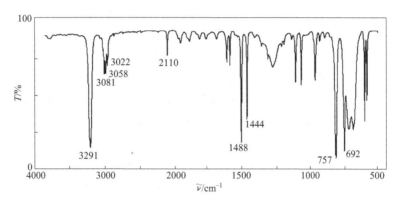

图 3-28　苯乙炔的红外光谱（液膜法）

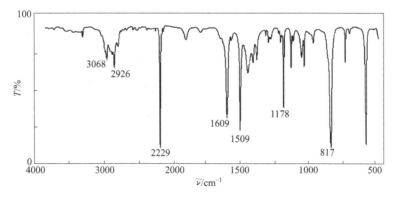

图 3-29　对甲基苯腈的红外光谱（液膜法）

氰类化合物的主要特征吸收为 C≡N 叁键伸缩振动，在 2260～2100 cm^{-1}，但 C≡N 键比 C≡C 键的吸收强度大很多。如图 3-29 为对甲基苯腈的红外光谱， C≡N 的伸缩振动

吸收峰在 $2229\,cm^{-1}$ 左右，是强吸收。叁键类化合物的特征频率见表 3-8。

表 3-8　叁键类化合物的特征频率

基团结构	振动类型	波数/cm^{-1}
RC≡CH	ν_{C-H}	3310～3300(m)
	$\nu_{C≡C}$	2140～2100(w)
	$\delta_{≡C-H}$	680～610(m)
RC≡CR	$\nu_{C≡C}$	2260～2190(w)
RC≡N	$\nu_{C≡N}$	2250～2240(s)

3.8.4　芳香族化合物

芳香族化合物主要有苯环上 C—H 伸缩振动（$\nu_{=C-H}$）、C=C 的伸缩振动（$\nu_{C=C}$）、泛频带和双键氢的弯曲振动（$\delta_{=C-H}$）。

① $\nu_{=C-H}$：$3030\,cm^{-1}$(m) 左右。

② $\nu_{C=C}$：$1650\sim1450\,cm^{-1}$，以 1600(w) 和 1500(m) 左右的谱带为主。

③ 泛频带：$2000\sim1666\,cm^{-1}$(w)。

④ $\delta_{=C-H}$ 面内弯曲振动：$1225\sim955\,cm^{-1}$(w)，面外弯曲振动：$900\sim650\,cm^{-1}$(m)。

芳香族化合物都能观察到 $3030\,cm^{-1}$ 左右=C—H 的伸缩振动吸收峰；在 $1650\sim1450\,cm^{-1}$ 的区域出现苯环的四条谱带，以其中 $1600\,cm^{-1}$ 和 $1500\,cm^{-1}$ 左右的两谱带最特征，且 $1500\,cm^{-1}$ 左右峰更强。这两条谱带与 $\nu_{=C-H}3030\,cm^{-1}$ 的谱带相结合，可以作为芳香环存在的判断依据。单核芳香族化合物这几个峰强度都较弱，有时甚至以其他峰的肩峰存在。当苯环与其他体系共轭时，吸收强度大大增强。芳香族化合物的泛频吸收带出现在 $2000\sim1666\,cm^{-1}$ 范围，峰的形状和数目与取代类型相关，但与取代基的性质无关。$1000\,cm^{-1}$ 以下的=C—H 面外弯曲振动特征性很强，是芳香环上相邻氢振动偶合而产生的，因此其位置与形状由取代后剩余氢的相对位置和数量来决定，而与取代基的性质基本无关。图 3-30～图 3-33 为邻二甲苯、间二甲苯、对二甲苯和乙苯的红外光谱。

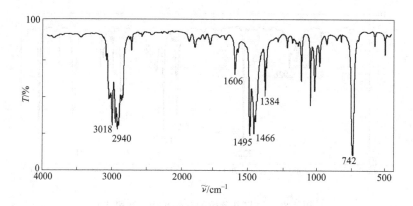

图 3-30　邻二甲苯的红外光谱（液膜法）

四种化合物在 $3020\,cm^{-1}$ 左右都能观察到 $\nu_{=C-H}$ 的谱带，在 $1600\,cm^{-1}$ 和 $1500\,cm^{-1}$

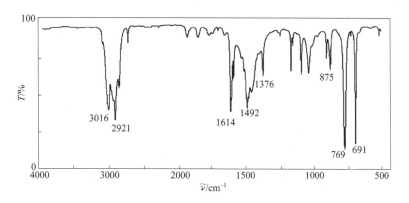

图 3-31　间二甲苯的红外光谱（液膜法）

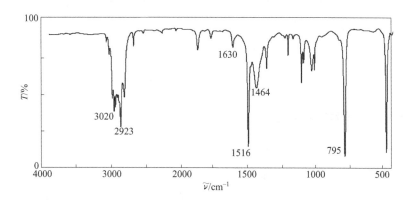

图 3-32　对二甲苯的红外光谱（液膜法）

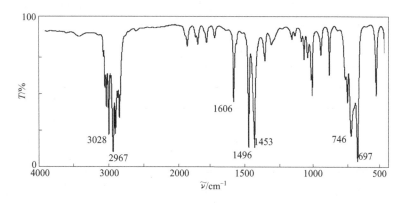

图 3-33　乙苯的红外光谱（液膜法）

左右都观察到苯环骨架的 $\nu_{C=C}$ 吸收峰。最显著的差异是 $=C—H$ 的面外弯曲振动吸收峰，邻二甲苯在 $742\,cm^{-1}$ 出现强的单峰，间二甲苯在 $691\,cm^{-1}$、$769\,cm^{-1}$ 和 $875\,cm^{-1}$ 处表现出三个吸收峰，对二甲苯在 $795\,cm^{-1}$ 出现强的单峰，而乙苯在 $697\,cm^{-1}$ 和 $746\,cm^{-1}$ 左右出现强的双峰。不同取代时泛频区的吸收峰形状和数目也不相同。芳烃的特征频率列于表 3-9。

表 3-9 芳烃的特征频率

基团振动类型		波数/cm^{-1}
$\nu_{=C-H}$		3100～3000(w～m)
$\nu_{C=C}$(骨架)		～1600(m)
		～1580(m)
		～1500(s)
		～1450(w)
$\delta_{=C-H}$(面内)		1275～960(w)
$\delta_{=C-H}$(面外)	苯	670(m)
	单取代	770～730(s),710～690(s)
	1,2-取代	770～735(s)
	1,3-取代	810～750(s),710～690(s)
	1,4-取代	833～810(s)
	1,2,3-取代	780～760(s),745～705(s)
	1,2,4-取代	885～870(s),825～805(s)
	1,3,5-取代	865～810(s),730～675(s)
	1,2,3,4-取代	810～800(s)
	1,2,3,5-取代	850～840(s)
	1,2,4,5-取代	870～855(s)
	1,2,3,4,5-取代	870(s)

3.8.5 醇、酚、醚类化合物

醇类和酚类化合物主要特征吸收为—OH 伸缩振动吸收峰（ν_{OH}）、C—O 伸缩振动吸收峰（ν_{C-O}）和—OH 弯曲振动吸收峰（δ_{OH}）。

① ν_{OH}：游离 3640～3610 cm^{-1}（m）峰形尖锐；缔合 3550～3200 cm^{-1}（s）宽峰。

② ν_{C-O}：1250～1000 cm^{-1}。

③ δ_{OH}：1400～1200 cm^{-1}，δ_{OH} 与其他峰容易产生相互干扰，应用有限。

伯、仲、叔醇和酚类化合物可以通过 ν_{C-O} 加以区分，如表 3-10 所示。

表 3-10 醇和酚的特征频率

基团振动类型		波数/cm^{-1}
ν_{O-H}(游离)	游离	3640～3610(m)尖峰
ν_{O-H}(分子间缔合)	二聚体	3550～3450(w)较尖
	多聚体	3400～3200(s)宽峰
	结晶水	3600～3100(w)
ν_{O-H}(分子内缔合)	单桥	3550～3450(w)尖峰
	共轭螯合物	3200～2500(w)宽,散峰
ν_{C-O}	伯醇	1065～1015(s)
	仲醇	1100～1010(s)
	叔醇	1150～1100(s)
	酚	1220～1130(s)
δ_{OH}	面内	1500～1300(s)宽峰
	面外	750～650(s)

以正丁醇、3,3-二甲基-2-丁醇、2-甲基-2-丙醇和苯酚为例，其红外光谱如图 3-34～图 3-37 所示。正丁醇是伯醇，C—O 伸缩振动在 1047 cm^{-1} 左右；3,3-二甲基-2-丁醇是有叔丁基取代的仲醇，如图 2-34 所示，其 1380 cm^{-1} 左右甲基的面内弯曲振动峰裂分成 1391 cm^{-1} 和 1373 cm^{-1} 的双峰，C—O 伸缩振动在 1099 cm^{-1} 处；2-甲基-2-丙醇是叔醇，也能观察到甲基的面内弯曲振动裂分的双峰，其 C—O 伸缩振动到了 1202 cm^{-1} 左右；苯酚还可以观察到苯环的骨架振动和苯环单取代的面外弯曲振动谱带，另外，它的 C—O 伸缩振动吸收峰在 1238 cm^{-1} 左右。

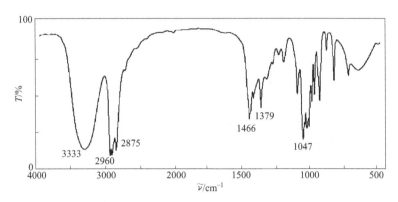

图 3-34　正丁醇的红外光谱（液膜法）

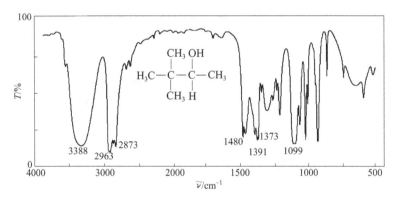

图 3-35　3,3-二甲基-2-丁醇的红外光谱（液膜法）

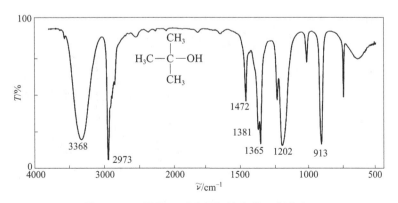

图 3-36　2-甲基-2-丙醇的红外光谱（液膜法）

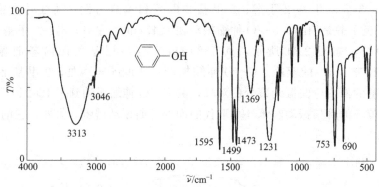

图 3-37　苯酚的红外光谱（液膜法）

醚类化合物主要是 C—O—C 的反对称伸缩振动和对称伸缩振动，脂肪族醚类 $\nu_{s,C-O-C}$ 很弱，特别是对称的醚类几乎观察不到该峰。$\nu_{as,C-O-C}$ 出现在 $1150\sim1050\ cm^{-1}$，是脂肪族醚类的主要判断依据。而芳香族和乙烯基醚类化合物都可以观察到反对称和对称伸缩振动吸收峰。

如图 3-38 所示，二丙醚 C—O—C 的反对称伸缩振动在 $1121\ cm^{-1}$ 左右产生强的吸收峰。二苯醚和烷基乙烯基醚由于苯环或乙烯键与氧之间的 p-π 共轭，使═C—O 键的键长缩短，力常数增大，伸缩振动频率向高波数移动。二苯醚可以观察到 $1237\ cm^{-1}$、$1072\ cm^{-1}$、$1024\ cm^{-1}$ 等较强的吸收峰，以及 $1600\sim1450\ cm^{-1}$ 范围苯环的骨架振动和单取代的面外弯曲振动谱带，如图 3-39 所示。烷基乙烯基醚 C—O—C 的伸缩振动强吸收出现在 $1225\sim1200\ cm^{-1}$，同时乙烯基的 C═C 伸缩振动裂分成 $1640\ cm^{-1}$ 和 $1620\ cm^{-1}$ 左右的双峰，吸收强度增大。

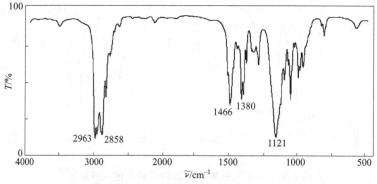

图 3-38　二丙醚的红外光谱（液膜法）

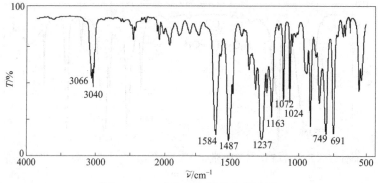

图 3-39　二苯醚的红外吸收光谱图

缩醛和缩酮具有 C—O—C—O—C 多醚结构，由于振动偶合，在 1200～1050 cm^{-1} 范围存在多个吸收峰。环状醚类也能观察到两个或多个吸收峰，环元数减小时，$\nu_{as,C—O—C}$ 吸收峰向低波数移动，而 $\nu_{s,C—O—C}$ 吸收峰向高波数移动，如下所示：

	二氧六环	四氢吡喃	四氢呋喃	氧杂环丁烷	环氧乙烷
$\nu_{as,C—O—C}/cm^{-1}$	1124	1098	1071	983	839
$\nu_{s,C—O—C}/cm^{-1}$	878	813	913	1028	1270

3.8.6 羰基化合物（醛、酮、羧酸、酸酐、酯、酰卤、酰胺）

羰基化合物中 C=O 的伸缩振动引起的偶极矩变化大，所以吸收强度也很大，发生在 1850～1650 cm^{-1} 的范围。羰基化合物主要包括醛、酮、羧酸、酸酐、酯、酰卤、酰胺等。C=O 的伸缩振动是这类化合物共同的特征吸收峰，C=O 上不同取代时其伸缩振动吸收峰出现的位置有差异，而且不同类化合物相关吸收峰中又存在各自的特点和差异，可以作为羰基类化合物的鉴别依据。

3.8.6.1 醛和酮类化合物

醛、酮类化合物都含有羰基，醛的 $\nu_{C=O}$ 比酮类高约 10 cm^{-1}，羰基与苯环共轭时会向低波数移动。醛和酮主要的区别在于是否存在费米共振吸收峰，即 $\nu_{C—H}$：～2820 cm^{-1}，～2720 cm^{-1}（m），其中以 2720 cm^{-1} 左右的峰为判断依据。

以间甲基苯甲醛和苯乙酮为例，如图 3-40 和图 3-41 所示，间甲基苯甲醛的 $\nu_{C=O}$ 在 1704 cm^{-1} 左右，苯乙酮羰基和苯环发生共轭，伸缩振动吸收频率向低波数移动到 1686 cm^{-1}。间甲基苯甲醛在 2728 cm^{-1} 左右出现费米共振峰，而苯乙酮没有。二者都能观察到苯环的骨架伸缩振动吸收峰（1600～1450 cm^{-1}）和=C—H 面外弯曲振动吸收峰（1000～650 cm^{-1}）。

醛和酮的特征频率列于表 3-11，饱和脂肪醛的 $\nu_{C=O}$ 在 1740～1720 cm^{-1}，与不饱和双键或苯环相连时，醛的 $\nu_{C=O}$ 向低波数移动。饱和脂肪酮类 $\nu_{C=O}$ 在 1725～1705 cm^{-1}，当 α-C 上有吸电子基团时，如一个氯取代时 $\nu_{C=O}$ 将升高到 1745～1725 cm^{-1}。羰基与苯环、烯键或炔键共轭时，$\nu_{C=O}$ 将移向低波数到 1700 cm^{-1} 以下。环酮类随着环张力的增大，$\nu_{C=O}$ 将升高，如环丁酮在 1775 cm^{-1} 出现强吸收谱带。如果化合物存在 β-二酮结构，则有酮式和烯醇式的互变异构，酮式由于两个羰基的偶合效应，在 1730～1690 cm^{-1} 有两个强吸收峰。而烯醇式在 1640～1540 cm^{-1} 有一个宽而强的吸收峰。

表 3-11 醛和酮的特征频率

基团振动类型		波数/cm^{-1}
$\nu_{C—H}$（醛类）	醛基	～2820（m～w）；～2720（m～w）
$\nu_{C=O}$（醛类）	饱和脂肪醛	1740～1720（s）
	α,β-不饱和醛	1705～1680（s）
	$\alpha,\beta,\gamma,\delta$-不饱和醛	1680～1660（s）
	芳香醛	1715～1695（s）
$\delta_{C—H}$	醛基	975～780（m）

基团振动类型		波数/cm^{-1}
$\nu_{C=O}$(酮类)	饱和链状酮	1725~1705(s)
	α,β-不饱和链状酮	1690~1675(s)
	$\alpha,\beta,\alpha',\beta'$-不饱和链状酮	1670~1660(s)
	芳香酮	1700~1680(s)
	二芳基酮	1670~1660(s)
	六元(及以上)环酮	1725~1705(s)
	五元环酮	1750~1740(s)
	四元环酮	1780~1760(s)
	α-卤代酮	1745~1725(s)
	α-双酮	1730~1710(s)
	β-双酮	1640~1540(s)
	邻羟基酮(或氨基)	1655~1635(s)
	1,4-醌	1690~1660(s)
ν_{C-C-C}	酮类	1300~1100(s~m)

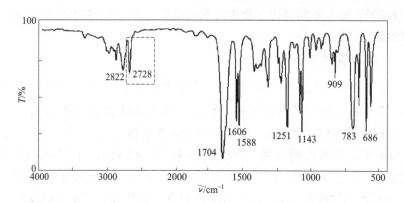

图 3-40　间甲基苯甲醛的红外光谱（液膜法）

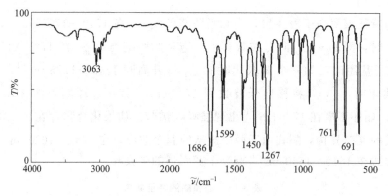

图 3-41　苯乙酮的红外光谱（液膜法）

3.8.6.2　羧酸和酯类化合物

羧酸分子中既有羟基，又有羰基，主要特征吸收见表 3-12。

$\nu_{C=O}$：游离~1760 cm^{-1}（s）；缔合~1710 cm^{-1}（s）；共轭芳香羧酸~1690 cm^{-1}（s）。

ν_{OH}：游离 3650~3300 cm^{-1}（m），峰形尖锐；缔合 3400~2200 cm^{-1}（w）。

ν_{C-O}：$1320 \sim 1200\,\mathrm{cm}^{-1}$（m），多重峰，应用受到限制。

δ_{OH}：$950 \sim 900\,\mathrm{cm}^{-1}$，强度变化大，可作为羧基是否存在的旁证。

羧酸的液体和固体状态通常以二聚体形式存在。游离的脂肪酸 $\nu_{C=O}$（$1760\,\mathrm{cm}^{-1}$ 左右）和芳香酸（$1745\,\mathrm{cm}^{-1}$ 左右）要高于二聚的脂肪酸 $C<^{O}_{O}$（$1725 \sim 1700\,\mathrm{cm}^{-1}$）和芳香酸（$1705 \sim 1685\,\mathrm{cm}^{-1}$）。羧酸只有在很稀的溶液中才可能出现游离的羟基 ν_{O-H}（$3550\,\mathrm{cm}^{-1}$ 左右），通常以二聚体存在，在 $3200 \sim 2500\,\mathrm{cm}^{-1}$ 范围出现宽而散的 ν_{O-H} 特征峰，二聚体还能在 $925\,\mathrm{cm}^{-1}$ 附近观察到 δ_{OH} 中等强度的宽峰。

以乙酸为例，如图 3-42 所示，其 $\nu_{C=O}$ 出现在 $1714\,\mathrm{cm}^{-1}$，$3200 \sim 2500\,\mathrm{cm}^{-1}$ 范围对应羧酸羟基的特征宽峰。$2700 \sim 2500\,\mathrm{cm}^{-1}$ 的小峰是 C—O 伸缩振动与弯曲振动的倍频，及组合频引起的吸收，对判断羧酸结构具有参考价值。在 $935\,\mathrm{cm}^{-1}$ 处还观察到 δ_{OH} 的吸收峰，可能存在二聚情况。羧酸的 C—O 伸缩振动吸收峰位于 $1430 \sim 1395\,\mathrm{cm}^{-1}$ 和 $1320 \sim 1250\,\mathrm{cm}^{-1}$ 左右，与 O—H 的面内变形振动重叠。

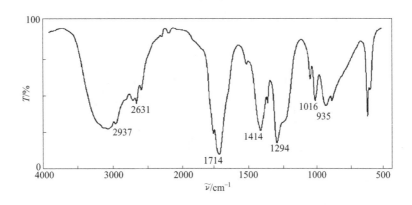

图 3-42　乙酸的红外光谱（液膜法）

羧酸如果成盐，就会形成羧酸根的多电子共轭体系，此时在 $1610 \sim 1560\,\mathrm{cm}^{-1}$ 和 $1440 \sim 1360\,\mathrm{cm}^{-1}$ 产生羧酸根的反对称和对称伸缩振动吸收。如果向离子化的羧酸盐中滴加强酸，吸收峰会恢复羧酸的 $\nu_{C=O}$ 峰形，则可以验证该化合物的羧基结构。

表 3-12　羧酸和酯类化合物的特征频率

基团振动类型		波数/cm^{-1}
ν_{O-H}（RCOOH）	游离	$3560 \sim 3500$（m）
	缔合	$3300 \sim 2500$（w）
$\nu_{C=O}$（RCOOH）	R=饱和烷基	$1720 \sim 1700$（s）
	R=Ph	$1700 \sim 1680$（s）
ν_{C-O}（RCOOH）	与 δ_{O-H}（面内）偶合	$1430 \sim 1395$，$1320 \sim 1250$（s）
δ_{O-H}（RCOOH）	δ_{O-H}（面外）	$950 \sim 900$（宽）
ν_{COO^-}（$RCOO^-$）	ν_{as}	$1610 \sim 1550$（m）
	ν_s	$1430 \sim 1300$（s）
$\nu_{C=O}$（RCOOR'）	R=饱和烷基	$1750 \sim 1735$
	R=烯基或芳基	$1730 \sim 1715$（s）
	R'=烯基或芳基	$1800 \sim 1770$（s）
	R=R'=Ph	1735（s）

基团振动类型		波数/cm^{-1}
$\nu_{C=O}$（饱和内酯）	γ-内酯	1780~1760(s)
	δ-内酯	1750~1735(s)
ν_{C-O-C}（RCOOR'）	R=H	1200~1180(s)
	R=CH$_3$	1250~1230(s)
	R=C$_2$H$_5$ 或更高级酯	1200~1150(s)
	R'=烯基（ν_{as}）	1300~1200(s)
	R'=烯基（ν_{s}）	1180~1130(s)
	R'=芳基（ν_{as}）	1300~1250(s)
	R'=芳基（ν_{s}）	1150~1100(s)

酯类化合物的主要特征吸收是 C=O 和 C—O—C 的伸缩振动吸收：

$\nu_{C=O}$ 在 1735 cm^{-1} 左右（s）。

ν_{C-O-C} 在 1300~1050 cm^{-1}（s）。

酯类 $\nu_{C=O}$ 比酮类约高 20 cm^{-1}，在 1740 cm^{-1} 附近。而 ν_{C-O-C} 在 1300~1000 cm^{-1} 出现两个强而宽的吸收带，对应反对称和对称伸缩振动，是鉴定酯类的重要依据。

如乙酸乙酯，$\nu_{C=O}$ 出现在 1742 cm^{-1} 左右，如图 3-43 所示，在 1240 cm^{-1} 和 1048 cm^{-1} 左右出现强的 $\nu_{as,C-O-C}$ 和 $\nu_{s,C-O-C}$ "酯带"。

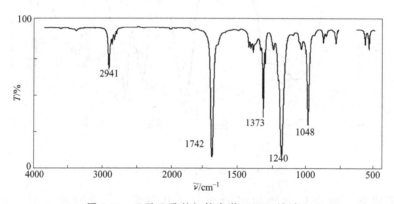

图 3-43　乙酸乙酯的红外光谱（CCl$_4$ 溶液）

酯类的特征频率见表 3-12，酯类的羰基如果与双键或苯环相连，$\nu_{C=O}$ 向低波数移动到 1730~1715 cm^{-1} 范围，如果双键或苯环与氧直接相连，则 $\nu_{C=O}$ 向高波数移动到 1800~1770 cm^{-1} 左右。如果是环状内酯，$\nu_{C=O}$ 与环大小及取代基电子效应有关，随着环元数的减少，$\nu_{C=O}$ 向高波数移动。

3.8.6.3　酸酐和酰卤类化合物

酸酐类化合物具有 —C—O—C— 基团结构，主要特征吸收列于表 3-13，包括：

$\nu_{C=O}$：反对称 1860~1800 cm^{-1}（s）；对称 1775~1740 cm^{-1}（s）。

ν_{C-O-C}：1300~900 cm^{-1}（s）峰宽而强。

酸酐两个 C=O 的反对称和对称伸缩振动吸收峰波数较高，两峰间距约 60 cm^{-1}，很容易识别。如果高波数的吸收峰比低波数强，则是开链酸酐，如果低波数的峰更强，则可能是环状酸酐。酸酐的 ν_{C-O-C} 为强而宽的吸收峰，开链酸酐位于 $1170\sim1050\,cm^{-1}$，环状酸酐位于 $1300\sim1200\,cm^{-1}$ 范围。以乙酸酐和邻苯二甲酸酐为例，如图 3-44 和图 3-45 所示，乙酸酐可以观察到 $1827\,cm^{-1}$ 和 $1766\,cm^{-1}$ 左右的双峰，其中 $1827\,cm^{-1}$ 的峰更强，属于开链酸酐。在 $1124\,cm^{-1}$ 处强而宽的吸收峰对应于饱和脂肪酸酐 ν_{C-O} 的吸收。环状的邻苯二甲酸酐 $1771\,cm^{-1}$ 峰（$\nu_{s,C=O}$）明显强于 $1864\,cm^{-1}$ 峰（$\nu_{as,C=O}$），$1262\,cm^{-1}$ 左右的强吸收峰对应于环状酸酐的 ν_{C-O-C} 振动。

表 3-13 酸酐和酰卤类化合物的特征频率

基团振动类型		波数/cm^{-1}
$\nu_{C=O}$（酸酐）	开链酸酐	$1860\sim1800(s)$；$1800\sim1750(m)$
	环状酸酐	$1860\sim1800(m)$；$1800\sim1750(s)$
ν_{C-O-C}（酸酐）	开链酸酐	$1170\sim1050(s)$
	环状酸酐	$1300\sim1200(s)$
$\nu_{C=O}$（酰卤）	酰氟	$1840(s)$
	酰氯	$1800(s)$
	酰溴、酰碘	$1815\sim1770(s)$
	芳香酰卤；不饱和酰卤	$1780\sim1750(s)$
ν_{C-Cl}（酰卤）	芳香酰卤	$900\sim850(s\sim m)$
	脂肪酰卤	$800\sim600(s\sim m)$

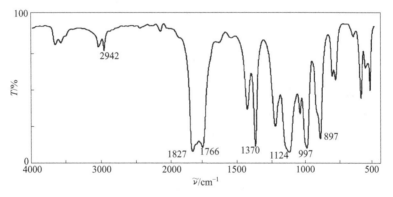

图 3-44 乙酸酐的红外光谱（液膜法）

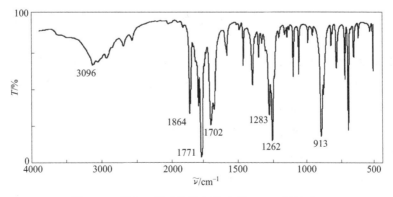

图 3-45 邻苯二甲酸酐的红外光谱（KBr 压片法）

酰卤类化合物的主要特征吸收包括：

$\nu_{C=O}$：$1800\,cm^{-1}$ 左右 （s）。

ν_{C-X}：$1250\sim910\,cm^{-1}$（m～s），峰形较宽。

酰卤 C=O 双键的伸缩振动吸收峰接近 $1800\,cm^{-1}$，氟代时可以移动到 $1840\,cm^{-1}$ 左右，但当羰基和苯环共轭时，吸收向低波数移动，芳香族酰卤和 α,β-不饱和酰卤的 $\nu_{C=O}$ 在 $1780\sim1750\,cm^{-1}$。以苯甲酰氯为例，如图 3-46，$\nu_{C=O}$ 移动到 $1775\,cm^{-1}$ 左右，酰卤的鉴别还可以参考 $873\,cm^{-1}$ 左右的 C—Cl 键的伸缩振动吸收峰。$1206\,cm^{-1}$ 为芳香族酰卤 $\nu_{C-C(=O)}$ 单键伸缩振动吸收峰。通常的烃类化合物几乎观察不到 ν_{C-C} 吸收，酰卤中由于羰基的诱导作用，C—C 键的偶极矩变化增大，因此该吸收峰较强。芳香族酰卤 $\nu_{C-C(=O)}$ 在 $1200\sim1100\,cm^{-1}$ 左右，脂肪族酰卤则在 $1000\sim900\,cm^{-1}$ 范围。

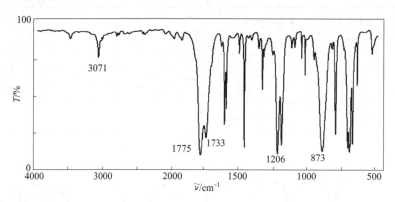

图 3-46　苯甲酰氯的红外光谱 （液膜法）

3.8.6.4　酰胺类化合物

酰胺类化合物的主要特征吸收如下：

$\nu_{C=O}$：$1690\sim1630\,cm^{-1}$（s）（酰胺 I 带）。

ν_{N-H}：$3500\sim3100\,cm^{-1}$（w～m）峰形尖锐；伯酰胺为双峰，仲酰胺为单峰，叔酰胺无此峰；游离态在 $3500\sim3400\,cm^{-1}$；缔合态在 $3350\sim3050\,cm^{-1}$。

δ_{N-H}：伯酰胺 $1640\sim1600\,cm^{-1}$（s）；仲酰胺 $1570\sim1510\,cm^{-1}$（s）；叔酰胺无此峰（酰胺 II 带）。

ν_{C-N}：伯酰胺 $1420\sim1400\,cm^{-1}$（s～m）；仲酰胺 $1300\sim1260\,cm^{-1}$（w）；叔酰胺无此峰（酰胺 III 带）。

酰胺类化合物的鉴定主要依据羰基和氨基的特征吸收，酰胺的羰基与其他羰基化合物相比，出现的波数更低，在 $1700\,cm^{-1}$ 以下，称为酰胺 I 带。伯酰胺含两个 N—H，在 $3500\sim3100\,cm^{-1}$ 出现 ν_{N-H} 的双峰，仲酰胺含一个 N—H，在 $3440\,cm^{-1}$（游离）或 $3100\,cm^{-1}$（缔合）左右出现单峰，而叔酰胺不含 N—H，因此不出峰。除此之外，酰胺 II 带（δ_{N-H}）和 III 带（ν_{C-N}）也是鉴别酰胺类化合物的参考依据。伯酰胺的酰胺 II 带位于 $1640\sim1600\,cm^{-1}$，容易和酰胺 I 带发生重叠，成为一个吸收带。仲酰胺的酰胺 II 带位于 $1570\sim1510\,cm^{-1}$，叔酰胺没有酰胺 II 带。酰胺 III 带主要是 C—N 键的伸缩振动，伯酰胺在 $1400\,cm^{-1}$ 左右有较强的吸收，仲酰胺和叔酰胺 ν_{C-N} 的吸收强度较弱，参考价值不大。

以乙酰胺、N-甲基乙酰胺和 N,N-二甲基甲酰胺为例，其红外光谱如图 3-47～图 3-49

所示。乙酰胺在 $3348\ \mathrm{cm}^{-1}$ 和 $3173\ \mathrm{cm}^{-1}$ 能够观察到伯酰胺 $\nu_{\mathrm{N-H}}$ 的强吸收带，其 $\nu_{\mathrm{C=O}}$ 伸缩振动出现在 $1681\ \mathrm{cm}^{-1}$，此酰胺Ⅰ带与酰胺Ⅱ带叠加在一起，形成一个宽而强的吸收峰。$1398\ \mathrm{cm}^{-1}$ 左右对应的是伯酰胺的 $\nu_{\mathrm{C-N}}$，即酰胺Ⅲ带吸收。N-甲基乙酰胺为仲酰胺，$3294\ \mathrm{cm}^{-1}$ 处观察到一个 $\nu_{\mathrm{N-H}}$ 的强吸收带，$1655\ \mathrm{cm}^{-1}$ 和 $1555\ \mathrm{cm}^{-1}$ 的吸收峰对应酰胺Ⅰ带与Ⅱ带。

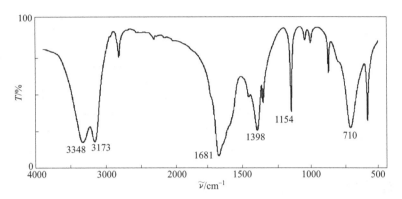

图 3-47　乙酰胺的红外光谱（KBr 压片法）

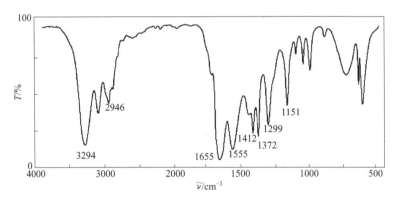

图 3-48　N-甲基乙酰胺的红外光谱（液膜法）

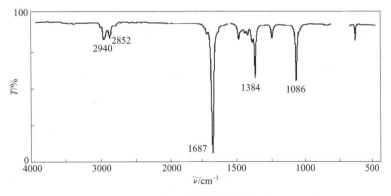

图 3-49　N,N-二甲基甲酰胺的红外光谱（CCl₄ 法）

而 N,N-二甲基甲酰胺为叔酰胺，$3000\ \mathrm{cm}^{-1}$ 以上观察不到 $\nu_{\mathrm{N-H}}$ 吸收峰，酰胺Ⅰ带出

现在 1687 cm^{-1} 处，观察不到酰胺Ⅱ、Ⅲ带。酰胺类化合物的特征频率列于表 3-14。

表 3-14 酰胺类化合物的特征频率

基团结构	振动类型	波数/cm^{-1}
$\begin{array}{c} O \\ \parallel \\ R-C-NH_2 \end{array}$	ν_{N-H}（游离）	$\sim 3520(s);\sim 3400(s)$
	ν_{N-H}（缔合）	$\sim 3350(m);\sim 3180(m)$
	$\nu_{C=O}$（酰胺Ⅰ带）	$1690\sim 1650(s)$
	δ_{N-H}（酰胺Ⅱ带）	$1640\sim 1600(s)$
	ν_{C-N}（酰胺Ⅲ带）	$1420\sim 1400(s)$
$\begin{array}{c} O \\ \parallel \\ R-C-NHR' \end{array}$	ν_{N-H}（游离）	$\sim 3440(s)$
	ν_{N-H}（缔合）	$\sim 3100(m)$
	$\nu_{C=O}$（酰胺Ⅰ带）	$1680\sim 1655(s)$
	δ_{N-H}（酰胺Ⅱ带）	$1550\sim 1530(s)$
	ν_{C-N}（酰胺Ⅲ带）	$1300\sim 1260(w)$
$\begin{array}{c} O \\ \parallel \\ R-C-NR'R'' \end{array}$	$\nu_{C=O}$（酰胺Ⅰ带）	$1670\sim 1630(s)$

3.8.7 胺和铵盐

胺类化合物主要特征吸收有 N—H 的伸缩振动（ν_{N-H}）、弯曲振动（δ_{N-H}）以及 C—N 的伸缩振动（ν_{C-N}）。

ν_{N-H}：$3500\sim 3300$ cm^{-1}（w~m），峰形尖锐；伯胺为双峰，仲胺为单峰，叔胺无吸收。

δ_{N-H}（面内）：伯胺 $1650\sim 1570$ cm^{-1}（w~m）；仲胺 1500 cm^{-1}（w~m）。

δ_{N-H}（面外）：伯胺 $900\sim 770$ cm^{-1}（w~m）；仲胺 $750\sim 700$ cm^{-1}（s）。

ν_{C-N}：脂肪胺：$1250\sim 1020$ cm^{-1}（w~m）；芳香族伯胺 $1360\sim 1250$ cm^{-1}（m）。

伯胺的 ν_{N-H} 有反对称和对称伸缩振动，一般游离态在 3500 cm^{-1} 和 3400 cm^{-1} 左右出峰，缔合态在 3350 cm^{-1} 和 3150 cm^{-1} 左右出峰。伯胺一般能够在 1600 cm^{-1} 附近观察到 N—H 的剪式振动，且 $900\sim 770$ cm^{-1} 范围出现 N—H 的扭曲振动吸收，特征性较强。芳香族伯胺的 ν_{C-N} 较强，出现在 $1360\sim 1250$ cm^{-1} 范围。

仲胺在 3335 cm^{-1} 左右出现一个 ν_{N-H} 吸收峰，仲胺的 δ_{N-H} 和 ν_{C-N} 易受干扰，特征性均较差。脂肪族仲胺的 δ_{N-H}（面外）较强，出现在 $750\sim 700$ cm^{-1} 范围。

叔胺的红外光谱没有明显特征，无 N—H 的相关吸收，而 C—N 键的极性弱，吸收峰也很弱，无特征性。

以正己胺、二正丙基胺、三乙胺和苯胺的红外光谱为例，如图 3-50～图 3-53 所示。正己胺是脂肪族伯胺（图 3-50），在 3369 cm^{-1} 和 3291 cm^{-1} 左右出现 ν_{N-H} 的双峰，1617 cm^{-1} 和 812 cm^{-1} 左右的谱带分别是 δ_{N-H}（面内）和 δ_{N-H}（面外）吸收峰。2927 cm^{-1} 和 2879 cm^{-1} 的强吸收，以及 1468 cm^{-1} 和 1379 cm^{-1} 的单峰表明亚甲基和甲基的存在。二正丙基胺是仲胺，如图 3-51 所示，在 3292 cm^{-1} 处观察到一个 ν_{N-H} 的吸收峰，1130 cm^{-1} 处中等强度的吸收峰是 ν_{C-N} 谱带，在 730 cm^{-1} 左右观察到仲胺 δ_{N-H}（面外）吸收峰。三乙胺是叔胺，在 3000 cm^{-1} 以上没有 N—H 的尖峰出现，如图 3-52 所示，1071 cm^{-1} 左右是 ν_{C-N} 吸收峰，C—N 的弯曲振动吸收较弱，另外亚甲基和甲基的吸收峰很明显。

苯胺是芳香族伯胺，有 2 个 N—H 键，如图 3-53 所示，在 $3500\sim 3300$ cm^{-1} 出现双峰，

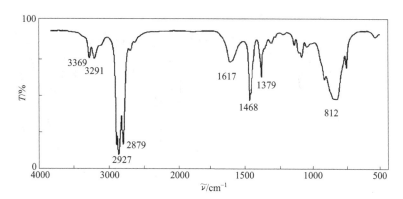

图 3-50　正己胺的红外光谱（液膜法）

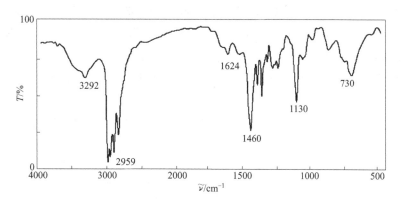

图 3-51　二正丙基胺的红外光谱（液膜法）

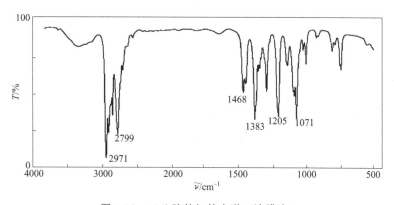

图 3-52　三乙胺的红外光谱（液膜法）

N—H 的弯曲振动与苯环骨架振动发生了重叠，在 1620 cm^{-1}、1601 cm^{-1}、1498 cm^{-1} 出现强吸收峰。苯胺的 C—N 伸缩振动吸收发生在 1277 cm^{-1} 左右。693 cm^{-1} 和 754 cm^{-1} 为单取代苯=C—H 的面外弯曲振动吸收峰。

亚胺类化合物在 3400 cm^{-1} 左右可以观察到 $\nu_{N—H}$ 吸收峰，但强度很弱，亚胺含有 C=N 双键，其在 1690～1640 cm^{-1} 范围出现峰形尖锐的 $\nu_{C=N}$ 吸收峰，特征性较强。

胺类成盐后谱图变化较大，如伯胺盐在 3200～2800 cm^{-1} 区域出现—NH$_3^+$ 两个较强的吸收带，仲胺盐在 3000～2700 cm^{-1} 范围出现—NH$_2^+$ 宽而强的吸收峰，叔胺成盐后有了一

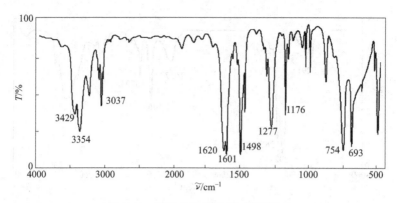

图 3-53 苯胺的红外光谱（液膜法）

个 N—H，在 2700～2250 cm^{-1} 范围出现 ν_{N-H} 吸收峰。伯胺盐在 1625～1560 cm^{-1} 和 1550～1500 cm^{-1} 范围还可以观察到—NH$_3^+$ 的反对称和对称 δ_{N-H} 吸收峰。仲胺盐在 1620～1560 cm^{-1} 范围可以观察到—NH$_2^+$ 的 δ_{N-H} 吸收峰。观察和比较化合物成盐前后红外光谱的变化，有助于区别和鉴定不同类型的胺类化合物。胺和铵盐的特征频率列于表 3-15。

表 3-15　胺和铵盐的特征频率

基团结构	振动类型	波数/cm^{-1}
—NH$_2$（伯胺）	ν_{N-H}（游离）	～3500(w)；～3400(w)
	ν_{N-H}（缔合）	～3350(w)；～3150(w)
	δ_{N-H}（面内）	1650～1570(w～m)
	δ_{N-H}（面外）	900～770(w～m)
	ν_{C-N}（芳香伯胺）	1360～1250(m)
	ν_{C-N}（脂肪伯胺）	1250～1020(w～m)
—NH—（仲胺）	ν_{N-H}（游离）	～3335(w)
	δ_{N-H}（面内）	～1500(w～m)
	δ_{N-H}（面外）	750～700(s)
	ν_{C-N}（芳香仲胺）	1350～1280(m)
—NH$_3^+$（伯胺盐）	ν_{N-H}	3200～2800(s)
	δ_{N-H}	1625～1560(s)；1550～1500(s)
—NH$_2^+$（仲胺盐）	ν_{N-H}	3000～2700(s)
	δ_{N-H}	1620～1560(m)
—NH$^+$—（叔胺盐）	ν_{N-H}	2700～2250
=NH（亚胺）	ν_{N-H}	3400
	ν_{C-N}	1690～1640

3.8.8　硝基化合物

硝基化合物、硝酸酯（—O—NO$_2$）和硝胺（—N—NO$_2$）都含有—NO$_2$ 基团，主要特征吸收为 ν_{NO_2} 和 ν_{C-N}。

ν_{as,NO_2}：1600～1500 cm^{-1}；ν_{s,NO_2}：1390～1300 cm^{-1}

ν_{C-N}：920～800 cm^{-1}

脂肪族硝基化合物的反对称（ν_{as}）和对称伸缩振动（ν_s）吸收峰分别在 1565～1545 cm^{-1} 和 1385～1365 cm^{-1}，强度较强。芳香族硝基化合物在 1530～1500 cm^{-1} 和 1370～

1330 cm^{-1} 产生吸收。C—N 键的 ν_{C-N} 容易和苯环上 ═C—H 的面外弯曲振动吸收峰重叠。以硝基苯和 2-硝基丙烷为例，如图 3-54 和图 3-55 所示。硝基苯的 N═O 反对称伸缩振动和对称伸缩振动强吸收峰出现在 1531 cm^{-1} 和 1349 cm^{-1} 左右，C—N 的伸缩振动出现在 852 cm^{-1} 附近。2-硝基丙烷的 $\nu_{as,N═O}$ 出现在 1552 cm^{-1}，$\nu_{s,N═O}$ 出现在 1359 cm^{-1}，在 851 cm^{-1} 左右出现 ν_{C-N} 吸收峰。

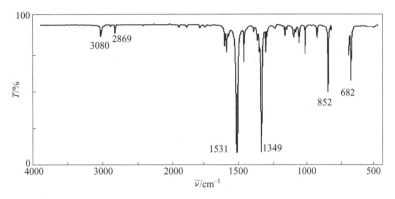

图 3-54　硝基苯的红外光谱（CCl$_4$ 法）

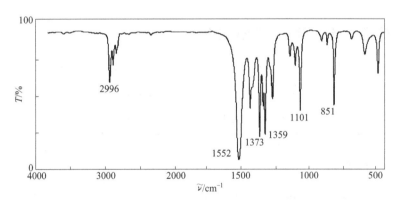

图 3-55　2-硝基丙烷的红外光谱（液膜法）

硝基苯的硝基与苯环共平面，共轭程度较大，所以 ν_{as,NO_2} 出现的波数比脂肪族硝基要低。当苯环上有较多拉电子的硝基取代时，ν_{as,NO_2} 出现的波数升高，如对二硝基苯在 1552 cm^{-1} 左右，1,3,5-三硝基苯在 1547 cm^{-1} 左右，而 2,4,6-三硝基甲苯在 1544 cm^{-1} 左右。

硝胺中硝基的 ν_{as,NO_2} 和 ν_{s,NO_2} 出现在 1630～1515 cm^{-1} 和 1300～1250 cm^{-1}。硝基如果连接在双键 N 上，如硝基胍，由于共轭效应，ν_{as,NO_2} 出现在 1540 cm^{-1} 附近。硝酸酯类化合物（O—NO$_2$）的硝基与电负性强的氧相连，使得 ν_{as,NO_2} 的吸收向高波数移动，出现在 1650～1600 cm^{-1}，比 C—NO$_2$ 和 N—NO$_2$ 的波数高，吸收谱带强且位置相对固定。硝酸酯的 ν_{s,NO_2} 在 1300～1250 cm^{-1} 出峰，同时在 830～870 cm^{-1} 也能观察到 ν_{O-N} 吸收带。硝酸酯一般出现三个特征吸收带，如硝基丙酯在 1630 cm^{-1}、1281 cm^{-1} 和 868 cm^{-1} 出现三个强吸收谱带。

亚硝基化合物在稀溶液中以单分子形式存在，固态时有顺、反两种构型的二聚体。稀溶液中在 1600～1500 cm^{-1} 可以观察到 N ═O 伸缩振动强吸收峰，以及 1100 cm^{-1} 左右 C—N

的伸缩振动吸收峰。固态时，顺式的 $\nu_{N=O}$ 谱带在 1420～1390 cm^{-1}，反式的 $\nu_{N=O}$ 谱带在 1300～1170 cm^{-1}。硝基和亚硝基化合物的特征频率列于表 3-16。

表 3-16 硝基和亚硝基化合物的特征频率

基团结构	振动类型	波数/cm^{-1}
R—NO$_2$（脂肪族硝基）	ν_{as,NO_2}	1565～1545(s)
	ν_{s,NO_2}	1385～1360(s)
	$\nu_{C—N}$	920～830(w)
Ph—NO$_2$（芳香族硝基）	ν_{as,NO_2}	1530～1500(s)
	ν_{s,NO_2}	1370～1330(s)
	$\nu_{C—N}$	860～840(s)
N—NO$_2$（硝胺）	ν_{as,NO_2}	1630～1515(s)
	ν_{s,NO_2}	1300～1250(s)
O—NO$_2$（硝酸酯）	ν_{as,NO_2}	1670～1620(s)
	ν_{s,NO_2}	1300～1270(s)
	$\nu_{O—N}$	870～850(s)
R—N=O（亚硝基）	$\nu_{N=O}$（稀溶液）	1600～1500(s)
	$\nu_{N=O}$（固态顺式）	1420～1390(s)
	$\nu_{N=O}$（固态反式）	1300～1170(s)
	$\nu_{C—N}$	～1100(s)

3.8.9 有机磷、硫、硅、卤素化合物

有机磷化合物主要是 P—H、P=O 和 P—O 的特征吸收。P—H 伸缩振动位于 2440～2275 cm^{-1} 范围，峰形尖锐，强度中等，其特征频率列于表 3-17。

表 3-17 有机磷化合物的特征频率

基团结构	R^1	R^2	R^3	振动类型	波数/cm^{-1}
O‖ R^1—P—R^3 ∣ R^2	烷基	烷基	烷基	$\nu_{P=O}$	～1150(m)
				$\nu_{P—C}$	1320～1280(m～s)
	Ph	Ph	Ph	$\nu_{P=O}$	～1260(m)
				$\nu_{P—C}$	1450～1435(m)
	RO	RO	RO	$\nu_{P=O}$	1300～1260(m)
	H	RO	RO	$\nu_{P—H}$	2440～2275(w)
				$\nu_{P=O}$	1315～1160(m)
	H	H	RO	$\nu_{P—H}$	2380～2280(w)
				$\delta_{P—H}$	1090～1080(m)
				$\nu_{P=O}$	1220～1180(m)

化学键	振动类型	波数/cm^{-1}
P=O 双键（游离态）	$\nu_{P=O}$	1350～1150(s)
P=O 双键（缔合态）	$\nu_{P=O}$	1250～1150(vs)
P—O—C 键	$\nu_{P—O}$	1260～1000(s)
	$\nu_{C—O}$	1000～850(s)
P=S 双键	$\nu_{P=S}$	750～600(w)
P—N 键	$\nu_{P—N}$	1110～930(m)

游离态 P=O 的伸缩振动在 1350～1150 cm^{-1} 之间有强吸收，缔合态向低波数移动到 1250～1150 cm^{-1}。P 上被三个烷基取代时在 1150 cm^{-1} 左右出峰，被三个苯基取代时在 1260 cm^{-1} 左右出峰，三个烷氧基取代，则在 1300～1260 cm^{-1} 出峰。以三甲基磷酸酯为

例，如图 3-56 所示，1282 cm^{-1} 左右为 $\nu_{P=O}$ 吸收峰，1037 cm^{-1} 左右为 ν_{C-O} 的强吸收峰，而 848 cm^{-1} 左右为 ν_{P-O} 的吸收峰。

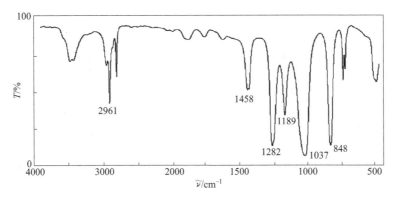

图 3-56 三甲基磷酸酯的红外光谱（液膜法）

有机硫化合物中常含有 S—H、S—O、S—C 等键，其特征频率列于表 3-18。硫醇（R—SH）和硫酚（Ph—SH）液态时可以观察到 2590~2550 cm^{-1} 的 ν_{S-H}，强度较弱。硫醚（R—S—R′）在 700~600 cm^{-1} 范围出现 S—C 键的伸缩振动吸收，但强度太弱，变化较大。硫氧化合物，如烷基亚砜或芳基亚砜（R—SO—R′）分别在 1070 cm^{-1} 和 1030 cm^{-1} 附近出现 $\nu_{as,\,S=O}$ 和 $\nu_{s,\,S=O}$ 的强吸收峰。而砜类、磺酰胺、磺酰氯、磺酸、磺酸酯、硫酸酯等都含有—SO$_2$—，其 $\nu_{as,\,-SO_2-}$ 和 $\nu_{s,\,-SO_2-}$ 也是宽而强的吸收峰，容易辨识。如磺酰氯（R—SO$_2$—Cl）在 1380 cm^{-1} 和 1175 cm^{-1} 左右有强吸收，磺酰胺（R—SO$_2$—NH$_2$）在 1350 cm^{-1} 和 1170 cm^{-1} 附近有强吸收。

表 3-18 有机硫化合物的特征频率

化合物结构	振动类型	波数/cm^{-1}
R—S—H(硫醇)	ν_{S-H}	2590~2550(w)
	ν_{S-C}	700~600(m~s)
R—SO—R′(亚砜)	$\nu_{S=O}$	1100~1000(s)
R—SO$_2$—Cl(磺酰氯)	$\nu_{as(-SO_2-)}$	1410~1360(s)
	$\nu_{s(-SO_2-)}$	1195~1165(s)
R—SO$_2$—NH$_2$(磺酰胺)	$\nu_{as(-SO_2-)}$	1360~1335(s)
	$\nu_{s(-SO_2-)}$	1170~1150(s)
R—SO$_2$—R′(砜)	$\nu_{asS=O}$	1350~1300(s)
	$\nu_{sS=O}$	1160~1120(m)
R—SO$_2$—OR′(磺酸酯)	$\nu_{asS=O}$	1370~1335(s)
	$\nu_{sS=O}$	1200~1170(m)
R—SO$_3$—H(磺酸)	$\nu_{asS=O}$	1350~1340(s)
	$\nu_{sS=O}$	1165~1150(s)
R—O—SO$_2$—OR′(硫酸酯)	$\nu_{asS=O}$	1415~1380(s)
	$\nu_{sS=O}$	1200~1165(m)

有机硅化合物的特征吸收是由 Si—H、Si—O 键引起，ν_{Si-H} 出现在 2260~2100 cm^{-1}，为中等强度；δ_{Si-H} 出现在 960~900 cm^{-1}。$\nu_{Si-O-Si}$ 一般出现在 1100~1000 cm^{-1}，脂肪族 ν_{Si-O-R} 出现在 1000 cm^{-1} 以上，芳香族 ν_{Si-O-R} 出现在 1000 cm^{-1} 以下。Si—OH 的 ν_{Si-O} 一般在 910~830 cm^{-1} 出现，中等强度吸收峰，缔合时在 3400~3200 cm^{-1} 可以观察到

ν_{O-H} 吸收峰。以二甲氧基甲基硅烷为例，如图 3-57 所示，2162 cm^{-1} 为 ν_{Si-H}，1091 cm^{-1} 的强吸收为 $\nu_{Si-O-Si}$ 和 ν_{Si-O-R} 的吸收峰。有机硅化合物的特征频率列于表 3-19。

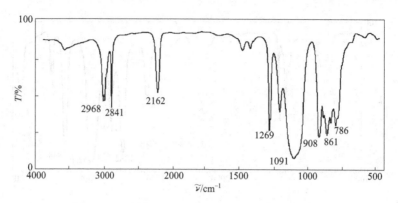

图 3-57　二甲氧基甲基硅烷的红外光谱（液膜法）

表 3-19　有机硅化合物的特征频率

基团结构	振动类型	波数/cm^{-1}
Si—H	ν_{Si-H}	2157～2095(vs)
	δ_{Si-H}	947～800(vs)
Si—C	ν_{Si-C}	840～670(s)
Si(CH$_3$)$_3$	ν_{Si-C}	约840(s)；约755(s)
Si—O	ν_{Si-O}	1090～920(s)
Si—F	ν_{Si-F}	1000～800(s)
Si—Cl	ν_{Si-Cl}	650～500(s)

有机卤化物的特征吸收是 C—X 键引起的，卤素原子的质量差异大，C—X 键键长差异也大，因此不同卤化物 ν_{C-X} 的吸收范围变化较大。一般 ν_{C-F} 位于 1400～1000 cm^{-1}，ν_{C-Cl} 位于 800～600 cm^{-1}，ν_{C-Br} 位于 600～500 cm^{-1}，ν_{C-I} 位于 550～400 cm^{-1}。卤素的孤对电子如果与苯环形成 p-π 共轭，会使 C—X 键的力常数增大，振动移动到较高波数。如氟苯的 ν_{C-F} 出现在 1223 cm^{-1} 左右，氯苯的 ν_{C-Cl} 出现在 1050 cm^{-1} 左右，而 2-氯丙烷的 ν_{C-Cl} 出现在 616 cm^{-1}。多个卤素原子取代时，ν_{C-X} 向高波数移动，且吸收强度增加。如 CCl$_4$ 在 795 cm^{-1} 附近产生强吸收，但 CCl$_4$ 可以作为红外光谱测试的溶剂，CCl$_4$ 在 ν_{C-X} 之外的波段几乎不产生干扰。

3.8.10　无机化合物的红外吸收

无机化合物中单质、惰性气体等非极性中性分子都没有红外吸收，如石墨、Si、Ge、S、N$_2$、O$_2$、H$_2$、卤素单质等。但有些单质晶体材料会出现红外吸收，比如金刚石、单晶硅片。金属在红外区域没有吸收，但红外光无法穿透金属薄膜，即使是纳米级厚度，但金属氧化物是有红外吸收的，如 Al$_2$O$_3$、CaO、Fe$_3$O$_4$、TiO$_2$ 等。有极性键的中性分子也是有红外吸收的，如 NH$_3$、CO$_2$、CO、H$_2$O、H$_2$S、HF、HCl、SO$_2$、PH$_3$ 等。卤化物和硫族化合物的简单无机盐一般在红外区域也没有吸收，如 KBr、NaCl、CaF$_2$、ZnSe、ZnS、CsI 等，可以作为红外窗片材料。但它们在中红外吸收光谱 200 cm^{-1} 以下出现晶格振动谱带。由多原子构成的阴离子和阳离子化合物有红外吸收，如 MnO$_4^-$、SO$_4^{2-}$、ClO$_4^-$、PO$_4^{3-}$ 等。

无机化合物的中红外吸收主要由阴离子的晶格振动引起，与阳离子关系不大，一般吸收峰数目少，峰形大而宽。

3.9 红外光谱仪

3.9.1 色散型红外光谱仪

按照分光元件的发展历程，红外光谱仪分为三代。第一代采用棱镜为单色器，需要恒温、干燥等条件，扫描速度慢，测量波长范围受棱镜材质的限制（采用自动变换棱镜组合可以测量 $5000 \sim 400 \ cm^{-1}$），分辨率也较低。如 20 世纪初 Coblentz 研究无机和有机化合物时采用的就是以氯化钠晶体为棱镜的第一代红外光谱议。第二代红外光谱仪以光栅为单色器，衍射光栅的色散能力比棱镜强，得到的单色光优于棱镜，对温度和湿度的要求降低，波长测量范围可以为 $12500 \sim 10 \ cm^{-1}$，且分辨率较高。第一代和第二代均属于色散型红外光谱仪，20 世纪 60 年代末期开始出现第三代干涉型红外光谱仪，即傅里叶变换红外光谱仪（Fourier transform infrared spectroscopy，FT-IR）。

红外吸收
光谱仪的组成

红外吸收
光谱仪的分类

色散型红外光谱仪或称色散型双光束红外分光仪型号较多，构造原理相似，主要由光源、分光系统（单色器）、样品室、检测处理系统（检测器、放大器和记录仪等）组成。

红外光谱仪的光源一般采用能够发射高强度连续波长光的红外辐射光源。常用的有能斯特灯（Nernst glower）和硅碳棒（globar）。能斯特灯一般由粉状的氧化锆（ZrO_2）、氧化钇（Y_2O_3）和氧化钍（ThO_2）混合压制，经高温烧结呈棒状（操作温度约 1500 ℃）。硅碳棒则由一定筛目的硅碳砂加压成型，经高温烧结而成（操作温度约 1300 ℃）。红外光谱仪的分光系统和检测处理系统与紫外-可见分光光度计类似，其样品室可以放置气体、液体或固体样品池。光源发出的光分为两路，分别通过样品池和参比池，到达可旋转的反射镜，使样品光束和参比光束交替进入单色器。单色器采用棱镜或光栅为色散元件，将复合光转变为单色光，交替照射到检测器上。经过样品池时，某些波长的红外光被样品吸收，透过光强度减弱，破坏了两束光的平衡，检测器就会有信号产生。该信号转变为电信号并进一步放大记录下来，以频率为横坐标，以吸收强度为纵坐标，绘制得到红外光谱图。

3.9.2 傅里叶变换红外光谱仪

傅里叶变换红外光谱仪（FT-IR）主要由光学系统和计算机系统构成，光学系统包括光源、迈克尔逊（Michelson）干涉仪和检测器，其中迈克尔逊干涉仪是核心部分。其结构示意如图 3-58 所示，主要由定镜、动镜、分束器组成。定镜和动镜是相互垂直的，定镜固定不动，而动镜可以沿着镜轴方向前后移动。分束器位于定镜和动镜之间，是一个呈 45°角的半透膜光束分裂器，到达分束器的光通常 50% 会发生透射，50% 会发生反射。光源发出的光通过准直镜得到一束平行光，到达分束器后 50% 的透射光到达动镜，50% 的反射光到达定镜。透过光被动镜反射，沿原路返回，再次到达分束器，其中50%的反射光通过样品后到达检测器，50%的透射光回到光源。到达定镜的光被反射后也到达分束器，发生50%反射和50%透射。总的来说，从光源发出的光有一半又返回了光源，另一半通过样品达到检测器，不过经过迈克尔逊干涉仪的调制后，两束光通过样品到达检测器时存在光程差，因此在检测器上得到的是干涉光。

动镜在平衡位置时（零位），到达检测器的两束光无光程差，且相位相同，会发生相长干涉。动镜移动时会产生光程差，如当动镜移动到 $\lambda/4$ 的偶数倍距离时，到达检测器的两束光光程差为 $\lambda/2$ 的偶数倍，两束光相长干涉，信号最强；当动镜移动到 $\lambda/4$ 的奇数倍距离时，信号最弱。当动镜匀速移动时，相当于连续改变相干光的光程差，得到周期性变化的干涉信号。入射光是单色光时，理想状态下得到余弦波曲线，如图 3-58 中右上角图所示。入射光是复合光时，任意波长的单色光在零光程差时均为相长干涉，光强最强，而偏离零光程差的位置，随光程差增加，各种波长的干涉光相互抵消，总的光强度迅速降低，因此得到中心具有极大值、两侧迅速衰减的对称型干涉图，如图 3-59 所示。

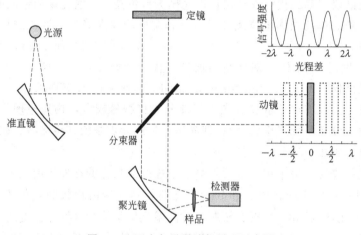

图 3-58　迈克尔逊干涉仪原理示意图

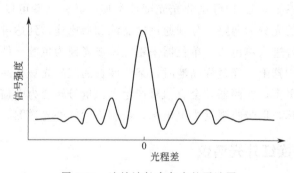

图 3-59　连续波长多色光的干涉图

谱图既可以是以频率或波长为横坐标的频域谱，又可以是以时间为横坐标的时域谱。通过迈克尔逊干涉仪后记录的信号就是时间域的图谱，通过傅里叶变换可以将时间域的干涉图转换成常见的频率域图谱，即常见的红外光谱。

FT-IR 光谱仪具有以下优点：①精度高，光通量大，所有振动频率同时测量，得到分子振动的全部信息，通过多次累加提高信噪比；②扫描速度快，可以做快速反应动力学研究，并能与气相色谱、液相色谱等联用；③光谱分辨率高（可达 $0.1\sim0.005$ cm^{-1}），测量范围宽，扫描范围可达 $10^4\sim10cm^{-1}$；④光学部件简单，只有动镜运动，不易磨损，且对温度、湿度的要求也不高，杂散光干扰小。

3.10 样品制备技术

在红外光谱分析中，谱图测试结果不仅取决于仪器配置和调试的状态，还与样品状态及其制备技术密切关联。因此，要想获得高质量的红外光谱，需要使仪器的性能指标处于最佳状态，同时还要选择适当的样品制备方法和技术。

试样的制备

对样品的主要要求：①样品的纯度需大于 98%；②样品应不含水分，若含水（结晶水、游离水）则对羟基峰有干扰，样品更不能是水溶液（采用特殊附件检测除外）。若制成溶液，需用符合所测光谱波段要求的溶剂配制。固体、液体和气体都可以进行红外光谱测试，但最常见的还是固体样品。

3.10.1 固体样品的制备

固体样品根据样品性质的不同可以选择不同的制备方法，如压片法、糊状法和薄膜法等，简要制备方式如下。

（1）KBr 压片法

将光谱纯 KBr 研磨均匀（一般在 200 目以下），干燥除水，置于干燥器中备用。采用分析天平精确称取 $1\sim2$ mg 干燥样品于玛瑙研钵中，加入干燥处理后的 KBr $100\sim200$ mg[二者比例为$(1:100)\sim(1:200)$]，在红外灯下研磨均匀，转移到不锈钢模具中，抽真空 $5\sim10$ min，除去粉末中的水汽和二氧化碳，再置于压片机上（$50\sim100$ MPa）压成透明或半透明的薄片备用。溴化钾压片法适合常见固体有机物质的光谱分析，但 KBr 具有吸湿性，可能会产生 3400 cm^{-1} 和 1650 cm^{-1} 左右水的干扰峰。

（2）糊状法

将固体样品与介质（如液体石蜡、全氟代石蜡油、全氟丁二烯等）在研钵中研磨成均匀的糊状，涂在两片盐晶窗片之间，形成均匀的薄层后测试。糊剂本身存在红外吸收峰，使用时注意干扰吸收带。

（3）薄膜法

薄膜法适合于高分子材料的研究，分溶剂薄膜法和热压薄膜法。溶剂薄膜法是将样品先用易挥发的溶剂溶解成 $1\%\sim3\%$ 的溶液，滴到 KBr 等红外晶片上，待溶剂完全挥发后，形成样品的薄膜。热压薄膜法是采用热压模具将比较厚的颗粒或块状聚合物压成比较薄的膜。

（4）溶液法

不易研磨的固体粉末，如果能够溶于溶剂，也可以按照液体样品的测试方式，配制成 $1\%\sim5\%$ 的溶液进行测试。

（5）其他测试法

固体颗粒或粉末样品还可以采用漫反射附件直接测试。将样品放入样品杯中，无需压紧或特殊处理，收集漫反射光中的样品信息，获得红外光谱。有些高聚物还可以采用显微切片的方式制备薄膜进行红外测试。高聚物难以用其他方式制样，且裂解产物与聚合物本身有对应关系时，还可以采用热裂解法，采集热裂解气化产物的冷凝液，涂于盐片上进行测试。

3.10.2 液体样品的制备

（1）液体池检测

低沸点的液体或溶液样品可以采用液体法，将样品从液体池的进样口注入检测。液体池有可拆式、固定厚度和可变厚度的，常用 KBr 和 NaCl 窗片材料。常用的有机溶剂有四氯化碳、二硫化碳、氯仿、石油醚、环己烷、苯等。如果检测的溶液样品含水，需要采用 CaF_2 或 BaF_2 窗片。测定溶液样品时一般以纯溶剂为参比，扣除溶剂的吸收。

（2）液膜法

沸点相对较高的液体样品可以采用液膜法，取 1～10 mg 液体样品置于抛光的 KBr 晶片上，将另一片 KBr 晶片与之对合，形成均匀的液膜，一般液膜厚度可以通过调节晶片间螺丝的松紧来改变。

（3）涂膜法

黏度较大的样品可以采用涂膜法，将少量样品溶于溶剂，涂于晶体窗片上，用红外灯加热使溶剂挥发，样品成膜后进行测定。热不稳定的样品可以自然挥发溶剂法成膜。

液体样品、柔软的高分子、浆状和凝胶状物质还可以采用 ATR（衰减全反射）附件直接检测。常规实验中也常将配制的有机溶液直接滴加到压好的空白 KBr 盐片上进行测定（扣除空白盐片的吸收）。

3.10.3 气体样品的测试

气体样品需要采用专门的气体池来检测，先将气体池排空，再充入样品气体，密闭测试。吸收峰强度可通过调节气体池中样品气体的压力来调节。气体池长度比液体池长很多。

3.11 红外光谱解析及应用

3.11.1 红外光谱定性分析的准备工作

要顺利进行定性分析，首先必须得到便于解析的红外光谱图，为此要做好前期的准备工作。

① 样品纯化处理。在定性分析前尽可能多地了解样品的来源和性质，如果是纯品，可以直接进行红外测试，如果是混合物或纯度不够，应先分离、纯化、除去溶剂和水分后再测定，以免组分干扰过大，谱图难解析，甚至结果错误。

红外光谱
用于定性、定量
与结构分析

② 根据样品状态选择测量方式。固体样品可采用溴化钾压片法、糊状法或薄膜法，液体样品采用液体池法、液膜法或涂膜法等。也可以选择相关附件测试样品，如欧米采样器等

直接测量。气体样品采用气体池检测。测量前要对仪器做性能校验，测量时，将标准样品和待测样品在相同的条件下测试红外吸收光谱。

③ 获得样品其他物理参数信息。一个未知物样品的其他物理常数，如沸点、熔点、相对密度、折射率、旋光性等可作为光谱分析的重要参考。总之，对样品性能参数了解得越多，越有利于谱图的解析。

3.11.2　红外标准谱图及检索

在红外吸收光谱的定性分析中，无论是已知物的检验还是未知物的鉴定，都需要与纯物质的标准红外光谱作比对，常用的红外标准谱图库如下。

（1）萨特勒（Sadtler）标准红外谱图库

早期的谱图集《Sadtler Reference Spectra Collections》是由美国萨特勒研究实验室从1947年开始出版，是迄今为止最全面最权威的纯化合物的红外标准谱库，包括标准谱图库和商业谱图库两部分。标准谱图库是纯度在98%以上的化合物的标准谱图。商业谱图库是一些工业产品的红外光谱图。此外，还包括一些蒸气相光谱，聚合物裂解产物、甾体、生物化学光谱，ATR光谱等。随着信息技术的发展，美国 Bio-Rad 公司将红外光谱数据进行数字化处理，通过检索软件 KnowItAll 对未知化合物进行红外谱图检索，快速确定未知化合物的分子结构，同时还能获得该物质的其他谱图和相关物理化学参数。目前 Sadtler 标准谱图库包含150多个子库，33万余张谱图。

网址：KnowItAll IR Spectral Database Collection-Wiley Science Solutions

（2）SDBS 有机化合物谱图（日本）

SDBS 由日本国家先进工业科学技术研究所创办，是一个综合性有机化合物的光谱数据库系统，包含 EI-MS、FT-IR、^{1}H NMR、^{13}C NMR、拉曼光谱、ESR 谱图。从1997年开始免费向公众开放，收录了34.6万多种化合物的谱图，其中红外光谱5.4万余张，且每年更新。网址支持化合物名称、分子式、分子量范围、CAS 登记号等查询。

网址：https://sdbs.db.aist.go.jp/sdbs/cgi-bin/direct_frame_top.cgi

（3）上海有机所化学数据库

上海有机所化学专业数据库系统由多个数据库组成，其中化学结构与鉴定库中包含了化合物结构数据库、核磁谱图数据库、质谱谱图数据库、红外谱图数据库、物化性质数据库、农药高分辨质谱数据库、晶体结构数据库和含能材料数据库，该数据库注册后可免费使用。其中红外谱图数据库始建于1978年，是国内最早的化学类数据库，收录了常见化合物的红外谱图。用户可以在数据库中检索指定化合物的谱图，也可以根据谱图/谱峰数据检索相似的谱图，以协助进行谱图鉴定。

网址：https://organchem.csdb.cn/scdb/default.asp

3.11.3　红外光谱的解析方法

（1）直接比较法

根据未知样品情况先初步估计，然后找相关化合物的谱图进行比较验证，或者利用标准红外光谱图库对未知物进行红外光谱检索，将未知物与已知物的谱图直接进行比较，得到准确的结果。需要注意的是样品与标准谱图要在相同测试条件下获得。

（2）否定法

根据红外光谱与分子结构的关系，谱图中某些波数的吸收峰能够反映某种基团的存在。谱图中未出现某些吸收峰，则可以否定某种基团的存在。例如，在 $2975\sim2845\,cm^{-1}$ 不出现强吸收峰，可能就不存在—CH_3 和—CH_2 基。

（3）肯定法

依据红外光谱图中的特征吸收峰来确定特征基团的存在。例如，谱图中 $1740\,cm^{-1}$ 处有吸收峰，且在 $1260\sim1050\,cm^{-1}$ 区间出现两个强吸收峰，高波数的更强，则可判定化合物属于饱和脂类化合物。

在实际谱图解析中，往往是三种方法联合使用，以便得出正确的结论。

3.11.4 红外光谱的解析步骤

在红外吸收光谱解析中并没有严格的步骤要求，一般来说，首先根据化合物的元素分析结果、分子量、熔点、沸点、折射率等物理参数初步估计出化合物的类型。根据元素分析的结果结合分子量求出分子式，知道样品的分子式可以根据经验公式估计分子的不饱和度 Ω。不饱和度是指分子结构中距离达到饱和时所缺一价元素的"对数"。它反映了分子中含环和不饱和键的总数，经验计算公式如下：

$$\Omega = 1 + n_4 + \frac{1}{2}(n_3 - n_1) \tag{3-5}$$

式中，n_4 是四价原子（如 C、Si）的个数；n_3 是三价原子（如 N、P）的个数；n_1 是一价原子（如 H、X）的个数。氧和硫的存在对不饱和度没有影响。计算的 n 等于 0 时，说明分子结构为链状饱和化合物；n 为 1 时，分子结构中可能含有一个双键或一个脂肪环；n 大于 4 时，推测分子结构中可能含有芳环。可见利用不饱和度可以获得分子中是否存在双键、环及芳环等有用信息。

再本着"先特征，后指纹，先最强峰，后次强峰；先粗查，后细找；先否定，后肯定；查找验证相关峰"的程序进行图谱解析。先从特征区入手，根据红外光谱特征谱带出现的位置、吸收强度和峰形排除一些不可能的结构，缩小范围，再仔细分析指纹区谱带信息，进一步确认某些基团的存在和可能的连接方式，烯烃、芳烃的取代情况等信息。先粗查谱图中的最强峰和次强峰信息，推测可能存在的特征官能团，如是否存在苯环类或羰基类化合物，再细找与之对应的相关峰是否存在。结合相关峰的信息和样品的已知信息提出可能的结构。对于复杂化合物或新化合物，单靠红外吸收光谱还无法解析，需要结合紫外-可见吸收光谱、核磁共振波谱、质谱等手段进行综合谱图解析，最后还可以与标准光谱比对核实。

红外光谱
解析实例 1

红外光谱存在复杂性，并非每一个谱峰都可以给出确切的归属，有些峰的出现是分子作为一个整体的吸收，有些则是某些峰的倍频或合频，有些则是多个基团振动吸收的叠加，强峰不一定就是有用的特征吸收峰，有时也要关注较弱的特征吸收信息。

红外光谱
解析实例 2

3.11.5 红外光谱解析实例

下面结合一些实例对红外吸收光谱在结构分析中的应用进行说明。

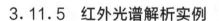

例 3-1 某无色透明有机液体，沸点为 $170 \sim 175\,℃$，分子式为 C_9H_{10}，其红外光谱见图 3-60，试判断该化合物的结构。

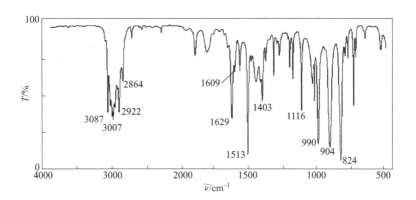

图 3-60 C_9H_{10} 的红外光谱（液膜法）

解： 1. 不饱和度计算：$\Omega = 1 + 9 + \dfrac{1}{2} \times (-10) = 5$（推测可能有苯环）

2. 先特征：特征区的第一强峰 $1513\,cm^{-1}$。

粗查：按照此强峰的波数 $1513\,cm^{-1}$，刚好与芳烃的骨架振动 $\nu_{C=C}$ 接近，可能有苯环结构，取代苯环应该存在 5 种相关峰。

细找：

（1）$\nu_{=C-H}$：$3087\,cm^{-1}$（m）；$3007\,cm^{-1}$（m）。

（2）$\nu_{C=C}$：$\sim1609\,cm^{-1}$（肩峰，w）；$\sim1513\,cm^{-1}$（s）（苯环的骨架振动）。

（3）泛频带：$2000 \sim 1666\,cm^{-1}$（w）。

（4）$\delta_{=C-H}$ 面内弯曲振动：$1250 \sim 1000\,cm^{-1}$（w）。

（5）$\delta_{=C-H}$ 面外弯曲振动：$824\,cm^{-1}$（s）（苯环对位二取代峰形）。

由此可判定该化合物具有对位二取代苯基团。

苯环的不饱和度为 4，而总的不饱和度是 5，还差一个双键，分子式中不含氧原子，则可能是含有一个 $C=C$，应该存在烯烃的相关峰。

（1）$\nu_{=C-H}$：$3087\,cm^{-1}$（m）；$3007\,cm^{-1}$（m）。

（2）$\nu_{C=C}$：$1629\,cm^{-1}$（m$\sim$s）。

（3）$\delta_{=C-H}$ 面内弯曲振动：$1430 \sim 1260\,cm^{-1}$（w）。

（4）$\delta_{=C-H}$ 面外弯曲振动：$992\,cm^{-1}$ 及 $909\,cm^{-1}$（乙烯基单取代峰形）。

除了苯环和乙烯基，剩余基团为一个甲基，对应在 $2922\,cm^{-1}$ 和 $2824\,cm^{-1}$ 左右有甲基 ν_{C-H} 吸收峰，推测该未知物可能的结构是对甲基苯乙烯：

$$H_3C\!-\!\!\langle\!\!\bigcirc\!\!\rangle\!\!-\!CH=CH_2$$

3. 查对甲基苯乙烯的标准红外光谱（液膜法）对照，与该谱图完全一致。

例 3-2 分子式为 $C_9H_{10}O$ 的化合物的 IR 光谱如图 3-61 所示，沸点是 $214\,℃$，试判断其结构。

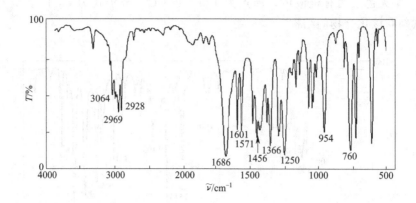

图 3-61 $C_9H_{10}O$ 的红外光谱（液膜法）

解：1. 不饱和度计算：$\Omega = 1 + 9 + \dfrac{1}{2} \times (-10) = 5$（推测可能有苯环）

2. 先特征：特征区的第一强峰 1686 cm^{-1}。

粗查：按照此强峰的波数 1686 cm^{-1} 推断，可能是羰基的伸缩振动，之所以吸收峰移动到 1700 cm^{-1} 以下，可能与苯环共轭，应该存在与苯环和羰基相关的吸收峰。

细找：

(1) $\nu_{=C-H}$：3064 cm^{-1}（w～m）。

(2) $\nu_{C=O}$：1686 cm^{-1}（s）。

(3) $\nu_{C=C}$：1600～1580 cm^{-1}（m）；～1456 cm^{-1}（m）（苯环的骨架振动）。

(4) 泛频带：2000～1666 cm^{-1}（w）。

(5) ν_{C-O}：1250 cm^{-1}（s）。

(6) $\delta_{=C-H}$ 面外弯曲振动：760 cm^{-1}（s）（苯环邻位二取代峰形）。

由此可判定该化合物具有苯甲酰基结构。另外，在 2969 cm^{-1}、2928 cm^{-1} 和 1366 cm^{-1} 处的吸收峰表明该化合物有甲基—CH$_3$ 存在。综上所述，化合物结构是邻甲基苯乙酮，经标准图谱核对，并查对沸点等数据，证明该化合物就是邻甲基苯乙酮：

例 3-3 某一未知物，由气相色谱分析证明为一纯物质，较低室温下是白色晶体，熔点为 38～42 ℃，分子式为 C_7H_4ClN，其红外光谱如图 3-62 所示，试通过红外光谱解析确定其分子结构。

解：1. 不饱和度计算：$\Omega = 1 + 7 + \dfrac{1}{2} \times (-4 + 1 - 1) = 6$（推测可能有苯环）

2. 先特征：特征区的第一强峰 2236 cm^{-1}。

粗查：按照此峰的波数 2236 cm^{-1} 和吸收强度推断，可能是 C≡N 叁键的伸缩振动。由于不饱和度达到了 6，推测存在苯环和 C≡N 叁键，进一步查找相关峰。

细找：

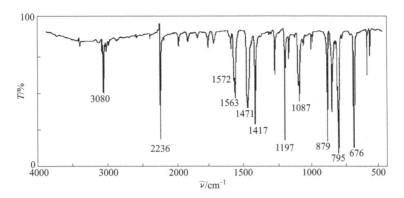

图 3-62　化合物 C_7H_4ClN 的红外光谱图（KBr 压片法）

(1) $\nu_{=C-H}$：$3080\,cm^{-1}$（m）。

(2) $\nu_{C\equiv N}$：$2236\,cm^{-1}$（s）。

(3) $\nu_{C=C}$：$1563\,cm^{-1}$（m）；$1471\,cm^{-1}$（m～s）（苯环的骨架振动）。

(4) 泛频带：$2000\sim1666\,cm^{-1}$（w）。

(5) $\delta_{=C-H}$ 面外弯曲振动：$879\,cm^{-1}$、$795\,cm^{-1}$（m～s）、$676\,cm^{-1}$（m～s）（苯环间位二取代峰形）。

从分子式 C_7H_4ClN 中扣除已知的间二取代苯和 $C\equiv N$ 叁键结构，剩余一个氯，$1087\,cm^{-1}$ 左右的吸收峰可能是 ν_{C-X} 的吸收。

综上所述，化合物结构可能是间氯苯腈，结构式为：。

经标准图谱核对，并查对沸点等数据，证明该化合物就是间氯苯腈。

例 3-4　某化合物的分子式是 $C_4H_{11}N$，沸点是 $44.4\,℃$，是一无色易燃液体，其红外吸收光谱图如图 3-63 所示，试推导其结构。

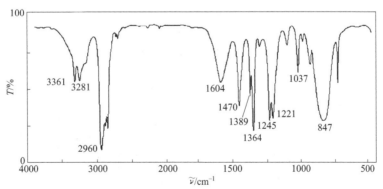

图 3-63　化合物 $C_4H_{11}N$ 的红外光谱（液膜法）

解：1. 不饱和度计算：$\Omega=1+4+\dfrac{1}{2}\times(1-11)=0$（该化合物不含不饱和键）

2. 先特征：最强峰为 $2960\,cm^{-1}$。

粗查：特征区 $3100\,cm^{-1}$ 以上出现中等强度双峰：分子中含氮、不含氧，可能存在伯氨基，$1604\,cm^{-1}$ 出现的 δ_{N-H} 峰也证实了伯氨基的存在。$2960\,cm^{-1}$ 以及 $1480\sim1350\,cm^{-1}$ 之间的吸收峰表明化合物中有多个甲基存在。

细找：

ν_{N-H}：$3361\,cm^{-1}$ 和 $3281\,cm^{-1}$（m）（伯氨基团的存在）。

δ_{N-H}（面内）：$1604\,cm^{-1}$（m）。

δ_{N-H}（面外）：$847\,cm^{-1}$（s，宽峰）。

ν_{C-N}：$1037\,cm^{-1}$（w）。

ν_{C-H}：$2960\,cm^{-1}$（s）。

δ_{C-H}：$1470\,cm^{-1}$（m）。

δ_{C-H}：$1389\,cm^{-1}$（m）、$1364\,cm^{-1}$（s）（低波数峰更强，可能为叔丁基）。

ν_{C-C}：$1245\,cm^{-1}$（s）、$1221\,cm^{-1}$（s）（验证了叔丁基结构的存在）。

初步推断，该化合物是叔丁胺，结构为：$CH_3-\overset{\displaystyle CH_3}{\underset{\displaystyle CH_3}{C}}-NH_2$。

经标准图谱核对，并查对沸点等数据，证明该化合物就是叔丁胺。

例 3-5　请指出下列光谱图 3-64～图 3-70 分别对应的是下列（1）～（7）的哪种化合物？

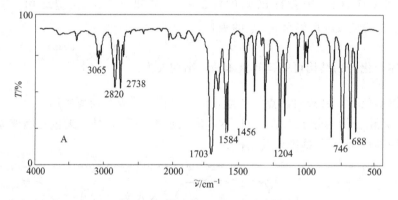

图 3-64　化合物 A 的红外光谱

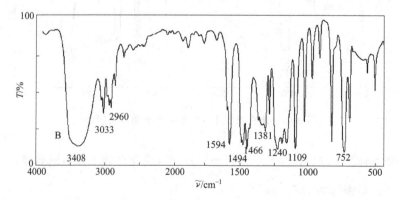

图 3-65　化合物 B 的红外光谱

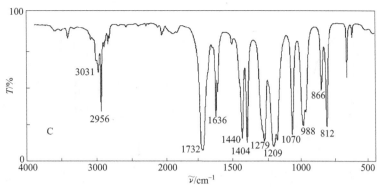

图 3-66　化合物 C 的红外光谱

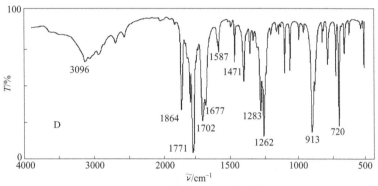

图 3-67　化合物 D 的红外光谱

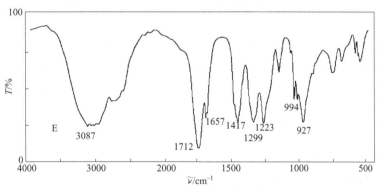

图 3-68　化合物 E 的红外光谱

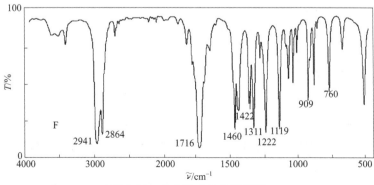

图 3-69　化合物 F 的红外光谱

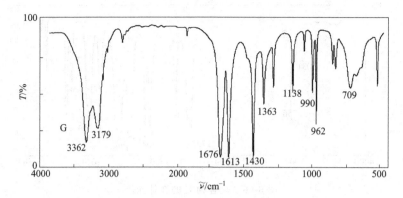

图 3-70　化合物 G 的红外光谱

（1）　　　　　（2）　　　　　（3）　　　　　（4）

$CH_2=CH-\overset{\displaystyle O}{\overset{\|}{C}}-O-CH_3$　　　$CH_2=CH-CH_2-\overset{\displaystyle O}{\overset{\|}{C}}-OH$　　　$CH_2=CH-\overset{\displaystyle O}{\overset{\|}{C}}-NH_2$

（5）　　　　　　　　　　（6）　　　　　　　　　（7）

解：根据化合物的基团特征和红外光谱的特征吸收初步判断化合物的对应关系，再寻找相关峰加以验证：

① 在化合物（1）～（7）中除了（4）之外都含有羰基 C=O，存在 $\nu_{C=O}$ 的特征吸收；通过观察 A～G 的光谱，只有光谱 B 在 1800～1680 cm^{-1} 的范围内没有 $\nu_{C=O}$ 的强吸收峰，如果光谱 B 对应的是化合物（4），应该有酚羟基和邻位二取代苯的相关吸收，查对谱图 3-65：

ν_{OH}：～3408 cm^{-1}（s）；

$\nu_{=C-H}$：3033 cm^{-1}（m）；

$\nu_{C=C}$：1594 cm^{-1}（m～s），1494 cm^{-1}（m～s），1466cm^{-1}（s）（苯环骨架伸缩振动）；

ν_{C-H}：2960 cm^{-1}（s），δ_{C-H}：1381 cm^{-1}（m）（有—CH$_3$）；

ν_{C-O}：1240～1170 cm^{-1}（s）；

$\delta_{=C-H}$：面外 752 cm^{-1}（s）（邻位二取代苯）。

由此可见，谱图 B 对应的就是化合物（4）　　　。

② 其他化合物中只有（7）是酰胺类化合物，其羰基的吸收峰应该在 1700 cm^{-1} 以下，并且在 3100 cm^{-1} 以上表现出明显的 N—H 伸缩振动的双峰，初步比较谱图，只有谱图 G 满足此条件，查对谱图 3-70：

$\nu_{C=O}$：～1676 cm^{-1}（s）（酰胺 I 带，与双键共轭，向更低波数移动）；

ν_{N-H}：3362 cm^{-1}、3179 cm^{-1}（伯酰胺的双峰）；

δ_{N-H}与$\nu_{C=C}$：1613 cm^{-1}（s）（酰胺Ⅱ带）；

ν_{C-N}：1430 cm^{-1}（酰胺Ⅲ带）；

$\delta_{=C-H}$：990 cm^{-1}、962 cm^{-1}（R—CH=CH$_2$）。

由此可见，谱图 G 对应的是化合物（7） CH$_2$=CH—$\overset{\text{O}}{\overset{\|}{\text{C}}}$—NH$_2$。

③ 化合物（3）是酸酐类，其羰基的伸缩振动应该与其他羰基化合物不同，在 1900～1700 cm^{-1} 的范围应该有强的双峰，观察发现只有谱图 D 满足这样的条件，查对谱图 3-67。

$\nu_{C=O}$：1864 cm^{-1}（s）；1771 cm^{-1}（s）；1702 cm^{-1}（s）；1677 cm^{-1}（s）（环状酸酐的特征峰）；

$\nu_{C=C}$：1587 cm^{-1}（w），1471 cm^{-1}（w）（苯环骨架振动）；

$\delta_{=C-H}$面外弯曲振动：720 cm^{-1}（s）（邻位二取代苯）；

ν_{C-O}：1283 cm^{-1}（s）、1261 cm^{-1}（s）、913 cm^{-1}（s）。

由此可见，谱图 D 对应的就是化合物（3）。

④ 化合物（2）是醛类，与其他羰基化合物不同之处在于醛基氢的伸缩振动吸收，特别是在 2720 cm^{-1} 左右的费米共振峰，观察谱图发现，只有谱图 A 在该区域有明显的吸收，查对谱图 3-64。

$\nu_{C=O}$：1703 cm^{-1}（s）；

ν_{C-H}：2820 cm^{-1}，2738 cm^{-1}（m）（醛类 H 的费米共振峰）；

$\nu_{C=C}$：1584 cm^{-1}（m），1456 cm^{-1}（m）（苯环骨架振动）；

$\delta_{=C-H}$面外弯曲振动：746 cm^{-1}（s），688 cm^{-1}（s）（单取代苯）。

由此可见，谱图 A 对应的就是化合物（2）。

⑤ 化合物（5）和（6）结构上有些相似，但一个是羧酸，另一个是酯，羧酸的羟基伸缩振动吸收峰在 3000～2500 cm^{-1} 的范围应该有特征吸收，在剩下的谱图 C、E、F 中，只有谱图 E 具有羧羟基的特征宽吸收，查对谱图 3-68：

$\nu_{C=O}$：1712 cm^{-1}（s）

ν_{OH}：3500～2500 cm^{-1} 宽的吸收峰（羧基特征吸收）；

ν_{C-O}：1299 cm^{-1}（m～s）；1223 cm^{-1}（m～s）；

$\delta_{=C-H}$：994 cm^{-1}（s），927 cm^{-1}（m）（R—CH=CH$_2$）。

由此可见，谱图 E 对应的就是化合物（6） CH$_2$=CH—CH$_2$—$\overset{\text{O}}{\overset{\|}{\text{C}}}$—OH。

⑥ 剩下化合物（5）和（1），(5)是酯类，而化合物（1）是饱和环状酮，最明显的区别在于化合物（1）没有 C=C 双键，而化合物（5）有与羰基共轭的 C=C 双键，并且是末端

烯烃。比较谱图 C 和 F，C 可以观察到明显的 C═C 双键和末端烯烃的特征吸收，而 F 则没有，初步推断谱图 C 对应的是化合物（5），谱图 F 对应的是化合物（1）。查对谱图 3-66 和图 3-69 如下。

谱图 3-66 化合物 C。

$\nu_{C=O}$：1732 cm^{-1}（s）；

$\nu_{C=C}$：1636 cm^{-1}（m）；

ν_{C-O}：反对称 1279 cm^{-1}（s），对称 1209 cm^{-1}（s）（酯类存在）；

$\delta_{=C-H}$：988 cm^{-1}（s），866 cm^{-1}（m）（R—CH═CH$_2$）。

因此，谱图 C 对应的是化合物（5）CH_2═CH—$\overset{\displaystyle O}{C}$—$O$—$CH_3$ 。

谱图 3-69 化合物 F：

$\nu_{C=O}$：1716 cm^{-1}（s）；

ν_{C-H}：2941 cm^{-1}（s），2864 cm^{-1}（s）；

δ_{C-H}：1460 cm^{-1}（s）（亚甲基存在—CH_2—）。

无甲基吸收峰，无羰基之外的不饱和键的吸收

因此，谱图 F 对应的是化合物（1） ⬡═O 。

例 3-6 如何用红外光谱法区别下列化合物？它们的红外吸收有何异同？

$$CH_3-\underset{\displaystyle CH_3}{\overset{\displaystyle |}{CH}}-CH_2-OH \qquad CH_3-CH_2-CH_2-NH_2 \qquad CH_3-\underset{\displaystyle CH_3}{\overset{\displaystyle |}{CH}}-CH_2-COOH$$
$$A \qquad\qquad\qquad B \qquad\qquad\qquad C$$

解：化合物 A、B、C 的主要区别在于烷基骨架和取代基。A 和 C 都含有异丙基，而 B 是直链结构，A 和 C 的红外光谱在 1380 cm^{-1} 左右的弯曲振动吸收峰会裂分成双峰，强度相当，而化合物 B 是单峰；在取代基上，A 是伯醇，B 是伯胺，而 C 是羧酸，它们都有各自的特征吸收峰，A 在 3000 cm^{-1} 以上有羟基的伸缩振动吸收，B 在 3100 cm^{-1} 以上会出现伯胺的双峰，而 C 在 3000～2500 cm^{-1} 的范围会出现羧基的宽的吸收。具体吸收特征如下。

A. ν_{OH}：缔合 3500～3200 cm^{-1}（s）；

ν_{C-O}：伯醇～1050 cm^{-1}；

ν_{C-H}：～2950 cm^{-1}（s），～2850 cm^{-1}（m）；

δ_{C-H}：～1450 cm^{-1}（m），1385～1380 cm^{-1}（s），1370～1365 cm^{-1}（s）。

B. ν_{N-H}：3500～3300 cm^{-1} 出现双峰（w～m）；

δ_{N-H}：伯胺 1650～1570 cm^{-1}（w～m）；

ν_{C-N}：1160～1100 cm^{-1}（w）；

δ_{C-N}：伯胺 910～750 cm^{-1}（s）；

ν_{C-H}：～2950 cm^{-1}（s），～2850 cm^{-1}（m）；

δ_{C-H}：～1450 cm^{-1}（m），～1380 cm^{-1}（s）。

C. ν_{OH}：3000～2500 cm^{-1}（w）（羧酸羟基宽吸收）；

$\nu_{C=O}$: ~1710 cm^{-1}(s);

δ_{OH}: 950~900 cm^{-1};

ν_{C-H}: ~2950 cm^{-1}(s); ~2850 cm^{-1}(m);

δ_{C-H}: ~1450 cm^{-1}(m), 1385~1380 cm^{-1} (s), 1370~1365 cm^{-1} (s)。

3.11.6 红外光谱的应用

3.11.6.1 辅助未知物结构鉴定

未知物结构鉴定一般需要采用不同的物理或化学提纯与分离技术，将未知物的各组分分离纯化，然后再鉴定其成分和含量。红外光谱法是鉴别化合物结构最常用的手段之一，根据红外光谱吸收峰的位置和峰形推断未知物的主要官能团结构。如果未知物是纯物质，可以将测试得到的红外光谱进行谱图库检索，获得结构信息。如果未知纯物质结构较复杂，则需要配合紫外光谱、核磁共振波谱、质谱及其他理化性质参数进行综合分析。如果未知物是混合物，则需要结合色谱分离等手段，如气相色谱-红外联用技术。

例如青霉素是人类抗菌史上最著名的药物，但其结构确定是 20 世纪 40 年代众多科学家付诸大量心血探索得到的，当时红外光谱刚刚开始应用于有机物的结构分析，在青霉素结构确定中也起到重要作用。当时经过科学家的验证和筛选，认为最有可能的结构有三种，噻唑-唑酮结构、β-内酰胺结构和三环结构。经过红外光谱验证，发现青霉素中不存在单独的唑酮环红外吸收，三环结构的红外吸收与青霉素在双键区的吸收峰也不符，后来的研究证明这两种结构都只是青霉素水解的中间产物。

如何进行青霉素的结构鉴定呢？青霉素的分子式为 $C_{16}H_{18}N_2SO_4$，它可以水解产生分子式为 $C_{16}H_{20}N_2SO_5$ 的水解产物 A，且已知该水解产物的结构：

A

由此推测，青霉素可能是如下 B 和 C 结构：

B   C

这两种结构水解后都可以产生 A。青霉素的红外光谱研究发现，除了在 1700 cm^{-1} 左右的羰基吸收峰，在较高波数的 1770 cm^{-1} 处还出现吸收峰。现合成了下列三种模型化合物，测试其红外光谱得到以下数据：

可见模型化合物 E 和青霉素羰基的红外吸收是一致的，因此青霉素的结构是化合物 C

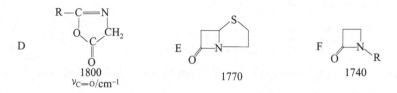

D $\nu_{C=O}/cm^{-1}$ 1800   E 1770   F 1740

的 β-内酰胺结构，而不是 D。

再如，在推测青蒿素结构时，除了采用 NMR 和 MS 解析外，还通过 IR 测得 831 cm^{-1}、881 cm^{-1}、1115 cm^{-1} 处有特征吸收峰，这也进一步佐证了青蒿素中过氧桥的存在。

3.11.6.2 高分子聚合物结构研究

高分子聚合物材料的回收利用、成品检验、新材料开发等都需要做材料的结构解析和鉴定，而红外光谱就是最常用的结构研究方法。

聚合物采集红外光谱一般要先对样品进行处理制成 0.05~0.15mm 的薄膜或制备成溴化钾压片。可以采用热压法、溶剂浇注法、切片法和分散法。热塑性的聚合物可以采用热压法，将压板加热至高于聚合物软化温度 20~30 ℃，施加一定的压力保持几分钟，然后冷却，即可得到一定厚度的聚合物薄膜。如果样品能溶于挥发性溶剂，可以采用溶剂浇注法，将样品溶解后滴在窗片上，挥发成膜。常用的溶剂有 1,2-二氯乙烷、甲苯、甲乙酮、水、甲酸、二甲基甲酰胺等。热塑型树脂大多数能溶于 1,2-二氯乙烷；聚乙烯、α-烯烃聚合物和共聚物能溶于甲苯；丁二烯共聚物能溶于甲乙酮；含大量羟基、羧基的水溶性树脂可用水溶解；聚氨酯类可采用甲酸作溶剂；聚丙烯腈、聚（偏）氟乙烯等高分子聚合物可以采用二甲基甲酰胺溶解。质地较软，但又不太容易变形的聚合物可以采用切片法。当然还可以通过温度控制使得某些聚合物符合切片要求，如在玻璃化转变温度附近对有机玻璃切片，其硬度不会太高，在低温条件下对橡胶等弹性体切片，可以防止得到的切片变形。一些热固型材料很难得到薄膜，可以将其与溴化钾或石蜡油一起研磨，制成分散体。对于采用一般制样方法不能制备的样品，还可以采用衰减全反射（ATR）的方法采集光谱，只要使样品与 ATR 晶体紧密接触，即可得到较好的光谱。

下面以几种常见的聚合物为例，讨论高分子聚合物红外光谱的特点。

聚乙烯—$(CH_2—CH_2)_n$—分子中含有多个饱和的亚甲基—CH_2—，其红外吸收光谱较为简单，在 2950 cm^{-1}、1460 cm^{-1}、720/730 cm^{-1} 左右表现出三个很强的特征吸收峰。2950 cm^{-1} 左右是 C—H 的伸缩振动吸收峰，1460 cm^{-1} 左右是 C—H 的面内弯曲振动吸收峰，当 n 大于 4 时在 720/730 cm^{-1} 左右能够观察到 C—H 的面外弯曲振动吸收峰。其中，720 cm^{-1} 对应的是无定形聚乙烯的吸收，730 cm^{-1} 则是结晶聚乙烯的特征吸收。

聚对苯二甲酸乙二醇酯含有对位苯的二取代和羧基，在红外光谱中可以观察到 1730 cm^{-1} 左右羧基的伸缩振动吸收峰，以及 1260 cm^{-1} 和 1130 cm^{-1} 左右 C—O—C 的伸缩振动吸收，表明聚合物中有酯基的存在。1600~1450 cm^{-1} 左右有苯环的特征吸收，3030 cm^{-1} 左右有苯环上不饱和氢的伸缩振动吸收峰，苯环的对位二取代在 730 cm^{-1} 左右可以观察到 C—H 的弯曲振动吸收峰。

聚苯乙烯的红外光谱主要特征吸收是由苯环单取代、亚甲基和次甲基产生的。苯环结构在 1600～1450 cm^{-1} 区域有特征吸收，3030 cm^{-1} 左右可以观察到苯环上不饱和氢的伸缩振动吸收峰，苯环单取代在 690 cm^{-1} 和 750 cm^{-1} 左右出现特征双峰。2950 cm^{-1} 和 1460 cm^{-1} 左右可以观察到 C—H 的伸缩振动和弯曲振动吸收峰。

在采用红外光谱对聚合物进行结构解析之前，应该尽可能多地了解样品的性质信息，可以通过常用的燃烧实验、溶解度试验对聚合物进行简单的鉴别，缩小可能的范围。根据试样红外光谱出现的强吸收谱带推测可能存在的官能团，比如红外吸收光谱在 1600 cm^{-1} 和 1500 cm^{-1} 左右有明显的特征吸收，可能聚合物中含有苯环结构。同样，如果谱图中不存在某些基团的特征频率，则可能聚合物中不存在这一基团。对于结构类似的聚合物可以结合指纹区区分。最可靠的方法是和标准谱图作对照。对于复杂的聚合物，还要借助核磁共振、裂解色谱、凝胶色谱、热重分析等手段。

3.11.6.3 化学反应中相关问题的研究

红外光谱可用于跟踪化学反应，如将反应液或粗产物直接进行红外光谱分析，根据反应物或产物的特征谱带强度变化和新吸收峰的出现，对化学反应速率和反应机理等问题进行探索。例如，乙苯一般采用苯和乙烯经过烷基化反应制备，采用沸石催化剂代替 AlCl$_3$ 是乙苯合成新工艺的主要发展方向。原位红外光谱曾被用于研究丙烯、苯、异丙苯及其混合物在沸石上的吸附和反应机理，发现吸附强度上丙烯>异丙苯、二异丙苯>苯。采用原位红外光谱法研究沸石催化剂上苯和乙烯的烷基化反应，发现乙烯的吸附能力比苯和乙苯强，它们之间存在竞争吸附；当乙烯在强吸附位吸附太牢时，烷基化反应难以进行，推测出反应机理为：沸石催化剂表面为苯所覆盖时，乙烯由于吸附能力较苯强，可置换部分苯而吸附于催化剂表面，与吸附的苯发生烷基化反应生成乙苯，进而被苯置换离开催化剂表面。从红外光谱可以看出，当有乙苯生成时，在 1600 cm^{-1}、1494 cm^{-1}、1452 cm^{-1} 和 1383 cm^{-1} 处出现了 4 个有别于苯和乙烯的特征吸收峰。在化学动力学的研究方面，利用红外吸收光谱和相关的计算可求出一个化学反应的速率常数 k、表观活化能 E、反应级数等动力学数据。

3.11.6.4 红外光谱用于定量分析

可以通过对特征吸收谱带强度的测量，依据朗伯-比耳定律来求出组分含量。红外光谱的谱带较多，选择余地较大，所以能方便地对单一组分或多组分进行定量分析。该法不受样品状态的限制，能测定气体、液体和固体样品，但定量的灵敏度较低，不适用于微量组分的测定。

在采用红外光谱作定量分析时，需要注意吸收带的选择和吸光度的测量。

选择吸收带的原则是：①必须是被测物质的特征吸收带。例如分析酸、酯、醛、酮时，必须选择与 C=O 基团振动相关的特征吸收带。②所选择的吸收带强度与被测物的浓度有线性关系。③所选择的吸收带有较大的吸收系数，较小的干扰。

吸光度的测定一般采用基线法，通过谱带两翼透光率最大点作光谱吸收的切线，作为该谱线的基线，则分析波数处的垂线与基线的交点，与最高吸收峰顶点的距离为峰高，其吸光度 $A=\lg(I_0/I)$。定量分析一般采用标准曲线法、求解联立方程法等方法。

3.11.6.5 红外光谱技术的应用领域

20 世纪 90 年代之后，红外光谱技术得到快速发展和创新，在生物医学领域得到广泛应用。如衰减全反射傅里叶变换红外光谱（attenuated total reflection Fourier transform infrared，ATR-FTIR）技术，具有实时、简便、无创扫描生物组织样品等优点，结合一定的化学计量学方法，再结合临床及病理学诊断结果，可以实现对生物组织样本的判别分析。例如对甲状腺、乳腺、肺组织等新鲜离体组织的 ATR-FTIR 光谱检测，具有较高的判别敏感性、准确性和特异性，对辅助临床诊断具有潜在应用前景。利用 ATR-FTIR 还可以对生物体液进行研究，通过血清样品成分变化引起的光谱变化来研究多种疾病的发展情况。例如快速检测血糖、胆固醇含量，对胆囊、胆管、甲状腺、乳腺、胃肠道、腮腺、肺叶等组织进行良、恶性鉴别，辅助疾病的早期诊断。在病毒微生物研究方面，如判别革兰氏阳性和阴性细菌，对微生物的分类、鉴别和检测等研究。在药物分析方面具有多组分同时测定的优势，广泛应用于药物制剂鉴别、中药材真伪优劣鉴别、中药有效成分的定量分析，以及中药制剂的在线监测等。

傅里叶变换红外光谱与显微镜的结合为组织病理学研究提供了新的工具。肿瘤病变早期还没有影像学改变和临床症状，但其蛋白质、脂类、核酸和碳水化合物等物质在含量、结构等方面已经发生明显变化。红外光谱技术可以提供分子水平的"生化指纹"信息来辅助癌症的早期诊断。FTIR 结合显微成像技术可以获得细胞或组织所有生物分子的化学组成和空间分布信息，无需染色或添加成像试剂，这样得到的化学成像可以体现组织病理学特征，结合一定的化学计量学方法，可以用于健康和病理标本的区分，不同类型或等级肿瘤病变组织的区分等。另外，红外光谱技术在法医学中也有好的应用，如人体损伤检验、死亡时间推断、死亡原因判定、药毒物分析等。

前面提到，要从复杂的红外光谱数据中提取有效信息，需要结合一定的化学计量学方法。光谱数据预处理方面主要有导数光谱、矢量归一化、傅里叶变换、小波变换、正交信号校正等。定量分析方面有偏最小二乘法、多元线性回归、主成分分析法、人工神经网络、支持向量机和深度学习算法等。随着光谱预处理和建模方法的不断优化，红外光谱技术的应用领域将更为广泛。

如在食品安全与品质检测中，采用红外光谱结合化学计量学模式识别方法，可以鉴别食品的种类与产地；对食品、油脂的掺假情况进行分析，对地沟油做鉴定；检测农产品中的农药残留和有害物质；辨别是否是转基因食品等。

在纺织工业领域，采用红外光谱技术可用于纤维组分中棉与锦纶混纺、聚酯纤维与棉混纺、毛和棉混纺的定量检测。可以对纺织品回潮率、纤维结晶度和取向度进行定量分析。采用 ATR-FTIR 技术可以对涂层类织物进行鉴别研究。

在环境监测领域，采用红外光谱可以进行大气、水环境、土壤监测，如对空气中 CO_2、CH_4、N_2O、CO 等温室气体浓度和变化规律进行研究；对水体污染中化学需氧量（COD）、五日生化需氧量（BOD_5）、石油类、动植物油类等指标进行监测；采用红外光谱监测土壤氮含量、有机质；对于突然性环境污染事件，采用红外光谱技术还可以辅助快速确定污染物种类、浓度、数量、扩散速率和范围等，从而指导科学制定环境应急决策方案。

在石油化工领域，红外光谱技术也被广泛应用于快速分析油品质量指标，不仅可以对已有的模型参数和指标进行测定，还能进行未知样品的测定。如对汽油中芳烃、烯烃、饱和烯烃等氧化物和添加剂的定性定量分析；模拟油品使用过程中酸碱性和环境变化，直接测量油品中参与氧化作用的氧化剂含量；通过原油和新油的差谱，预测有机化合物污染程度，从而监测发动机油的质量指标。

在高分子研究领域除了对高分子聚合物的定性结构分析（见 3.11.6.2）之外，还能对聚合物的立体构型、构象和结晶度进行测定，采用 ATR-FTIR 等技术可以直接对聚合反应原位测定反应级数和反应过程。还可以对反应动力学、聚合物化学反应过程和老化机理等进行研究。

3.12　近红外光谱技术及应用

近红外光（near-infrared，NIR）是波长介于可见光区和中红外光区的电磁辐射，波长范围为 800～2500 nm，波数范围为 12500～4000 cm^{-1}。近红外区分为近红外短波区（800～1100 nm）和近红外长波区（1100～2500 nm）。

近红外光区早在 1800 年就被天文学家 Herschel 发现（当时称为热线），比中红外光区的发现更早，但由于该区域吸收强度弱，谱带严重重叠，解析相对复杂，受当时理论和技术水平的限制，无法从中充分提取有效信息。因此，19 世纪有机分析的应用研究主要是中红外光谱，而近红外光谱发展较缓慢。

20 世纪 50 年代后，简易型 NIR 光谱仪开始出现，Norris 等人开始采用近红外光谱来研究农副产品。1974 年，Wold 和 Kowalski 创立了化学计量学，计算机技术也得到了迅速发展，带动了分析仪器的数字化和化学计量学的发展，为近红外光谱解析提供了强有力的手段。化学计量学中的多元校正方法，以及现代光学和计算机数据处理技术在解决光谱信息提取和背景干扰方面取得的良好效果，使近红外光谱分析发展成为现代近红外光谱分析技术，并逐步应用于实际问题解决。第一届近红外光谱分析国际会议于 1987 年在挪威召开。进入 90 年代，近红外光谱在食品、农业、工业、环境、石油化工、药物分析、生命科学、医学等领域的应用不断被拓展，有关近红外光谱的研究及应用文献呈指数增长，近红外光谱分析成为发展最迅速的一门独立的分析技术。

我国从 20 世纪 70 年代末开始从国外引进近红外光谱仪，开展农业领域的应用研究。90 年代国内开始了近红外光谱仪的研制。目前，食品分析、烟草分析、石油化工、药物生产等领域已经广泛应用了近红外光谱分析技术进行产品质量品质保证分析，甚至在线实时监测。

3.12.1　中红外光谱与近红外光谱

近红外光谱和中红外光谱的波长范围不同，其应用领域也不相同。近红外光谱的波长比较短，能量比中红外光谱高，因此，近红外光谱仪器的检测器可以有更高的检测效率。近红外光谱的信息源是分子内部原子之间振动的倍频与合频吸收，主要研究的是 C—H、O—H、N—H 等化学键伸缩振动所反映的光谱信息，适用于各种官能团的定量分析，振动频率介于中红外光谱和可见光谱之间，近红外光谱如图 3-71 所示。而中红外区主要是有机和无机化合物化学键振动基频出现的区域，主要用于结构和成分分析。近红外光谱区的信号容易获取，谱段包含了大量含氢基团的信息，但倍频和合频吸收发生的概率是基频吸收的几万分之一，所以宏观上中红外光谱的吸收强度比近红外高很多。近红外光谱的信号特点决定了它主要应用于含氢基团的研究。

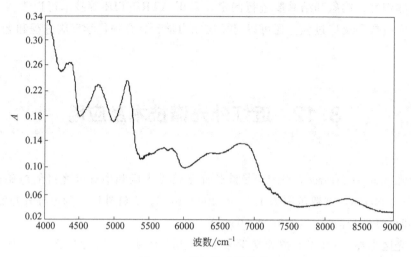

图 3-71　近红外光谱示意

中红外光谱要求通过样品的光程比较短，样品的厚度对测量会造成很大影响，而近红外光谱对样品的穿透能力强，样品基本不需要做预处理就可以直接测量，这既是近红外光谱分析的优势，也是缺点。因为不需要复杂的预处理步骤，使得分析对象大大拓展，甚至可以对成品作在线无损分析，是一种不消耗试剂、不产生污染的理想的绿色分析技术。但正因为如此，分析样品的状态、测量的条件、样品的复杂组成等因素使得光谱中背景信号复杂，谱峰重叠严重，从而造成有效信息率大大降低。因此对复杂样品作近红外光谱分析必须与化学计量学和计算机处理技术相结合，这也是近红外光谱分析技术中的一个难点。另外，中红外光谱在光导纤维中衰减很严重，不能采用光纤传输，而近红外光谱衰减则很弱，可以采用光纤对光谱信号进行传输，光纤技术的采用使近红外样品分析更加简便。

3.12.2　近红外光谱法

近红外光谱分析技术可以分为两大类：透射光谱分析和（漫）反射光谱分析。

（1）透射光谱分析

透射光谱分析时，样品置于入射光源和检测器之间，记录的是与样品分子发生了相互作用，承载了样品结构与组成信息的近红外光。对均匀透明的液体样品进行分析时，一般采用透射法。样品池的尺寸根据样品的具体情况和选择使用的光谱区域来确定，一般情况下，液体样品测量光程大约在 1～100mm 范围内。透射光的强度与样品中组分的浓度之间符合朗伯-比耳定律。如果样品是浑浊的，有部分入射光发生了散射，透射光的强度与样品浓度间不符合朗伯-比耳定律，称漫透射分析方法。

近红外光谱仪包括光源、分光系统、样品室、检测器和记录显示装置。傅里叶变换近红外光谱分析和中红外光谱分析可以在同一台仪器上进行，只是更换光源、检测器、分束器和吸收池，其他部件完全相同。光源和检测器只需要在仪器参数中选择就可以了，分束器和吸收池要手动更换。近红外光谱仪一般采用钨灯或卤钨灯为光源，该光源覆盖了整个近红外光区，强度高，性能稳定，寿命也长。一些便携式的近红外光谱仪采用发光二极管或激光发射二极管作为光源，普通发光二极管性能稳定，价格便宜，寿命可以长达数万小时，容易调试控制。激光发射二极管的谱带窄，无需分光系统，但稳定性不够高。傅里叶变换近红外光谱仪是使用麦克尔逊干涉仪作为分光系统的。也有的近红外光谱仪采用滤光片、光栅和声光可调滤片作为分光系统。近红外的检测器有 Ge、PbS、InAs、InGaAs 检测器等，能够覆盖 800～2500 nm 的检测波长范围。近红外的样品池材料可以采用玻璃或有机玻璃。

（2）（漫）反射光谱法

反射光谱分析时，检测器与光源置于分析样品的同一侧，检测器检测到的光是入射光投射到物体后以各种方式反射回来的光，包括镜面反射和漫反射。目前近红外光谱分析中用的最多的是粉末或颗粒样品的漫反射光谱分析。

近红外漫反射光谱分析主要用于不透明、固体及半固体类样品的分析。针对不同的样品形态开发出了不同的测样器件，如积分球和光纤探头等。

早期的漫反射近红外光谱仪就是采用积分球作为测样器件，其结构如图 3-72 所示。圆球是积分球的球体，内侧涂覆了发射率高达 96% 的硫酸钡，光束照射到样品上后发生漫反射，漫反射的光经过球体内部多次反射后绝大部分进入了检测器。采用积分球可以消除入射光因为反射、散射、折射、偏振产生的干扰，也降低了样品性状的影响，增强了信号响应，采用该器件的近红外光谱仪具有较好的稳定性、可靠性和重复性。

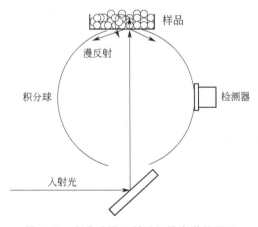

图 3-72　积分球漫反射近红外光谱的原理

光纤在近红外光谱技术领域的应用使近红外光谱仪从实验室走向现场，长距离传输可以实现生产过程的快速在线监测；通过特定的光纤探头，可以方便地进行无损定位分析，甚至体内分析；可以在恶劣、危险的环境中采样分析，如有毒、易燃、易爆、条件复杂的样品环境；光纤探头一般采用双臂光纤，即入射光纤和反射光纤集成在同一个光纤探头中，有漫反射式和透射式两种，如图 3-73 所示。漫反射式光纤探头常用于固态样品分析，透射式光纤探头常用于液态样品分析。

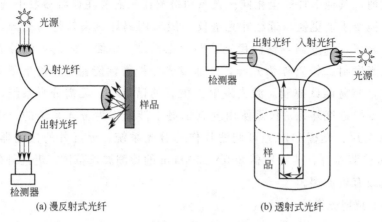

| (a) 漫反射式光纤 | (b) 透射式光纤 |

图 3-73　漫反射式和透射式光纤探头

3.12.3　近红外光谱与化学计量学

　　近红外光谱获得的是分子内振动的倍频与合频信号，其特点就是信息量丰富、谱峰多而宽、信号容易获取但强度弱。近红外光谱背景复杂，谱峰重叠，光谱变动大，信噪比低，给定性和定量分析带来困难。化学计量学方法的发展为克服这些缺点提供了有效的手段。化学计量学的主要研究内容包括采样理论、化学实验设计与优化方法、分析检测理论与信号处理方法、多元校正与多元分辨、化学模式识别、计算机数字模拟法、化学构效关系的研究方法、人工智能与化学专家系统方法等。化学计量学在实验设计、数据处理、信息分析、化学分类决策及预报方面表现出巨大优势，能够解决传统化学研究方法难以解决的复杂问题。近红外光谱分析是一种间接测量技术，即通过对包含组成与结构信息的已知样品光谱与其质量参数或组成、结构进行关联，确立这两者间的定性或定量关系，建立校正模型，再测量未知样品的近红外光谱，根据校正模型和未知样品的近红外光谱就可以预测未知样品的质量参数。因此近红外光谱分析也被称为"黑匣子"分析技术。

　　采用化学计量学方法从复杂、重叠、变动的背景中提取有效的弱信息，建立定性、定量关系，这个过程就是对近红外光谱的校正。定性分析主要是对物质类别或种属关系的判别，定量分析主要是对物质组分含量的快速测定。

　　近红外光谱定量分析过程主要包括以下四个步骤：

　　① 样品数据采集　即选择代表性样本，采集样本的近红外光谱数据，样品按照一定的比例划分为定标集（或训练集）和验证集（测试集），定标集用于建立模型，验证集用于评价模型预测的准确度。一般还需要采用标准方法对样品的理化性质进行测定，获得理化数据。

　　② 模型的建立　对光谱进行预处理，消除基线漂移、随机噪声、样品背景、环境因素等干扰，然后运用化学计量学方法（如多元线性回归、主成分分析、主成分回归、偏最小二乘、支持向量机等），将校正样品光谱集的光谱特征与待测量之间关联起来，确立定性与定量关系，即建立校正模型。

　　③ 对模型进行验证和优化　对模型进行交叉验证，考察预测值和国标法测定值的相关系数（R）和均方差（RMSECV）。采用验证集样品进一步验证上述模型的预测能力，通过

模型评价指标和外部验证集确认模型的可靠性后，即可应用于日常分析。未通过验证，则进一步排查仪器、方法和样品的问题，优化模型，直到通过验证。

④ 预测未知样品　选择最优的模型，根据校正模型和样品的近红外光谱就可以实现对未知样品的定性定量分析。

由此可见，建模数据和建模算法是影响近红外光谱分析的两大重要因素。建模通常是从一个小的光谱数据库开始的，虽然开始建模使用的样本数有限，但通过化学计量学处理得到的模型能具有较强的普适性。比如做定性分析，需要收集 20 个左右样品，定量分析需要收集 50～80 个样本。如果是天然产物，所需要收集的样品量是非天然产物的 3～5 倍。用于建模的数据，即校正光谱集应该采用一批具有代表性的，包含所有复杂背景信息的样品光谱，并尽量降低干扰信息。在收集样品时就要注意，保证样品能够涵盖所期望的变化范围，并且是均匀分布的，而不是只包括部分变化范围的一簇样本。建模算法的优化也是决定分析结果的重要因素，近红外光谱建模的主要技术有三类：一是样品集和光谱数据点的压缩技术，也就是说保持光谱有效信息量的同时，降低表达信息的数据量，以便于对信号处理。主要运用的有主成分分解、傅里叶变换、小波变换等算法。二是弱信号的恢复技术，对于近红外弱信号，需要先通过数学处理降低噪声和系统误差，再增强有效信息的相对强度，恢复弱信号原有的特征。主要运用的包括求导、平均、矢量归一化、傅里叶变换、小波变换等算法。第三类是将预处理的光谱数据通过算法与待测量之间关联，建立数学模型的技术。可以通过压缩得到少数波长数据点与待测量之间建立多元方程，解方程组建立简单的数学模型；也可以采用特殊的算法，如主成分回归、偏最小二乘算法对全谱段信息与待测量之间作关联，通过统计拟和的方法建立复杂的数学模型。一个模型建立之后能够准确地用于预测，还需要采用验证集样本对模型进行考察。如果预测结果与标准方法实际测定的结果是一致的，或误差在可接受的范围，则是一个有效的模型。如果建模不能通过有效性验证，则有可能是校正集样品数量或涵盖范围不够，需要扩充原有的校正集或重新选择校正集，重新建模，直到通过有效性验证为止。

建立一个分析性能稳定、结果可靠的数学模型是近红外光谱分析的前提和关键。一个模型的优劣包括两方面的评判标准，一方面是模型自身相关性的优劣，另一方面是实际预测能力的优劣。自身相关性的主要评判标准有相关系数、决定系数、偏差、标准差、相对标准差、残差平方和等参数。模型的实际预测能力主要是指模型的稳定性、可靠性和动态适应性。其中动态适应性是指模型受仪器性能变化、分析时间、条件、样品状态等差别的影响，即对模型长期稳定性的一种评价。真正要建立一个稳健、可靠、准确的数学模型是一个较为复杂的过程。通常模型建立是从一个小的光谱数据库开始的，只要模型能够通过有效性验证，就可以直接进入分析待测样品的层次，在使用过程中，还可以不断地对模型进行优化和扩充，扩充建模样品的覆盖空间范围，添加一些原模型不包含的新的信息，获得新的最优化模型。另外，如果待测样品的测试条件与建模时的条件不同，还可以通过一定的模型维护工作，使得同一模型的适应性大大拓展，这还涉及仪器标准化的问题。

3.12.4　近红外光谱法的应用

近红外光谱分析由于分析速度快、成本低、操作简便、测量准确度高、绿色无污染等优点，在食品、烟草、石油化工、药物分析、生命科学、高分子化学、纺织工业、遥感等领域都有着广泛的应用。

（1）近红外光谱在食品分析中的应用

食品分析是专门研究各类食品组成成分的检测方法及有关理论，进而评定食品品质的一门技术性科学。它的主要任务包括：对食品的外表品质（如表面平整度、形状等）、基本物理性质（如质量、密度、弹性等）以及内部品质指标（如安全性、营养成分等）进行分析测定，根据所得数据对食品进行品质评定，以确定其质量好坏和能否安全食用。近红外光谱技术结合化学计量学方法不仅可以作为常规方法用于食品成分分析、品质分析、结构分析及食品掺伪分析，还可以对食品的加工过程进行有效的质量监控。

多元校正、化学模式识别和人工神经网络等方法是食品分析中应用广泛而有效的化学计量学方法。多元校正分析可以使分析对象的测量数据结构简化，降低测量数据的维数，把相互依赖的变量转换成独立的变量，把所分析对象按其测量性质进行分类或变量分组并进行变量间的关联。多元校正分析还可以提高信噪比和测量精密度，改善分析的选择性，拓宽应用范围。其中多元线性回归（MLR）、经典最小二乘法（CLS）、主成分回归（PCR）、偏最小二乘法（PLS）在食品分析中的应用最为广泛，特别是偏最小二乘法。化学模式识别是借助计算机来揭示隐含于化学量测数据内部规律的一种多元分析技术，它的目的是找出样品中的共同性质特征，并根据这些特征去预测未知样本属于哪一个类别。主成分（PCA）分析、聚类分析（CA）、K-最邻近分辨分析（KNN）和 Fisher 判别分析是最常用的化学模式识别方法。人工神经网络（ANN）是模拟人脑结构和功能进行数学抽象、简化和模仿而逐步发展起来的一种智能型算法，它具有自组织、自学习的能力，适于处理不正确的非线性过程测量数据。近年来，在食品分析中越来越受到重视并得到应用。

利用近红外光谱可以对食品中多种成分进行定量分析，作食品的品质和结构分析及质量控制。测定的食品样品可以是固态、液态、粉状、糊状。常见的成分分析如水分、蛋白质、脂肪、淀粉、糖度、无机矿物质等，针对不同类别的食品，分析的侧重点也不同。比如乳制品，主要是分析水分、脂肪、蛋白质、乳糖等的含量；果蔬类主要是关注糖度、水分含量、酸度等；酒类饮料主要进行酒精含量测定，而果汁类饮料则进行葡萄糖、果糖、蔗糖等成分的含量测定；肉类产品主要进行水分含量和存在状态、脂肪、蛋白质、盐分、热量等方面的检测；谷物、豆类和种子类的食品主要是做淀粉、蛋白质、水分、氨基酸、灰分等方面的测量；茶类关注咖啡因、茶氨酸、总氨基酸的含量。

水在近红外光谱中表现出多处较强的吸收峰，如 1940 nm、1450 nm、1190 nm、970 nm 和 760 nm。其中，1450 nm、970 nm 和 760 nm 是羟基的倍频吸收带，而 1940 nm 和 1190 nm 是羟基的合频吸收带。1940 nm 和 1450 nm 的谱带常被用于含水量较低的样品分析，如谷物。1940 nm 吸收峰灵敏度更高，线性更好一些。对于含水量较高的样品，如水果，可以选择 970 nm 和 760 nm 谱带来测量。蛋白质的特征吸收波长在 2180 nm 和 2050 nm 左右，属于胺化物的倍频和合频吸收谱带。脂肪在近红外区的吸收主要是长链脂肪酸的吸收，在 2345 nm、2310 nm、1765 nm、1734 nm、1200 nm 出现 CH_2 的倍频和合频振动吸收带。淀粉主要是 O—H 和 C—H 的倍频和合频吸收带，主要吸收峰有 2270 nm、2239 nm、2190 nm、2100 nm、1778 nm、1722 nm。可用于糖度测量的波段主要有 914 nm、769 nm、786 nm、745 nm。在实际样品分析中，常用 2180 nm 左右的吸收峰作为蛋白质的吸收波长，因为它不受盐类、糖类、氨基酸、酸度等的影响。而采用 2100 nm 左右的吸收峰作为淀粉的吸收波长。对于具有不同粒度特征的样品，可以参考 1680 nm 处的吸收峰，它可以反映粒度信息。

在实际样品分析中，各种官能团的吸收峰相互重叠严重，并且受到各种噪声的影响，化学计量学方法多元校正方法的引入可消除部分背景干扰，解析重叠波谱，使得测量结果偏差减小。多元回归对波长数目没有限制，可以使校正模型从光谱中尽可能多地提取有用信息，这些有用信息又被浓缩到隐变量或因子中，用于校正和预测。Rambla 等人采用偏最小二乘结合近红外光谱对合成混合物和实际果汁样品中的葡萄糖、果糖、蔗糖和总糖分进行了鉴别和定量分析。李宁等采用近红外漫反射光谱结合偏最小二乘回归，对 39 个不同品种的完整籽粒黄豆样品进行了非破坏分析，建立了蛋白质和脂肪含量近红外定量分析模型，利用该模型对 264 个不同品种的黄豆样品进行了较好的预测。

近红外光谱还可以用于食品的品质分析，比如对大米进行食味分析。食味是指视觉、咀嚼、嗅觉、味觉等综合感觉，具有主观性，因人而异。大米的食味和米的来源、收割、储藏、加工和烹饪方式都有关。影响食味的因素主要有米饭的黏性、弹性、加热吸水率、糊化温度、膨胀容积、爆腰率等。对食味的评价开始时采用感官检查实验法，存在很多人为因素，后来出现了食味计，利用近红外光谱开发的食味计得到了广泛的研究和应用。不同的食味计可以根据不同的测量指标来共同决定食味，还可以设计成整粒型和粉碎型。将多个理化特性与食味进行关联，可以用于大米的分筛和品质管理。不同食味计的测量值之间不能进行直接比较。

对水果褐变分析、损伤分析、糖分分析等也可以通过近红外光谱实现。以前我国甘蔗制糖企业对甘蔗的收购一直是按照重量计价的，甘蔗种植一味强调高产量，品质低，加大了制糖成本。但有些厂家引进近红外光谱技术对蔗糖含量进行品质分析后，经济效益大大提高。甘蔗品质分析系统包括取样装置、粉碎机、榨汁机、近红外分析仪、调制解调器等，主要采用 1100～2400 nm 进行波段扫描。

采用近红外光谱对奶制品进行快速脂肪、蛋白质、总固形物的含量分析已经是 AOAC 承认的方法，如收购牛奶中脂肪、蛋白质、乳糖的分析；干燥奶制品，如奶油、奶酪、酪蛋白、乳清等原材料中脂肪、水分、蛋白质含量的分析；以及最终产品的质量控制。

近红外光谱在饮料营养成分测定方面也有重要的作用，包括含酒精类饮料如啤酒、葡萄酒、白酒和果酒，以及不含酒精类饮料如果汁、茶、咖啡、软饮料等。例如采用近红外透射光谱技术测定各种啤酒中酒精含量，酒精含量范围为 0～11%，使用最多的一个定标波长是 1672 nm。

对于烤制类食品，最主要的原料就是面粉，为保证烘烤产品的质量，必须要控制原料面粉的品质，应用近红外光谱对面粉进行分析具有重要的实际意义。主要测量内容包括蛋白质、水分、颗粒度、灰分、颜色、淀粉损害度和水分吸收度等。

（2）近红外光谱在烟草分析中的应用

20 世纪 70 年代后，近红外光谱开始应用于烟草行业，到 20 世纪末，近红外光谱技术已经广泛应用于烟草业了，但国内的相关研究进展要缓慢一些。在近红外光区产生倍频和合频吸收的主要是 C—H、O—H、N—H、C=O 等基团，烟草中的总糖、还原糖、尼古丁和总氮等都包含了这些基团，因此，近红外光谱技术是研究相关成分的一种理想的分析技术。烟草中含有这类基团的成分，只要含量在 0.1% 以上，基本上都可以采用近红外光谱来分析。另一方面，烟草中糖、尼古丁、氮等成分的含量是配方设计和质量控制的重要化学指标，烟草生产部门每年都要花费大量的人、财、物力来进行质量品质分析。因此，发展快速、高效、简便的质量品质分析方法也是烟草行业迫切需要的。近红外光谱技术不需要对样品进行任何化学预处理，没有化学试剂的消耗和环境污染，避免了预处理带来的偶然误差；

分析速度很快，一般测试一个样品只需要 1 min，而且测试精度高；能够对烟草中多种成分进行同时分析甚至在线分析。近红外技术以其简便、快速、无损、多组分同时分析的特点成为烟草分析的重要技术。在建立定量分析模型时要考虑多方面的因素影响，比如原料烟叶的品种、生长环境、气候、培育、施肥、烘烤等条件的不同，不同烟叶配方结构和加工方式的不同等。因此其建模过程是复杂、耗时的，模型建立后还需要不断地维护改进。尽管开发具有一定适应能力和精度的近红外模型需要花费大量的时间精力，但近红外光谱技术仍不失为一种高效、经济的分析方法。

在烟草化学成分分析方面，目前国内已经成功地将近红外技术应用于烟草中的水分、总糖、还原糖、烟碱、总氮、总挥发碱、总挥发酸、多酚、薄荷、蛋白质、无机元素等成分的含量分析。

以主要化学成分，如水分、总糖、还原糖、烟碱、总氮的分析为例。烟叶初烤和复烤过程中水分含量控制是重要的工艺参数，直接影响烟叶的初加工质量；贮存过程中，水分会影响贮存时间和养护质量；制丝过程中，水分含量控制也会影响烟丝质量；卷接包的水分直接影响烟支的物理结构和成品的质量；成品中的水分含量会影响储存时间和品味。由此可见，烟叶加工的全工段对水分含量的控制是非常重要的工艺参数。烟草中水分含量的检测最经典的是通过设定温度下烘烤规定时间，根据样品的失重来计算水分含量。这种方法耗时长，一般只能用于实验室分析。近红外水分检测技术于 1961 年被 Crowell 等人首次应用于烟草工业，测试湿焦油中的水分。NDC 红外技术公司生产了世界上第一台近红外在线烟草水分监测感应器 TM55E。随后生产的升级产品 TM55E plus 可以在 0～55％的范围内输出线性信号，对烟丝测量精度达到 0.1％。

烟草生物碱是烟草有别于其他植物的关键物质，其中，尼古丁是含量最高、最重要的一种烟碱，是烟叶质量判别、烟叶选择、产品设计、质量控制的主要因素。烟草生物碱总量的测量方法最经典的是碱性溶液蒸馏萃取结合分光光度计定量分析。后来，流动注射分析、气相和液相色谱技术也被用于烟草生物碱中某些成分的分析。近红外光谱在烟草生物碱分析中的应用是 1978 年，由 Pandeya 等人在 *Tobacco Science*，即《烟草科学》上首次报道的。他们使用的还是滤光片式近红外光谱仪，测试的是烤烟中尼古丁的含量。同年，Hamid 等人也报道了使用扫描式单色仪研究烟草中生物碱含量的结果。在实际测量研究中还发现，样品粒度变化和年份变化时会影响模型的测量结果，因此，对模型进行适当的粒度校正，并补充新的标样后，可以使测量精度得到保证。另外，不同测量仪器之间也可以通过必要的误差校正实现模型转换。

烟草中加入一定量的糖可以改善烟叶的吸湿性和控制燃烧速度，提高烟气质量。不同品种烟叶的糖分含量不同，烤烟和东方烟叶的糖含量最高，白肋烟的糖含量比较低。1977 年 McClure 等人首次报道了单色扫描近红外检测烟草中还原糖的研究，含量范围为 0～30％。建模和检测过程中，样品粒度、均匀性、装样稳定性和扫描次数等条件对测量精度都有一定影响。

烟草和烟气的化学成分是相当复杂的，据 1977 年 I. Schmeltz 等人的相关综述报道，当时烟草和烟气中检测出的化学成分有 2200 多种，其中 30％的成分是含氮化合物，如胺类、氨基化合物、硝酸盐、氨基酸、硝基化合物和含氮杂环化合物等，通常测定的是烟草和烟气中总氮含量。总氮最经典的测试方法是 Kjeldahl 法，将样品中含氮化合物用强酸消化，待样品中有机氮化物完全转化后，再通过加强碱释放氨、水蒸气蒸馏、硼酸吸收和无机酸滴定来确定总氮含量。采用近红外光谱也可以检测烟草中的总氮含量。

卷烟燃烧后产生的烟气的吸食感觉是消费者所关注的,如香气、劲头、余味、杂气等感官质量的判别主要是依靠专家经验判别。但对烟气的检测目前国际上也有通用的方法,即在统一的环境条件和抽吸方式下检测燃烧后烟气的焦油、尼古丁、一氧化碳含量。环境条件包括温度、湿度和平衡时间。吸烟必须采用专用的吸烟机。抽吸方式包括吸烟的时间、抽吸间隔、抽吸压力等。烟气的检测对烟草质量判别和控制是非常重要的,采用近红外光谱分析检测烟气具有快速、简便、无污染和多特征同时检测的优势,作为经典方法的补充是非常有效的。

采用近红外光谱作烟草中常规成分分析以及烟气分析,一旦建立了可靠的数学模型,分析速度得到有效提高,成本大大降低,分析的重复性超过常规方法。20 世纪 90 年代以来,近红外分析技术已经得到烟草界的普遍认可,已有数百台近红外分析仪在我国主要的烟草公司安装使用,用于原料监测和实验室、现场、在线监测分析。如红河卷烟厂 2002 年就建立了生产现场的近红外光谱实验室,将其应用于烟草的质检质控,如烤烟质量控制,烟叶仓储质量跟踪,辅料和卷烟生产过程质量控制与监测等方面。另外,虽然近红外光谱仪在烟草生产的各环节已被广泛使用,但对于烟叶种植、打叶复烤中的原烟接收等环节,依靠静态近红外光谱仪测试还是存在问题,发展便携手持式近红外光谱仪可以实现烟叶的实时在线分析。

（3）近红外光谱在石油化工中的应用

石油是由碳氢化合物组成的复杂混合物,对石油及其产品的组成和质量指标进行测试,有利于有效地利用石油资源、选择合理的加工条件和提高石油产品的质量。

组成石油及石油产品的化合物主要是含有各种不同的 C—H 基团信息的烃类化合物,如含甲基、亚甲基、次甲基、烯基、芳基等。近红外光谱分析技术非常适合于烃类功能基团的分析。近红外光谱能够方便地测定烃类混合物中芳烃、烯烃和脂肪烃等结构基团。如甲基和亚甲基 C—H 的基团吸收信息主要表现在 913 nm 和 934 nm,烯烃 C=H 的吸收在 895 nm 左右,芳烃 C—H 吸收可以参考 875 nm 的吸收峰。通过对烃类基团结构的测定,可以对有机烃类混合物进行表征,进一步了解脂肪烃的支化程度、环烷烃和芳香烃的取代程度和不饱和烃的含量。

在油品分析中,辛烷值、馏程、密度、烃类组成、折射率等参数都是普遍关注的物性参数。采用常规的分析方法速度较慢,也不适合实时分析和质量控制。近红外光谱则可以做到实时在线分析,快速、连续、准确地测定油品的辛烷值等物性参数,实时提供油品的性质信息,使生产得到优化。油品中不同结构烃类化合物的含量变化所导致的近红外光谱变化是非常细微的,但将化学计量学方法与光谱数据分析相结合,就可以快速、高效地对样品进行定性和定量分析。近红外光谱分析以其快速、低耗、无污染、能在线分析的优点,已成为 20世纪 90 年代以来发展最快的分析测试技术之一。采用近红外光谱测定汽油的辛烷值和族的组成是近红外光谱技术在石油化工领域应用最早,也是最成功的例子。此后,近红外光谱几乎应用到了石油化工的各个环节。在发达国家,炼油厂在油品调和、重整、原油蒸馏等炼油和化工工艺中先后相继使用了近红外光谱在线分析技术。国内化工领域中,近红外光谱仪的推广应用稍微缓慢一些,这主要是国内炼油工艺和原料与国外差别较大,近红外光谱仪进口价格高,但是所携带的模型不能很好地适合国内油品的分析,模型不适合和技术服务滞后方面的问题是阻碍近红外光谱分析在国内石化领域快速发展的主要原因。近年来,国内在近红外光谱分析方面也做了大量工作,比如,石油化工科学研究院成功地开发了 CCD 近红外光谱仪系列产品（如台式、在线近红外光谱仪，以及便携式油品测量仪等），化学计量学软件和各种油品性质的校正模型，在国内 30 多家炼油厂生产控制分析中得到了成功应用。

油品的辛烷值、密度、折射率、蒸发性能、低温性能等物性参数是与烃类的组成和结构密切相关的。甲基的含量越高，密度和折射率越小；亚甲基和芳基的含量越高，密度和折射率越大；次甲基含量升高时，密度和折射率随之减小。甲基数目增加意味着烃类的异构化程度增大，则分子间的距离增大。石油产品的蒸发性能通常用饱和蒸气压及馏程来表示。石油烃燃料的馏程及饱和蒸气压大致给出了液体燃料的沸点范围及其中轻重组分的大体含量。石油产品没有固定沸点，而是有一个馏程。油品甲基含量越高，各馏分点的温度越低；亚甲基和芳烃含量高，对应各馏分点的温度越高。石油产品的低温性能，通常用凝点、浊点、倾点、冷滤点及冰点等质量指标来表示。油品的低温性能与组成油品的烃类组分有关。油品的馏分越轻，低温性能越好；油品中正构烷烃和水分含量高，油品的低温性能就差。

油品作为液体燃料，其燃烧性能是重要的衡量指标。燃烧性能主要取决于化学组成。常用的质量控制指标，如汽油的辛烷值、柴油的十六烷值、喷气燃料的烟点的测量。辛烷值是决定汽油抗爆性能的主要参数，车用汽油牌号是按辛烷值等级划分的，如 70 号、90 号、93 号、97 号等，标号越高，品质越好。不同结构烃的辛烷值不同，芳烃和异构烷烃的辛烷值最高，正构烷烃的最低，而且随着烃类异构化程度的增大，辛烷值呈上升趋势。因此含异构烷烃和芳烃多的汽油，辛烷值就高。十六烷值是柴油的抗爆性能指标。与辛烷值相反，正构烷烃的十六烷值最高，异构烷烃次之，环烷烃较低，而芳香烃具有最低的十六烷值。无论是环烷烃或芳香烃，侧链越长，分支越少，十六烷值越高。而含芳烃多的烃类混合物不适于作柴油。烟点（无烟火焰高度）是控制喷气燃料化学组成，保证其正常燃烧的主要质量指标。燃料中甲基、亚甲基、芳烃基等功能团含量的高低决定着喷气燃料的燃烧性能。燃料中芳香烃含量高，则烟点越低，燃烧性能越差。

1989 年，Kelly 等应用近红外光谱技术成功地预测了无铅汽油的辛烷值。史永刚等也在 1987～1990 年期间，应用近红外光谱研究了汽油的辛烷值以及铅对汽油辛烷值的影响。沧州炼油厂是国内最早开始使用近红外光谱分析技术做汽油辛烷值分析的单位。从 1997 年就开始采用 NIR-2000 型 CCD 近红外光谱仪和化学计量学的分析软件进行汽油辛烷值的常规分析，大大节省了化验费用。国内已经有几十家炼油厂成功使用了近红外分析技术测定汽油辛烷值。兰州炼油厂将在线 CCD 近红外分析仪安装到汽油重整的生产装置上，测量汽油辛烷值，与离线分析结果比较，平均偏差在误差要求范围内。沧州炼油厂还在汽油调和生产控制分析中采用近红外光谱代替国标测定汽油组成。另外，近红外光谱在汽油的馏程分析、蒸气压、密度分析上也有成功的应用。在柴油、航煤、重质油料组成和性质的快速分析中，近红外光谱技术也发挥了重要的作用。在其他化工领域中，近红外光谱还被广泛地用于制药、化学、化妆品、塑料橡胶、香料等领域进行纯度分析和已知杂质分析。

（4）近红外光谱在其他领域的应用

近红外光谱分析技术在其他领域如药物分析、生命科学、高分子工业、纺织工业、矿物学、农业等方面都有广泛的应用。

近红外光谱在药物分析中的应用始于 20 世纪 60 年代后期。随着近红外光谱技术和计算机技术的发展，近红外光谱分析技术在制药领域的应用也日趋广泛，不论是在定性还是在定量分析中均显示出巨大的潜力和应用前景。近红外光谱在医药分析中的应用包括：药物中活性组分的测定（如药剂中非那西丁、咖啡因的分析）、固体药剂的非破坏表征和剂量分析、药物生产过程各个环节（包括合成、混合、加工、制剂、压片、包装过程等）的在线监控、原料和产品的质量监测等。

中药产品成分复杂，传统的分析方法繁琐，通常无法实时在线检测。近红外光谱分析技术则具有独特的优势。在定性分析方面，将近红外光谱与聚类分析和判别分析相结合可以对多种中药材的产地、真伪进行无损快速鉴别。在定量分析方面，近红外光谱无需进行繁琐的预处理就可以对中药散剂中有效成分进行定量分析。在线质量控制中药生产是一个典型的复杂化工制造工艺过程，生产过程中各种工艺参数的变化直接影响最终产品的质量。目前，中药生产过程中绝大部分环节缺乏在线监测手段，无法有效控制中药产品的质量，极大地阻碍了中药现代化和国际化进程，近红外光谱分析技术对于建立中药生产过程分析标准表现出重要的应用潜力。

在生命科学领域，研究焦点主要集中在无创生化检测方法上。近红外光谱用于生物组织的表征，动脉中血氧、血糖、细胞色素及其他物质的测定及临床研究均取得了较好的结果。血液中一些主要的成分指标如总蛋白、血清白蛋白、血红蛋白、甘油三酯、胆固醇和尿素等含量，都可以采用近红外光谱分析技术检测。皮肤是人体的重要组织，近红外漫反射光谱能提供无创皮肤诊断的有用信息，如分辨色素损伤、黑色素瘤和痣，无需切片就能进行有效诊断。近红外血糖无创检测更是近年来的研究热点。糖尿病人需要对血糖进行日常监测，以便通过注射胰岛素来控制血糖水平。但目前有效的方法都是有损伤的血糖检测，给病人带来许多痛苦和不便，因此血糖的无创检测也是世界上数千万糖尿病患者所盼望的，目前近红外无损伤血糖分析研究已经取得了重要进展，但在可靠性、定标模型的长期稳定性和不同病人的通用性上还有待发展，距临床应用还有一定的距离。

近红外光谱在高分子合成和加工过程中的应用主要表现在聚合过程的监测、聚合物化学组成、结构和物性指标的测定、聚合物类型的判别分析等方面。近红外光谱可以在高温高压的操作条件下，跟踪聚合物反应和挤出的物理化学过程，不仅能给出温度、压力等传统的过程分析参数，还能实现反应和挤出过程的在线监测，对反应过程中单体浓度、聚合物浓度、分子量、转化率以及挤出样品的化学组成和性质进行实时测定。在废旧塑料判别分类方面，近红外光谱与传统的人工、X射线、溶剂、静电和密度等分类方法相比具有明显的优势。可实现精度高、速度快、非破坏在线识别。目前，自动识别废弃塑料的在线（非接触）近红外光谱分析系统在一些国家已经得到了推广应用。

近红外光谱应用于纺织工业中主要用于质量控制和定性、定量分析织物的组成和物理参数。在定性分析方面，近红外光谱结合模式识别方法可以鉴别不同聚合物的形态和性状。纺织品通常要采用多种不同性能的材料以一定的比例混合，以提高产品的某些性能，采用化学分析方法作混合比例和各成分的定量分析不仅耗时，还存在一定难度，但应用近红外光谱技术分析具有优越性。如聚酯纤维常常添加到棉织物中以增加耐久性，使织物容易保养，混纺织物中各组分必须保持一定配比。采用普通的化学分析要采用硫酸先把织物溶解，再分析，需要8h，但采用近红外光谱技术测定组分的比例只需要 2 min 就能出结果。羊毛纺织品中毛的质量分数是一个重要的品质指标，采用近红外光谱测量混纺毛织品中羊毛的质量分数也能获得满意的结果。另外，近红外光谱还能用于纺织品中丝光度的测量、棉纤维成熟度的测量、尼龙织物中湿度分析、热定型温度的测量等方面。

近红外遥感技术一般是将光谱仪放在飞机或卫星上，遥感测量反射光谱。采用近红外遥感技术可以对地球和行星表面物质组成、结构、成因、矿产资源进行调查。在农业方面，近红外遥感也有重要的应用，目前农田作物信息的获取，如叶面积指数、植株形态信息、生化组分信息等的获取主要还依赖于破坏性采样，采用近红外遥感获得土壤和植物参数已经成为农田信息获取的重要来源。采用近红外遥感可以监测农田作物的水分含量；可以监测作物营养状况，如糖氮比；可以监测作物病虫草害，如小麦条锈病、蚜虫、田间杂草等；可以对作物作长势监测、产量和品质预测，如对作物种类识别和播种面积提取，依据长势分析预报产量，依据作物体内生化组分含量监测预报作物品质。

思考题

3-1 试比较红外光谱与紫外光谱的区别。

3-2 是否分子的每一种振动都能产生一个红外吸收峰？为什么？

3-3 红外光谱选律是什么？CO_2 的振动是红外活性还是非活性？SO_2 呢？

3-4 分子的基本振动类型有哪些？

3-5 如何采用红外光谱确定芳香族化合物？

3-6 试用红外吸收光谱区别羧酸、酯和酸酐。

3-7 色散型和干涉型红外光谱仪的原理与仪器组成有何不同？

3-8 有一种未知粉末状纯物质样品需要测试红外光谱，应该如何制样？

3-9 异丙醇在红外光谱上会产生哪些特征吸收？推测相关峰出现的位置和强度。

习题

3-1 计算乙酰氯中 C═O 和 C—Cl 键伸缩振动的基本振动频率（波数）各是多少？已知化学键力常数分别为 $12.1\,\mathrm{N\cdot cm^{-1}}$ 和 $3.4\,\mathrm{N\cdot cm^{-1}}$。

3-2 下面红外光谱对应的是下列哪种化合物，为什么？

A. 4,4-二甲基正辛烷； B. 正癸烷； C. 环己烷； D. 甲苯

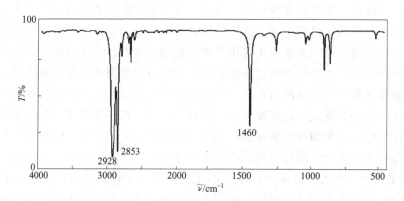

3-3 如何用红外吸收光谱法区别下列化合物？它们的红外吸收有何异同？

3-4 根据红外谱图分析对应的化合物是 A、B、C、D 中的哪一个？说明推测依据。

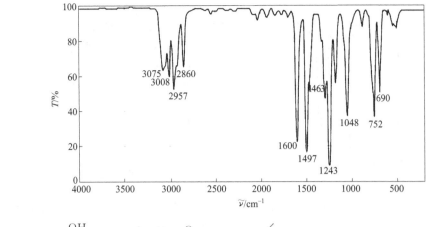

A. ; B. ; C. ; D.

3-5 已知化合物（分子式为 $C_8H_8O_2$）是同分异构体：对甲基苯甲酸、乙酸苯酯、对甲氧基苯甲醛、邻羟基苯乙酮中的一种，请根据下列红外光谱推测其结构。

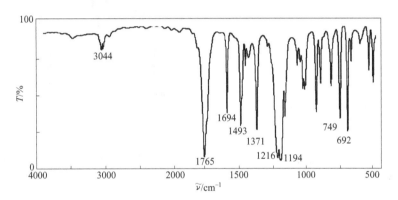

3-6 某化合物分子式为 C_7H_8O，红外光谱如下图所示，试推测其结构。

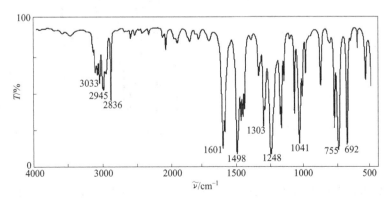

3-7 正丁醇、3,3-二甲基-2-丁醇、2-甲基-2-丙醇和苯酚的红外光谱有什么区别？

3-8 如何采用红外光谱区分对氯苯甲酸、间氯苯甲酸和邻氯甲苯？

3-9 某无色透明液体，已知分子式为 C_8H_{14}，其红外光谱如下图所示，试推测化合物结构。

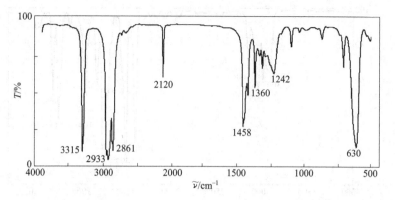

3-10 某无色至浅黄色有机液体，分子式为 C_7H_5NO，有刺激性气味，主要用于鉴别醇及胺，也可作为有机合成中间体。其红外光谱如下图所示，推测其结构。

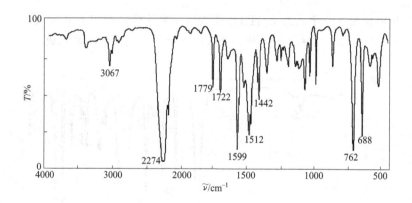

3-11 某化合物分子式为 $C_7H_5NO_4$，为黄白色晶体，熔点 239 ℃，红外光谱如下图所示，推测其结构。

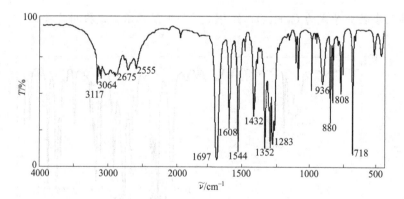

3-12 试用红外光谱区分下列异构体：

(1) $CH_3CH_2CH_2CH_2OH$ $CH_3CH_2OCH_2CH_3$ $(CH_3)_2CHCH_2OH$

(2) $CH_3CH_2CH_2COOH$ $CH_3CH_2COOCH_3$ $CH_2\!=\!CHOCH_2CH_2OH$

（3）

（4）

（5）

《《《 第 4 章 》》》
拉曼光谱分析法

拉曼光谱的产生机理与红外光谱不同，属于散射光谱，谱峰的位置和强度可以直接反映出物质结构与含量的信息。拉曼散射峰与分子的振动能级跃迁有关，拉曼光谱与红外光谱都属于分子振动光谱，二者提供的结构信息有时是互补的，都是有机官能团鉴定和结构分析的重要工具。拉曼光谱是一种非破坏性的绿色分析技术，几乎无需样品预处理，能够分析各种物理形态的物质，具有快速、无损分析等特点，还可以方便地实现在线分析检测，不仅应用在材料、生物、环境分析等学术研究中，在现场检测和工业过程分析中也得到了广泛的应用。

4.1 拉曼散射

早在 1928 年印度科学家 C. V. Raman 在 CCl_4 的光谱中发现，光与物质相互作用后一部分光的波长发生了改变，通过对这些颜色发生变化的散射光的研究，可以得到分子结构的信息，这种效应被命名为拉曼（Raman）效应。

拉曼光谱
原理

当采用一束频率为 ν_0 的单色光照射样品分子时，分子与单色光之间会发生吸收、反射、透射、散射等作用。其中散射光大多数只发生方向的改变，而频率并未变化，相当于发生了弹性碰撞，这种情况称为瑞利散射；还有极少数散射光不仅方向发生了改变，频率也发生了改变，产生 $\nu_0 \pm \Delta\nu$ 的散射光，相当于发生了非弹性碰撞，吸收或放出了一部分能量，这种情况称为拉曼散射。吸收或放出的这部分能量为 $h\Delta\nu$，刚好等于分子发生振动能级跃迁所需要的能量差 ΔE。

如图 4-1 所示，中间为瑞利（Rayleigh）散射，跃迁未涉及能量交换，两边为拉曼散射，涉及能量变化。基态分子与入射光发生非弹性碰撞，产生 $\nu_0 - \Delta\nu$ 的散射光（左侧），称为斯托克斯（Stokes）线；处于振动激发态的分子与入射光发生非弹性碰撞，产生 $\nu_0 +$

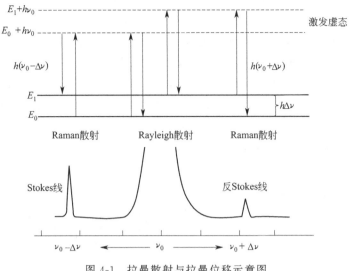

图 4-1　拉曼散射与拉曼位移示意图

$\Delta\nu$ 的散射光（右侧），称为反斯托克斯（anti-Stokes）线。由玻尔兹曼定律可知，通常处于基态能级的分子要远多于处于激发态的，因此 Stokes 线比 anti-Stokes 线更强。而瑞利散射光的强度比拉曼散射强很多（通常 Stokes 线是瑞利线的十万分之一）。

4.2　拉曼光谱与红外光谱

拉曼散射光与入射光（或激发光）的频率差值 $\Delta\nu$ 即称为拉曼位移。如果将入射光频率定义为零，则该差值与入射光的频率（或激发光源）无关，而与样品分子振动能级跃迁相关，即拉曼位移只与散射样品分子本身的结构有关。拉曼光谱图纵坐标为谱带强度，横坐标为拉曼位移频率，通常用波数表示。

以四氯化碳为例，其拉曼光谱如图 4-2 所示。拉曼位移示意图中，Stokes 线和 anti-Stokes 线分别位于瑞利线的两侧，Stokes 线三组峰的拉曼位移值与 anti-Stokes 线的谱峰对称分布，强度更强。实际测量的谱图［图 4-2(b)］一般检测的是 Stokes 线，将各峰的拉曼位移值取正值。

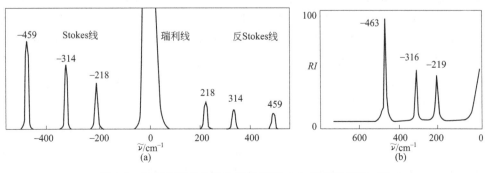

图 4-2　四氯化碳的拉曼位移示意图（a）和实测谱图（b）

拉曼光谱和红外光谱反映的都是分子振动能级跃迁相关的信息，所以拉曼光谱的谱峰频率与官能团之间的关系和红外光谱基本一致，不同的是有些官能团的振动在红外光谱中是强吸收，但在拉曼光谱中很弱或不出现，而另一些基团的振动在红外光谱中是弱吸收或不出峰，而在拉曼光谱中是强谱带。以 2,6-二氯苯乙烯为例，它的红外光谱和拉曼光谱如图 4-3 和图 4-4 所示。红外光谱中 $1633\,cm^{-1}$、$1557\,cm^{-1}$ 和 $1433\,cm^{-1}$ 左右的峰属于苯环 C==C 骨架伸缩振动吸收峰，同种振动方式对应的拉曼谱峰出现的位置很接近，分别在 $1634\,cm^{-1}$、$1583\,cm^{-1}$ 和 $1447\,cm^{-1}$ 左右。不同之处在于，红外光谱中为弱吸收的谱带在拉曼光谱中成为强的谱带，如 $1633\,cm^{-1}$ 的谱峰，这一现象与二者的选律和特点有关。

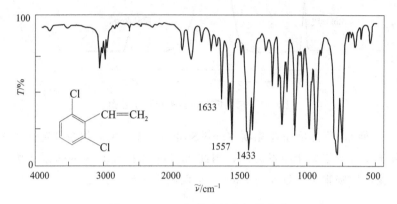

图 4-3　2,6-二氯苯乙烯的红外光谱

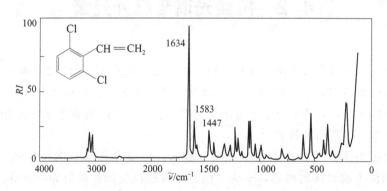

图 4-4　2,6-二氯苯乙烯的拉曼光谱

红外光谱中，有偶极矩（μ）变化的振动是红外活性的，即红外光谱的谱带强度与振动中原子通过平衡位置时偶极矩的变化呈正比。而拉曼活性取决于极化率（α）的变化，即只有极化率发生变化的振动才具有拉曼活性。极化率是分子在（光波）电场作用下电子云变形难易程度的度量。通常原子或分子的尺寸越大（如 HCl→HBr→HI），分子的变形性强，其极化率也大（2.85→3.86→5.78）。振动中原子通过平衡位置时电子云越容易发生变形，该振动的拉曼谱带越强。极化率 α 与光电池 E，以及诱导偶极矩 P 之间存在如下关系：

$$P = \alpha E \qquad (4-1)$$

由此可见，拉曼光谱的谱带强度与诱导偶极矩的变化呈正比。分子中有些基团振动有明显的偶极矩变化，如羰基、羟基等，红外吸收峰很强，但极化率未发生明显变化，所以拉曼峰非常弱。有些振动偶极矩不发生变化，如 CO_2、CS_2 的对称伸缩振动，不产生红外吸收，但该振动具有明显的极化率变化，因此出现强的拉曼峰。而 CO_2、CS_2 的反对称伸缩振动和变形振动都存在偶极矩的变化，是红外活性振动，但极化率变化不明显，属于拉曼非活性振动。这类具有对称中心的分子存在选律不相容的特点，即有红外活性的振动，则不具有拉曼活性；有拉曼活性的振动则不具有红外活性。而像 SO_2、H_2O 等非线性的分子，分子本身偶极矩不为零，几种振动既有红外活性，又有拉曼活性。

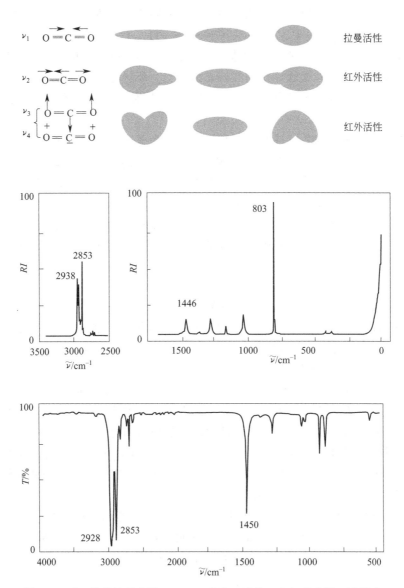

图 4-5　环己烷的拉曼光谱（488nm 激发，液体）和红外光谱（液膜法）

红外光谱适合研究分子基团的信息，而拉曼光谱适合研究分子骨架的信息，二者具有一定的互补性。如四甲基乙烯分子的红外光谱可以观察到甲基相关的系列吸收峰，但由于分子对称性很高，C=C 骨架的伸缩振动吸收峰几乎观察不到。而在拉曼光谱上，1675 cm^{-1} 附近可以观察到较强的 $\nu_{C=C}$，在 $693\,cm^{-1}$ 附近还能观察到 ν_{C-C} 的较强谱带，二者的信息互为补充。再如环己烷，红外光谱以亚甲基的特征吸收为主，环骨架振动吸收不明显（见图 4-5）。而对应的拉曼光谱上，亚甲基 ν_{C-H} 出峰位置与红外光谱接近，$803\,cm^{-1}$ 附近的强峰是饱和环骨架的振动信息，也称环呼吸振动。苯环类化合物在 $1000\,cm^{-1}$ 左右也能观察到芳香环的环呼吸振动，吡啶环呼吸振动出现在 $990\,cm^{-1}$ 附近。

红外光谱适合分析极性基团的非对称振动，而拉曼光谱适合于研究非极性基团或骨架的对称振动。如同种原子的非极性键 S—S、C=C、N=N、C≡C 等能产生强的拉曼谱带，谱带强度也随单键、双键、叁键的顺序依次增强。红外吸收较弱或不吸收的一些官能团在拉曼光谱上有可能是强峰，如 C=C、C≡N、C=S、S—H、C—C 的伸缩振动，在拉曼光谱上是强谱带。累积双键 X=Y=Z 类化学键的对称伸缩振动在拉曼光谱上是强谱带，反对称伸缩振动是弱谱带或不产生拉曼峰，这与红外光谱相反。环状化合物的对称呼吸振动常常是拉曼光谱上最强的谱带。拉曼光谱不适合做基团结构的区分，如醇类和烷烃的拉曼光谱是相似的。

红外光谱中通常只有波数（或频率）和强度（透光率或吸光度）两个参数，拉曼光谱除了这两个参数之外，还有一个较特征的参数——去偏振度 ρ（depolarization）。一般溶液或气态样品中分子的取向是无规律的，如果入射光为完全偏振光，发生散射时不会是完全偏振的，为了描述散射光的去偏程度，引入了去偏振度的概念。在测量拉曼光谱时，如果检测器和样品之间放置一个偏振器，就可以分别检测与激光方向平行或垂直的散射光，即平行散射光 $I_{/\!/}$ 和垂直散射光 $I_\perp$。去偏振度则被定义为 $\rho=I_\perp/I_{/\!/}$，去偏振度与分子的极化率有关，通过测量拉曼光谱的去偏振度，可以确定分子的对称性。去偏振度值越小，表明分子的对称性越高。

与红外光谱比较，拉曼光谱具有以下优势：

① 拉曼光谱的有效光谱测量范围比红外光谱更宽（拉曼光谱 $4000\sim40\,cm^{-1}$；红外光谱 $4000\sim400\,cm^{-1}$），特别是低波数区域也能提供有效信息，甚至能检测到分子的晶格振动，而红外光谱 $650\,cm^{-1}$ 以下的信息不易解析；

② 红外光谱受水的干扰严重，而水的散射很微弱，因此拉曼光谱可以对水溶液样品直接测试，红外光谱除非采用特殊附件，一般不能直接测试水溶液样品，普通样品制备时也需要除去水分。因此拉曼光谱可以研究水溶液中的生物样品和化合物；

③ 玻璃的拉曼散射较弱，拉曼检测的窗片可以采用玻璃和石英材质，也可以采用玻璃毛细管装载液体和粉末样品直接检测。玻璃材质是红外光不能穿透的，因此红外光谱测试不能采用玻璃窗片，一般使用 KBr、CaF_2、NaCl 等盐片；

④ 拉曼光谱检测的是散射光，因此任何尺寸、形状、透明度的样品，理论上都可以直接测量，无需预处理样品。而红外光谱大多需要制样，如固体样品，一般采用 KBr 压片或制备石蜡糊进行测试，制样过程较繁琐，预处理中添加的成分还可能对谱图产生干扰，形成杂质峰；

⑤ 拉曼位移与入射光频率无关，因此可以采用不同波长的激光器作为光源，而红外光谱的光源不能任意切换。激光的单色性好，因此拉曼光谱谱峰比红外峰尖锐，分辨率更好。

⑥ 拉曼光谱可以用于晶体材料、多晶药物等研究，从低频晶格振动和高频分子振动的谱图信息，获取有关堆叠方式、层数、晶格取向、缺陷、晶型等信息，红外光谱则不能提供这些信息。

4.3 拉曼光谱的特征谱带

常见基团的拉曼光谱特征谱带和强度信息如表 4-1 所示。

表 4-1 有机化合物中基团的拉曼光谱特征谱带和强度

振动类型	波数/cm^{-1}	强度	振动类型	波数/cm^{-1}	强度
ν_{O-H}	3650~3000	w	$\nu_{C=S}$	1250~1000	s
ν_{N-H}	3500~3300	m	$\nu_{s,C-SO-C}$	1070~1020	m
$\nu_{\equiv C-H}$	~3300	w	$\nu_{as,C-O-C}$	1150~1060	w
$\nu_{=C-H}$	3100~3000		$\nu_{s,C-O-C}$	970~800	s~m
ν_{C-H}	3000~2800	s	$\nu_{as,Si-O-Si}$	1110~1000	w
ν_{S-H}	2600~2550	s	$\nu_{s,Si-O-Si}$	550~450	vs
$\nu_{C\equiv N}$	2255~2220	m~s	ν_{O-O}	900~845	s
$\nu_{C\equiv C}$	2250~2100	vs	ν_{S-S}	550~430	s
$\nu_{C=O}$	1820~1680	s~w	ν_{Se-Se}	330~290	s
$\nu_{C=C}$	1900~1500	vs~m	$\nu_{C-S(芳香)}$	1100~1080	
$\nu_{C=N}$	1680~1610	s	$\nu_{C-S(脂肪)}$	790~630	
$\nu_{C-C(芳香族)}$	1600~1580	s~m	ν_{C-F}	1400~1000	
	1500,1400	m~w	ν_{C-Cl}	800~550	s
$\nu_{N-N(脂肪取代)}$	1580~1550	m	ν_{C-Br}	700~500	s
$\nu_{N-N(芳香取代)}$	1440~1410	m	ν_{C-I}	660~480	s
$\delta_{CH_2},\delta_{as,CH_3}$	1470~1400	m	ν_{C-Si}	1300~1200	
$\nu_{as,C-NO_2}$	1590~1530	m	ν_{C-Sn}	600~450	s
$\nu_{s,C-NO_2}$	1380~1340	vs	ν_{C-Hg}	570~510	vs
$\nu_{as,C-SO_2}$	1350~1310	w	ν_{C-Pb}	480~420	s
$\nu_{s,C-SO_2}$	1160~1120	s			

总的来看,基团振动的拉曼谱带和红外吸收具有以下特点:

① 非极性或极性较弱基团的振动产生较强的拉曼散射,而红外吸收峰较弱;强极性基团的振动则产生较强的红外吸收峰,而拉曼谱带较弱。

② 具有对称中心的分子(如 CO_2、CS_2 等)存在红外和拉曼选律不相容的特点(见 4.2 节),一种振动模式的谱带不可能同时出现在红外和拉曼光谱中。

③ 脂肪族化合物:C—H 伸缩振动在拉曼光谱上是强谱带,在红外光谱上是弱谱带;C—H 变形振动为拉曼弱谱带,红外上为中等强度谱带。

④ 乙烯基、芳香族化合物:不饱和双键上 C—H 伸缩振动在拉曼光谱上是中等强度谱带,在红外光谱上是弱谱带;不饱和双键上 C—H 的变形振动在拉曼光谱上较弱,难观测到,在红外光谱上是强谱带。

⑤ 末端炔烃:C—H 伸缩振动为拉曼弱谱带,在红外光谱上是强谱带。

⑥ O—H、N—H 等极性基团伸缩振动在拉曼光谱上是弱吸收带,而在红外光谱上是强吸收带。这些基团的弯曲振动一般红外谱带比拉曼谱带要强。

⑦ C—C、N—N、S—S 和 C—S 等单键的伸缩振动在拉曼光谱上产生强谱带,在红外

光谱中是弱谱带。

⑧ C=C、C=N、N=N、C≡C 和 C≡N 等多重键的伸缩振动在拉曼上是很强的谱带，而在红外上是很弱的谱带。C=O 在拉曼上是中等强度的谱带，在红外上是很强的谱带。

⑨ 饱和环状化合物的环呼吸（全对称）振动，在拉曼光谱上产生强的谱带，振动频率与环大小有关。红外光谱上没有该谱带吸收。

⑩ 芳香族化合物在拉曼和红外光谱上都有系列特征的尖锐强谱带。

⑪ 存在对称和反对称伸缩振动的基团振动，如 H—C—H、C—O—C 等，对称伸缩振动为拉曼强谱带，而反对称伸缩振动为红外强谱带。

⑫ 各振动的倍频与合频谱带一般红外谱带强于拉曼，有时在拉曼光谱上难以观测到。

4.4 激光拉曼光谱仪

拉曼效应发现后，拉曼光谱分析方法开始建立。最初拉曼研究采用的是汞弧灯光源，由于检测谱线太弱，只有透明液体样品才能检测，且背景荧光难消除。到 20 世纪中期，拉曼光谱基本上处于停滞状态，而红外光谱得到了好的发展，开始逐步应用于有机化合物的结构分析。60 年代，激光出现，并被应用到拉曼光谱仪上，使光源单色性更好，能量集中，功率更高。超快脉冲激光的发展，实现了 ms、ns、ps 级的时间分辨。另外共振拉曼效应、紫外和近红外激发、共聚焦显微成像技术以及傅里叶变换的应用，使拉曼光谱仪的应用更为广泛。

激光拉曼光谱仪主要由激光器、外光路系统和样品装置、单色器和检测器构成，如图 4-6 所示。

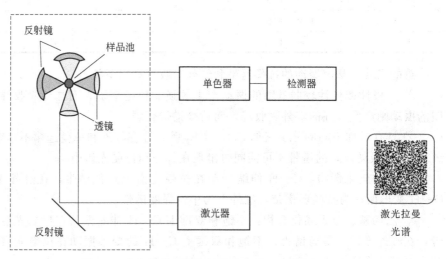

图 4-6 激光拉曼光谱仪结构示意图

激光是原子或分子受激辐射产生的，与普通光源相比，具有单色性好（发射频率宽度小）、方向性好（平行光，发射角度小）、功率大的优点，可以作为拉曼光谱的激发光源。激光器提供的激发波长可以处于紫外、可见到近红外光区。常用的激光器主要有三类：气体激光器、固体激光器和半导体激光器。

气体激光器一般由单一或混合气体/蒸汽等气态物质为工作物质，首个气体激光器是氦氖（He-Ne）激光器（1.15 μm，1960 年），随后逐步出现各种原子、分子、准分子和离子激光器。拉曼光谱常用的气体激光器有氦氖（He-Ne）激光器（632.8 nm）和氩离子（Ar$^+$）激光器（488.0 nm、514.5 nm）。气体激光器工作物质均匀，输出光束的单色性、发散度都优于其他激光器，波长覆盖范围宽，输出功率大。

固体激光器是以掺杂的晶体、玻璃和透明陶瓷等固态物质为工作物质的激光器，该工作物质一般是将具有受激辐射作用的金属离子，如稀土金属离子，掺杂到基质材料（如钇铝石榴石、钨酸钙、硅酸盐玻璃等）中人工制备的。固体激光器还需要光作为激励源，如氪灯、氙弧灯、发光二极管等。固体激光器的脉冲能量大，峰值功率高，结构紧凑坚固，可在连续、脉冲等多种模式下运行。特别是激光二极管（LD）泵浦的固体激光器，克服了传统固体激光器体积大、能量转换效率低的缺点，是发展最为迅速的激光器。拉曼光谱常用的固体激光器如 1064 nm 的钇铝石榴石（Nd：YAG）激光器。

半导体激光器工作原理与固体激光器不同，采用直接带隙半导体材料为工作物质，常用砷化镓（GaAs）、硫化镉（CdS）、磷化铟（InP）、硫化锌（ZnS）等作为工作物质，有同质结、单异质结和双异质结等类型。激励方式可以采用电注入、电子束激励或光泵浦等方式。半导体激光器具有体积小、质量轻、能量转换效率高、波长范围宽、使用寿命长等优势。拉曼光谱仪中也常用半导体激光器（如波长 532 nm、785 nm 等）。

此外，还有在工作物质、泵浦方式、工作原理上与上述三类激光器不同的其他类型的激光器，如液体激光器、化学激光器、自由电子激光器、光纤激光器、X 射线激光器、受激拉曼散射激光器、原子激光器等。激光器的研究朝着波长可调谐范围宽、光束质量优异、输出功率大等方向不断发展。

从激光器之后到单色器之前为外光路系统和试样装置，作用是使不同状态（固、液或气态）和测试条件（高温、低温）下的样品均能得到最有效的照射，并最大限度地收集散射光。激光器发射的光一般先通过透镜聚焦后照射到样品上。拉曼散射光不会被玻璃吸收，所以拉曼样品池可以采用玻璃材质。气体样品一般置于玻璃管（直径 1～2 mm，厚 1 mm）或封闭的毛细管（1 mm）中，为了获得较强的拉曼散射信号，气体压力通常较大，或让激光束多次通过样品池。液体样品可以置于毛细管中，挥发性液体需要将毛细管封闭，液体样品量较多时可以采用烧瓶、细颈瓶等常规样品池装置。固体样品如果颗粒度较大，可先研磨成粉状，再置于试剂瓶、烧瓶等常规样品池中，易潮解或分解的样品需要封闭样品池。晶体粉末杂散光较强，需要改变观测方向，或采用楔形散射样品池，找到最佳样品厚度。极微量（ng 量级）的固体样品可先溶于低沸点溶剂，置于毛细管中，测定前将溶剂挥发。对于有色或吸光性强的物质，为防止局部过热分解，需要降低激光功率或采用旋转样品池、恒温或低温样品池。

拉曼光谱检测的是散射光，所以检测光与入射光可以不在同一直线上，理论上检测器放置在任意位置都可以检测散射光，这一点与紫外、红外等光谱仪不同。如图 4-6，样品产生的散射光通过透镜聚焦，进入单色器的入射狭缝。

激光照射到样品上除了产生拉曼散射，还产生频率接近的瑞利散射和其他杂散光，瑞利散射强度很大，会对拉曼光谱产生严重干扰。因此在检测前需要将瑞利散射和其他杂散光去除。单色器的作用是将拉曼散射光分光并减弱瑞利散射和其他杂散光。一般采用光栅分光，常用双光栅和三光栅联用的单色器。目前全息光栅已经代替了传统的刻痕光栅。单色器狭缝宽度对光谱分辨率有直接影响，通过单色器后杂散光的强度可以降低至峰强度的 10^{-11} 以下。

拉曼光谱仪的检测器一般采用光电倍增管，由光电阴极和倍增打拿电极组成。当散射光撞击到光电阴极上时，由于光电效应产生光电子，受电场作用加速撞击第一打拿电极，产生更多的二次电子，被加速的电子再撞击第二打拿电极，产生倍增的二次电子，这样逐级累加，最后到达阳极的电子数目可以达到最初的 $10^6 \sim 10^7$ 倍。然后采用进一步的信号放大技术，如直流放大、锁相放大、电子脉冲计数等。上述处理方式都是单通道的，如果采用多通道的光电管阵列，单色器分光后成像在多极图像管上，信号再聚焦到光导摄像管的光阴极上，可以在极短的时间内（10^{-7} s）同时大量取样（500～2000 个点），几秒钟就能获得一张拉曼光谱图。

如果采用近红外激光器（1064 nm）作为激发光源，以麦克尔逊干涉仪代替单色器，采用液氮冷却的锗二极管或铟镓砷（InGaAs）检测器，就是傅里叶变换激光拉曼（FT-Raman）光谱仪。麦克尔逊干涉仪的构造与傅里叶变换红外光谱仪相同，此处不再详述。FT-Raman 光谱仪分光系统采用迈克尔逊干涉仪，在很短的时间内可对干涉谱图进行一次扫描，多次扫描进行信号累加，通过傅里叶变换转换成拉曼谱图，因此测量速度快。采用干涉仪不存在狭缝的限制，在相同分辨率的情况下，光的辐射通量比色散型大得多，因此检测信噪比增大，仪器的灵敏度更高。迈克尔逊干涉仪采用激光干涉条纹来测量光程差，与需要分光扫描的光谱仪不同，无需依赖机械扫描精度，因此测量精度更高。FT-Raman 的激光光源一般采用 1064 nm 的近红外光源，能够有效避免荧光背景干扰，但激发能量较低，需要高灵敏的检测器检测。

将拉曼光谱与共聚焦显微成像技术相结合得到的激光共聚焦显微拉曼光谱仪，仪器如图 4-7 所示，将单点分析的方式拓展到一定范围内样品化学成分分布的成像分析。采用共聚焦技术，即针孔光阑与激光焦点之间的光学共轭，通过空间滤波，可以消除焦点之外杂散光的干扰，有效提高光谱分辨率（空间分辨率 1 μm，纵向分辨率 2 μm）。利用快速扫描成像和 Z 轴步进扫描技术，可以实现三维立体成像和光学切片。

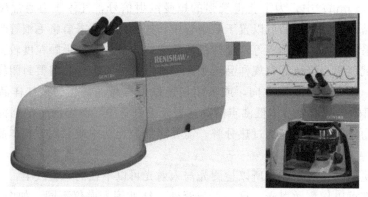

图 4-7　激光共聚焦显微拉曼光谱仪

拉曼光谱法常用于有机化合物的结构鉴定，依据拉曼谱峰的位置、强度及峰的形状推测化学键、官能团结构。在高分子聚合物的研究中，拉曼光谱也具有优势，可以提供关于碳链和环的结构信息，采用拉曼光谱可以研究高分子链的构象、分子聚集态、结晶度、化学/物理组成，以及外力作用下结构转变等。拉曼峰宽度可以表征高分子材料的立体化学纯度，结构无序的材料拉曼峰弱而宽，高度有序的材料出现强而尖锐的拉曼峰。谱峰的强度与化学组成和含量相关，如氯乙烯和偏二氯乙烯共聚物中，氯乙烯组分的含量与拉曼谱带 2902/2926 cm^{-1} 的强度比存在线性关系。利用偏振特性，还可以判断有机化合物的顺反异构和高分子链取向。

拉曼光谱也是研究生物大分子的有力手段，水对拉曼光谱的干扰很弱，因此拉曼光谱适合于研究生物大分子二级结构、相互作用及变化等。拉曼光谱以其非侵入式无损分析的优势，在生物组织、血液和活体研究中也展现出优势。采用拉曼光谱研究的生物离体组织几乎涉及所有器官，能够从分子水平识别病变组织，为皮肤癌、口腔癌等疾病的早期诊断提供新的手段。拉曼光谱还可以对活体进行快速、无创的血液检测，如监测血栓形成过程中动、静脉中血液的光谱，从分子水平了解血液成分的变化情况。

在表面和薄膜研究方面，拉曼光谱常用于化学气相沉积法（CVD）制备薄膜的检测鉴定、LB 膜、二氧化硅薄膜、石墨烯单层或多层膜表征等研究。以石墨烯研究为例，单层石墨烯的拉曼光谱会出现 G 峰、D 峰和 G′峰，如图 4-8 所示。其中 G 峰是主要特征峰，由 sp^2 碳原子的面内振动引起，出现在 1580 cm^{-1} 附近，能够反映石墨烯的层数，但会受应力的影响。D 峰通常认为是石墨烯无序振动峰，该峰出现的具体位置与采用的激光波长有关，由晶格振动离开布里渊区中心引起的，可用于表征石墨烯样品中的结构缺陷或边缘。G′峰也称为 2D 峰，是双声子共振二阶拉曼峰，主要用于表征石墨烯样品中碳原子的层间堆垛方式，也受激发波长影响。

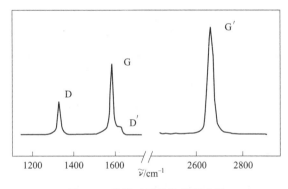

图 4-8 单层石墨烯的拉曼光谱

采用 FT-Raman 可以消除荧光背景干扰，采用共聚焦显微拉曼光谱仪可以做化学成像研究。常规拉曼光谱灵敏度较低，结合共振增强或表面增强技术，可以实现更为灵敏的检测与成像研究。

4.5 共振拉曼散射（RRS）

4.5.1 共振拉曼散射的基本原理

在早期的拉曼光谱研究中，一般会避免检测有色化合物。如果采用强的激光激发有色化合物，光很容易被样品吸收，可能会产生强的背景荧光干扰，或者导致样品被光解或热分解。研究者发现，如果采用的激光频率接近电子吸收带的频率（或电子跃迁所需激发频率）时，散射增强效应可以获得 $10^3 \sim 10^4$ 倍增强，最高可达 10^6 倍。例如，罗丹明 6G 的紫外光谱最大吸收波长在 530 nm 左右，如果采用 532 nm 的激光器作为激发光源，就会产生很强的共振拉曼散射（resonance Raman scattering，RRS）效应，获得拉曼散射信号的有效增强，而不是荧光的增强。

在普通拉曼光谱中，受激光激发后跃迁的中间态是一个虚态，分子吸收和发生散射的概率相对较小。而在共振拉曼光谱中，激光的频率接近被激发分子的某一电子吸收带，使得该虚态变成了本征态，如图 4-9 所示。因此分子对激发光的吸收显著增强。即激发光频率与被研究物质分子中生色团的电子吸收带频率相等或接近时，入射光与生色团电子发生偶合作用，产生共振拉曼散射效应，使得某些谱带被显著增强。共振拉曼光谱的发展使得拉曼光谱分析的灵敏度大为提高，对于一些在紫外和可见光区有吸收的样品分子的分析很有利，特别是一些生物分子的检测。比如一些重要的酶中心的卟啉环、酞菁类染料、聚丙炔等，采用共振增强拉曼可以获得很多原位信息。

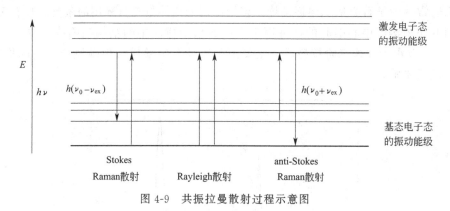

图 4-9 共振拉曼散射过程示意图

4.5.2 紫外共振拉曼

灵敏度较低和荧光干扰严重是阻碍常规拉曼光谱应用的主要因素，有了共振增强技术，再结合紫外激发，可以解决上述问题。采用紫外光区的激光作为激发光源，就称为紫外共振拉曼（ulraviolet resonance Raman spectroscopy）。采用紫外激发具有以下优势：

① 荧光一般出现在近紫外到可见光区，采用紫外光区的激发光源可以有效避开荧光干扰。如图 4-10 所示，采用 244 nm 和 325 nm 波长的紫外光作为激发光源，获得的拉曼光谱基线较平，荧光背景远小于 514 nm 作为激发光获得的拉曼光谱。

② 散射强度与频率的四次方成正比，激发光频率增大有利于增强散射强度，提高灵敏度。采用近红外光区的光作为激发光源虽然也能够避免荧光背景干扰，但近红外光频率低，一般不能激发电子态跃迁，灵敏度低，热辐射干扰大，因此紫外激发比近红外激发应用更为广泛。

③ 很多化合物的电子吸收带处于紫外光区，如生物大分子、无机材料等，采用紫外共振拉曼光谱研究可以将仪器的灵敏度提高几个数量级。

紫外拉曼的研究始于 20 世纪 80 年代，但当时低于 300 nm 的激光就要用非线性光学转

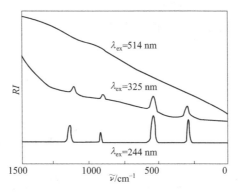

图 4-10　激发波长对拉曼散射的影响示意图

换的方式来实现，限制了紫外拉曼光谱的发展。脉冲激光的发展和应用使紫外光源激发产生共振拉曼的原理得到验证。随着腔内倍频连续波的氩离子、氪离子等激光器的发展，激发波长实现了 217～400 nm 范围的连续可调，大大促进了紫外共振拉曼的发展。1997 年，国内建成的第一台连续波紫外共振拉曼光谱仪。连续波激光器的输出功率比脉冲激光低，这样可以有效地避免样品局部过热造成的损坏。另外，紫外拉曼在研究高温物质时也具有独特的优势，高温物质具有黑体效应，弱的拉曼信号很容易被黑体辐射背景所湮没，紫外激发可以避免黑体辐射区域，在检测高温样品时也能获得较好的拉曼信号。

4.5.3　紫外共振拉曼的应用

紫外共振拉曼光谱在催化与材料表征、生物医学研究、爆炸物和环境污染物检测等领域具有广泛的应用。

在催化研究中，拉曼光谱能够提供催化剂本身以及表面物种的结构信息，有助于认识催化剂和催化反应。一些在紫外光区有强吸收的材料，如氧化锆、氧化钛以及钼酸铁等，采用紫外共振拉曼研究具有独特的优势。拉曼光谱本身能够实现原位分析，可以用于高温、高压、复杂环境等条件下催化反应的原位研究。拉曼光谱还可以监测反应过程，比如分子筛等催化剂制备过程中从水相单体到固相有序排列结构的过程，可以监测到拉曼光谱的实时变化，无定形和晶形结构拉曼光谱也存在显著差异。采用紫外拉曼研究催化体系时，某些组分在紫外光区具有特征吸收，例如组分 a、b、c 的吸收分别在 250 nm、300 nm 和 400 nm，采用 250 nm、300 nm 和 400 nm 的激光作为激发光源时，就可以选择性地将 a、b 或 c 组分的相关拉曼谱带显著增强几个数量级，实现某组分的选择性检测。因此紫外共振拉曼光谱在含过渡金属的微孔/介孔材料活性位研究、分子筛的合成机理研究、无机材料表面相变和成分研究，以及半导体材料的光催化研究中都取得了好的进展。

含钛分子筛具有选择性催化氧化有机物的性质，其中活性物种就是骨架上的钛，钛物种的准确表征具有重要的研究价值。如含 Ti 分子筛 TS-1 与不含 Ti 的分子筛 Silicalite-1 相比，紫外光谱在 220～244 nm 附近出现强吸收[图 4-11(a)]，归属于 O-Ti 间 p→d 的电荷跃迁。当采用 244 nm 的激光激发时，可以观察到分子筛 TS-1 比 Silicalite-1 明显增加了 490 cm^{-1}、530 cm^{-1} 和 1125 cm^{-1} 的新谱峰[图 4-11(b)]，这几个谱峰来源于 Ti—O—Si 骨架的对称伸缩振动，而不含 Ti 的 Silicalite-1 分子筛没有这几个谱带。当采用 325 nm 或 488 nm 的激光激发 TS-1 时，这几个谱峰没有采用 244 nm 时明显。因为 244 nm 接近 Ti—O—Si 骨架的电子吸收带，采用该波长的激光作为激发光源，可以获得共振增强的拉曼光谱，特别是 1125 cm^{-1} 的谱带被显著增强，可用于钛物种的鉴定。

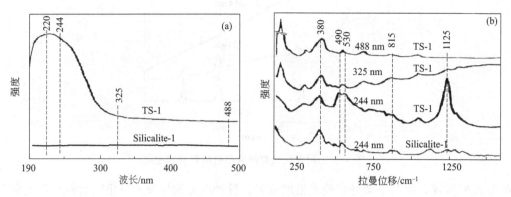

图 4-11　分子筛 TS-1 和 Silicalite-1 的紫外-可见漫反射光谱（a）；
采用 244 nm、325 nm 和 488 nm 激光激发分子筛 TS-1，以及采用 244 nm 激光
激发 Silicalite-1 获得的拉曼光谱（b）〔引自《催化学报》，2009，30（8）：717-739〕

研究表明，分子筛骨架中即使存在痕量的过渡金属元素，也会改变分子筛的酸性和催化活性。在合成上通常采用过渡金属元素（如 Fe、V 等）同晶取代微孔或介孔分子筛的 Si 和 Al 元素得到。对分子筛中极低含量的过渡金属元素的表征也可以采用紫外共振拉曼光谱。如分子筛 Fe-ZSM-5 的吸收谱带在 245 nm，采用 244 nm 紫外激发，就可以获得 516 cm^{-1}、1016 cm^{-1}、1115 cm^{-1} 和 1165 cm^{-1} 等增强的谱带，其中 516 cm^{-1} 和 1115 cm^{-1} 的谱峰属于 Fe—O—Si 骨架的对称和反对称伸缩振动，其他两个谱带源于铁物种引入对附近 Si—O—Si 振动的影响。

分子筛的水热晶化过程较复杂，对分子筛合成机理的研究有助于具有特殊结构和功能分子筛的合理设计和定向合成。常见的 X 射线衍射和散射、核磁共振波谱、扫描/透射电镜等表征技术都很难实现原位分析，只能定时从反应中取样，淬灭反应后进行分析。这一处理过程可能会导致中间物种的结构变化，无法连续监测真实反应过程的变化。采用紫外共振拉曼技术就可以解决该问题，如采用 325 nm 的激发光可以监测分子筛骨架的形成过程，而采用 244 nm 的激发光监测过渡金属物种的配位信息。

图 4-12 为分子筛 Fe-ZSM-5 在 325 nm 和 244 nm 激发下的紫外拉曼光谱，由图（a）可以看出，随着时间的增加，无定形二氧化硅前驱体逐步转化为晶形结构，290 cm^{-1}、378 cm^{-1}、460 cm^{-1}、800 cm^{-1} 等系列晶体结构特征谱峰凸显出来，前驱体在 984 cm^{-1} 附近的谱峰在晶化 36 h 后移动到 1016 cm^{-1} 处。采用 244 nm 激发下，随着反应时间的增加，524 cm^{-1} 的宽峰移动向 516 cm^{-1} 的低频，并变得强而尖锐。多个谱峰的变化均体现出晶化过程铁物种配位环境的变化，在原位合成过程研究的基础上，对晶化机理进行了进一步的解释，如（c）所示。紫外拉曼不仅在催化剂活性中心、活性氧物种研究，氧化物表面相结构表征等方面具有独特的优势，在金刚石、非晶碳材料和其他各类催化剂的表征中也具有广泛的应用。

生物大分子往往拉曼散射很弱，而荧光背景很强，谱带复杂，采用常规拉曼难以研究。紫外共振拉曼灵敏度高，又能够避免荧光背景的激发，可以获得较为清晰的拉曼光谱。这对于水溶液体系或生理环境下生物大分子的研究具有显著优势。例如，血浆中色氨酸、酪氨酸

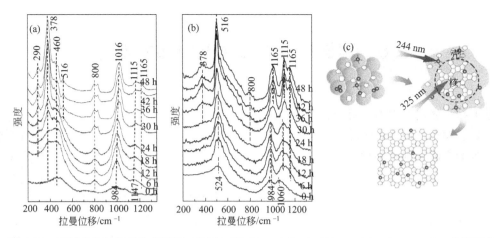

图 4-12　不同晶化时间的分子筛 Fe-ZSM-5（Si/Fe＝152）在 325 nm（a），244 nm（b）激发下的
紫外拉曼光谱；Fe-ZSM-5 的晶化机理（c）[引自《催化学报》，2009，30(8)：717-739]

和苯丙氨酸等芳香族氨基酸紫外吸收在 275 nm 左右，采用 244 nm 激光作为激发光源时，可以产生共振拉曼效应。如色氨酸在 $758 \, cm^{-1}$、$1009 \, cm^{-1}$ 出现的苯环或吡咯环呼吸振动，$1340 \, cm^{-1}$ 和 $1356 \, cm^{-1}$ 出现的费米共振峰，$1551 \, cm^{-1}$ 出现的 C—C 伸缩振动拉曼峰等。疾病会引起血浆中组分的变化，采用紫外共振拉曼光谱可以进行血浆组分的检测，进而区分血栓性微血管患者和健康人的血浆。病毒衣壳蛋白中的色氨酸和酪氨酸等组成分别采用 229 nm 激光激发，也会产生共振拉曼效应，在 $757 \, cm^{-1}$、$1010 \, cm^{-1}$、$1616 \, cm^{-1}$ 和 $1767 \, cm^{-1}$ 等处出峰，而采用 514.5 nm 的光激发则观察不到这些峰，因此可以采用紫外共振拉曼来判断是否存在该病毒。再如，细胞色素 P450 属于可自身氧化的亚铁血红素蛋白家族，因在 450 nm 附近产生特异的吸收峰而得名，是药物代谢的关键酶，对其机构和功能的研究具有重要意义。如果采用 406 nm 的激光作为激发光源可以选择性增强 P450 的拉曼谱带，其中 $1372 \, cm^{-1}$ 附近出现最强峰，该谱峰与 Fe(Ⅲ)氧化态标志物密切相关。细胞中的 DNA 吸收峰也在紫外区，采用不同波长的光激发时（如 244 nm、257 nm、282 nm、325 nm 等），获得的紫外共振拉曼光谱有差异。如腺苷采用 244 nm 激发时谱峰较弱，而采用其他波长激发时谱峰较强，282 nm 激发下出现最强的共振拉曼峰。紫外共振拉曼可以用于核酸碱基的判定和 DNA 与药物相互作用的研究。总之，采用紫外激发可以获得蛋白质、核酸等生物大分子的共振增强拉曼光谱，对生物大分子的二级结构、结构与功能关系等进行研究，进而实现生物医学的相关诊断和应用。

　　硝酸盐类爆炸物在 200 nm 左右会产生吸收峰，采用 244 nm 的光作为激发光可以获得多种爆炸物的特征共振增强拉曼谱带，如三硝基甲苯（TNT）、季戊四醇四硝酸酯（PETN）、硝酸铵（NH_4NO_3）、环四亚甲基四硝胺（HMX）和环三亚甲基三硝胺（RDX）等。采用紫外激发时拉曼信号强度比采用近红外或可见光区的光激发要强 1000 倍左右。以 PETN 为例，采用 244 nm 激发时，$870 \, cm^{-1}$、$1295 \, cm^{-1}$、$1510 \, cm^{-1}$ 和 $1657 \, cm^{-1}$ 的谱带被显著增强，其中 $1295 \, cm^{-1}$ 为最强峰，对应硝基的对称伸缩振动，$1657 \, cm^{-1}$ 的谱峰对应硝基的反对称伸缩振动，这些谱带可以作为爆炸物分析的依据。水体中多环芳烃（PAH）等环境污染物的研究也可以采用紫外共振拉曼光谱，通过不同激发波长选择性增强待测组分的拉曼谱带，可以对痕量萘、蒽、菲和芘等碳氢化合物进行表征和检测。

4.6 表面增强拉曼散射（SERS）

普通拉曼光谱技术不能用于表面分析，但研究者发现，当一些分子吸附到金、银、铜等贵金属表面时，它们的拉曼信号会增强 $10^4 \sim 10^7$ 倍。这种增强现象称为表面增强拉曼散射（surface enhanced Raman scattering，SERS）效应。

表面增强
拉曼光谱

SERS 现象最早是在 1974 年 Fleischmann 等人的研究中发现的，他们将吡啶分子吸附到电化学粗糙化的 Ag 电极表面，将拉曼光谱和电化学联用，获得了不同电位下增强的拉曼光谱。但他们认为这是由于电极粗糙化后表面积增加，吸附更多分子所导致的，并没有意识到粗糙化表面对吸附分子产生的拉曼信号增强作用。直到 1977 年 van Duyne 和 Creighton 分别验证了这一现象，并通过计算发现电极表面的吡啶分子拉曼信号与水溶液中相比被增强了 10^6 倍。他们认为这种拉曼增强现象不能归因于吸附分子数的增多，必然有某种物理效应在起作用。这一发现引起了化学和物理学家的极大兴趣，该领域的研究日益活跃。这种不寻常的拉曼散射增强现象称为表面增强拉曼散射效应，即 SERS。SERS 效应突破了拉曼光谱灵敏度上的局限性，可以特异性检测表面吸附的物质，对痕量物质也能够灵敏检测，这有效推动了拉曼光谱在定性定量分析、表界面研究、电化学、催化等领域的应用。

4.6.1 SERS 基底的研究

制备高活性 SERS 基底是获得增强拉曼信号的前提，在对粗糙金属表面形貌特点研究的基础上，研究者们开始探索各种 SERS 基底材料种类、纳米颗粒形貌尺寸、待测物在基底上的吸附量和距离等因素对 SERS 增强的影响。

最初的 SERS 效应是在粗糙化的银电极表面观察到的，后来研究发现，在粗糙的金、银、铜，一些过渡金属（如 Pt、Ru、Rh、Pd、Fe、Co、Ni 等）表面，以及半导体、石墨烯量子点等非金属纳米材料表面都能够观察到 SERS 效应。过渡金属外层电子丰富，但在空气中易氧化，导电性不好，SERS 增强效果有限；半导体和石墨烯材料光电性能良好，形貌结构可控性好，但 SERS 增强因子较小，因此金、银、铜基底，特别是金和银纳米溶胶是科学研究和实际应用最为广泛的基底。与单种纳米材料相比，两种或多种组分的纳米复合材料往往表现出更为优异的 SERS 活性，如核壳型金银纳米颗粒，负载核壳式纳米颗粒的半导体、石墨烯等复合材料，往往表现出更好的稳定性和更高的 SERS 增强效应。

光谱实验研究也表明，与普通拉曼光谱相比，大多数 SERS 谱带的频率变化较小，说明吸附作用对分子振动能量的影响较小，被吸附的分子与 SERS 基体表面的作用力是较弱的。SERS 谱带一般要比普通拉曼谱带宽，大多观察不到倍频谱带，随着分子与金属基底表面距离的增加，SERS 效应迅速减弱。要提高基底的 SERS 增强效应通常有以下几种方式（见图 4-13）。

① 让纳米粒子在基底表面有序排列，并减小纳米粒子之间的间距，让粒子之间形成局域性"热点"（hot spot）来增强 SERS 信号。如利用纳米印刷、电子束光刻、自组装等方

式，调控纳米粒子的粒径、形貌和间距，获得均匀的 SERS 增强基底。

② 合成比表面积较大的金属纳米粒子，在粒子的尖端形成热点（如金纳米星），通过多种方式减小纳米粒子之间的间隙（如形成金银卫星结构），形成"热点"，让信号分子进入热点区域，获得好的 SERS 增强效应。

③ 设计内核和外壳结构可调控的核壳型金属或复合纳米颗粒，提高金属的化学稳定性，增大 LSPR 范围，采用多种策略增强 SERS 活性。如基于 SERS 和磁性的多功能纳米粒子，通过磁聚集进一步增强 SERS，让分离、浓缩和检测过程更为便捷。再如制备三维多孔结构，增加"热点"数量和信号分子的负载量。

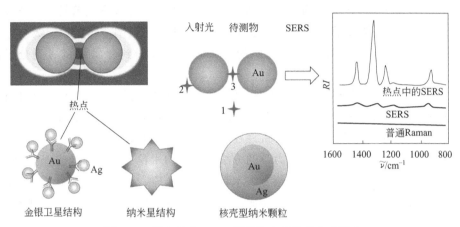

图 4-13 提高基底 SERS 增强效应的几种方式示意

4.6.2 SERS 增强机理的研究

SERS 增强机理的研究相对滞后，目前学术界普遍认同的主要有物理增强或电磁增强（electromagnetic enhancement，EM）和化学增强两类。

SERS 强度一般存在以下正比关系：

$$I_{SERS} \propto \left[\, |\boldsymbol{E}(w_0)|^2 |\boldsymbol{E}(w_s)|^2 \, \right] \sum_{\rho,\sigma} |(a_{\rho,\sigma})_{fi}|^2 \qquad (4\text{-}2)$$

式中，$\boldsymbol{E}(w_0)$ 为频率是 w_0 的表面局域光电场强度；$\boldsymbol{E}(w_s)$ 为频率是 w_s 的表面局域散射光电场强度。说明入射光和散射光的局域电场强度越大，拉曼信号强度越大，这源于物理增强机理的贡献，归于电磁增强部分。

式中，ρ 和 σ 是分子所处位置的激发光电场方向和拉曼散射光的电场方向；$(a_{\rho,\sigma})_{fi}$ 是某始态 $|i>$ 经中间态 $|r>$ 到终态 $|f>$ 的极化率张量。这部分说明，分子与基底表面的化学作用越大，引起体系极化率变化越大，对应的拉曼谱带强度越强，这部分归因于 SERS 的化学增强部分。

电磁增强机理认为，表面等离子体共振引起的局域电磁场增强是 SERS 增强的主要原因。表面等离子体可以认为是金属中的自由电子在光电场作用下的集体振荡效应。如果激发光的波长正好满足金属中导带电子的共振频率要求，则在纳米金属表面就能激发表面等离子体（或等离激元）共振，由于谐振相互作用，会产生强的局域光电场，进而增强处于该光电场中分子的拉曼信号。电磁增强无需金属基底与分析物分子直接接触，二者距离足够接近时，就可能产生电磁增强效应。电磁增强受材料种类、纳米粒子的形貌和相对位置的影响。

化学增强是指吸附在基底表面的分子可能会受基底、吸附原子和其他吸附物质的影响，从而改变分子的电子密度分布，引起极化率的变化，产生化学增强效应。化学增强一般包括三类：①化学成键增强（chemical-bonding enhancement，CB），即吸附分子与金属基底间形成化学键，引起分子和金属间的部分电荷转移，导致非共振增强；②表面络合物增强（surface complexes enhancement，SC），即吸附分子与表面吸附的原子之间形成表面络合物，如带正电的金属原子簇与带负电的分子，以及电解质阴离子之间形成的表面络合物，在可见光激发下产生共振增强拉曼信号；③光诱导电荷转移增强（photon-induced charge-transfer enhancement，PICT），即激发光对金属-分子体系的光诱导电荷转移，产生类共振增强效应。PICT 不强调分子和金属表面之间的化学作用，但强调金属费米能级与分子 HOMO 或 LUMO 的能量差正好与激发光匹配，从而引发分子到金属或金属到分子的电荷转移。

由式(4-2)看，电磁增强引起的 SERS 增强大约与电场增强值 E 的四次方成正比，而化学增强一般只有 $10\sim100$ 倍增强，远弱于电磁增强。但有很多 SERS 现象并不能单纯地用电磁增强或化学增强机理去解释，这两种机理在一些体系中是并存的。

电磁增强理论通常采用经典电动力学的方法来计算纳米粒子的增强效应，把纳米粒子看作内部介质，环境看作外部介质，忽略了纳米粒子表面效应、尺寸效应和量子效应，且不考虑分子本身的电子结构、振动模式、表面成键性质等因素对纳米粒子的影响。分子的吸附实际上有可能引起纳米粒子 SPR 峰的位移。

化学增强理论中涉及分子几何构型、极化率和 SERS 强度的计算大多采用基于电子结构理论的量子化学计算法。很难计算具有较多原子的纳米金属-分子体系，也很难模拟出自由电子的集体性振荡。分子-金属成键作用引起化学增强一般是基于纯金属簇模型分析的，缺少对分子与其他离子共吸附，以及金属的部分氧化络合物等方面的模拟。通常将分子和金属作为一个整体来考虑，无法比较作用前后分子本身的变化。光诱导电荷转移模型计算 SERS 谱峰强度时，电荷转移过程按照四步骤还是两步骤进行也一直存在争议，缺少合适的实验技术来捕获寿命极短的中间体进行验证。

两种不同的处理方式使得电磁增强和化学增强往往被分开考虑，至今还没有一个统一的理论模型可以综合解释 SERS 效应背后的物理化学本质。如何关联光子、分子和金属纳米结构之间的协同作用，建立一个同时考虑了电磁增强和化学增强的理论模型，也是 SERS 理论研究领域具有挑战性的问题。

4.6.3 基于"借力"策略的 SERS 研究

最初的 SERS 增强只有 $10^4\sim10^6$ 倍，随着对 SERS 基底的深入研究，到 1997 年，Nie 和 Kneipp 研究小组几乎同时报道了基于 SERS 的检测已经达到单分子水平。SERS 技术也逐步发展成为最有前景的痕量分析工具之一。但单分子 SERS 还面临着两大挑战：基底材质和表面形貌缺乏普适性，即只有在金、银、铜等基底上才能够得到强的 SERS 效应，其他金属体系增强效应有限；只有在粗糙或一定纳米形貌的基底表面才能得到强的 SERS 效应，常见平滑或单晶表面无法开展 SERS 研究。这些问题限制了 SERS 在电化学、腐蚀和催化等领域的应用。

早期的研究者们提出了"借力"策略，如在非 SERS 活性材料上沉积 SERS 活性的银岛，或在高活性 SERS 纳米结构表面沉积一层极薄的过渡金属，让目标分子吸附在过渡金属上获得高质量的 SERS 光谱。依靠欠电位沉积（UPD）-氧化还原置换可以实现沉积材料的无针孔。制备金核-过渡金属薄壳纳米粒子，借助金核的强局域电磁场，使过渡金属薄层上吸附的分子也能得到极大的 SERS 增强，避免了分子在金上的吸附干扰，从某种程度上解决了普适性的问题，但要实现壳层极薄且无针孔也是很困难的。2010 年田中群教授团队实现了在纳米金表面包裹超薄且致密的惰性二氧化硅层，依此发展了壳层隔绝纳米粒子增强拉曼光谱（SHINERS），如图 4-14 所示。壳层隔绝策略有效避免了裸露的活性纳米粒子表面的吸附污染和电荷转移等作用，提高了活性 SERS 基底的化学稳定性和寿命，因此在单晶电化学、催化、食品分析、环境安全等领域得到广泛应用。

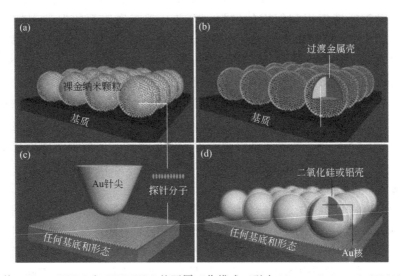

图 4-14　传统 SERS、TERS 和 SHINERS 的不同工作模式（引自 Nature. 2010，464(7287)：392-395）
（a）裸金纳米颗粒：接触模式；（b）金芯-过渡金属壳纳米颗粒吸附探针分子：接触模式；（c）针尖增强拉曼光谱：非接触模式；（d）SHINERS：壳层隔绝模式

另一方面，随着针尖增强拉曼（TERS）的发展，表面形貌的普适性问题也得到了解决。TERS 概念最早是 1985 年 Wessel 提出的，TERS 将拉曼光谱与扫描探针显微镜技术相结合，将金或银针尖的尖端与待测分子或材料控制在非常近的距离内（如 1 nm），采用一定波长的激发光，使针尖产生的 LSPR 增强针尖附近待测分子的拉曼信号。这样就能够应用于平滑的单晶界面研究，不仅提高了检测灵敏度和选择性，同时还能获得高的空间分辨率。壳层隔绝策略也可以应用于 TERS 研究，即壳层隔绝针尖增强拉曼光谱（SITERS），能有效增强针尖的稳定性，隔绝杂质分子在针尖上的吸附，拓展了 TERS 的应用。

4.6.4　SERS 的应用

4.6.4.1　定性定量分析

SERS 技术研究吸附分子的种类、分子取向、表面反应、共吸附等问题具有独特的优势。多数研究都建立在对吸附分子的定性分析基础之上，SERS 光谱中谱带出峰位置与普通拉曼光谱差异不大，强度更强，检测灵敏度也高。溶液样品的定性分析一般先将溶液滴到粗糙化的金、银、铜表面，或者与纳米颗粒的溶胶混合，再进行 SERS 光谱测量。复杂多组分分析时，原则上先进行必要的分离，如色谱分离等，再进行 SERS 分析。如果要做吸附在无 SERS 效应基底上的样品分子分析，可以在其上沉积适量的银膜等 SERS 活性层，再进行分析。有些荧光较强的样品，如染料分子，吸附在金属基底上后荧光会被猝灭，也可以获得较好的 SERS 光谱。

利用拉曼光谱做定量分析比较困难，除非条件控制得好，SERS 基底表面纳米级粗糙度均匀，SERS 增强性质能够保持相对一致，测量的相对标准偏差在 15%～20% 范围，就可以进行定量分析。

4.6.4.2　SERS 用于表面吸附分子研究

SERS 可以研究吸附分子在基底表面的取向问题，主要基于表面选择性规律，即垂直于基底表面的振动谱带能够得到较大的增强，而平行于基底表面的振动谱带增强较小。如 4,4′-联吡啶在银表面的吸附取向与浓度有关，浓度较低时，吸附的分子可能以平躺式为主，吡啶环呼吸振动平行于基底表面，因此在 $1014\,cm^{-1}$ 附近的谱峰被增强得很小。而当溶液浓度大于 $10^{-6}\,mol\cdot L^{-1}$ 时，分子密集排列，吡啶环垂直于银表面，$1014\,cm^{-1}$ 谱带被显著增强。如果将拉曼光谱与电化学联用，在不同电位下，电极表面所带电荷情况不同，分子与电极表面作用方式不同，吸附取向也会变化。如 3′-胞苷酸（CMP）在银电极表面的吸附，在较负电位（如 −0.6 V）下，胞嘧啶基团被吸附到电极表面，磷酸根远离，观察到较强的胞嘧啶 SERS 信号，而在相对较正电位（−0.1 V）下，电极表面与磷酸根相互作用较强，磷酸根相关振动谱带得到较大的增强。

通过 SERS 光谱中是否存在某些化学键的振动，或者吸附后某些化学键的振动是否发生红移，可以判断分子的吸附位点。通过比较某些谱带的相对强度变化大小，可以粗略判断基团与 SERS 基底表面的相对距离，推测吸附方式。分子吸附到 SERS 基底表面时一般还会发生结构或构型的变化，将 SERS 光谱与普通拉曼光谱进行比较，如苯并三唑的 SERS 光谱中 N—H 在 $1098\,cm^{-1}$ 附近的面内弯曲振动谱带消失，说明分子吸附到银表面时失去了两个氢原子。核酸 Poly A 的 SERS 光谱出现强的核糖-5′-磷酸酯基团振动和弱的腺嘌呤谱带，说明腺嘌呤处于内部，而核糖-5′-磷酸酯基团处于外部。

利用 SERS 很容易研究两种或多种物质分子在同一基底表面的吸附能力、共吸附和取代情况，判断吸附性质是物理还是化学吸附，研究表面化学反应机理和吸附动力学过程。

4.6.4.3　基于 SERS 的生物分析应用

SERS 光谱与荧光等其他光谱相比具有谱带窄、灵敏度高、抗光漂白能力强、选择性好、荧光干扰小等特点，检测速度快，能够测量水溶液体系，能够进行实时原位无损分析，因此在蛋白质、核酸、病毒、细菌、细胞的基础生物分析中，以及在生物成像和疾病诊断中都有着广泛的应用。

基于 SERS 的生物分析技术分非标记型和标记型两类。非标记检测主要通过生物分子自身成分对应的指纹图谱信息来进行定性定量分析。如依据蛋白质的氨基酸残基振动信息，核酸碱基或核苷酸的振动信息，微生物表面多糖、脂类、蛋白质的振动信息，以及细胞本身的脂质、核酸、蛋白质等振动信息来进行分析。非标记 SERS 用于生物分子的检测操作简便快速，利用了分子结构自身的振动信息，但也存在一定的挑战，如生物分子一般散射截面较小，拉曼活性较低，而且生物分子与 SERS 活性基底之间的相互作用较弱，缺少高的选择性，获得的 SERS 信号也较弱，给定性定量分析带来困难。如果引入外源性 SERS 活性标记分子来辅助检测，即标记型 SERS 分析，可以解决上述问题。

如基于抗原-抗体识别模式的 SERS 免疫分析中，抗体一般偶联在固相基底上，特异性捕获目标抗原后，加入 SERS 探针标记的抗体（如纳米金或银标记的抗体），形成"固相抗体-抗原-标记抗体"的"三明治"夹心复合物，如图 4-15 的（a）所示。通过测量标记探针的 SERS 信号就可以实现对目标抗原的间接检测。基于该 SERS 标记免疫分析技术，可以灵敏检测癌症特异性抗原和标志物等生物大分子，从而实现癌症的早期诊断。例如采用基于纳米金的 SERS 免疫分析芯片，可以实现血清等复杂样品中癌症标志物的特异性检测，具有灵敏、快速、样品量少等优点，可进一步实现多通道、自动化的临床应用。将同时具有 SERS 活性和磁性的纳米颗粒用于免疫分析，可以简化分离和富集步骤，利用磁性聚集还可以形成"热点"进一步增强 SERS 信号，实现复杂液相体系中癌症标志物的灵敏检测。如果合成多种 SERS 标记物探针，每种探针对应一种待测物，还可以进行多组分的同时定量分析，在多通路疾病检测中具有潜在应用前景。

利用碱基互补配对原理，类似抗原抗体识别的"三明治"夹心结构，如图 4-15 的（b）所示。结合多色标记 SERS 探针，可以实现多种 DNA 或 RNA 序列的同时分析，以及对野生型、突变型和碱基缺失型核酸序列的区分，结合进一步的银染放大技术，可以实现目标核酸序列 $fmol \cdot L^{-1}$ 甚至 $amol \cdot L^{-1}$（$10^{-18}\ mol \cdot L^{-1}$）水平的灵敏检测。

生物素和亲和素之间、核酸适配体（aptamer）和目标物之间的亲和力都极强，类似抗原-抗体的特异性相互作用，而且反应快速稳定。生物素标记的抗体和酶不影响其反应活性，因此生物素-亲和素系统（BAS）常被用来作为新型生物反应放大系统。核酸适配体具有类似抗体的识别功能，但其具有分子量小、合成成本低，易于重复制备，且无免疫源性等优势。基于核酸适配体的 SERS 标记分析技术，其识别原理类似抗原-抗体的"三明治"结构，但分析对象比免疫分析更为广泛，其靶物质已经从核酸、蛋白质，拓展到有机小分子，甚至整个病毒和细胞。

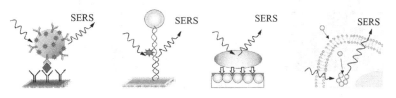

(a) 标记型免疫分析　　(b) 标记型核酸分析　　(c) 非标记型细菌分析　　(d) 非标记型细胞分析

图 4-15　基于 SERS 的标记型和非标记型生物分析示意图

基于 SERS 的病原微生物和细胞检测都可以采用标记型和非标记型的方法。非标记型一般利用 SERS 基底检测病原微生物表面多糖、脂类和蛋白质，或细胞自身脂质、核酸和蛋白质的分子振动信息。也可以在 SERS 基底上修饰对病原微生物具有亲和力的物质，如万古霉素修饰的纳米银颗粒，可以与细菌的肽聚糖特异性作用，显著提高对细菌的捕获能力，增强 SERS 信号，如图 4-15 的（c）所示。细胞的非标记 SERS 分析一般将纳米金等颗粒与细胞孵育，让其进入细胞，发生团聚，与细胞内的 DNA、苯丙氨酸、酪氨酸等分子结合，产生 SERS 信号，如图 4-13 的（d）所示。非标记型 SERS 分析可能存在灵敏度较低、干扰严重等问题。病原微生物的标记型检测一般采用基于 SERS 的免疫分析法实现。细胞的标记型检测一般将拉曼活性分子（结晶紫、R6G、4-巯基苯甲酸等）修饰在 SERS 活性纳米粒子基底表面，该粒子表面还修饰了对细胞某种成分具有特异性识别功能的生物分子（如抗体、DNA、亲和素、核酸适配体等），将 SERS 标记的纳米粒子结合到细胞特定部位来进行检测。将 SERS 技术与多种技术集成，利用具有靶向定位、实时监测和光热治疗等多功能于一体的 SERS 活性纳米颗粒，进行多模态细胞成像和疾病诊疗也具有重要的研究价值和应用前景。

4.7 便携式拉曼光谱仪与现场检测

4.7.1 便携式拉曼光谱仪结构

普通拉曼光谱仪主要由激光器、外光路系统和样品装置、单色器和检测器组成，便携式拉曼光谱仪一般采用小型化、模块化设计，以满足工业现场检测或在线原位快速分析的需求。可进一步划分为小型移动式（portable）和手持式（handheld）拉曼光谱仪（见图 4-16）。以海洋光学模块化便携式拉曼光谱仪为例，主要由半导体激光器、样品支架、拉曼探头和微型光纤四个相对独立的模块组成，体积小，易于集成和应用于不同场景的检测。

图 4-16　便携式拉曼光谱仪

激光器一般采用固态窄带半导体激光器，具有体积小、光强大、单色性好、能耗低的优点，常用波长有 532 nm（Nd：YAG 倍频）和 633 nm，在生物样品分析时常用 785 nm 或 1064 nm 近红外激光光源，避免荧光背景信号的干扰，但近红外激发获得的拉曼信号强度相对较弱。为满足定量分析需要，常采用价格相对较高的外腔式半导体激光器，或通过内置氖灯对激光进行实时定标和校准。

便携式拉曼一般会采用光纤探头的光学系统，如双光纤或多光纤探头。一根光纤用于激发样品，另一根或多根光纤收集拉曼信号。分光系统采用棱镜或光栅，检测器一般采用面阵 CCD，不同于单点扫描的光电倍增管，可以一次性获得大范围的拉曼光谱，缩短光谱采集时间，在几分钟或几秒钟内就能获得较高信噪比的拉曼光谱，避免机械误差对拉曼位移的影响。为了拓展应用场景，便携式拉曼光谱仪一般还增加了各种采样的附件，并通过优化软件算法进行谱图库检索，来提高拉曼谱图匹配度的准确性。便携式拉曼光谱仪质量轻、体积小，容易移动或携带，与大型激光拉曼光谱仪相比牺牲了部分性能指标，如便携式拉曼光谱仪分辨率大多在 $6\sim30\ cm^{-1}$，但总体性能上能够满足现场即时检测、在线过程分析、快速无损分析等需要，因此在医药、安检、食品安全和珠宝古玩鉴定等领域有着广泛的应用。

4.7.2 便携式拉曼光谱在现场检测中的应用

（1）药品现场检测

药物的现场检测需要有时效性，仪器设备具有便携性，能够快速无损地对药物的原辅料进行鉴定，从而提升药物检验的速度和效率，便携式拉曼光谱仪正好能够满足该需要。在药品分析时，可以直接对棕色药瓶、塑料瓶或塑料包装中的药品进行拉曼光谱的采集，结合获得的拉曼指纹图谱鉴别药品成分，而无需取样制样，因此拉曼光谱是一种绿色无损分析技术，分析过程便捷。

药品制备时，为解决制剂的成型、有效、稳定和安全性，通常会加入辅料，辅料的质量监测对于保证剂型和制剂先进性很重要。拉曼光谱检测技术已被编入《药品生产质量管理规范（2010 年修订）》中，被制药企业广泛应用于实际原辅料的检验中。

药物定性分析方面包括药物成分的识别、真伪鉴定、微量药物鉴定等，定量分析方面包括药物主成分定量分析、痕量药物定量分析等。含量低的组分分析还可以结合 SERS 技术或共振增强拉曼技术。拉曼光谱还可以对药物晶型进行分析，药物多晶现象容易导致药物性质变化，从而影响药效，采用拉曼光谱技术可以对多晶药物进行定量分析，对结晶机制进行监测。采用拉曼光谱做药物片剂质量控制过程分析时，无需前处理和样品损伤，就可以对药物的均匀度、稳定性等进行评估。

（2）海关现场查验

检验检疫部门与海关整合后，对现场查验提出了新要求，如何高效查验，缩短通关时间，对现场检验技术和设备提出了挑战。便携式拉曼光谱仪由于仪器便携、操作简便、附件功能丰富，而且自带电源，在海关现场查验中有着广泛的应用，如对危险化学品、违禁药品等可疑物质的筛查等。

海关需要对各种化学品进行快速定性筛查和鉴别，防止危化品安全事故发生。相比于红外光谱法，拉曼光谱无需样品制备，可穿透玻璃、石英、密封袋等材质，对固体、液体未知物进行直接检测，光谱范围更宽，可以对有机和无机物同时分析，结合用拉曼谱图库和谱图识别软件，就能够进行快速现场分析。一般拉曼光谱仪器公司可以提供危险化学品的配套拉曼光谱图数据库，海关部门也可以自建具有知识产权的危险化学品拉曼谱图数据库。

海关现场查验还需要对旅检或快件通道的可疑物质进行快速鉴别。便携式拉曼光谱仪还配备了各种固液采样附件、远焦附件、插入式探头、直角检测探头等，方便现场快速查验需要。采用空间位移拉曼光谱技术，可以对非金属容器或包装内的物质进行数毫米厚的样品分析，甚至不透明包装内的样品做化学分析。对于违禁药品，如含芬太尼类化合物的药片或原料，采用便携式拉曼光谱仪就能快速鉴别。如果是添加该类物质的饮料等物品，结合表面增强拉曼光谱技术，将未知液体滴加到相应的 SERS 活性基底芯片上，就可以实现灵敏快速的检测。

（3）口岸现场快速品质鉴别

进出口产品在日常生活中的占比不断增涨，口岸现场产品抽样监管和质量评价也至关重要。以进口橄榄油为例，在跨境运输和通关过程中，由于温度、时间等因素影响，橄榄油中的不饱和脂肪酸可能氧化，对橄榄油的酸值、过氧化值、亚麻酸含量等指标分析就可以采用便携式拉曼光谱仪，结合化学计量学方法建立品质指标分析的预测模型，对抽样样品进行快速现场预判，确保进出口环节的精准监管。

（4）考古领域的应用

对文物做成分结构分析有助于辅助文物产地、年代、制作工艺等信息的判定，是文物研究和保护工作的基础。但文物都是不可再生资源，理想的分析方法是现场可操作的非接触式无损分析。因此便携式拉曼光谱仪在考古和文物研究领域有着广泛的应用。如采用手持式拉曼光谱仪可以对大型绘画、佛像、壁画、器皿等进行扫描，可以对各部位的矿物颜料成分进行拉曼光谱检测，颜料的准确鉴定对文物研究和保护具有重要意义。利用拉曼光谱还可以依据拉曼谱峰的峰形、出峰强度和位置进行古字画的真伪鉴定。对古陶瓷的断代问题，传统方式是依据肉眼看釉色，手摸胎壁，凭专家经验鉴定。采用便携式拉曼光谱仪可以研究古陶瓷的化学成分，不同年代的古陶瓷其釉和胎体的主成分不同，能够对其进行准确的定性分析。利用拉曼光谱技术还可以对古玉石、青铜器等古玩进行表层、内部成分，表面腐蚀程度和腐蚀产物等进行研究，了解矿料成分、来源、年代和经历的环境等。

4.8 在线拉曼光谱仪与过程分析

4.8.1 在线拉曼光谱仪

常规激光拉曼光谱仪是离线分析模式，以光谱仪为中心来解决问题，而在线分析技术则是以被测样品为中心来考虑仪器的设计。过程检测系统一般需要仪器具有非接触式、短时间连续测试样品的功能，工作现场环境复杂，因此对仪器的要求较高。如密封的安全设计，避免高能激光的潜在危害；合适波长激光和检测器的选择，避免荧光背景干扰，获得足够强的响应信号；采用低损耗的光纤将光源引出，方便样品测试，又经光纤将信号光传输到检测系统（如图 4-17 右图）；光纤的引入简化了光学系统，使得实时在线分析、现场监测、多点测量、遥感测试等成为可能。在线检测常用的是基于 CCD 检测器的色散型和傅里叶变换型拉曼光谱仪。

图 4-17　在线拉曼光谱仪（右图为浸入式光纤探头）

基于 CCD 检测器的色散型拉曼光谱仪采用固定光栅作为分光元件，如平面反射光栅，仪器内无可移动光学部件，可适应高震动、狭窄空间等复杂环境检测；色散型拉曼光谱仪可以采用多波长激光器为激发光源，以光纤将光源引入，根据待测样品的具体情况和散射性质来选择最佳波长，实现提高灵敏度、控制穿透深度、抑制荧光等不同目的。检测光聚焦到多通道的 CCD 阵列检测器光敏面上，实现对光量子的高效检测。基于 CCD 检测器的色散型拉曼光谱仪信噪比高，仪器的成本低，灵敏度高，分析速度快，适合于在线监测的需要。

采用傅里叶变换拉曼（FT-Raman）光谱仪能够有效避免荧光干扰，比普通色散型拉曼光谱仪测量速度快，不受狭缝的限制，辐射通量大，测量精度高。光热不稳定的化合物不适合采用 FT-Raman 光谱分析，如近红外吸收严重的黑色油样、吸光后热效应强的样品等。低波数区域的测量，FT-Raman 也不如色散型拉曼光谱仪。

4.8.2　过程分析中的应用

过程分析技术（process analytical technology，PAT）是以实时监测生产中原材料、中间体和工艺过程的关键质量和性能属性为手段，建立起来的一种设计、分析和控制生产的系统，旨在从过程、工艺上保证产品质量。常用的 PAT 技术有在线近红外光谱法、拉曼光谱法、固定用途传感器（如 pH、温度等）等。过程分析技术分为四种类型：①线内（in-line），探头直接接触物量流实时分析；②线上（on-line），探头与转向的物量流连接进行分析；③离线（off-line），取样后在实验室内进行分析；④近线（at-line），在生产区域内分析。基于 PAT 的近线/线上/线内分析具有分析速度快，实时质量保证，缩短生产周期，有利于产品的实时放行等优势。分析无需样品制备，或制备简单，通常是非破坏性的；可以实时监测中间体或终产物的主要属性；采样量较大，可以确保整批产品的质量，减少质量风险，降低产品不合格率，有利于持续改进工艺；生产周期短可以更好地控制库存量，消除低附加值工作；基于对产品工艺参数和关键质量属性全面了解的过程控制体系，也可以减少对最终产品检测的需求，如在药物研发中可以缩短新药的实时放行时间。

在线拉曼光谱仪可以用于连续的或间歇式反应过程的监测。光纤的引入使得测试人员可以远离危险工作现场，实现远距离的取样分析。以生化反应过程为例，离线检测往往存在信息滞后的问题，不能准确提供生化反应实时过程的信息，繁琐的取样和分离过程也给检测带来不便和误差。如果采用在线拉曼光谱仪，就能够对生化反应器中各组分的浓度进行实时监测，提供即时信息。因此在线拉曼光谱仪在工业生产的反应过程实时监测中有着广泛应用。

高分子材料合成过程也适合采用拉曼光谱进行监测。很多高分子聚合采用乳液聚合的方式，如 ABS 工程塑料、聚乙烯、聚乙酸乙烯酯等。体系中含有大量不饱和碳碳键，在高浓度的固态悬浊液反应体系中各单体的浓度变化、反应过程和终点的判断等具有一定难度，采用其他光谱分析很难实现实时监测，但采用在线拉曼光谱仪结合非接触式光纤很容易实现。

在石油化工中，油品物化参数的测定也常采用拉曼光谱结合化学计量学的方法，拉曼光谱能够提供芳香族化合物的指纹图谱信息，进行精细结构的分辨，因此在汽油辛烷值、苯含量，柴油的十六烷值，重油的 API 度，石脑油族组成，芳烃提取分离中的过程监测等都有广泛的应用。

制药过程中，药物粉末混合过程监测是制药过程质量控制的一个重要环节，人工间断取样分析不仅效率低，还容易引入污染，需要在线无损分析检测技术。在线拉曼和近红外光谱都可以实现制药过程分析。拉曼光谱可以应用于药物混合度、活性成分含量监测、颗粒度控制和包衣膜厚度测量等。

食品行业中拉曼光谱在食品成分分析、在线快速检测和质量控制中也发挥着重要作用。如肉质的感官评价、在线检测、安全性评价，食品中主要成分、色素、农药残留、抗生素、非法添加物的分析等。

📖 思考题

4-1 拉曼光谱的激发态与红外光谱相比有什么不同？

4-2 什么是拉曼位移？它与激发光源波长是否有关？

4-3 描述拉曼光谱的参数除了波数（或频率）和强度之外，还有什么与红外光谱不同的特征参数？

4-4 激光拉曼光谱仪由哪些部分组成？

4-5 共振拉曼光谱的激发态与常规拉曼光谱有什么不同？

4-6 什么是 SERS 效应？是否所有金属基底上都可以产生 SERS 效应？

4-7 便携式拉曼光谱仪有哪些方面的应用？

4-8 过程分析技术有哪些类型？在线拉曼光谱技术在过程分析中有什么优势？

✏️ 习题

4-1 红外和拉曼活性振动的判断依据是什么？下列分子的振动方式有几种？哪些具有红外活性，哪些具有拉曼活性？为什么？

（1）N_2 （2）O_2 （3）SO_2 （4）CS_2

4-2 激光拉曼光谱和红外光谱比有什么优缺点？

4-3 下列化学键的振动在拉曼光谱和红外光谱上产生强吸收还是弱吸收谱带？

（1）C—H 和 C≡C—H 的伸缩振动和弯曲振动；

（2）O—H、C—C、C—S、C≡C、C≡N、C≡O、 C≡N 的伸缩振动；

（3）C—O—C 的对称和反对称伸缩振动；

（4）饱和六元环和芳香环的环呼吸振动。

4-4 对分子式为 C_6H_{12} 的三种同分异构体：环己烷、甲基环戊烷和4-甲基-1-戊烯进行了拉曼光谱测试，得到下列三张谱图，试判断 A、B、C 对应的分别是哪种化合物？为什么？

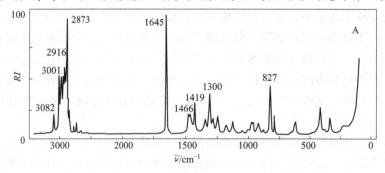

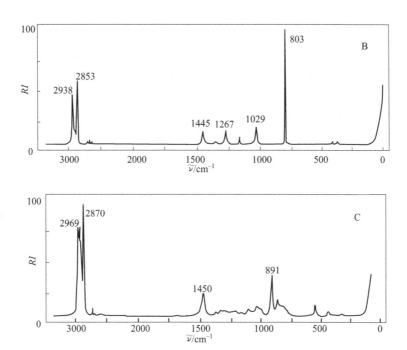

4-5　某化合物分子式为 $C_6H_{10}O$，其红外和拉曼光谱如下图所示，试推测其结构，并对谱峰进行归属。

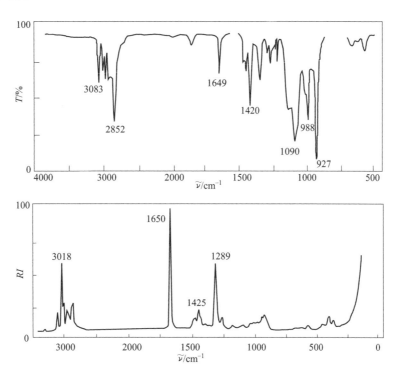

4-6　傅里叶变换激光拉曼光谱仪与色散型拉曼光谱仪相比结构上有哪些不同？

4-7　采用激光拉曼光谱研究石墨烯时主要会出现哪些特征峰？哪个峰与层数相关？

4-8　紫外共振拉曼光谱与常规拉曼光谱有何不同之处？

4-9　某分子筛的紫外光谱在 230～250 nm 有强吸收，该分子筛能选择性吸附两类有机芳烃物质 A 和 B，吸收谱带分别在 320 nm 和 390 nm 左右，如何采用拉曼光谱技术研究该分子筛对 A 和 B 的吸附作用？

4-10 让纳米金在基底表面有序组装同时减小其间距，可以在纳米金之间形成强 SERS 活性的"热点"（hot spot），纳米金的间距是否越小越好？为什么？

4-11 4,4'-联吡啶在银表面的 1014 cm^{-1} 谱带属于什么振动？为什么当浓度从 10^{-7} mol·L^{-1} 增加到 10^{-5} mol·L^{-1} 时，该谱带相比于其他谱带增强十分显著？

4-12 药品的现场检测和制药过程的在线监测对拉曼光谱仪的要求有什么不同？

微信扫码
➤ 重难点讲解
➤ 课件
➤ 参考答案

《《《《 第5章 》》》》
核磁共振波谱分析法

共振是一种普遍的自然现象。共振的定义是两个振动频率相同的物体，当一个发生振动时，引起另一个物体振动的现象。在力学中，当外力的频率和物体的固有频率相同时，振幅最大；在声学中，两个频率相同的音叉靠近，其中一个振动发声时，另一个也会发声，这种物体因共振而发声的现象在声学上称为"共鸣"。

1896年，塞曼发现了原子光谱在磁场中的分裂现象，被命名为"塞曼效应"（塞曼分裂）。塞曼效应的本质是原子的能级在磁场作用下发生分裂，产生能级差。当入射电磁辐射的频率所对应的能量与该能级差相同时，吸收强度最大，这也是一种共振现象，称为"磁共振"。

原子核的核能级在磁场作用下也会发生塞曼分裂。在外磁场作用下，磁矩不为零的原子核发生自旋能级的分裂（塞曼分裂），当用波长 $0.1 \sim 100 \ m$ 的无线电波（射频辐射）照射磁场中的原子核时，自旋核会吸收特定频率的电磁辐射（与自旋能级分裂产生的能量差相等的辐射），从较低的能级跃迁到较高能级，产生核磁共振，并在某些特定的磁场强度处产生强弱不同的吸收信号。吸收信号的强度对共振频率（或磁场强度）作图，即为核磁共振波谱，建立在此原理上的一类分析方法称为核磁共振波谱法（nuclear magnetic resonance spectroscopy，NMR）。核磁共振波谱法主要研究 ^1H、^{13}C、^{19}F、^{31}P 等原子核自旋，本章主要介绍 ^1H 和 ^{13}C 核磁共振波谱，简称氢谱和碳谱。

在核磁共振波谱的发展史上有三个重要的里程碑。拉比（I. I. Rabi）采用共振的方法测量了原子核的磁性，获得了1944年诺贝尔物理学奖。之后珀塞尔（E. M. Purcell）和布洛赫（F. Bloch）因发展了精密测量核磁共振信号的新方法而共同获得了1952年的诺贝尔物理学奖。虽然早在20世纪50年代核磁就开始用于有机化学，但直到60年代 Varian Associates A-60 波谱仪推出以后，核磁共振波谱才逐渐得到普及。到60年代末，几乎所有与有机化学有关的论文均列出 NMR 数据作为重要的结构证据。所以，20世纪60年代核磁共振波谱的发展和普及是核磁共振发展史上的第一个里程碑，对有机结构解析的迅速发展起到了至关重要的推动作用。

傅里叶变换方法（FT）的引入是核磁共振波谱发展史上的第二个里程碑。20世纪70年代，R. R. Ernst 创立了脉冲傅里叶变换核磁共振（FT-NMR），随后出现了脉冲傅里叶变换核磁共振波谱仪，傅里叶变换技术使核磁共振波谱仪可以在很短的时间内同时发出不同频率的射频场，对少量样品进行重复扫描和信号累加，再进行傅里叶变换，提高灵敏度和信噪比，促进了氢谱和碳谱的快速发展，再加上新的色谱分离技术的应用，有机结构解析进入了一个崭新的时代。

二维核磁共振波谱（2D NMR）的发展是核磁共振发展史上的第三个里程碑。1970～1980年，R. R. Ernst 发展了二维核磁共振。如果将核磁共振的频率变数增加到两个或多个，可以实现二维或多维核磁共振，从而获得比一维核磁共振更多的信息。还可以将氢谱和碳谱相关联，寻找分子骨架的连接方式，甚至可以确定分子内或者不同分子间非键部分的距离。2D NMR 可以提供详细的结构"照片"，被誉为"溶液中的 X 射线衍射技术"。R. R. Ernst 因其创立脉冲傅里叶变换核磁共振（FT-NMR）及发展二维核磁共振（2D NMR）这两项杰出贡献，当之无愧地独享了1991年诺贝尔化学奖。

此外，Kurt Wüthrich 利用多维 NMR 技术测定了溶液中蛋白质的三维结构，其开创性的研究获得了2002年诺贝尔化学奖。Paul C. Lauterbur 和 Peter Mansfield 的努力最终实现了核磁共振技术的医学应用转化，因在核磁共振成像领域的突出贡献获得2003年诺贝尔生理学医学奖，2002年全世界大约有22000个磁共振成像仪，每年可进行6000万次的检查。

核磁共振波谱法与紫外光谱法、红外光谱法和质谱法合称"四大谱"，是化合物结构解析的强有力工具。以核磁共振氢谱为例，它不仅能提供氢原子的种类、数目、所处化学环境信息，还能提供官能团的连接顺序信息，同时核磁共振波谱法也是研究和测试的重要工具，它既能给出原子核在分子中的精确位置和化学环境变化等微观信息，又能研究人体断层成像水平的宏观信息，既能对成分和结构进行定性分析，又能进行定量和动态过程研究，因此在物理、化学、生物、医药、地球科学等领域有着广泛的应用。

5.1　核磁共振基本原理

5.1.1　原子核的自旋

原子核具有质量且带有电荷，并像地球一样具有自旋现象，不同的原子核，自旋情况不同。原子核的自旋在量子力学上用自旋量子数 I 表示，有三种情况。

核磁共振
简介及原子核
自旋与分类

① $I=0$，这种原子核没有自旋现象，这种情况对应的是质量数和电荷数都为偶数的原子核，如 ^{12}C、^{16}O、^{32}S 等。

② $I=1$、2、3、…、n，有核自旋现象，这种情况对应的是质量数为偶数、电荷数为奇数的原子核，如 ^2H（$I=1$）、^{14}N（$I=1$）、^{10}B（$I=3$）等。

③ $I=n/2$（$n=1$、3、5、7…），有核自旋现象，这种情况对应的是质量数为奇数、电荷数为奇数或偶数的原子核，如 ^1H（$I=1/2$）、^{13}C（$I=1/2$）、^{19}F（$I=1/2$）、^{31}P（$I=1/2$）、^{17}O（$I=5/2$）、^{11}B（$I=3/2$）等。

自旋量子数 I 不为 0 的原子核有自旋，没有外加磁场作用时，其自旋方向是随机分布的。有外加磁场作用时，如 ^1H 核自旋方向裂分成 2 种，分别为顺磁方向和抗磁方向，如图 5-1 所示。

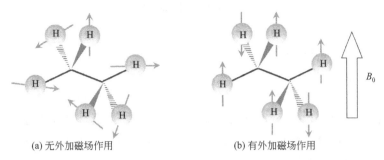

(a) 无外加磁场作用　　　　　　　　(b) 有外加磁场作用

图 5-1　原子核自旋方向示意图

自旋量子数 I 为零的核无自旋，不发生核磁共振。自旋量子数 I 不等于 0 的原子核都能绕核轴自旋，产生核磁共振。自旋量子数为正整数的核其核电荷分布不均匀，共振吸收复杂，研究应用较少。自旋量子数为半整数的核具有均匀的核电荷分布，是核磁共振的研究对象，特别是 $I=1/2$ 的核是研究的主要对象，如 ^1H、^{13}C。

各种有机化合物中含量最丰富的是 ^1H 和 ^{12}C，^1H 核的天然丰度（该同位素在这种元素的所有天然同位素中所占的比例）高达 99.985%，它对磁场的敏感度最大，因此氢谱研究得最多。^{12}C 自旋量子数为零，没有核磁共振信号，而其同位素 ^{13}C 核自旋量子数为 1/2，有核磁共振信号，通常所说的碳谱就是 ^{13}C 核磁共振谱。然而 ^{13}C 的天然丰度只有 1.11%，它对磁场的敏感度远小于 ^1H，检测存在一定难度，需要结合去偶技术、脉冲傅里叶变换等增加灵敏度才能用于常规分析。部分核的丰度和相对敏感度列于表 5-1。

表 5-1　部分核的丰度等常数

原子核	天然丰度/%	自旋量子数 I	磁矩/核磁子单位	1T① 磁场中核磁共振频率/MHz	相对敏感度（同一磁场）
^1H	99.985	1/2	2.7927	42.577	1.000
^2H	0.015	1	0.8574	6.536	0.00964
^{10}B	20.0	3	1.8006	4.575	0.0199
^{11}B	80.0	3/2	2.6880	13.660	0.615
^{13}C	1.11	1/2	0.7022	10.705	0.0159
^{14}N	99.63	1	0.4036	3.076	0.00101
^{17}O	0.04	5/2	1.8930	5.772	0.0291
^{19}F	100	1/2	2.6273	40.055	0.834
^{29}Si	4.67	1/2	0.5547	8.460	0.0785
^{31}P	100	1/2	1.1305	17.235	0.064
^{38}S	0.75	3/2	0.6427	3.266	0.00226

① 1 T（特斯拉）$=10^4$ Gs（高斯）。

5.1.2　原子核的回旋

I 不等于 0 的原子核又称为磁性核。磁性核本身就好像一个小磁铁，会产生一个沿核轴方向的磁场，产生磁偶极矩，即总磁矩，用 μ 表示。自旋的原子核产生自旋角动量，用 P

表示。磁矩和角动量之间有如下关系：

$$\mu = \gamma P \tag{5-1}$$

式中，γ 为磁旋比，是原子核的特征常数。同一类原子核（指 I 值相同的核，如 ^1H、^{13}C、^{31}P 等）角动量相同，但磁矩不同，因而 γ 不同，如 ^1H 原子：$\gamma = 26.752 \times 10^7$ rad·T^{-1}·s^{-1}，^{13}C：$\gamma = 6.728 \times 10^7$ rad·T^{-1}·s^{-1}，其中 1 T $= 10^4$ Gs。

5.1.2.1 原子核的经典力学模型

按照经典力学的观点，原子核既有磁矩又有动量矩（角动量）。如果两者同时作用，磁场对核磁矩的作用力，不是使核磁矩朝磁场方向运动，而是使核磁矩绕外磁场的方向轴转动，这种运动称为拉莫（Larmor）进动，如图 5-2 所示。拉莫进动类似于陀螺在重力场中的进动。磁性核一方面绕自旋轴做自旋运动，另一方面自旋轴与外磁场方向保持一定的夹角绕外磁场做进动（或称回旋）。

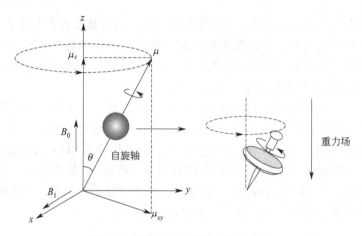

图 5-2　拉莫进动和陀螺旋转示意图

如果用矢量图示的方式表示，磁矩 μ 在静磁场 B_0 的作用下，要么顺应磁场方向，要么与磁场方向相反，在 z 轴方向。要使 μ 离开平衡位置（发生核自旋的倒转或能级跃迁），必须在与 B_0 垂直的方向（如 x 轴）上施加一个射频场 B_1，B_1 对 μ 施加的力矩为 $\mu \cdot B_1$，使得 μ 偏离 z 轴方向，偏离之后还要受到力矩 $\mu \cdot B_0$ 的作用而绕 z 轴做进动，即拉莫进动。

磁性核的进动频率与自旋核角速度及外加磁场强度的关系可用拉莫方程来表示：

$$\omega = \frac{2\pi}{T} = 2\pi\nu = \gamma B_0 \tag{5-2}$$

则有：

$$\nu = \frac{\gamma}{2\pi} B_0 \tag{5-3}$$

式中，ν 为 ^1H 核的进动频率，MHz。当外磁场强度 B_0 增加时，核的进动角速度增大，其进动频率也增大。当磁场强度 B_0 为 1.4092 T 时，^1H 所产生的进动频率 ν 为 60 MHz。B_0 为 2.348 T 时，所产生的进动频率 ν 为 100 MHz。

5.1.2.2 原子核的量子力学模型

根据量子力学理论，磁性核在外加磁场中的排列方式不是任意的，而是有一定的自旋取向的，而且自旋取向是量子化的，共有 $2I+1$ 种。即在外磁场的作用下，原子核能级分裂成

$2I+1$ 个。用（核）磁量子数 m 来表示，取值分别为：$m = I$、$I-1$、$I-2$、$\cdots$、$-I$。$2I+1$ 就代表某原子核在外磁场中的 $2I+1$ 个能量状态或 $2I+1$ 个能级。

以 ^{1}H 核为例，它的自旋量子数为 $1/2$，当 ^{1}H 处在一个外磁场 B_0 中时，它有两种自旋取向：一种自旋取向产生的磁矩顺应外磁场 B_0 的方向（顺磁），代表比较稳定的体系，能量较低；另一种自旋取向与外磁场 B_0 的方向相反（抗磁），代表了能量较高的体系，如图 5-3 所示。用磁量子数表示就是 $m = +1/2$ 和 $m = -1/2$，对应的是能量较低和能量较高的两个能级状态。

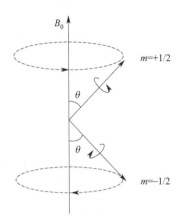

图 5-3 ^{1}H 核在磁场中的自旋取向

自旋角动量在磁场方向的投影 P_z 只能取如下数值：

$$P_z = m \frac{h}{2\pi} \tag{5-4}$$

式中，h 为普朗克常量。自旋核磁矩在磁场方向的投影也只能取以下数值：

$$\mu_z = \gamma P_z = \gamma m \frac{h}{2\pi} \tag{5-5}$$

磁矩与外加磁场的相互作用能可以表示为：

$$E = -\mu B_0 = -\mu_z B_0 = -\gamma m \frac{h}{2\pi} B_0 \tag{5-6}$$

磁场强度越大，原子核的磁旋比 γ 越大，相互作用能越大。$I = 1/2$ 的核，如 ^{1}H 核，根据式(5-6)可计算出其对应磁能级的能量差，$\Delta E = E_{-1/2} - E_{+1/2} = -\gamma \frac{h}{2\pi} B_0$。量子力学的选择定则只允许 $\Delta m = \pm 1$ 的跃迁，则相邻能级之间发生跃迁对应的能级差为：

$$\Delta E = \frac{h\gamma}{2\pi} B_0 \tag{5-7}$$

外加射频辐射的能量为 $h\nu$，则由量子力学模型推导出的共振频率与经典力学的进动频率结果是相同的。即：

$$\nu = \frac{\gamma}{2\pi} B_0 \tag{5-8}$$

$I = 1/2$ 的核在外加磁场作用下自旋能级发生塞曼分裂，磁矩顺应磁场方向为低能级，逆磁场方向为较高能级，如图 5-4 所示。对于 I 大于 $1/2$ 的核情况更为复杂，I 为 1 的核有三种取向（$m = -1$，0，1），I 为 2 的核则有五种取向（$m = -2$，-1，0，1，2）。

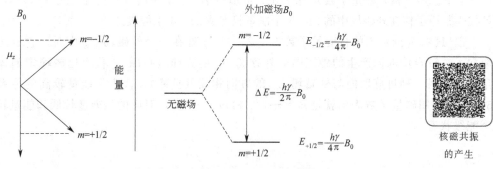

图 5-4　I 为 1/2 的自旋核在外磁场中的取向和能级图

5.1.3　核磁共振

无磁场作用时，磁性原子核处于随机取向，不发生能级分裂。将磁性核置于外加磁场 B_0 中，从量子力学的角度，核磁矩存在空间取向，产生能级分裂。能级差与 B_0 的强度和核磁矩（或磁旋比 γ）大小成正比。如果在垂直于磁场的方向 B_0 施加一个射频辐射，调节该射频辐射的频率使得 $h\nu$ 刚好与相邻两能级的能量差 ΔE 相等，此时 $\nu=\dfrac{\gamma}{2\pi}B_0$，就会发生核磁共振。"核磁共振"可以定义为：磁矩不为零的原子核在外加磁场中发生能级分裂，吸收特定波长的射频辐射，发生核自旋能级跃迁，产生核磁共振现象。由该定义也可以看出，要产生核磁共振，磁性核（或核自旋体系）、外加磁场和射频辐射三要素缺一不可。

以 $I=1/2$ 的核为例，处于较低能级的自旋核吸收能量，跃迁到较高能级，同时发生自旋取向的反转。发生核磁共振所需辐射的波长通常为 $0.1\sim100$ m 之间的无线电波，也称射频。同一磁场中，不同类型的原子核发生核磁共振的频率不相等。例如，在场强为 4.69 T 的外加磁场中，^{1}H 和 ^{13}C 由于磁旋比 γ 不同，^{1}H 产生的能级差是 ^{13}C 的 4 倍，发生核磁共振的频率分别为 200 MHz 和 50 MHz 左右。而同一类核，场强改变，发生核磁共振的频率也不相同。例如，将外磁场强度降低为 2.35 T，^{1}H 核发生核磁共振的频率变为 100 MHz 左右。

上述为量子力学模型对核磁共振现象的解释，从经典力学的角度考虑，核磁矩在外加磁场中进动，具有一定的角速度 ω 和进动频率 ν，如果施加的射频辐射刚好与核磁矩的进动频率相等，此时就会发生核磁共振。由此可见，从经典力学和量子力学的角度均可得到相同的共振频率推导式：$\nu=\dfrac{\gamma}{2\pi}B_0$。

由上可知，共振频率与外加磁场强度成正比，发生核磁共振时必须满足 $\nu_0=\nu_1$（共振频率＝进动频率），既可以通过调节射频辐射的频率，也可以通过改变外加磁场强度来满足核磁共振的要求。

5.1.4　核磁弛豫

$I=1/2$ 的原子核在磁场中分裂为两种能级状态，处于这两种状态的自旋核数目是不同的，在热平衡状态下，遵从玻耳兹曼（Boltzmann）分布：

$$\frac{N_{\mathrm{H}}}{N_{\mathrm{L}}}=\mathrm{e}^{-\frac{\Delta E}{kT}}\approx 1-\frac{\Delta E}{kT} \qquad (5\text{-}9)$$

核磁弛豫

式中，N_{H}、N_{L} 分别为高能级和低能级的自旋核数目；k 为玻耳兹曼常数；T 为热力学温度，K。通常情况下，$\Delta E \ll kT$，因此上式近似等于 1。将式(5-7)代入式(5-9)，可计算出某条件下两能级的自旋核数目比。如温度为 300 K、射频 60 MHz、外磁场强度为 1.4092 T 时，两能级的 ^{1}H 核数目之比为

$$\frac{N_{\mathrm{H}}}{N_{\mathrm{L}}}=1-\frac{\gamma h B_0}{2\pi kT}\approx 1-9.7\times 10^{-6}$$

表明该条件下处于低能级的 ^{1}H 核数目比高能级的仅多百万分之十左右，对每个 ^{1}H 核来说，高低能态跃迁的概率相等，但由于低能级的核数目稍多，净效应是可以产生吸收。但如果高能态的核不能通过有效途径释放能量回到低能态，低能态核的总数就会越来越少，一定时间后，高低能态的核数目相等，不再有射频吸收，共振信号完全消失，这种现象称为核饱和。该现象是否会发生呢？实际上处于高能态的核能够通过非辐射途径释放能量回到低能态，该过程称为核磁弛豫。由于弛豫的存在，使得处于低能态的核总比高能态多，从而保持吸收信号的稳定。核磁弛豫所需的时间称为弛豫时间（用半衰期表示），弛豫效率常用弛豫过程的半衰期来衡量，半衰期越短，弛豫效率越高。核磁弛豫分以下两种：

（1）自旋-晶格弛豫

晶格是指含有自旋核所处的整个分子体系。在该体系中，各种原子和分子处于热运动状态，可以产生各种脉动磁场，其中之一的频率与某一核磁矩的进动频率刚好相等时，就有可能发生能量转移而产生弛豫。此时，高能态的核磁矩将能量转移至周围环境（晶格），从高能态回到低能态，称为纵向弛豫，也称自旋-晶格弛豫。纵向弛豫使得核磁矩体系的整体能量降低，而纵向弛豫达到热平衡状态需要一定的时间，其半衰期以 T_1 表示。T_1 越小，则表示纵向弛豫的效率越高。固体分子排列紧密，热运动受限，故纵向弛豫效率低，T_1 很大，可达几小时。液体、气体易产生纵向弛豫，T_1 值很小，仅为 1 s 左右。

（2）自旋-自旋弛豫

自旋-自旋弛豫是自旋体系内部核与核直接交换能量的过程。高能态的自旋核 A 除了受外磁场作用外，还会受到邻近低能态自旋核 B 所产生的局部磁场的影响。当自旋核 A 与自旋核 B 的进动频率相同而方向相反时，可通过偶极-偶极相互作用进行能量交换，同时发生核自旋的方向改变。这种自旋核之间发生的能量交换弛豫也称横向弛豫，其半衰期以 T_2 表示。在横向弛豫中，各能级核的数目和核自旋体系的总能量不改变，不能有效消除磁饱和，但可以使高能态寿命降低。固体样品中各类核的相对位置固定，容易发生自旋核之间的能量交换，所以 T_2 较小。

对于每一个自旋核来说，它在某高能态停留的平均时间只取决于 T_1 和 T_2 中较小的一个，而核磁共振信号峰的自然宽度与其寿命直接相关，其原因来自海森堡（Heisenberg）测不准原理

$$\Delta E \cdot \Delta t \geqslant \frac{h}{4\pi} \qquad (5\text{-}10)$$

$$\Delta E \cdot \Delta t \approx h$$

因 $\Delta E = h \cdot \Delta \nu$，所以 $h \cdot \Delta \nu \cdot \Delta t \approx h$

$$\Delta\nu \approx \frac{1}{\Delta t} \tag{5-11}$$

式中，$\Delta\nu$ 表示谱线的宽度，它与弛豫时间成反比。固体样品 T_1 较大，T_2 较小，总的弛豫时间由 T_2 决定，故谱线较宽。液体和气体样品的 T_1、T_2 为 1 s 左右，能给出尖锐的谱峰。因此在测定核磁共振波谱时，常将固体样品配制成溶液来检测。

弛豫时间在核磁共振成像方面的应用较多，核磁共振成像的方法有很多种，其中有一种就是弛豫时间成像。人体不同器官的正常组织与病理组织的 T_1 和 T_2 是相对固定的，而且存在一定的差别。这种组织间弛豫时间上的差别正是核磁共振的成像基础。

值得注意的是，核磁共振实验时样品中的氧需要排除，因为氧是顺磁性物质，其波动磁场会使 T_1 减小，使 $\Delta\nu$ 加宽。

5.2　核磁共振波谱仪

1953 年，世界上第一台商品化核磁共振波谱仪（共振频率 30 MHz，磁场强度 0.7 T，美国 Varian 公司研制）诞生，之后核磁共振波谱技术逐步由基础科学研究走向应用和技术创新。最初的 NMR 谱仪是灵敏度较低的连续波（CW）谱仪，而后经历了两次重大的技术革新，一是磁场超导化，二是脉冲傅里叶变换技术（PFT）的应用，从根本上提高了 NMR 的灵敏度，谱仪在结构上也发生了很大的改变。1964 年第一台采用超导磁场的 MMR 波谱仪问世（200 MHz，场强 4.74 T，美国 Varian 公司）。1974 年，第一台脉冲傅里叶变换NMR 波谱仪开始生产（100 MHz，场强 2.35 T，日本 JEOL 公司）。我国第一台 NMR 波谱仪（60 MHz，场强 1.4 T，北京分析仪器厂）于 1974 年研制成功，第一台傅里叶变换NMR 波谱仪（100 MHz，中科院长春应用化学研究所）和超导 NMR 波谱仪（360 MHz，中科院武汉物理研究所）分别于 1983 年和 1987 年研制成功。与发达国家相比，国产 NMR谱仪仍有很大差距，作为科研基础的高端科学仪器目前进口依赖度很高，如何提升自主研发创新能力，解决"高精尖"仪器上的"卡脖子"问题，是实现科技强国的必由之路。

核磁共振
实验简介

NMR 波谱仪的种类和型号众多，目前在售的 NMR 波谱仪主要是 300 MHz（7.05 T）～1200 MHz（28.2 T），每个整百 MHz 均有相应产品，以前曾销售过的型号也包括 200 MHz、250 MHz、650 MHz、750 MHz、850 MHz、950 MHz 等，300 MHz 以下的仪器基本已停产。

NMR 波谱仪分类方式较多，按照磁体的性质可分为永磁体、电磁体和超导磁体谱仪；按照激发和信号接收方式可分为连续波和脉冲傅里叶变换 NMR 波谱仪；按照功能可分为高分辨液体、高分辨固体、固体宽谱、微成像波谱仪等。下面主要以连续波和脉冲傅里叶变换核磁共振波谱仪为例对仪器结构进行介绍。

5.2.1　连续波核磁共振波谱仪

连续波核磁共振（CW-NMR）波谱仪一般是在核进动的频率范围内用扫频或扫场的方式来观察 NMR 信号的。连续波谱仪在任一瞬间最多只有一种原子核发生共振，即每一时刻只能观察到一条谱线，通常全扫描时间为200～300 s，效率比较低，而且灵敏度低，所需样品量大。对于不灵敏核如^{13}C，用连续波谱仪获得共振谱几乎不可能。

连续波核磁共振波谱仪主要部件包括磁体、射频发生器、射频接收器、探头、扫描器和记录处理系统，如图5-5所示。

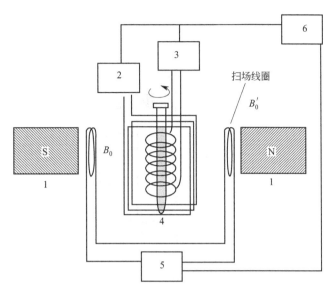

图 5-5　连续波核磁共振波谱仪示意图

1—磁体；2—射频发生器；3—射频接收器；4—样品管；5—扫描器；6—记录处理系统

（1）磁体

磁场作用下样品中的核自旋体系才能发生能级分裂。磁体的作用是产生一个恒定的、均匀的强磁场B_0。强磁场有利于提高核磁共振信号的灵敏度，而磁场空间分布均匀性和稳定性越高，核磁共振波谱仪的分辨率越高。核磁共振波谱仪使用的磁体主要有三类：永久磁铁、电磁铁和超导磁体。

100 MHz的核磁共振波谱仪所需的磁场强度为2.35 T。100 MHz以下的低频波谱仪常采用电磁铁或永久磁铁。永久磁铁的优点是稳定性高，不需要磁铁电源和冷却装置，运行费用低；但是永久磁铁对室温的变化比较敏感，必须采用恒温槽控制温度，恒温槽不能断电，然后放置在金属箱内进行磁屏蔽，降低外界干扰。电磁铁由软磁铁外面缠绕上励磁线圈做成，通过改变励磁电流可以在较大范围内改变磁场的大小。电磁铁的优点是对外界温度不敏感，达到稳定状态快，但需要很稳定的大功率直流电源和冷却系统，不可避免地会消耗大量电能，目前基本已经停止生产了。

200 MHz以上高频核磁共振波谱仪一般采用超导磁体，由金属（如Nb、Ta合金）丝在低温下的超导特性制得。超导磁体可以提供5.17 T（200 MHz）或7.05T（300 MHz）的场强，最高可达1000 MHz。超导线圈完全浸泡在液氦中，为降低液氦的消耗，其外围由液氮层保护。液氦及液氮均由高真空的罐体储存，以降低蒸发量。在极低温度下，导线电阻趋向零，通电闭合后，电流可循环不止，产生强磁场。液氦需及时补充，视不同谱仪而定，约3～10个月补充一次。每7～10天则需补加一次液氮。超导磁体最大的优点是能够产生很强的磁场，有利于提高核磁共振波谱仪的灵敏度和分辨率，同时磁场的均匀性和稳定性也很好，是现代核磁共振波谱仪较理想的磁体，但是仪器价格昂贵，必须使用液氮和液氦冷却，日常维护费用极高。

超导磁体结构如图 5-6 所示。液氮和液氦均存储在高真空的罐体中，减少其蒸发。通电后电流不发生衰减，从而提供稳定均匀的强磁场。通常 NMR 波谱仪还要结合匀场线圈补偿来消除磁场的不均匀性，磁场的稳定性可以通过锁场（Lock）来实现，即通过不间断测量参照信号（如氘），与标准频率比较并反馈校正，防止漂移导致的谱线变宽。锁场和匀场都可以实现数字化和智能化。

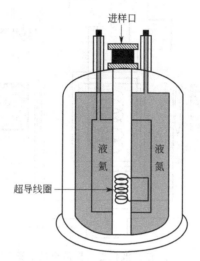

图 5-6　超导磁体结构示意图

无论是用磁铁或磁体，核磁共振波谱仪均要求磁场高度均匀，否则各处同一原子核共振频率不同，导致谱峰加宽，分辨率下降。一般还设置有低温匀场线圈和室温匀场线圈。低温匀场线圈浸泡在液氦中，升场以后进行调节。室温匀场线圈由测试人员在放置样品管后进行调节。每组线圈产生一组特殊的磁力线，综合作用的结果就能产生均匀的磁场。另外，为了消除磁场的不均匀性，还需设置让样品管高速旋转。

（2）射频振荡（发射）器

射频振荡器主要是用来提供核磁共振吸收所需要的射频磁场 B_1（与 B_0 垂直），也称射频发射器。一般情况下，射频频率是固定的，如 90 MHz 或 200 MHz 等。射频振荡器还可以采用边限振荡器，边限振荡器的输出特性与一般振荡器不同，其输出振幅随外界吸收能量的轻微增加而明显下降，当吸收能量大于某一阈值时即会停止振荡，通常被调整在振荡和不振荡的边缘状态，所以叫边限振荡器。当样品发生共振时，对射频辐射的吸收最强，边限振荡器的振幅最弱，经过二极管的倍压检波，就可以把共振吸收信号检测出来，进而用示波器显示。这时发射线圈也兼做了接收线圈，这种探测方法称为单线圈法。CW-NMR 波谱仪一般采用扫频或扫场的方式采集不同化学环境中的核磁共振信号。固定 B_0 而改变射频频率称为扫频法；固定射频频率，改变磁场强度 B_0 的方式称为扫场法。

（3）射频信号接收器（检测器）

当质子的进动频率与辐射频率相匹配时，发生能级跃迁，吸收能量，可以在感应线圈中产生毫伏级信号。射频振荡（发射）器、射频接收器和样品管一起构成了核磁共振波谱仪的探头。从产生射频宽窄的角度，探头分为两类：一种是产生固定频率的探头，如检测 [1]H 和 [13]C 的双核探头，检测 [1]H、[31]P、[13]C 和 [15]N 的四核探头；一种为频率连续可调的探头。射频信号接收器的线圈与射频振荡发射器的线圈一般是垂直放置的，并同时与外磁场 B_0 垂直。可以用 xyz 轴来说明，如果外磁场 B_0 是沿着 x 轴方向的，则射频发射器线圈是绕着 y 轴的方向放置，而射频接收线圈绕着 z 轴方向放置。

（4）样品管

样品管一般采用外径 5mm 的玻璃管，测量过程中样品管要在磁场中通过一个小风轮产生的气流推动旋转，以降低磁场的不均匀性。

（5）扫描器

扫描器是 CW-NMR 波谱仪特有的部件，用于控制扫描速度和范围等参数。大部分 CW-NMR 波谱仪采用扫场方式，其扫场线圈即亥姆霍兹（Helmholtz）线圈安在磁极上，即在强磁场 B_0 方向叠加一个小的扫描磁场 B_0'，连续微小改变该场强实现扫场。

（6）记录处理系统

通过示波器直接观察核磁共振信号，或用记录器扫描谱图。配以积分仪，可扫描出各谱峰的峰面积之比，即积分高度曲线。记录处理系统主要用于信号接收、谱仪控制和数据处理等。

CW-NMR 波谱仪价廉、稳定、易操作，但扫描时间长，灵敏度低，需要样品量大（10～50 mg），谱线分辨率较差，已逐渐被淘汰。

5.2.2 脉冲傅里叶变换核磁共振波谱仪

脉冲傅里叶变换核磁共振波谱仪（PFT-NMR）是用一个足够强的射频，以脉冲的方式（一个脉冲中同时包含了一定范围的各种射频的电磁波）将样品中所有的核激发，即几微秒的时间间隔之内，所有的氢核都发生了核磁共振。因此脉冲需要足够强，在连续波谱仪中，射频强度是 10^{-6} T 量级，而在傅里叶变换谱仪中约为 10^{-4} T 量级。

在脉冲停止之后，接收线圈上感应出的是该样品分子所有的共振吸收信号，这个信号是多种频率信号的叠加，它是以时间为变量，随时间而衰减的，称作自由感应衰减信号（FID）。这样的信号是不能直接利用的，因它是时间的函数（时域谱），人们不能识别，需要把它转换成频域谱，即普通的 NMR 谱图。这个转换就是一个傅里叶变换的过程。

PFT-NMR 波谱仪与 CW-NMR 波谱仪结构类似，也包括磁体、射频发生器、射频接收器、探头等，不同之处在于 PFT-NMR 波谱仪不采用扫频或扫场的方式采集信号，而是在外磁场不变的情况下，施加一个短（10～100 μs）而强（约为 CW-NMR 的 1 万倍）的射频脉冲照射样品，使不同化学环境的同类核同时发生核磁共振，一次脉冲记录全谱信号，得到自由感应衰减（FID）信号（时域函数），通过傅里叶变换可以转换成普通 NMR 谱图（频率域函数）。PFT-NMR 波谱仪需要增设脉冲程序控制和数据采集处理系统。这里的射频脉冲相当于多通道射频发生器，傅里叶变换相当于多通道射频接收器。脉冲作用时间极短，重复发射就可以进行信号累加，提高信噪比。

探头部分除了样品支撑结构，还包括射频发射、接收线圈、调谐回路和其他附件，如变温装置、双照射去偶装置等。PFT-NMR 波谱仪的射频发射和接收功能一般由一个线圈完成。探头的型号、规格多种多样，根据样品的状态和谱图信息可分为高分辨液体探头、固体探头和成像探头等；根据谐调频率分为固定频率探头和宽带探头；根据优化 H 核或杂核（X）观测的不同目的，分为正向探头和反向探头。记录处理系统中，采用计算机系统不仅对射频发生器、前置放大器、接收器等部件进行自动控制，还可以提供傅里叶变换计算、谱图处理、故障诊断、谱图解析等所需要的软硬件支持。

PFT-NMR 波谱仪检测速度快，易于实现信号累加，使信噪比增加，检测灵敏度提高，不仅能提升天然丰度高的 ^1H 核的 NMR 谱图质量，还让天然丰度小，绝对灵敏度低的 ^{13}C、^{19}F、^{31}P、^{15}N 等核的检测成为可能。PFT-NMR 波谱仪不仅适用于化合物的结构解析，还能对核的动态过程、瞬变过程、反应动力学等开展研究。

图 5-7 所示为 1,1-二氯乙烷采用 NMR 谱仪获得的经典核磁共振波谱图。图中的横坐标为化学位移，用 δ 表示。纵坐标为吸收强度，积分高度 $h_a : h_b$ 表示各组峰面积之比，也表示各基团中 ^1H 核总数之比，如 1,1-二氯乙烷中两种质子个数比正好是 3：1。J 为偶合常数，单位是 Hz，它表示核之间相互作用后使谱峰发生裂分的大小。上述表征谱图特征的三个重要参数将在后面分别进行讨论。

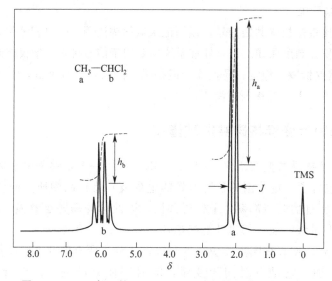

图 5-7　1,1-二氯乙烷（CH_3CHCl_2）的核磁共振谱示意图

5.2.3 NMR 波谱仪研究进展简介

增强 NMR 波谱仪的磁场强度可以有效提高谱图的分辨率（辨别相邻共振峰的能力）和灵敏度（检测弱信号的能力，一般信噪比高，灵敏度就高），因此超高场 NMR 磁体技术研究受到广泛关注。高分辨核磁多年来受限于 23.5 T 的场强（1.0 GHz），源于金属低温超导体（LTS）的物理性质。而高温超导体（HTS）的发现使低温下达到更高场强成为可能，但在磁体技术上要实现超高场仍然存在很大挑战。目前市售 NMR 波谱仪的最高场强可达 28.2 T，对应的质子共振频率为 1.2 GHz。磁体采用混合式设计，内部采用高温超导体，外部采用低温超导体。

探头是样品和 NMR 波谱仪之间的接口，针对不同的分析对象和目的，开发与之相适应的探头也是 NMR 波谱仪发展的方向之一。如可调谐的多核探头，内线圈用于 ^1H 的观测，外线圈可在 ^{31}P 和 ^{15}N 范围内协调；宽带频率通道设计的全自动原子核切换探头，可实现对 ^1H 和多种其他核的全自动和高灵敏分析；配置内置流动池的流动探头，可与色谱系统或液体处理器对接，将样品直接转移至探头，可用于高通量样本处理。

普通 NMR 波谱仪所测样品多为液体，固态样品很多性质在液态时是无法观测的，如极性分子的偶极相互作用液态时会被平均化为零。但固体中核自旋存在强的各向异性相互作用，使固态核磁的谱峰变宽，所能提供的结构特征信息减少。开发适合固体高分辨核磁研究的探头也是引起广泛关注的一个领域。如何消除样品中的偶极相互作用，减小谱峰宽度？利用"魔角旋转"技术可以解决这个问题。"魔角旋转"指样品的旋转轴与磁场方向的夹角刚好等于 $54°44'$ 时，即 $3\cos^2\theta-1=0$，此时两核间的相互作用消失。基于"魔角旋转"技术的低温探头，可应用于复杂生物分子和材料的固体核磁研究。

常用的 NMR 谱是一维核磁共振谱，即观测体系对一个变量（频率）的响应。二维核磁共振（2D NMR）最早是 1971 年 Jeener 提出的，主要分为 J-分辨谱、化学位移相关光谱和多量子谱，可以提供 H—H、C—H、C—C 之间的偶合作用和空间相互作用信息，能够帮助确定连接顺序和空间构型。常用的如 H-H COSY、C-H COSY、TOCSY、NOESY 等二维谱，可用于复杂天然产物和生物分子的结构鉴定。但是，当大分子结构较复杂时，如蛋白质的氨基酸残基超过 80 个后，采用 2D NMR 研究也存在谱峰重叠的困难，因此 3D NMR、4D NMR 等多维谱学技术应运而生，这些技术对计算机容量有较高要求。

将某一核磁共振波谱参数的空间分布用图像的形式表示就可得到磁共振成像（MRI）。磁共振成像仪是继 CT 之后医学影像学的又一重大进步。20 世纪 70 年代磁共振成像技术发展起来，80 年代开始有商业化大型人体磁共振成像仪应用于医学诊断，90 年代后开始应用于大脑功能成像研究。人体组织含有大量的水和碳氢化合物，因此氢核是人体成像的首选原子核。人体不同组织之间、正常组织与病变组织之间氢核密度、弛豫时间存在差异，这是 MRI 成像仪用于临床诊断最主要的物理基础。磁共振成像仪无辐射损伤，可任意方位断层扫描，具有质子密度、弛豫、加权成像和多参数等优势，再结合造影剂提高成像的对比度和准确性，成为临床医学上最有力的诊断仪器之一。

5.3　化学位移

5.3.1　化学位移的产生

如果有机化合物的所有质子共振频率都相同，则核磁共振波谱图上只有一个峰，它对有机化合物结构鉴定将毫无用途。实验表明，由于 ^{1}H 核所处的周围环境不同，有机化合物中的各个氢原子发生核磁共振时，所吸收的射频约有百万分之几的差异。这是因为当氢核自旋时，周围的负电荷也随之转

化学位移 1

动，在外加磁场的影响下，核外电子在其原子轨道上形成环流，产生一个对抗磁场（$B_1=\sigma B_0$），其方向与外加磁场方向相反。这种对抗磁场使核实际受到外加磁场的作用减小，则 $B_实=B_0-B_1$。而由于各个 ^{1}H$_1$ 核所处的化学环境不同（化学结构不同），因此磁场强度减小的程度不一样。

核外电子对抗外加磁场的作用称为屏蔽效应（见图 5-8）。由于屏蔽效应的存在，氢核产生共振需要更大的外磁场强度来抵消屏蔽的影响。屏蔽效应的大小与核外电子云密度有关，质子周围电子云密度越大，屏蔽效应也越大，即在越高的磁场强度下才发生核磁共振。

此外，屏蔽效应还与外加磁场强度成正比，因此核真正受到的磁场强度 $B_实$ 为：

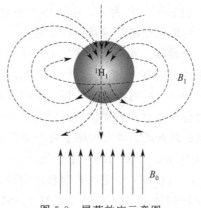

图 5-8　屏蔽效应示意图

$$B_{实} = B_0 - B_1 = B_0 - \sigma B_0 = B_0(1-\sigma) \tag{5-12}$$

式中，σ 为比例常数，称为屏蔽常数。根据式(5-8)，原子核实际共振频率为：

$$\nu = \frac{\gamma}{2\pi}B_0(1-\sigma) \tag{5-13}$$

同种核由于化学环境不同，σ 不同，实际感受到的磁场强度也有所不同，因此在同一外磁场中，它们的共振频率也有差异，这种由于分子中氢核的化学环境不同而引起的核磁共振峰的位移称为化学位移。

低场　　　　　　B　　　　　高场

屏蔽效应小　　　　　　　　　屏蔽效应大

在有机化合物中，各种氢核在分子中所处的位置不同，周围的电子云密度不同，发生共振的频率有差异，这些氢不表现为单一的吸收峰，而是发生了共振吸收峰的位移，产生多组吸收峰。化学环境相同的氢叫等性氢。一个有机化合物有几种等性氢，在谱上就表现出几组共振吸收峰。核磁共振波谱上各组峰面积积分比表示各类氢数目的最简比，再结合化合物的分子量即可算出各类氢的数目。

首先感性了解一下核磁共振氢谱，以乙醇的核磁共振氢谱为例，如图 5-9 所示，它的核

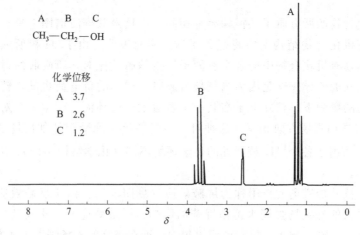

图 5-9　乙醇的核磁共振氢谱（90 MHz，CDCl₃）

磁共振氢谱表现为三组峰，也表明乙醇中存在三种不同类型的氢。三组峰的横坐标对应的是不同的化学位移值，用 δ 表示，表明三种氢所处的化学环境是不同的，因此在不同的共振频率下产生信号。其中 A 为三重峰，B 为四重峰，C 为单峰，对应的分别是甲基氢、亚甲基氢和羟基氢。三组峰的面积积分比为 3∶2∶1，对应每种氢原子的数目，即甲基上的三个氢，亚甲基上的两个氢和羟基上的一个氢；峰的裂分数体现的是相邻氢原子的个数，这在后面章节将详细介绍。

由此可见化学位移的大小和原子核所处的化学环境密切相关，因此，可以根据化学位移的大小来了解原子核所处的化学环境，即有机化合物的分子结构。

5.3.2　化学位移的测量

由于氢核所处的化学环境不同而产生的共振频率的差异数值很小，要精确测量其绝对值较困难，而且不同兆赫的仪器（不同的射频频率，或者不同的外磁场强度）产生的共振频率的差异数值不同，故采用相对化学位移（统称为化学位移）表示。

化学位移 2

由于化学位移与磁场强度成正比，当以某物质（一般采用四甲基硅烷，TMS）的吸收峰为标准时，谱图中各吸收峰与标准物吸收峰之间的相对距离用下式表示：

$$\delta = \frac{\nu_{样} - \nu_{标}}{\nu_0} \times 10^6 \tag{5-14}$$

式中，δ 为化学位移；$\nu_{样}$ 为试样的共振频率；$\nu_{标}$ 为标准物的共振频率；ν_0 为仪器的频率。由于 $\frac{\nu_{样} - \nu_{标}}{\nu_0}$ 值很小，仅为百万分之几，故乘 10^6 以方便使用。规定标准物 TMS 的 $\delta = 0$，在它左边为正，右边为负。各种有机化合物的 δ 值大多数在 10 以下，因此，大多数氢核磁共振波谱仪的扫描范围都在 10 之内。

例 5-1　在 60 MHz 的仪器上，测得氯仿与 TMS 间共振频率差为 437 Hz，用 δ 表示氯仿氢的化学位移是多少？

解：
$$\nu_{样} - \nu_{标} = 437 \text{ Hz}$$
$$\delta = \frac{\nu_{样} - \nu_{标}}{\nu_0} \times 10^6 = \frac{437}{60 \times 10^6} \times 10^6 = 7.28$$

屏蔽作用越强，化学位移值越小，共振需要的磁场强度越大，在高场出现，靠近 TMS，出现在谱图的右侧；屏蔽作用越弱，化学位移值越大，共振需要的磁场强度越小，在低场出现，远离 TMS，出现在谱图的左侧。

测量化学位移选用 TMS 作标准最为理想，因为它具有一系列的优点：①具有化学惰性；②易与其他有机化合物混溶；③分子中各 [1]H 核所处的化学环境完全相同，因此在谱图上出现一个单的尖峰；④分子中四个甲基的屏蔽效应很大，使 [1]H 核的共振磁场高于大多数有机化合物，规定 TMS 的 $\delta = 0$，使用较方便，不需再进行校正；⑤沸点低（27 ℃），易挥发，便于样品回收。TMS 常配制成 10%～15% 的 CCl_4 或 $CDCl_3$ 溶液，直接加入试样中 2～3 滴作内标准。

对于极性较大的有机化合物样品，常采用 4,4-二甲基-4-硅戊烷-1-磺酸钠（DSS）作内标准，其用量少，仅能给出一个尖锐的甲基峰，而亚甲基峰几乎看不到。当用 D_2O 或 H_2O

作溶剂时，也可将 TMS 密封于毛细管中，再放入试样溶液中作外标准。

测量化学位移时需要注意，样品纯度较高时才能获得好的谱图，固体样品的谱峰很宽，需选择适当的溶剂配制成 2%～10% 的溶液来测量，PFT-NMR 法通常需要 1～5 mg 纯样品，TMS 的质量分数在 0.2% 左右。对于黏性较大的液体最好配成稀溶液后测定，以提高分辨率。此外，所用溶剂要求不含 ^1H 核，以免产生干扰。常用的溶剂有 CCl_4、CS_2、$Cl_2C{=}CCl_2$、$CDCl_3$ 等，有时也用 C_6H_6、CH_3COCH_3、CH_3CN、CH_3OH 等，但需要进行氘（D）交换，使 H 原子交换成 D，避免溶剂峰干扰。但氘交换很难达到 100%，而且残留的微量 ^1H 也会产生吸收，因此谱图上会观察到溶剂中残留 ^1H 的共振吸收峰。此外，溶剂的溶解性要好，与样品不缔合，沸点低，样品容易回收。具体选择何种溶剂，可根据仪器的灵敏度及样品的性质确定。

如果配制的样品中存在极少量的铁磁性杂质、灰尘等物质，会使谱峰展宽。实验前可将溶液过滤、离心或用小磁棒浸入样品溶液，以去除杂质。当样品中存在少量氧时，由于其波动磁场，自旋-晶格弛豫时间 T_1 减小，谱峰加宽，故可通入 N_2、He 或抽成真空，以消除氧的影响。

5.3.3 化学位移的影响因素

凡是会影响原子核外电子云密度的因素，都将影响到质子的化学位移值。主要因素有：电子效应、磁的各向异性效应、氢键效应、溶剂效应以及旋转受阻、交换反应和对称因素等。

影响化学
位移的因素 1

5.3.3.1 电子效应

（1）诱导效应

当 ^1H 核附近有一个或几个吸电子的原子或基团存在时，^1H 核周围电子云密度降低，屏蔽效应减小，所需的共振磁场强度降低，化学位移左移（增大）。当 ^1H 核附近有一个或几个供电子原子或基团存在时，则 ^1H 核外电子云密度增加，屏蔽效应增大，化学位移右移（减小），见表 5-2。

影响化学
位移的因素 2

表 5-2　乙烷及卤代甲烷的化学位移

物质	δ	物质	δ	物质	δ
$CH_3{-}CH_3$	0.90	$CH_3{-}F$	4.26	$CH_3{-}Cl$	3.05
$CH_3{-}Br$	2.68	$CH_3{-}I$	2.16	CH_2Cl_2	5.33

由表 5-2 可知，$-CH_3$ 为供电子基，化学位移最小，随着甲基上取代基的电负性增加，化学位移值也增大。

当基团上有多取代时，诱导效应具有加和性。诱导效应通过成键电子传递，随着与电负性取代基距离的增大，诱导效应的影响逐渐减弱，通常相隔 3 个碳以上，诱导效应的影响可以忽略。

（2）共轭效应

共轭体系中电子云可以在整个体系中自由运动，相当于降低了质子周围的电子云密度，屏蔽效应减弱，所以与共轭体系相连接的烷基质子 δ 值比普通烷基的质子要大。

带有孤对电子的杂原子如果与双键直接连接，如乙烯醚，杂原子上的孤对电子离域到双键 π 轨道，通过 p-π 共轭使双键上的氢电子云密度升高，化学位移值减小。如果带有孤对电子的杂原子以不饱和键的形式与双键直接相连，如 α-、β-不饱和酮类，发生 π-π 共轭，双键上的电子云移向电负性高的杂原子，使得双键上直接连接的氢周围电子云密度降低，化学位移值增大。受共轭效应影响的三种含双键化合物的化学位移如下：

3.57
H   OCH₃
 \   /
  C=C
 /   \
H   H
3.99

H   H
 \   /
  C=C
 /   \
H   H
5.28 5.28

5.87   O
H   ‖
 \   ∕
  C=C   CH₃
 /   \ ∕
H   H
5.50

苯环上的氢也会受共轭效应影响，有氨基、甲氧基取代时，由于 p-π 共轭，使苯环电子云密度增大，苯环上质子的 δ 值向高场移动；苯环上有硝基、羰基等取代时，由于 π-π 共轭，并且双键上的电子云向电负性强的 N、O 上移动，使苯环电子云密度降低，δ 值向低场移动。其中共轭效应对邻、对位氢的影响要比间位的大。

7.11 6.81
6.86 —⬡— NH₂
           OCH₃
<7.27

⬡
7.27

7.45 8.21
7.66 —⬡— NO
           COR
>7.27

（3）范德华 (Van der Waals) 效应

在某些刚性结构中，当两个氢核在空间上非常接近时，其外层电子云互相排斥，使核外电子云不能很好地包围氢核，相当于核外电子云密度降低，δ 值向低场移动。如下所示的化合物，其中右图 H_b 化学位移比左图的要大一些，这正是因为与 H_b 空间靠近的—OH 基团比左图中的 H_a 要大得多，产生的排斥作用更强，使得右图的 H_b 核外电子云密度降低更多，化学位移值更大。

H_c H_b H_a OH

δ_a 4.68
δ_b 2.40
δ_c 1.10

H_c H_b HO H_a

δ_a 3.92
δ_b 3.55
δ_c 0.88

5.3.3.2 磁各向异性效应

通过考虑质子周围的电子云密度，可以阐明大多数化合物的化学位移值，但有些情况却不能解释，如乙炔质子与乙烯质子相比化学位移值在较高场 2.80 左右出现。这些现象可以用磁的各向异性来解释。

磁各向异性
效应

当分子中某些基团电子云排布不是球形对称时，即磁各向异性时，它对邻近的氢核就会附加一个各向异性的磁场，使某些位置上的核受屏蔽效应，而另一些位置上的核受去屏蔽效应，即屏蔽作用具有方向性，这一现象称为磁的各向异性，其大小与它们之间的距离有关。磁的各向异性可以通过空间传递，是远程的。这种邻近化学键和基团的磁各向异性影响是非常重要和普遍的，下面用一些实例来说明。

（1）芳环磁的各向异性

芳香族化合物的大共轭体系形成环形的π电子云，在外加磁场作用下形成大的π电子环流，产生一个感应磁场，环内感应磁场的方向与外磁场方向相反，环外感应磁场的方向与外加磁场的方向相同，这样就在苯环平面上下两个圆柱体范围内形成一个质子受屏蔽的区域，而在苯环的外周区域形成一个质子去屏蔽（屏蔽效应减弱）的区域，其屏蔽效应如图 5-10 所示。环的上、下方为屏蔽区，用"＋"表示。其他方向为去屏蔽区，用"－"表示，两者交界处为零。位于屏蔽区的 ^1H 核的 δ 值会减小，去屏蔽区的 ^1H 核的 δ 值会增大。因此，苯环上的 ^1H 核的化学位移值较大，$\delta=7.27$。对二甲苯中苯环 ^1H 核的 $\delta=7.06$。

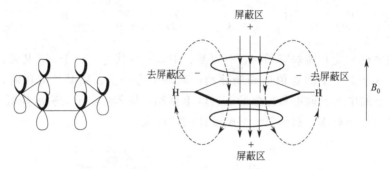

图 5-10　苯环的磁各向异性示意图

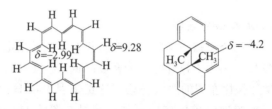

图 5-11　18-环烯和反式-15,16-二甲基二氢芘结构示意图

　　某些环烯化合物能形成大的环流效应，环内、环外也能产生屏蔽区和去屏蔽区，使 ^1H 核具有不同的 δ 值。例如 18-环烯分子，如图 5-11 所示，环内 ^1H 核处于屏蔽区，$\delta=-2.99$；环外 ^1H 核处于去屏蔽区，$\delta=9.28$。反式-15,16-二甲基二氢芘的甲基上的 ^1H 核处于高磁场（屏蔽区）。

（2）双键磁的各向异性

　　双键化合物的 π 电子分布于成键平面的上下方，屏蔽效应与苯环类似，如图 5-12 所示，双键所在平面的上、下各有一个锥形的屏蔽区，双键所在的平面为去屏蔽区。如乙烯分子的四个氢均处于去屏蔽区，化学位移在 5.28 左右。烯烃 π 电子产生的感应磁场不仅对直接相连的氢产生较强的去屏蔽作用，还会对 α-碳上的氢产生一定程度的影响，如环戊烯中的亚甲基化学位移值（1.92，2.30）就比环戊烷的亚甲基（1.51）大。羰基的屏蔽效应与烯烃相似，羰基上的 $^1H_1$ 核处于 C＝O 双键的去屏蔽区，其 δ 值较大。因此很多醛基化合物的 ^1H 核具有较高的 δ 值，所以醛类的氢化学位移值通常为 9～10。

　　化学键的磁各向异性还可以通过一些化合物的化学位移值看出，如化合物(1)～(4)（不考虑羟基质子）。化合物（2）和（4）中的氢分别处于双键和苯环上方的屏蔽区，而化合物（1）和（3）的氢则相对来说处于双键和苯环的去屏蔽区，所以化合物（1）和（3）所示质子的 δ 值比化合物（2）和（4）的要大。

（3）叁键磁的各向异性

　　叁键中互相垂直的两个 π 轨道电子绕叁键产生筒状的环电流，在外加磁场作用下产生

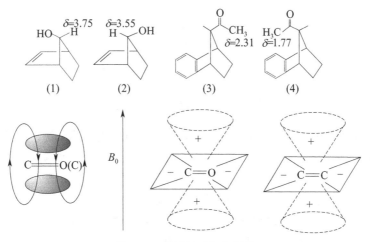

图 5-12　双键的磁各向异性

与叁键平行但方向与磁场相反的感应磁场，其磁力线和屏蔽效应示意图如图 5-13 所示。叁键与双键的屏蔽效应不同，沿键轴方向为屏蔽区，其他方向为去屏蔽区。因此乙炔的质子处于叁键的屏蔽区，δ 值为 2.0～3.0。

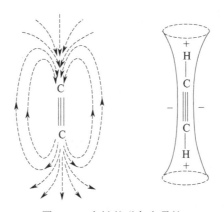

图 5-13　叁键的磁各向异性

而 C—C 单键中的 σ 电子产生的磁各向异性效应较小，沿 C—C 单键键轴方向的锥形区域为去屏蔽区，其他为屏蔽区，其屏蔽效应如图 5-14 所示。随着碳上 ^{1}H 被取代，其屏蔽效应减小，δ 值增大，则有：

$$\delta_{CH} > \delta_{CH_2} > \delta_{CH_3}$$

一般脂肪族化合物的 δ 值较小，随溶剂的不同，其化学位移值会有一定的变化。单键通常可以自由旋转，其磁各向异性的影响会平均化，只有当单键旋转受阻的情况下，这一效应才较为明显。如环己烷的直立键氢和平伏键氢通常无法区分，当温度降低至 -89 ℃ 左右，就会出现两个尖锐的吸收峰，分别对应这两种键的氢。

5.3.3.3　氢键效应

氢键的缔合作用会减少质子周围的电子云密度，无论是形成分子内还是分子间氢键，都会使氢受到去屏蔽作用，δ 值向低场移动。如醇羟基 δ 值位于 0.5～5.0，羧基氢 δ 值位于 10.0～13.0，而酰胺氢 δ 值位于 5.0～8.0。

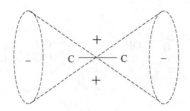

图 5-14　单键的磁各向异性

氢键质子的 δ 值变化范围大，与缔合程度密切相关。形成分子内氢键，质子的 δ 值与浓度无关，形成分子间氢键时，质子的 δ 值与浓度有关，浓度越大，缔合程度越高，δ 值越大。

另外，随着温度的升高，氢键作用减弱，δ 值也会减小。如甲醇在 $-54\ ℃$ 时 δ 值位于 4.8，$-10\ ℃$ 时在 3.8 左右，而 $15\ ℃$ 时到了 2.8 左右。

例如下面的化合物（1）的羟基因形成分子内氢键，δ 值为 6.80，化合物（2）羧基邻位的羟基可以形成分子内氢键，δ 值为 10.05，而羧基间位的羟基不能形成分子内氢键，所以其 δ 值为 5.20。

5.3.3.4　溶剂效应

除上述影响因素外，溶剂的影响也是一种不可忽视的因素。$^1H_1$ 核在不同溶剂中，因受溶剂的影响而化学位移发生变化，这种效应称为溶剂效应。溶剂的这种影响是通过溶剂的磁化率、极性、氢键以及屏蔽效应而发生作用的。所用溶剂磁化率不同，可使样品分子所受磁场强度不同，从而对化学位移值产生影响；不同溶剂分子的接近会使溶质分子的电子云形状改变，屏蔽作用也会有所改变；溶剂分子的磁各向异性可导致对溶质分子不同部位的屏蔽或去屏蔽效应；溶剂分子与溶质分子间形成氢键，也会影响氢核的化学位移。例如，当溶液浓度为 $0.05\sim0.5\ mol\cdot L^{-1}$ 时，碳原子上的 ^1H 核在 CCl_4 或 $CDCl_3$ 中的 δ 值变化不大，在 60 MHz 下只改变 ±6 Hz。但在苯或吡啶等溶剂中，其 δ 值可改变 0.5，这是因为苯和吡啶是磁各向异性效应较大的溶剂，苯环或吡啶环形成的屏蔽区和去屏蔽区对邻近分子中 ^1H 核的 δ 值影响较大。

有机化合物的核磁共振波谱（氢谱）一般采用四氯化碳或氘代氯仿作溶剂，它们与溶质没有很强的相互作用，实验重复性很好。采用其他溶剂时，δ 值会有一定程度的改变，其中苯的溶剂效应是不可忽视的。

值得指出的是，当用氘代氯仿作溶剂时，有时加入少量氘代苯，利用苯的磁各向异性，可使原来相互重叠的峰组分开，这是一项有用的实验技术。

5.3.4　化学位移与分子结构的关系

不同结构的有机分子，各类氢核所处的化学环境不同，对应的化学位移值也不相同。自高分辨核磁共振波谱仪问世以来，人们测量出了大量化合物基团中质子的化学位移值，并找出了化学位移与分子结构的经验关系。

各种基团中的质子，在没有特别强烈的化学环境影响时，其化学位移具有一定的特征性。因此可以根据化学位移值的大小来判断分子结构信息。有机分子中常见基团质子的化学位移近似值如表 5-3 所示。

表 5-3　常见基团质子的化学位移值

基团	δ	基团	δ
饱和烷烃			
—CH$_3$	0.79~1.10	—NCH$_3$	2.2~3.2
—CH$_2$	0.98~1.54	—C=C—CH$_3$	1.8
—CH	δ_{CH_3}+(0.5~0.6)	—CO—CH$_3$	2.1
—OCH$_3$	3.2~4.0	Ph—CH$_3$	2~3
烯烃		芳烃	
端烯质子	4.8~5.0	芳烃质子	6.5~8.0
内烯质子	5.1~5.7	供电子基团取代	6.5~7.0
共轭质子	4~7	吸电子基团取代	7.2~8.0
活泼质子			
—COOH	10~13	脂肪—NH$_2$	0.4~3.5
醇—OH	1.0~6.0	芳香—NH$_2$	2.9~4.8
酚—OH	4~12	酰胺—CONH$_2$	9.0~10.2
—CHO	9~10		

5.3.4.1　甲基的化学位移

在核磁共振波谱图中，甲基（—CH$_3$）峰的形状比较特征。由于其中的 $^1H_1$ 核具有很强的屏蔽效应，因此 δ 值较小。饱和烃中的 CH$_3$—C— 结构，其 δ 值为 0.7~2.0。但随着甲基上取代基的不同，其 δ 值有所变化，表 5-4 中列出了各种化合物中的甲基的 δ 值。

表 5-4　各种化合物中甲基的化学位移值（δ）

取代基 X	δ	取代基 X	δ
—C—	0.9	—Ph	2.34
—C=C—	1.7	—NO$_2$	4.33
—C=C—R	1.9	—COPh	2.62
—C=C—C=C—	2.0	—COOR	2.0
—C≡C—R	1.8	—COOH	2.07
—CN	2.0	—COR	2.10
—SR	2.10	—CONR$_2$	2.02
—NR$_3^+$	3.33	—CHO	2.17
—NH$_2$ 或 —NR$_2$	2.15	—F	4.26
—NHCOR	2.90	—Cl	3.05
—OR	3.30	—Br	2.65
—OH	3.38	—I	2.16
—OS$_2$OR	3.58	—C—NR$_2$	1.00
—OCOR	3.58	—C—SR	1.35
—OPh	3.73	—C—Br	1.70

5.3.4.2 亚甲基和次甲基的化学位移

在有机化合物中，亚甲基和次甲基峰一般不如甲基的特征性强，常呈现出比较复杂的峰形，甚至与其他峰重叠。

常见化合物中亚甲基和次甲基的化学位移值见表 5-5。

表 5-5　亚甲基和次甲基的化学位移值（δ）

取代基 X	$R'CH_2-X$	$R'RR''CH-X$	取代基 X	$R'CH_2-X$	$R'RR''CH-X$
$-\overset{\mid}{\underset{\mid}{C}}-$	1.25	1.5	$-SR$	2.40	3.1
$-C=C$	1.95	2.6	$-NH_2$ 或 $-NR_2$	2.50	2.87
$-C\equiv C-R$	1.8	2.8	$-I$	3.15	4.2
$-COOR$	2.1	2.5	$-CHO$	2.2	2.4
$-CN$	2.48	2.7	$-Ph$	2.62	2.87
$-CONR_2$	2.05	2.4	$-Br$	3.34	4.1
$-COOH$	2.34	2.57	$-NHCOR$	3.3	3.5
$-COR$	2.40	2.5	$-Cl$	3.44	4.02
$-OR$	3.36	3.8	$-OPh$	3.90	4.0
$-N^+R_3^-$	3.40	3.5	$-OCOPh$	4.23	5.12
$-OH$	3.56	3.85	$-F$	4.35	4.8
$-OS_2OR$	—	—	$-NO_2$	4.40	4.60
$-OCOR$	4.15	5.01	$-COPh$	2.62	—

亚甲基和次甲基的化学位移值还可以采用下列经验公式来推算：

$$\delta_{CH_2}=1.25+\sum_{i=1}^{2}\sigma_i \tag{5-15}$$

$$\delta_{CH}=1.50+\sum_{i=1}^{3}\sigma_i \tag{5-16}$$

式中，$\sum\sigma_i$ 是各个基团屏蔽常数之和，各取代基的屏蔽常数值见表 5-6。

表 5-6　各取代基的屏蔽常数值

取代基	σ	取代基	σ	取代基	σ
$-R$	0.0	$-NR_2$	1.0	$-OH$	1.7
$-COOR$	0.7	$-COR$	1.2	$-Br$	1.9
$-COOH$	0.8	$-CN$	1.2	$-Cl$	2.0
$-C=C$	0.8	$-CHO$	1.2	$-OPh$	2.3
$-C\equiv C$	0.9	$-Ph$	1.3	$-COCR$	2.7
$-SR$	1.0	$-I$	1.4	$-OCOPh$	2.9
$-NH_2$	1.0	$-OR$	1.5	$-NO_2$	3.0

例 5-2　计算 $C_6H_5CH(OCH_3)COOH$ 中 CH 的化学位移值。

解： 1.5(基本值)+1.5(OR 取代)+0.8(COOH 取代)+1.3 (Ph 取代)= 5.1
实测值：4.8，误差在 0.3 以内。

5.3.4.3 烯氢的化学位移

烯氢的化学位移随着取代基的不同而发生很大的变化，它们的化学位移值可用下列公式进行计算：

$$\delta_{-C=CH}=5.28+\sum_i Z_i \tag{5-17}$$

式中，Z_i 为乙烯氢的取代基屏蔽常数之和，5.28 为乙烯的 δ 值，乙烯氢上各种取代基的屏蔽常数值如表 5-7 所示。

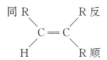

表 5-7 乙烯氢上各种取代基的屏蔽常数值

取代基	$Z_{同}$	$Z_{顺}$	$Z_{反}$	取代基	$Z_{同}$	$Z_{顺}$	$Z_{反}$
—H	0.00	0.00	0.00	—CHO	1.02	0.95	1.17
—R	0.45	−0.22	−0.28	—CONR₂	1.37	0.98	0.46
—R(环)	0.69	−0.25	−0.28	—COCl	1.11	1.46	1.01
—CH₂I—CH₂O	0.64	−0.01	−0.02	—OR(R 饱和)	1.22	−1.07	−1.21
—CH₂S	0.71	−0.13	−0.22	—OR(R 共轭)	1.21	−0.60	−1.00
—CH₂X(F,Cl,Br)	0.70	0.11	−0.04	—OCOR	2.11	−0.35	−0.64
—CH₂N⟨	0.58	−0.10	−0.08	—F	1.54	−0.40	−1.02
—CH₂CO	0.69	−0.08	−0.06	—Cl	1.08	0.18	0.13
—CH₂CN	0.69	−0.08	−0.06	—Br	1.07	0.45	0.55
—CH₂Ar	1.05	−0.29	−0.32	—I	1.14	0.81	0.88
—C=C—	1.00	−0.09	−0.23	—NR(R 饱和)	0.80	−1.26	−1.21
—C=C—(共轭)	1.24	0.02	−0.05	—NR(R 共轭)	1.17	−0.53	−0.99
—C≡N	0.27	0.75	0.55	—NCOR	2.08	−0.57	−0.72
—C≡C—	0.47	0.38	0.12	—Ar	1.36	0.36	−0.07
—C=O	1.10	1.12	0.87	—SCN	0.80	1.17	1.11
—C=O(共轭)	1.06	0.91	0.74	—SR	1.11	−0.29	−0.13
—COOH	0.97	1.41	0.71	—SOR	1.27	0.67	0.41
—COOH(共轭)	0.80	0.98	0.32	—SO₂R	1.55	1.16	0.93
—COOR	0.80	1.18	0.55	—CF₃	0.66	0.61	0.31
—COOR(共轭)	0.78	1.01	0.46	—CHF₂	0.66	0.32	0.21

注：$Z_{同}$、$Z_{顺}$ 和 $Z_{反}$ 表示不同取代位置上取代基的屏蔽常数。

表 5-7 中的参数是由四千多种化合物统计所得，其中 94% 的化合物计算值和实测值误差在 0.3 以内。

例 5-3 计算 $CH_3COOCH=CH_2$ 上烯烃氢的化学位移值，$CH_3COOCH=CH_2$ 的结构如下所示：

$$
\begin{array}{c}
\overset{1}{H} \qquad\qquad \overset{2}{H} \\
C=C \\
O=\overset{\displaystyle|}{C}-O \qquad \overset{3}{H} \\
| \\
H_3C
\end{array}
$$

解： 查表 5-7 可知，CH_3COO 取代基的屏蔽常数分别是：$Z_{同}$ 为 2.11，$Z_{顺}$ 为 −0.35，$Z_{反}$ 为 −0.64，氢取代时屏蔽常数均为 0，由式(5-17)可得：

$$\delta_1 = 5.28 + Z_{同} = 5.28 + 2.11 = 7.39$$

$$\delta_2 = 5.28 + Z_{反} = 5.28 - 0.64 = 4.64$$

$$\delta_3 = 5.28 + Z_{顺} = 5.28 - 0.35 = 4.93$$

各种乙烯取代物的 δ 值如表 5-8 所示。

表 5-8 各种乙烯取代物的化学位移值（δ）

结构	δ	结构	δ
CR$_2$=C(H)(H)	4.65	C=C(H)	6.6
RO—C=C(H)	5.0	R—C=C—C=O(H)	6.0
Ph—C=C(H$_a$)(H$_b$)	H$_a$ 5.05 H$_b$ 5.35	—C=C—C=C— (H)	6.2
C=C(H)(R)	5.3	Ph—C=C(H$_a$)(H$_b$)	6.6
—C=C—C=C(H)(H)	4.9	Ph—C=C	7.0

5.3.4.4 炔基氢的化学位移

炔基氢的化学位移由于受 —C≡C— 屏蔽作用，出现在较高磁场，为 1.5～3.5。又因与其他基团的 δ 值重叠较多，不够典型。一些炔基氢的化学位移值如表 5-9 所示。

表 5-9 一些炔基氢的化学位移值（δ）

化合物	δ	化合物	δ
H—C≡C—H	1.80	H—C≡C—C=O	2.40
C≡C—C≡C—H	1.75～2.42	PhSO$_2$CH$_2$—C≡CH	2.55
Ph—C≡C—H	2.13	C=C—C≡C—H	2.80

5.3.4.5 苯环芳氢的化学位移

苯环芳氢的化学位移受苯环上各种取代基的影响而发生变化，且邻位、间位、对位取代基的影响也不一样，其化学位移值可用下式进行计算。

$$\delta = 7.27 + \sum S \tag{5-18}$$

式中，7.27 为苯环上未被取代的 ^{1}H 核的 δ 值；$\sum S$ 为各种取代基对苯环芳氢的影响之和。利用式(5-18)可对各种取代基的苯环芳氢的化学位移值进行计算。表 5-10 列出了各种取代基对苯环芳氢的影响。

表 5-10 各种取代基对苯环芳氢的影响

取代基	$S_{邻}$	$S_{间}$	$S_{对}$	取代基	$S_{邻}$	$S_{间}$	$S_{对}$
—CH$_3$	−0.15	−0.1	−0.17	—CHO	0.7	0.2	0.4
—C≡C—	0.2	0.2	0.2	—Br	0.2	−0.12	−0.05
—COOH	0.8	0.15	0.25	—NHCOR	0.4	−0.2	−0.3
—COOR	0.8	0.15	0.25	—Cl	0.01	−0.06	−0.08
—CN	0.3	0.3	0.3	—NH$_3^+$	0.4	0.2	0.2
—CONH$_2$	0.5	−0.2	−0.2	—OR	−0.5	−0.1	−0.4
—COR	0.6	0.3	0.3	—OH	−0.5	−0.13	−0.2
—SR	0.1	−0.1	−0.2	—OCOR	−0.2	0.1	−0.2

取代基	$S_邻$	$S_间$	$S_对$	取代基	$S_邻$	$S_间$	$S_对$
—NH$_2$	−0.8	−0.15	−0.4	—NO$_2$	1.0	0.18	0.2
—N(CH$_3$)$_2$	−0.5	−0.2	−0.5	—CH$_2$OH	0.1	0.1	0.1
—I	0.3	−0.2	−0.1				

例 5-4 计算化合物 中 H$_a$ 和 H$_b$ 的化学位移值。

解： CH$_3$O—和—I 分别位于 H$_a$ 的邻位和间位、H$_b$ 的间位和邻位，查表 5-10，根据式 (5-18) 可计算如下：

$$\delta_{H_a} = 7.27 - 0.5 - 0.2 = 6.57 (实验值 6.67)$$
$$\delta_{H_b} = 7.27 + 0.3 - 0.1 = 7.47 (实验值 7.53)$$

5.3.4.6 活泼氢的化学位移

活泼氢在溶液中发生质子交换速率很快，容易受温度、浓度、溶剂种类的影响，化学位移值变化范围比较大。如醇的羟基质子在非极性溶剂，如四氯化碳中，化学位移值为 3.0~6.0。随着溶液浓度的降低，化学位移值向高场移动；随着温度的升高，也向高场移动。脂肪族胺的氨基质子化学位移在 0.5~5.5 的范围，在极性溶剂中，不同 pH 值会改变质子的交换速率，信号变宽或者发生裂分。羧基质子化学位移值在 10~13 左右，羧酸存在分子间氢键，容易形成二聚体，即使采用非极性溶剂稀释，羧酸质子也不发生位移。在峰形方面，醇和酚的峰形比较钝，氨基、巯基的峰形比较尖，酰胺和羧酸类呈缔合的宽峰。

除上述基团中 [1]H 核的化学位移之外，其他各类化合物中各 [1]H 核的化学位移可查有关专著和手册。表 5-11 列出了各类化合物中 [1]H 核的 δ 值范围。

表 5-11 各类化合物中 [1]H 核化学位移 (δ)

化合物类型	δ	化合物类型	δ
R—OH	0.5~5.5	R—NH$_2$	0.4~3.5
Ar—OH(缔合)	10.5~16	Ar—NH$_2$	2.9~4.8
Ar—OH(游离)	4~8	R(Ar)CONH$_2$	5~7
R—COOH	10~13	R(Ar)CONHR'	6~8
R—SH	0.9~2.5	=C=CHOH	15~19
Ar—SH	3~4	=NH—OH	7.4~10.2
R—SO$_3$H	11~12		

5.4 自旋偶合与自旋裂分

由化学位移 δ 值的大小可推测分子中质子的类型，而由图谱峰的形状可得知邻近质子的数目及相对位置，这是利用 ^{1}H NMR 图谱解析分子结构的基本出发点。

在有机化合物的核磁共振波谱中，如图 5-7 所示的 —CH$_3$、—CH 的吸收峰，都不是单峰，而是复峰。前者是二重峰，后者是四重峰。这种信号裂分的现象，就是由邻近

—CH_3、—CH 上的不等性氢原子核之间相互干扰引起的。这种邻近的氢原子核之间的相互干扰称为自旋偶合（spin-spin coupling）。由自旋偶合而引起的谱线增多的现象称为自旋裂分（spin-spin splitting），并以偶合常数 J 表示其干扰强度的大小，单位以 Hz 表示。

自旋偶合与
自旋裂分

5.4.1 自旋裂分的产生和规律

有机化合物分子中有相邻的两个 [1]H 核，它们的磁矩之间可产生偶极-偶极作用。这种作用可以用碘代乙烷为例说明。如果以 ↑ 和 ↓ 分别表示氢原子核的自旋在磁场中的两种取向（顺磁和抗磁），那么对于碘代乙烷中的亚甲基（—CH_2）来说，在磁场中这两个 [1]H 核可以有三种排列方式，如图 5-15(a)，其中②的两种排列方式相同。这三种排列方式产生了三种不同的局部磁场，去干扰相邻的—CH_3 峰，使之裂分为三重峰，高度比为 1：2：1。对甲基（—CH_3）来说，有四种排列方式，如图 5-15(b)，其中②与③中的三种排列方式分别相同。因此产生四种不同的局部磁场，去干扰邻近的—CH_2 峰，使之裂分为四重峰，高度比为 1：3：3：1。

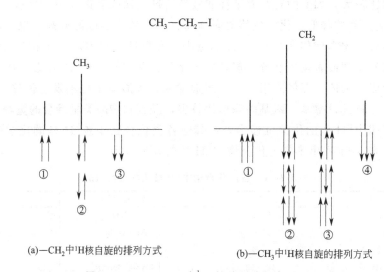

(a)—CH_2 中 [1]H 核自旋的排列方式   (b)—CH_3 中 [1]H 核自旋的排列方式

图 5-15　CH_3CH_2I 中 [1]H 核峰裂分示意图

由此可见，分子中甲基与亚甲基峰的裂分是由分子本身的结构决定的，与外加磁场强度 B_0 无关。它们之间的偶合实际上是两基团中不同位置的 [1]H 核的自旋之间的偶合，所以称为自旋-自旋偶合，简称自旋偶合。

偶合的结果使两种 [1]H 核产生的谱线数目增多，如 CH_3—CH_2—I 中—CH_3 产生三重峰，—CH_2 产生四重峰，这种现象称为自旋-自旋裂分，简称自旋裂分。图 5-16 是 CH_3—CH_2—I 的核磁共振波谱图。

自旋核之间相互偶合而产生的裂分峰的裂距称为偶合常数，用 J 来表示。偶合常数是两核之间自旋偶合作用大小的量度，与外加磁场强度无关，受外界条件（如温度、浓度及溶剂等）的影响也比较小，它只是化合物分子结构的一种属性。不同磁场作用下或不同场强的仪器测得的 J 值是相同的。两组相互干扰的核 J 值相同，如图 5-17 所示，—$CHBr_2$ 质子的三重峰裂距与—CH_2Br 质子的两重峰裂距相等，都等于 J_{ab}，说明—CH_2Br 质子和—$CHBr_2$ 质

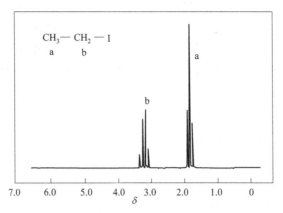

图 5-16　CH_3CH_2I 的 ^{1}H NMR 谱图（90 MHz，溶剂 $CDCl_3$）

子是直接相连接，相互发生偶合作用的。质子共振峰的裂分是受邻近磁性核的不同自旋取向的影响而产生的，所以如果邻近核是非磁性核，就不可能发生偶合和裂分现象。所以，^{12}C、^{16}O、^{32}S 等核与质子之间不存在偶合和裂分作用。

偶合常数可用如下公式计算：

$$J = \Delta\delta\nu \qquad (5-19)$$

式中，$\Delta\delta$ 为裂分峰间距；ν 为共振频率。在复杂体系中，J 不等于裂距，解析图谱时，需要进行复杂的计算才能求得 δ 和 J 值。

$$CHBr_2—CH_2Br$$
$$\quad a \qquad\quad b$$

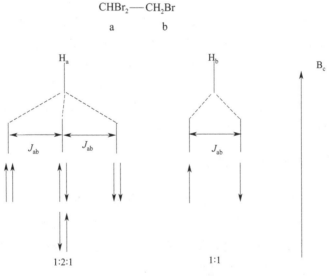

图 5-17　1,1,2-三溴乙烷质子偶合裂分情况

当分析了更多的类似于 CH_3CH_2I 的核磁共振波谱图后，就可知自旋裂分是有一定规律的。例如甲基与亚甲基相邻时，甲基裂分成三重峰，即 2+1，表示甲基有 2 个相邻 [1]H。而亚甲基裂分成四重峰，即 3+1，表示亚甲基有三个相邻 [1]H。以此类推，某基团中的氢与 n 个化学环境完全相同的氢核相邻时，则裂分成 $n+1$ 个峰。当有两组不同类型的氢相邻时（如一组是 n 个，另一组是 n' 个），则裂分成 $(n+1)(n'+1)$ 个峰，如—$CH_2CH_2CH_3$ 中 CH_2 分别与左边 2 个质子和右边 3 个质子相连，如果 J 值不等，则被裂分成 $(2+1)\times(3+$

1)＝12 重峰，但实际的仪器分辨率有限，或者因为谱峰重叠，实际观测到的峰数目比理论计算的要少，一般可以观察到六重峰，这个规律称为 $n+1$ 规律。按 $n+1$ 规律裂分的谱图称为一级谱图。一级谱图的各峰强度比也有一定的规律，如单峰为 1，双重峰为 1：1，三重峰为 1：2：1，四重峰为 1：3：3：1，五重峰为 1：4：6：4：1，依此类推。实际上各峰的强度比就是二项式 $(a+b)^n$ 展开后的各项系数之比。

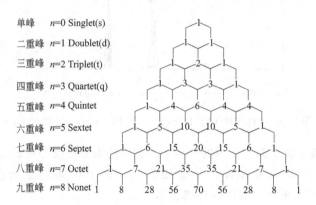

単峰 $n=0$ Singlet(s)
二重峰 $n=1$ Doublet(d)
三重峰 $n=2$ Triplet(t)
四重峰 $n=3$ Quartet(q)
五重峰 $n=4$ Quintet
六重峰 $n=5$ Sextet
七重峰 $n=6$ Septet
八重峰 $n=7$ Octet
九重峰 $n=8$ Nonet

因此，从谱图中裂分峰形和强度比可进一步推测有多少个相邻的氢核数。但实际测定的谱图中，如图 5-16 三重峰强度比不刚好等于 1：2：1，而是左边的峰偏高。四重峰强度比也不刚好是 1：3：3：1，而是右边的峰偏高，形成两组峰都是内侧峰高、外侧峰低的峰形，这种现象也称向心规律（中间高，两边低），利用向心规律可以找出 NMR 谱中相互偶合的两组峰。

在分析某基团中 ^1H 核的裂分时，通常是把它作为一个孤立体系来考虑的，一组自旋裂分峰的中点所对应的化学位移值，为该组质子的化学位移，用 ν 表示。而只有当其 $\Delta\nu/J > 6$（J 与 $\Delta\nu$ 分别为相邻二基团上氢之间的偶合常数与化学位移差，均为绝对值）时，$n+1$ 规律才适用。当 $J \approx \Delta\nu$ 或 $J \geqslant \Delta\nu$ 时，不能再把基团中的 ^1H 核当作孤立体系来分析，而要将相邻 ^1H 统一来考虑，用二级裂分进行处理。此时为复杂谱图，峰的裂分不再满足 $n+1$ 规律，无法从峰形和强度比直接推测相邻的氢核数目。

5.4.2 偶合常数与分子结构的关系

偶合常数

实验证明，^1H 核之间的自旋偶合是通过成键电子传递的。例如 CH_3—CH_2—I，甲基中的氢与亚甲基中的氢相隔三个单键产生偶合。有些化合物中两个 ^1H 核之间相距三个以上的单键，仍有偶合存在，这种偶合称为远程偶合。远程偶合作用较弱，在 $0\sim3\,Hz$ 范围。

偶合常数 J 也是解析核磁共振波谱的重要数据。对简单的一级谱图，可直接从谱图上测出。对复杂的谱图，可进行数学处理求得。一般来说，通过双数键的偶合常数为负值，用 ^2J、$^4J\cdots$表示；通过单数键的偶合常数为正值，用 ^1J、$^3J\cdots$表示。由于偶合常数的大小与外加磁场强度无关，主要与连接 $^1H_1$ 核之间的键的数目有关，也与影响成键电子云的密度因素（如单键、双键、取代基的电负性以及分子的立体结构等）有关。因此，可根据偶合常数的大小及其变化规律推断分子的结构。

偶合常数可分为同碳偶合常数、邻位偶合常数、远程偶合常数、芳香族及杂原子化合物的偶合常数等。

5.4.2.1 同碳偶合常数

同一个碳原子上的两个氢之间的偶合常数称为同碳偶合常数，用 $J_{同}$ 或 ^2J 表示。$J_{同}$ 一般为负值，其变化范围较大，与结构密切相关。同碳氢之间的偶合作用始终存在，但由它引起的裂分只有在两氢核化学位移不相等时，如旋转受阻、构象固定等特殊情况下，才能在谱图上体现出来，通常情况下观测不到 $J_{同}$。

同碳偶合主要受取代基效应、键角、环系、邻位 π 键、溶剂极性等因素影响。一般来说，电负性取代基连接在—CH_2 基团上使 $J_{同}$ 增大（绝对值减小），例如

	CH_4	CH_3Cl	CH_3F	CH_2Cl_2
$J_{同}$/Hz	−12.4	−10.9	−9.2	−7.5

常见化合物的 $J_{同}$ 值见表 5-12。

表 5-12　常见化合物的 $J_{同}$ 值

化合物	$J_{同}$/Hz	化合物	$J_{同}$/Hz
CH_4	−12.4	CH_3X	−9.2~−19
CH_3CN	−16.9	$CH_2(CN)_2$	−20.4
CH_3OH	−10.8	CH_3F	−9.6
CH_3Cl	−10.8	CH_3Br	−12.2
CH_3I	−9.2	CH_2Cl_2	−7.5
CH_3COCH_3	−14.9	$C_6H_5CH_3$	−14.4
$(CH_3)_4Si$	−14.1	$CH_2{=}O$	+40.22
$CH_2{=}CHCN$	+0.91	$CH_2{=}CHF$	−3.2
$CH_2{=}CHCl$	−1.4	$CH_2{=}CHBr$	−1.8
$CH_2{=}CHCOOH$	+1.7	$CH_2{=}NOH$	+9.95
	−4.3		−12.6
	−0.5~9.9		0~−14.0
	0~+1.5		−12.0~−15.0
	−19.0~−19.5		−2.0~+2.0
	−5.4		−8.0~−12.0
	−17.0~−18.9		−8.8~−10.5

5.4.2.2 邻位偶合常数

分子中相邻碳原子上两个氢之间的偶合称为邻位偶合，其偶合常数用 $J_{邻}$ 或 ^3J 表示。邻位偶合常数可分两种类型。

（1）饱和型　(H—C—C—H)

这种类型的邻位偶合常数受两个 C—H 键之间的夹角影响，$J_邻$ 与夹角 φ 之间的关系可用卡普鲁斯（Karplus）公式表示

$$J_邻 = J^0\cos^2\varphi - C \quad (0° < \varphi < 90°) \tag{5-20}$$

$$J_邻 = J^{180}\cos^2\varphi - C \quad (90° < \varphi < 180°) \tag{5-21}$$

式中，J^0 是夹角为 0°时的偶合常数；J^{180} 是夹角为 180°时的偶合常数；C 为常数。通常 J^0 为 8~9Hz，J^{180} 为 11~12Hz，$C = 0.28$。J^{180} 一般比 J^0 要大，邻位偶合常数与夹角之间的关系如图 5-18 所示。随着 H—C—C—H 上取代基电负性的增加，$J_邻$ 值减小。

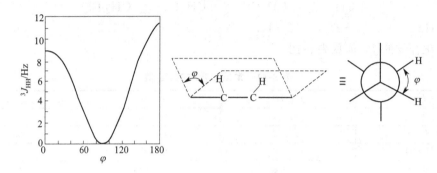

图 5-18　$J_邻$ 与夹角 φ 之间的关系

在环己烷的构象中，相邻直立键与平伏键之间、相邻平伏键之间的夹角都接近 60°，$J_邻$ 值为 2~6Hz。而相邻直立键之间的二面角接近 180°，$J_邻$ 值为 8~12 Hz。利用偶合常数的大小可以判断某质子所处位置是在直立键还是平伏键上。

（2）乙烯型　(H—C=C—H)

乙烯型邻位偶合常数也与分子的结构有关。这种类型的分子中，$J_反$ 值总是大于 $J_顺$。对无环形的烯烃，$J_反$ 在 12.0~19.0 Hz，而 $J_顺$ 在 6.0~14.0 Hz。依据偶合常数的大小可以推测二取代烯烃的立体结构。

例 5-5　已知化合物 〔C₆H₅〕CH=CH—COCH₃ 双键氢偶合常数为 18Hz，该化合物可能的立体结构是什么？

解： 由于 $^3J_顺 = 11~18\,Hz$，$^3J_反 = 6~14\,Hz$，该化合物烯烃的质子应该是反式偶合，所以该化合物的立体结构是：

$$\begin{array}{c}
\text{H} \qquad\qquad \text{COCH}_3 \\
\diagdown\qquad\diagup \\
\text{C}=\text{C} \\
\diagup\qquad\diagdown \\
\text{C}_6\text{H}_5 \qquad\qquad \text{H}
\end{array}$$

$J_反$ 和 $J_顺$ 也与 H—C=C—H 上取代基的电负性有关。一般来说，取代基电负性增加，$J_反$ 值和 $J_顺$ 值减小，这种关系近似于线性关系。因此，可利用这种关系研究分子的结构。

乙烯型邻位偶合常数也与环体系中夹角的大小有关。各种化合物的邻位偶合常数见表 5-13。

表 5-13　各种化合物的邻位偶合常数

化合物	$J_邻$/Hz	化合物	$J_邻$/Hz
CH_3CH_2X	7～9	CH_3CH_3	8.0
CH_3CH_2CN	7.60	CH_3CH_2OAc	7.12
CH_3CH_2Cl	7.23	CH_3CH_2Ph	7.62
$(CH_3CH_2)_2O$	6.97	CH_3CH_2Li	8.90
$ClCH_2CH_2Cl$（单峰）	5.90	CH_3CHCl_2	6.10
$Cl_2CHCHCl_2$（单峰）	3.06	CH_3CHF_2	4.50
	5～7		8～11
	0～2		2～4
	$J_顺=6～12$ $J_反=4～8$		$J_{aa}=8～14$ $J_{ae}=0～7$ $J_{ee}=0～5$
	6～15		11～18
	$J_顺=10.0$ $J_反=6.3$		（顺式或反式） 5～10
	9～13		5～8
	3～4		2.5～5
	0～2		9～10
	4～10		5～7

注：为方便理解，表中有些结构式只给出了氢的位置关系示意。

5.4.2.3　远程偶合常数

大于三个化学键的偶合称为远程偶合。由于 π 电子传递偶合比较有效，故远程偶合存在于芳环体系、双键和叁键体系以及环状化合物中。远程偶合常数的大小除了和相隔化学键的数目有关外，还和键的多重性、取代基的电负性、分子的空间结构等相关。远程偶合常数一般较小，在谱图上不易观察到。较常见的远程偶合类型除了苯环上的间位（J_m）、对位（J_p）之间的偶合作用之外，还有丙烯型、高丙烯型、炔基类、碳饱和体系等。

5.4.2.4 芳环和杂芳环上氢的偶合常数

芳环和杂芳环上氢的偶合常数在结构测定中有很重要的作用，常发生邻位偶合、间位偶合和对位偶合，其偶合常数分别用 J_o、J_m 和 J_p 表示。对苯来说，$J_o = 7.56$ Hz，$J_m = 1.38$ Hz，$J_p = 0.69$ Hz。对苯的取代物来说也有类似的趋势，一般 J_o 较大（6～9Hz），J_m 次之（1～3 Hz），J_p 较小（0～1 Hz），且都为正值。

当苯环上有取代基时，取代基的电负性对偶合常数有影响。邻位偶合常数随取代基的电负性增加而增大。间位偶合常数和对位偶合常数随取代基的电负性增大而减小。在 NMR 谱图上邻、间、对位偶合作用都可能产生复杂的多重峰。

在杂环化合物中，取代基对偶合常数也产生影响，并与苯环的取代有类似的规律。对于邻位偶合，由于环的大小不同而键角发生改变，六元环的邻位偶合常数要大于五元环的邻位偶合常数。芳环和杂芳环化合物上氢的偶合常数如表 5-14。

表 5-14　芳环与杂芳环上氢的偶合常数

化合物	J/Hz	化合物	J/Hz
	$J_{12} = 6.0 \sim 9.5$ $J_{13} = 1.2 \sim 3.3$ $J_{14} = 0.0 \sim 1.5$		$J_{12} = 1.9$ $J_{23} = 2.0$
	$J_{12} = 8.3 \sim 9.1$ $J_{23} = 6.1 \sim 6.9$ $J_{13} = 1.2 \sim 1.6$ $J_{14} = 0.0 \sim 1.0$		$J_{12} = 5.1$ $J_{23} = 8.0 \sim 9.6$ $J_{13} = 1.8$ $J_{14} = 3.5$
	$J_{12} = 8.0 \sim 9.0$ $J_{23} = 6.9 \sim 7.3$ $J_{34} = 8.0 \sim 9.5$ $J_{13} = 0.9 \sim 1.6$ $J_{24} = 1.2 \sim 1.8$ $J_{14} = 0.3 \sim 0.7$		$J_{23} = 4.0 \sim 6.0$ $J_{12} = 0.0 \sim 1.0$ $J_{24} = 2.5$ $J_{13} = 1.0 \sim 2.0$
	$J_{12} = 4.0 \sim 6.0$ $J_{23} = 6.9 \sim 9.1$ $J_{13} = 0.0 \sim 2.7$ $J_{24} = 0.5 \sim 1.8$ $J_{15} = 0.0 \sim 0.6$ $J_{14} = 0.0 \sim 2.3$		$J_{12} = 1.8 \sim 3.0$ $J_{14} = 0.0 \sim 0.5$ $J_{13} = 1.3 \sim 1.8$
	$J_{12} = 4.9 \sim 6.2$ $J_{23} = 3.4 \sim 5.0$ $J_{13} = 1.2 \sim 1.7$ $J_{14} = 3.2 \sim 3.7$		$J_{12} = 1.3 \sim 2.0$ $J_{23} = 3.1 \sim 3.8$ $J_{13} = 0.4 \sim 1.0$ $J_{14} = 1.0 \sim 2.0$
	$J_{12} = 2.4 \sim 3.1$ $J_{23} = 3.4 \sim 3.8$ $J_{13} = 1.3 \sim 1.5$ $J_{14} = 1.9 \sim 2.2$		$J_{23} = 1.6$ $J_{12} = 0.8 \sim 1.5$
			$J_{23} = 3.2$ $J_{12} < 0.5$ $J_{13} = 1.9$

5.4.2.5 氢和其他核的偶合常数

根据核磁共振的原理，任何两个磁性核之间都可能产生偶合。当有机化合物中除了 ^1H 核之外，还存在其他的磁性核时，^1H 核与其他磁性核之间就可产生偶合。有机化合物中常见的具有磁性的原子核有 ^2D、^{13}C、^{14}N、^{19}F、^{31}P 等。其中 ^2D 与 ^1H 核的偶合很小。^1H 核与其他核的偶合常数，一般来说要大于 ^1H 与 ^1H 核之间的偶合常数。^1H-^{19}F 偶合常数一般随核之间的键数增加而减小。^1H-^{31}P 偶合常数的大小具有如下规律：

$$^1J > {}^2J > {}^3J$$

这种类型的偶合常数值见表 5-15。

表 5-15　氢和其他核的偶合常数

化合物	$J_邻$/Hz	化合物	$J_邻$/Hz
—C—C—F（H）	47.5	—C—C—F（H）	25.7
—C—C—CF₃（H）	2.0~13.0	C=C（H, H / H, F）	$J_同=84.7$ $J_顺=20.1$ $J_反=52.4$
（苯环）—F（H）	3.0~4.0	P—H	180~225
—C—P（H）	0~3.0	—C—C—P（H）	13.7
—C—O—P（H）	0.5~12	C=C（H, P / H, H）	$J_同=11.7$ $J_顺=30.2$ $J_反=13.6$

5.4.3　核的等价性和不等价性

自旋核的等价性包括化学等价和磁等价。

化学等价
与磁等价

5.4.3.1　化学等价

若分子中某一组核处于相同的化学环境时，其化学位移彼此相同，则这组核称为化学等价的核。例如，$CH_2=CF_2$ 中，—CH_2 上两个 ^1H 核的化学位移相等，则这两个 ^1H 为化学等价。一般采用对称操作或快速机制（如构象转换、快速旋转）可以互换的质子就是化学等价的。如 1-氯丙烷，甲基和亚甲基上的氢都认为是可以绕单键自由旋转的，甲基的三个氢所处的化学环境相同，是化学等价的，亚甲基的两个氢是化学等价的，氯代亚甲基上的两个氢也是化学等价的，因此它们表现出三组共振吸收峰，等价的三类质子可以分别用字母 a、b、c 来表示。

$$CH_3CH_2CH_2Cl$$
$$\quad a \quad\ b \quad\ c$$

化学等价的质子也必须是立体化学等价的，比如：

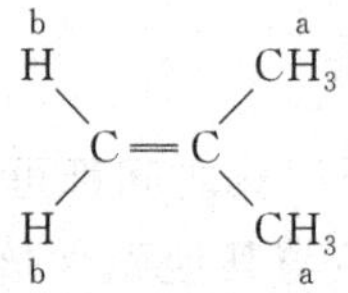

两个双键氢在立体结构上是等价的，两个甲基氢也是立体化学等价的，所以该分子表现出两组共振吸收峰。但有些取代烯烃的氢立体不等价，所以也不是化学等价的，如：

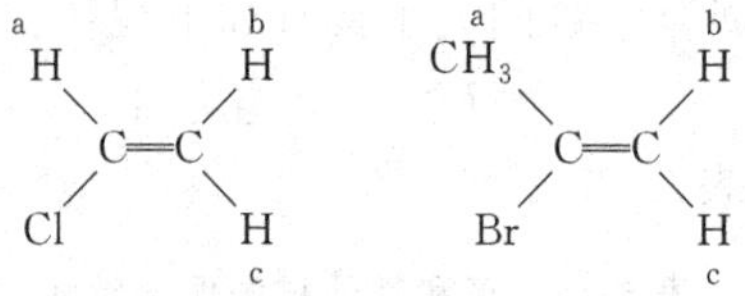

对于 $CH_3—CH_2—R$ 类型的分子，由于连接 CH_3 与 CH_2 的是单键，分子可绕单键旋转，所有的不对称构象能同时变化，使 ^1H 核处在一个平均的环境中，因此甲基上的 ^1H 核与亚甲基上的 ^1H 核都是化学等价的。

但对于 $ZCH_2—CHR_2$ 类型的分子，如 1,1,2-三溴乙烷，有下列三种构象：

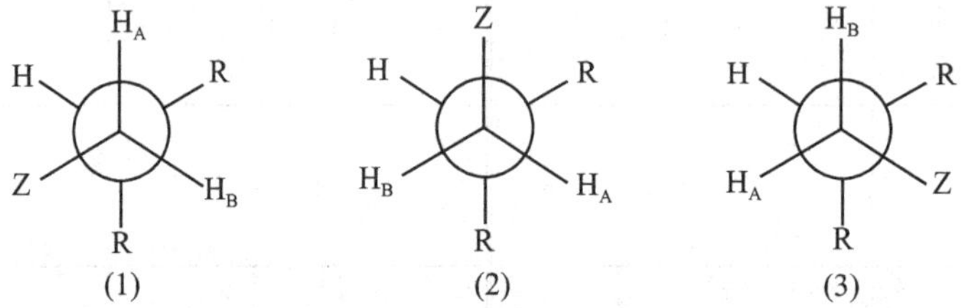

(1)　　　　(2)　　　　(3)

此分子中—CH_2 上的 H_A 与 H_B 是不等价的。在较高温度下，分子绕单键 C—C 旋转形成构象 (3)，此时 H_A 与 H_B 变成等价核。但是低温时，只得到 (1) 与 (2) 两种构象的谱图，H_A 与 H_B 变成不等价核。

当亚甲基处于 $Z—CH_2—CHR'R''$ 类型中时，分子有下面三种构象，无论怎样旋转，H_A 和 H_B 都有不同的化学位移值。

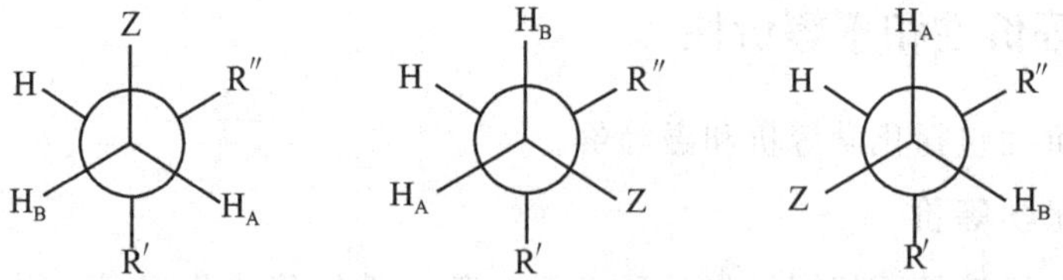

如 1,2-二氯丙烷，当甲基和亚甲基的氢都被一个氯取代后，C2 变成一个手性碳原子，C1 上两个质子即使绕碳-碳单键快速旋转也无法成为等价核，这点通过它右边的立体化学式可以看出，该化合物表现出四组核磁共振吸收峰。

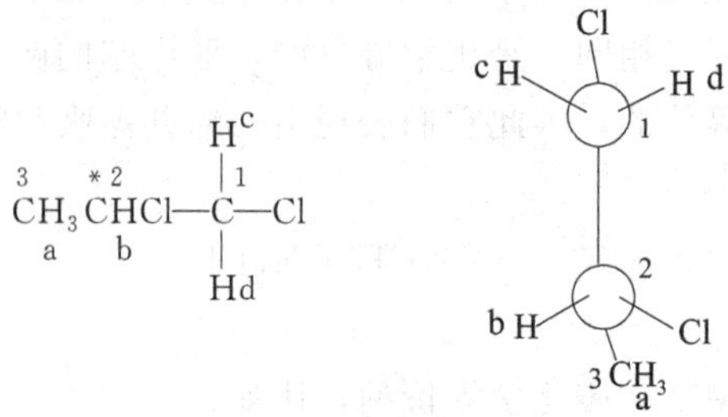

在 Z—CH$_2$—CR'R''—CH$_2$—Z 类型的分子中，整个分子不对称，—CH$_2$ 中的两个 ^{1}H 核处在不同的环境中，因而也是不等价的。甚至在快速旋转时，会有完全不同的化学位移值。

采用一些特殊的手段也可以将化学等价的质子变成不等价的，比如环己烷，十二个质子只有一个核磁共振信号，因为两个椅式构象快速转换，处于平伏键和直立键的质子也处于快速转换中，使得十二个质子的平均化学环境是相同的，所以只观察到一个单峰，如图 5-19 所示。如果降低温度的话，两种构象转换的速度降低，在核磁共振波谱中将会观察到每一构象的质子的"瞬间"共振吸收峰。环己烷冷却到室温时，可以观察到峰形变宽；冷却到 -70 ℃时，裂分成两个宽峰；冷却到 -100 ℃时，观察到两个明显的尖峰，分别对应直立键和平伏键的质子。

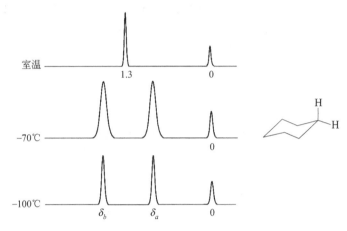

图 5-19　环己烷不同温度下的核磁共振信号

5.4.3.2　磁等价

如果有一组化学等价的质子，当它与组外的任意一个磁性核偶合时，其偶合常数相等，该组质子称为磁等价质子。二者之间的关系为：磁等价的核必须是化学等价的；化学等价的核，不一定是磁等价的；而化学不等价的核一定是磁不等价的。磁等价的质子之间虽然有偶合，但不产生峰的裂分，化学等价而磁不等价的核之间发生偶合时，则会产生峰的裂分。

例如，ClCH$_2$—CHCl$_2$ 分子中，CH$_2$ 上的两个 ^{1}H 核是化学等价的，也是磁等价的。再如间三甲苯的三个质子既是化学等价，也是磁等价。1,1-二氟乙烯中 H$_a$ 和 H$_b$ 是化学等价的，但因 $J_{HF(顺式)} \neq J_{HF(反式)}$，所以 H$_a$ 和 H$_b$ 不是磁等价质子；对硝基氟苯中，H$_a$ 与 H$_b$ 为化学等价，但磁不等价（$^3J_{ac} \neq {}^5J_{bc}$）。

5.4.4　核自旋偶合系统的分类及其影响因素

5.4.4.1　自旋偶合系统的命名

在核磁共振波谱中，各类化合物可按自旋系统进行分类。可以把几个互相偶合的核按偶合作用的强弱，分成不同的自旋系统。系统内部的核互相偶合，但不和系统外的任何一个核相互作用，系统与系统之间是隔离的。对于自旋系统的命名有以下规则：

① 化学位移相同的核构成一组，以一个大写英文字母来标注，几个核之间分别用不同的字母标注，如 A、B、C···M···X 等。

② 用字母距离表示两组核化学位移差值（$\Delta\nu$）的大小：$\Delta\nu \gg J$ 时（一般 $\Delta\nu/J > 6$），用距离远的 A 与 M 或 X 表示；$\Delta\nu \leqslant J$ 时，用距离近的 A 与 B 或 C 表示。组内的核如果是磁等价的，则在大写字母右下角用阿拉伯数注明该核核组数目。如 $CH_3CH_2CH_2OH$ 分子中 $CH_3CH_2CH_2$— 就是 $A_3B_2C_2$ 自旋系统，3、2、2 分别表示磁等价质子的数目；而 CH_3CH_2Cl 中 CH_3CH_2 的化学位移差值较大，是 A_3X_2 系统；考虑羟基对甲基的影响时，CH_3OH 就是 A_3X 系统。

若分子中有三组相互干扰的核，它们的化学位移相差较大，而每组核的各 ^1H 核化学位移接近，则用 A、B、C···，K、L、M···，X、Y、Z··· 表示。例如：

$$CH_3CH_2CH_2Cl \qquad\qquad A_3M_2X_2$$

$$BrCH_2\text{—}CH\text{—}C\overset{O}{\text{—}}OH \qquad\qquad AMX（暂时不考虑羧基质子）$$
$$\underset{Br}{|}$$

③ 核组内的核若磁不等价，则用上角标加以区别，如 MM'、A_3XX' 等。例如，邻二氯苯就是 $AA'BB'$ 体系：

$$AA'BB' \qquad\qquad AA'BB'（两环间 J=0）$$

由于 $\Delta\nu$ 与测定条件有关，而 J 值与测定条件无关，同一化合物在不同条件下得到的谱图往往可以是不同的裂分系统，如 $CH_2\text{=}CHCN$ 中的三个质子：

60 MHz 仪器测定表现为 ABC 系统；

100 MHz 仪器测定表现为 ABX 系统；

200 MHz 仪器测定表现为 AMX 系统。

5.4.4.2 一级图谱和高级图谱

核磁共振氢谱分一级谱图和高级谱图，当氢核之间相互作用仅产生简单的裂分行为，且两组偶合的核之间化学位移之差 $\Delta\nu$ 远大于它们之间的偶合常数，即 $\Delta\nu/J \geqslant 6$ 时，得到的是一级图谱。

一级图谱具有以下几个特征：

① 组内各个质子均为磁等价核，虽然有偶合作用，但只表现出一个共振吸收峰，如 $ClCH_2CH_2Cl$。

② 质子裂分的峰的数目由相邻质子数决定，符合 $n+1$ 裂分规律。

③ 裂分峰的强度之比近似为二项式 $(a+b)^n$ 展式的各项系数之比。

④ 裂分峰以化学位移为中心，左右对称；偶合常数正比于峰的裂距，从图上可直接读出 δ 和计算出 J 值。

高级图谱与一级图谱不同之处在于：

① 峰的数目超过由 $n+1$ 规律所计算的数目。

② 峰组内各峰之间相对强度关系复杂。

③ 一般情况下，δ 和 J 值不能直接从图上读出。

高级图谱的解析具有相当的难度，采用一定的方法，如增加磁场强度等方法，完全可以将复杂的高级图谱转变为简单的一级图谱，这些方法在图谱简化中有详细介绍。

5.4.4.3 常见的自旋偶合系统

对一级谱来说，它要求相互偶合的 ^{1}H 核其 $\Delta\nu/J > 6$，且同一组核中各 ^{1}H 核要化学等价和磁等价。属于一级谱的有 AX、AX$_2$、AMX 等系统，其化学位移和偶合常数可从核磁共振波谱图中直接读出，各组峰的中心处为该组质子的化学位移，裂分后的强度比值近似符合 $(a+b)^n$ 展开式的系数比，且组内各峰之间的裂距相等。高级谱图比较复杂，^{1}H 核偶合后裂分出的峰数不符合 $n+1$ 规律，峰的强度比也不是二项式展开后的各项系数，其偶合常数 J 与化学位移需进行计算才能求出。属于高级谱的有 AB、AB$_2$、A$_2$B$_2$、ABC、ABX、AA′BB′等系统。下面分别进行讨论。

（1）二旋系统

两个氢核之间相互偶合，可以形成多种偶合系统，如 AX、AB、A$_2$ 系统，裂分情况示意图如图 5-20 所示。

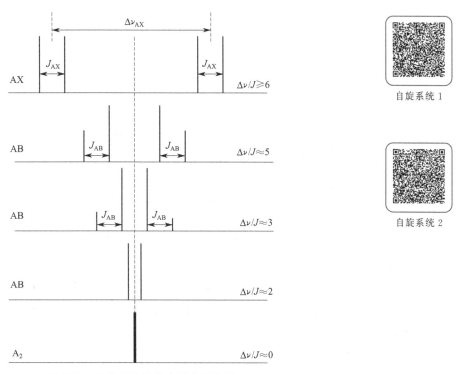

图 5-20　二旋系统的偶合裂分示意图

① AX 系统

在 AX 系统中，A 被 X 裂分成两重峰，X 也被 A 裂分成两重峰，强度比均为 1:1，两重峰之间的裂距等于偶合常数 J_{AX}，两核化学位移差值为两组峰中心值之间的距离，二者关系满足：$\Delta\nu/J \geqslant 6$。AX 系统为简单的一级图谱，δ 和 J 值可以直接从图上读出。

② AB 系统

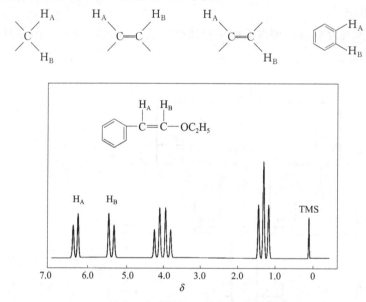

当 $\Delta\nu/J$ 值逐渐减小到 6 以下时，AX 系统就变成了 AB 系统，直到 $\Delta\nu/J$ 值减小到 0 时，A 和 B 重叠成单峰，即为 A_2 系统。其中 AB 系统有一个渐变的过程，如图 5-20 所示，当 $\Delta\nu/J\approx5$ 时，A 被 B 裂分成两重峰，B 也被 A 裂分成两重峰，这两个两重峰强度比不再遵循 1∶1 的规律，而是表现为内高外低的四个峰，AB 系统属于高级谱。当 $\Delta\nu/J$ 进一步减小时，两组两重峰向中心靠拢，且外侧两个峰的强度逐渐减小直到消失，$\Delta\nu/J\approx2$ 时，就只观察到两个单峰，如 1-溴-2-氯乙烯。

—CH＝CH—OC$_2$H$_5$ 中的—CH＝CH—就是 AB 系统，如图 5-21 所示，出现内高外低四重峰。下列化合物或基团中也可能存在 AB 系统：

图 5-21　Ph—CH＝CH—OC$_2$H$_5$ 的核磁共振氢谱

③ A_2 系统

当 $\Delta\nu/J$ 减小到接近于 0 时，两个单峰重叠到中心线位置，体系又转变成简单的一级谱，即 A_2 系统，相当于两个质子完全等价，相互偶合但不发生峰的裂分。

（2）三旋系统

三个氢核之间的相互偶合，可以形成更为复杂的偶合系统，如 AMX、ABC、ABX、AX_2、AB_2 系统等。

① AX_2 系统

AX_2 系统类似于 AX 系统，属于一级谱，其中 A 被 X_2 裂分成三重峰，强度比为 1∶2∶1，而 X_2 被 A 裂分成两重峰，强度比为 1∶1，如图 5-22 所示。例如 1,1,2-三溴乙烷的核磁共振氢谱，如图 5-23。分子中的—CH 与—CH$_2$ 属于 AX_2 系统。—CH 处于低磁场，为三重峰，谱峰强度比为 1∶2∶1，—CH$_2$ 处于高磁场，裂分为二重峰，谱峰强度比约为 1∶1，—CH$_2$ 的化学位移在二重峰中心，为 4.10。—CH 的化学位移在三重峰的中心，为 5.85。

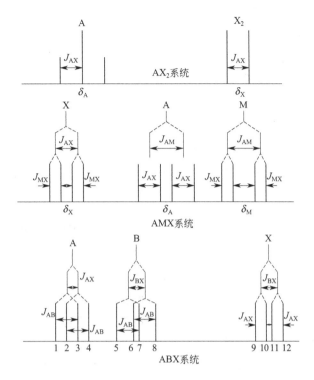

图 5-22　AX$_2$、AMX、ABX 系统的偶合裂分情况

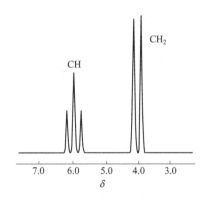

图 5-23　1,1,2-三溴乙烷的核磁共振氢谱

② AMX 系统

　　如果三个相互偶合的核，各核间的化学位移差值（$\Delta\nu$）远远大于任意一个偶合常数（J_{AM}、J_{MX} 或 J_{AX}），就构成了 AMX 系统。AMX 系统表现出三组四重峰，共 12 条谱线，谱线强度接近相等，每组峰的中心位置就对应的是 A、M 和 X 的化学位移值。

　　例如乙酸乙烯酯（见图 5-24），A 核被 M 核裂分成二重峰，两峰间的裂距为 J_{AM}，两峰又分别被 X 核裂分成两个二重峰，峰的裂距分别是 J_{MX} 和 J_{AX}（裂分关系不存在先后顺序）。其他两个核的裂分情况类似。还有如氧化苯乙烯、2,3,3-三氯丙醛、α-呋喃甲酸甲酯等也都是 AMX 系统，在实际谱图中峰强可能不是刚好都为 1∶1 的，而且精细结构要放大才看得出。

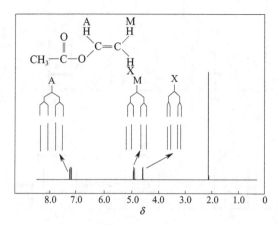

图 5-24 乙酸乙烯酯的核磁共振氢谱（90 MHz，CDCl₃）

③ ABX 系统

如果在 AMX 系统中 A 和 M 的化学位移值相互接近到一定程度，AMX 系统就变成 ABX 系统，ABX 系统属于高级谱，谱线裂分情况比较复杂，最多可以出现 14 条谱线。如果 AB 之间的 Δν 差值不是太小，ABX 系统可以按图 5-22 所示的方法解析，AB 核部分有 8 个峰，X 核为 4 个峰，共 12 条谱线。谱线 1 和 3、2 和 4、5 和 7、6 和 8 之间的裂距都等于 J_{AB}。谱线 1 和 2 之间、3 和 4 之间的裂距都等于 J_{AX}。谱线 5 和 6、7 和 8 之间都等于 J_{BX}。A、B 和 X 的化学位移不能直接由谱图读出，如果 AB 之间的 Δν 差值太小，裂距也不等于偶合常数，也需要进行复杂的计算。

有很多化合物中都存在有 ABX 系统，特别是一些芳香族化合物，例如

④ ABC 系统

如果 ABX 系统中 B 和 X 之间的化学位移差值进一步减小，Δν 与 J 的比值很小时，就变成 ABC 系统。它与 ABX 系统最大的区别在于中间峰的强度大，两侧峰的强度弱，最多出现 15 条峰。三个质子的共振吸收峰相互交叉，不容易归属，裂距也不等于偶合常数。前面讲的丙烯腈在 60 MHz 仪器上测定时就是 ABC 系统。

⑤ AB₂ 系统

AX₂ 系统中，A 和 X 的化学位移差值逐渐减少时，AX₂ 系统转化成 AB₂ 系统。AB₂ 系统会出现 9 条谱线，其中 A 有 4 条，B 有 4 条，还有 1 条综合峰，如图 5-25 所示。综合峰一般比较弱，观察不到。谱线的位置和相对强度随着 Δν/J 值的变化而改变，5、6 线和 7、8 线往往合并在一起呈比较宽的单峰。谱线间距有如下关系：

$$[1\text{-}2]=[3\text{-}4]=[6\text{-}7]，\quad [1\text{-}3]=[2\text{-}4]=[5\text{-}8]，\quad [3\text{-}6]=[4\text{-}7]=[8\text{-}9]$$

其中 δ_A 一般为第 3 条谱线的位置，谱线 5 和 7 的中点为 δ_B，偶合常数可以通过计算得到（$J_{AB}=[(1\text{-}4)+(6\text{-}8)]/3$）。芳香族连三取代化合物、2,6-二甲基吡啶等都为 AB₂ 体系。

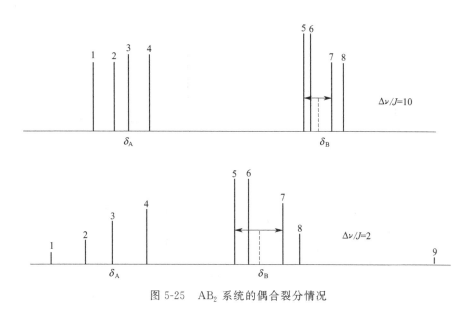

图 5-25　AB_2 系统的偶合裂分情况

（3）四旋系统

四个质子之间发生偶合形成四旋系统，常见的四旋系统有 AX_3、A_2X_2、A_2B_2、$AA'BB'$等。

① AX_3 系统

AX_3 系统为一级谱图，A 表现为四重峰，强度比为 $1:3:3:1$，X 表现为二重峰，强度比为 $1:1$，峰间的裂距可以读出偶合常数 J_{AX}。例如乙醛中四个质子就是 AX_3 系统。1,1-二溴乙烷的核磁共振波谱也属于 AX_3 系统，其中的—CH 裂分为四重峰，谱峰强度比为 $1:3:3:1$，化学位移在四个谱峰的中心。—CH_3 裂分为二重峰，谱峰强度比为 $1:1$，化学位移在二峰的中心。它们的偶合常数可以从各裂分峰间距 J_{AX} 读出。

② A_2X_2 系统

A_2X_2 系统也为一级谱图，A 表现为三重峰，X 表现为三重峰，强度比均为 $1:2:1$，峰间的裂距可以读出偶合常数 J_{AX}。例如 $NH_2CH_2CH_2COOH$ 中的—CH_2CH_2—就是 A_2X_2 系统。

③ A_2B_2 系统

A_2B_2 系统谱图比较复杂，理论上有 18 条谱线，A 和 B 各有 7 条谱线，还有综合谱线 4 条，综合谱线有时不容易观察到，谱线裂分情况如图 5-26 所示。偶合常数为 J_{AB}，2J 约等于谱线 1 和 6 之间的裂距（即 $J_{AB}=[1\text{-}6]/2$）。谱线的位置和相对强度随着 $\Delta\nu/J$ 值的变化而改变，$\Delta\nu/J$ 值减小时，A 和 B 的谱线靠近，仪器分辨不好时，有些峰往往会重叠，如 2 和 3，4 和 5，6 和 7，8 和 9，10 和 11，12 和 13 等。A 和 B 的化学位移近似等于峰 5 和 12 的化学位移值。属于 A_2B_2 系统的化合物如氯丙酸、β-氯乙醇、乙酰丙酸乙酯（—CH_2—CH_2—）等，氯丙酸的核磁共振氢谱如图 5-27 所示。图中谱线较多重合，A、B 之间分隔明显，强度均较大。

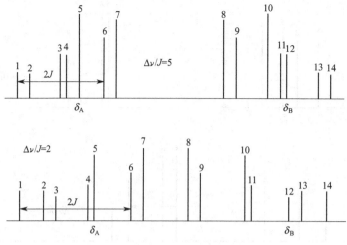

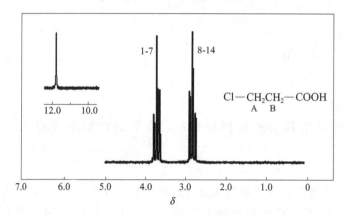

图 5-26 A_2B_2 系统的偶合裂分情况

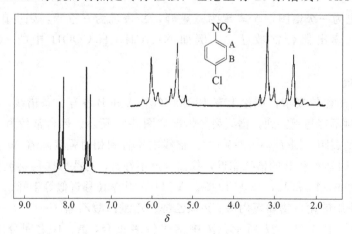

图 5-27 $Cl-CH_2CH_2-COOH$ 的核磁共振氢谱（90 MHz，$CDCl_3$）

④ AA′BB′系统

在 A_2B_2 系统中，如果 A 核和 B 核是化学等价而磁不等价的，那么 A_2B_2 系统就变成 AA′BB′系统。AA′BB′系统的特点是对称性强，理论上有 28 条谱线，AA′和 BB′各 14 条，

图 5-28 对氯硝基苯的核磁共振谱图

但实际观察到的峰数目远远小于这个数。邻位和对位取代的苯类化合物就是常见的 AA′BB′ 系统，如邻位二取代苯，不同取代基的对位二取代苯、对甲氧基氯苄、邻二氯苯的苯环质子。以对氯硝基苯为例，其苯环质子属于 AA′BB′ 体系，谱图如图 5-28 所示，呈左右对称，粗看类似 AB 体系。另外如氯代溴乙烷这样的化合物也是 AA′BB′ 系统。

高级谱图都很复杂，详细内容可参考有关专著。采用增加磁场强度的方法可以将高级谱转换为一级谱，如以丙烯腈采用 60 MHz 的仪器获得的谱图复杂，属于 ABC 系统，当采用 100 MHz 的仪器时，谱图简化成 ABX 系统，当采用 220 MHz 以上的仪器测量时，谱图简化为 AMX 系统。

5.5　核磁共振氢谱实验技术

5.5.1　样品制备技术

核磁共振氢谱的测量对样品的要求是要纯，不含不溶物、灰尘和顺磁性物质。固体要配成 5%～10% 的溶液，为了避免溶剂质子的信号干扰，一般采用氘代试剂，同时氘核又可作核磁共振谱仪锁场之用（磁场如果不稳定，漂移会导致谱峰变宽，采用氘信号定时校正防止漂移）。对溶剂的要求是：不含质子、低沸点、低黏度、化学惰性。对低、中极性的样品，常采用氘代氯仿作溶剂，因其价格远低于其他氘代试剂。极性大的化合物可采用氘代丙酮、重水等。对于芳香化合物或芳香高聚物，可采用氘代苯作溶剂；一些难溶的物质可以采用氘代二甲基亚砜；难溶的酸性或芳香化合物可以考虑采用氘代吡啶溶解。配制样品溶液时，注意控制使溶液具有较低的黏度，否则会降低谱峰的分辨率。为了准确测量化学位移值，在样品溶液中还需要加入四甲基硅烷作为内标，内标物加入量大约 1%～2%。

记录氢谱时为了使所得谱图有好的信噪比，检测时需进行信号累加，即重复脉冲过程。由于氢核的纵向弛豫时间一般较短，重复脉冲的时间间隔不能太长。对于一些具有活泼氢的化合物，如羧酸、酚、烯醇等，化学位移范围可能会超过 10，要设置足够的谱宽。否则它们的质子信号会折叠进来，给出错误的 δ 值。

为了验证样品中有活泼氢存在，可在作完氢谱之后，滴加两滴重水，振荡，然后再记录，这时原来活泼氢的谱峰会消失，就证明了该活泼氢的存在。如果谱峰重叠严重，可以滴加少量磁各向异性溶剂，如氘代苯，将重叠的谱峰分开。也可以考虑用去偶实验来简化谱图。

5.5.2　图谱简化的实验方法

由于自旋偶合和裂分使核磁共振图谱包含了许多结构相关的信息，这对于结构解析非常重要，但对于有些分子，会使谱图过于复杂，得到的是高级谱，以致难以辨认和解析，这时可以采用适当的方法对谱图进行简化处理，常用的方法主要有以下几种。

（1）改变磁场强度

在核磁共振波谱图中，偶合常数是与磁场无关的参数，不论采用多大频率的仪器来测量，它都是固定的值。但不同化学环境的 H 核化学位移差值是与磁场强度有关的，当改变场强时，相邻氢核的化学位移差值是会变化的。当磁场强度增加时，谱峰之间的距离增大，$J/\Delta\nu$ 值减小。当 $J/\Delta\nu$ 值小于 0.1 时，谱峰就变成完全分离的多重峰，得到近似为"一级图谱"的核磁共振波谱。以丙烯腈为例，它在 60 MHz 的仪器上核磁共振图很复杂，属于 ABC 系统，当采用 100 MHz 的仪器时，谱图简化成 ABX 系统，当采用 220 MHz 的仪器测量时，谱图简化为 AMX 系统，如图 5-29 所示。由此可见，增加磁场强度完全可以将复杂的谱图简化成一级谱图。

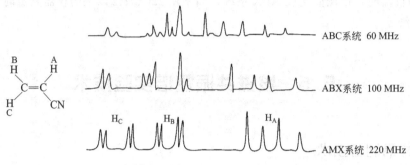

图 5-29　丙烯腈在不同共振频率下测得的核磁共振氢谱

（2）双照射去偶法

自旋偶合作用会使谱线变得复杂，给解析带来困难，如果能够有选择地消除某些核之间的偶合作用，则有可能使谱图简化。其中最常用的是双照射法或称双共振法去偶。

所谓双照射法是指除了激发核共振的射频辐射（ν_1 或 B_1）之外，再施加另一个照射频率（ν_2 或 B_2），照射相互偶合的两氢核中的某一个，使其达到饱和，消除两氢核之间的偶合作用，使谱图简化。早在 1954 年 Bloch 就提出过采用两个振荡器，使本来共振频率不同的质子同时发生共振去偶。

以溴丙烷为例，如图 5-30 所示，两个 H_a 与三个 H_b 和两个 H_c 之间都存在偶合作用，H_a 核表现出多重峰。当采用一定频率的射频辐射照射两个 H_a 核时，它们发生共振，并迅速达到饱和，即两个 H_a 核在两种自旋态（$+1/2$ 和 $-1/2$）间快速转换，产生的局部磁场的平均值接近 0，这样相当于消除了两个 H_a 核对三个 H_b 和两个 H_c 核的偶合作用，所以谱图

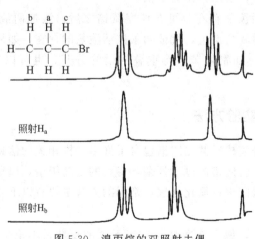

图 5-30　溴丙烷的双照射去偶

简化了，三个 H_b 和两个 H_c 核都表现出单峰。当采用另一频率的射频辐射照射三个 H_b 时，相当于去掉了三个 H_b 对 H_a 和 H_c 的偶合作用，所以两个 H_c 核和两个 H_a 核均表现出三重峰。

由此可见，采用双照射去偶可以使谱图简化，同时找出相互偶合的峰和隐藏在复杂多重峰中的信号。

核的 Overhauser 效应（nuclear overhauser effect，NOE）是另一种双照射方法，该技术不仅可以找出相互偶合的核之间的关系，还可以找出虽然不偶合但空间接近的核之间的关系。分子中如果有空间接近的两个质子，采用双照射使其中一个核达到饱和，则另一个核的信号会增强，这种现象也称核的 Overhauser 效应。

如 2-甲基-2-丁烯酸中，质子 a 与质子 b 和 c 究竟是处于顺式还是反式就可以采用 Overhauser 效应考察。当采用一定频率的射频辐射照射 b 核时，a 的共振吸收峰面积增加 17％，而采用一定频率的射频辐射照射 c 核时，a 的共振吸收峰面积基本不变。由此可见，质子 a 与质子 b 是空间接近的，互为顺式关系，而与质子 c 处于反式。

（3）加入位移试剂

同一分子中有些质子化学环境相似，化学位移很接近，以致吸收峰重叠，可以通过加入镧系稀土元素的配位化合物（中心离子有铕、铒、铥、镝、铈、镨、钕、钐、铽等）与待测分子作用，从而影响到质子外围电子云密度，改变化学位移，这样就可以将重叠的吸收峰分开。这种可以改变质子化学位移的试剂称为位移试剂。最常用的位移试剂是 Eu 和 Pr 的配合物，如［三(2,2,6,6-四甲基)庚二酮-3,5]铕，简写 $Eu(DPM)_3$；［三(1,1,1,2,2,3,3-七氟-7,7-二甲基)辛二酮-4,6]铕，简写 $Eu(FOD)_3$；以及 $Pr(DPM)_3$ 和 $Pr(FOD)_3$ 等。这些镧系金属的配合物是弱 Lewis 酸（接受孤对电子的能力），还表现出顺磁性，相当于一个定向的小磁偶极。在非质子溶剂，如 $CDCl_3$、CCl_4 或 CS_2 中，它们容易和 Lewis 碱（给出孤对电子的能力）配合，特别是和氮、氧或其他有孤对电子的化合物配合，使化合物中的质子感受到一个附加磁场，从而使原来化学环境相似的 H 核产生不同的化学位移，这时各类质子之间的偶合作用增强，得到的谱图类似一级图谱。在样品的溶液中添加不同的金属络合物，可以产生不同程度的顺磁性或抗磁性位移。铕、铒、铥、镝的配位化合物通常使共振峰向低场移动，而铈、镨、钕、钐、铽的配位化合物常使共振峰移向高场。

例如正己醇 $CH_3CH_2CH_2CH_2CH_2CH_2OH$ 加入位移试剂 $Eu(DPM)_3$ 前后的核磁共振吸收峰的变化如图 5-31 所示。该化合物中间的四个亚甲基表现出一个宽的单峰 b，当加入 $Eu(DPM)_3$ 之后，质子化学位移向低场移动，同时可以观察到 b 峰出现四组精细结构的多重峰，对应四个亚甲基质子的共振吸收，类似于一级谱。Eu 和 Pr 的配位数均为 6，所以都能够与含有—NH₂、—OH、—CO、—O、—COOR、—CN 等基团的化合物产生配位。所以该方法适用于醇、胺、醛、酮、酸、酯、腈类化合物的核磁共振波谱分析。

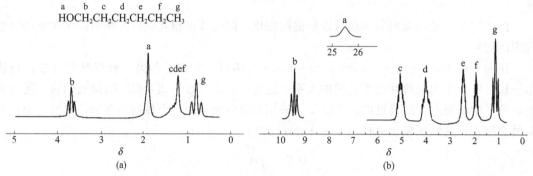

图 5-31　正己醇加入位移试剂前（a）后（b）的核磁共振氢谱

（4）利用溶剂效应

在测试中，使用的溶剂不同而使化学位移发生改变的效应称为溶剂效应。溶剂效应的产生是由于溶剂磁的各向异性造成的，或者是由于不同溶剂极性不同，与溶质分子形成氢键的强弱不同引起的。如二甲基甲酰胺在不同溶剂中的核磁共振氢谱化学位移发生了明显的变化，如图 5-32 所示，甲基质子在纯 CDCl₃ 中为图（a）所示，当溶液中逐步加入苯后，可以观察到溶剂对 α-和 β-甲基质子的影响。这正是因为苯的磁各向异性造成的。

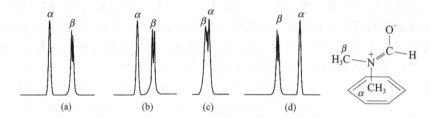

图 5-32　溶剂对二甲基甲酰胺甲基质子的影响

（a）为纯 CDCl₃ 中，（b）～（d）为逐步加入苯后

图 5-33 是 γ-丁内酯在不同溶剂中的核磁共振波谱图。

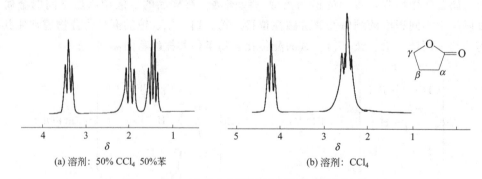

(a) 溶剂: 50% CCl₄ 50%苯　　　　(b) 溶剂: CCl₄

图 5-33　γ-丁内酯在不同溶剂中的核磁共振波谱

由图可知，γ-丁内酯的三个亚甲基在 CCl₄ 中谱峰重叠严重。当 γ-丁内酯溶于 50％的 CCl₄ 和 50％的苯的混合溶剂时，其重叠严重的部分就变得可以分辨了。这是因为苯具有很高的磁各向异性效应，γ-丁内酯中不同的 ¹H 核会受到屏蔽和去屏蔽作用，这种作用与苯环

的定向有关。γ-丁内酯中处于苯环屏蔽区的 ^{1}H 核，发生共振所需的磁场强度增大，化学位移减小，重叠的亚甲基信号就分辨开了。

除了苯，吡啶也是具有磁各向异性的溶剂。还有二甲亚砜、三氟乙酸也是常用的具有溶剂效应的试剂。另外，在验证分子中是否有活泼氢存在时，可比较滴加重水交换前后共振吸收峰是否消失来证实。

5.5.3 核磁共振波谱实验的基本步骤

（1）样品的配制

将几个毫克的待测样品小心装入 5mm 核磁共振样品管中，加入氘代溶剂 0.5mL，加入四甲基硅烷，使最终浓度约为 1%，盖好样品管盖，振荡使样品完全溶解。然后将样品管插入核磁共振波谱仪的样品管储槽中。

注意核磁管上不要乱贴标签，以免影响核磁管轴向的均衡性，进而影响分辨率。选择溶剂的基本原则是：样品易溶解，溶剂峰和样品峰没有重叠，黏度低，并且价格便宜。一般来说，试剂的氘化纯度为 99.5%～99.99%，因此总会出现一些未氘化的残留峰和杂质峰，有时溶剂中的水峰会比残留峰更大。因此要熟悉所用的氘化试剂可能出现的杂质峰，常见溶剂峰如下：

$$CDCl_3(7.27) \qquad CDCN(2.0) \qquad CD_3OD(3.3)$$
$$CD_3COCD_3(2.1) \qquad CD_3SOCD_3(2.0) \qquad D_2O(3.3)$$

采用氘代丙酮作溶剂时，水的杂质峰通常出现在 2.7 左右，采用氘代二甲亚砜作溶剂时，水的杂质峰出现在 3.1 左右。

另外，溶剂的黏性对分辨率也有影响，要获得高分辨的核磁共振波谱图，要使用非黏性溶剂，如丙酮、乙腈、氯仿和甲烷等。

（2）仪器状态的调节

首先要保证样品管以一定转速平稳旋转。转速太高，样品管旋转时会上下颤动；转速太低，则影响样品所感受磁场的平均化。

现在常用的核磁共振波谱仪都是脉冲傅里叶变换型的，实验前需要用氘代试剂锁场匀场。锁场难易程度和氘代试剂的种类有关，含氘量大的较易锁场，如 DMSO-d_6 就比 CDCl$_3$ 易锁场。有时样品浓度比较大，而含氘量比较少，则不易锁场。主要需要调节：Z_0、lockpower（代表光源）、lockgain（滤光镜）、lockphase（纸倾斜度）的值。Z_0 从大到小调节时，波形由多峰变成单峰，后形成梯形峰；减少 lockpower 和 lockgain 值，微调 Z_0，找梯形较高的值。如果相位出入太大，则调节 lockphase，使呈梯形峰。得到 Z_0 值后＜lock on＞锁住。

匀场是通过调节仪器面板上的数值来调节匀场线圈中的电流大小，各组线圈产生的磁场相互匹配就能得到均匀的磁场。调节匀场不好时 TMS 的峰形可能会变成双峰，也影响到化合物峰的裂分。可以自动匀场，也可以手动匀场。轮流调节 Z_1C、Z_2C 和 lockgain 值，使色带 lock level 值在 70～90 之间。TMS 呈单峰。这一调节可能需要反复调多次。$Z_1 \sim Z_5$ 和 XY 是微调，调节的分别是 Z_1—圆包；Z_2—偏上侧峰或二峰；Z_3—略上对称峰；Z_4—偏下侧峰；Z_5—偏下对称峰；XY—旋转边带（20Hz、40Hz）。

要得到脉冲傅里叶变换核磁共振信号，需具备以下两个必需条件：一是探头与放大器匹配，即脉冲射频以最大功率加载至探头上，同时探头探测的信号以最大功率输入放大器上；二是磁场与脉冲射频频率满足共振条件。

（3）测试样品

将样品管放入探头，测量样品的核磁共振吸收曲线并做积分。含活泼氢的溶剂会影响样品中活泼氢的观察，可以在氘代试剂中观察活泼氢，再用 D_2O 交换再测试一次来确证。

近年来，在实验技术方面，核磁共振波谱仪主要在以下几个方面不断改进：

① 提高核磁共振波谱仪的场强　场强的不断提高也意味着灵敏度和分辨率的提高，比如 20 世纪 90 年代出现 700 MHz 的仪器，1998 年提高到 800 MHz，2000 年提高到了 900 MHz。

② 探头的改进　探头线圈材料的改进提高了测试样品的灵敏度，近几年来纳米探头和超低温探头发展迅速。

③ 研究对象和方法不断拓展　随着硬件的发展，成功实现了三维谱和 C、H、N 相关谱，研究对象拓展到分子量 10 万以上的大分子。

④ LC-NMR 联用技术的发展　将 HPLC 的分离优势与 NMR 强有力的结构解析能力结合起来，为复杂混合物成分鉴定提供了一种快速有效的方法。

5.6　核磁共振氢谱解析

核磁共振波谱的解析是综合应用核磁共振波谱图中的各种信息，对所测定的物质作出正确判断的一种技术。由于谱图的复杂性，往往给解析工作带来一定的困难。

因此在解析核磁共振波谱前，应尽量对样品的来源、性质、分析的要求以及已有的实验数据和结果作详细了解，这对于快速、准确地解析谱图十分有用。

氢谱谱图
解析举例

在核磁共振分析中常出现一些复杂的谱图，可采用适当的方法进行处理。

5.6.1　谱图解析的步骤

① 观察图谱是否符合要求。标准物 TMS 的吸收峰应在零点，基线平直，峰形尖锐对称，仪器噪声小。另外，如溶液中混入颗粒物，溶液未经过滤则易导致局部磁场的不均匀性，使共振谱线加宽；若溶液中混有铁质，则结果更为严重，甚至会使谱线丧失所有细节，达到不能辨认的程度。如果存在问题，解析时应考虑图谱不规范的影响，最好重新测试图谱。

② 区分杂质峰、溶剂峰、旋转边带以及 ^{13}C 卫星峰等非样品信号峰。

ⅰ. 杂质峰一般由样品不纯导致，但杂质含量相对样品比例小，杂质峰的峰面积很小，而且杂质峰与样品峰之间没有简单的整数比关系。

ⅱ. 溶剂峰来源于氘代试剂中的残留质子，大部分氘代试剂的氘代率为 99%～99.8%，同位素纯度不可能达到 100%，谱图中呈现相应的溶剂峰，如 D_2O 溶剂峰的 δ 值约为 4.7，$CDCl_3$ 溶剂峰约为 7.26。可根据所用溶剂和氘代溶剂残余氢出峰位置的比较来识别。

ⅲ．旋转边带一般在仪器调节未达到良好工作状态时出现，以强谱线为中心，呈现出一对对称的弱峰，即为旋转边带。旋转边带可通过改变样品管旋转速度的方法予以确认，样品管旋转速度改变，旋转边带的位置亦会改变。

ⅳ．^{13}C 卫星峰是由具有核磁矩的 ^{13}C 与 ^1H 偶合产生裂分所致，但由于 ^{13}C 的天然丰度仅为 1.1%，^{13}C 卫星峰一般不会对氢的谱图解析产生干扰，只在强峰处才能观察到。

③ 根据化合物分子式计算其不饱和度，不知道分子式时可结合质谱、元素分析以及化合物来源等信息予以推导化合物分子组成和分子式。

④ 根据积分曲线中各组信号的相对峰面积，得到各组氢原子的数目比（各种峰积分曲线高度之比等于所含质子数之比），再根据化合物分子式中的氢原子数目，确定各组峰代表的氢原子数目。也可利用可靠的甲基信号或孤立的次甲基信号为标准计算各组信号峰代表的质子数目。

⑤ 根据各组峰的化学位移、偶合常数和峰形，推出可能的结构单元。可根据各组峰的化学位移先解析谱图中特征性较强的质子信号，如孤立的高场甲基质子，低场的羧基、醛基、分子内氢键等信号，芳香核上的质子信号等，然后再根据峰的偶合和峰形解析相互偶合的质子信号，从而确定各组信号峰的归属。

⑥ 识别一级裂分谱，一级裂分谱符合 $n+1$ 规律，根据峰形判断与该组质子直接相连的基团结构，验证各基团的连接顺序；计算 J 值，验证偶合裂分关系。根据已确定的结构单元，结合分子式和不饱和度，检查是否有剩余结构或元素，重点考虑没有质子信号的结构单元和元素，如—C≡O、—NO₂、—SO₂、—CN 及氧、卤素等。根据推导的结构单元搭建出可能的分子结构，结合谱图排除不符合的，最后推导出正确的分子结构。如分子结构较复杂，可结合其他谱图手段进行综合分析。

⑦ 高级图谱解析比较困难，必要时可通过使用高磁场仪器、加入位移试剂、应用自旋去偶技术等方法简化谱图。

5.6.2 谱图解析举例

解析核磁共振波谱主要从谱图入手。如前所述，从谱图上可得到三种主要的信息：①化学位移，可用于判断各 ^1H 核所处的化学环境有何不同；②自旋-自旋裂分系及偶合常数，由此可鉴别谱图中相邻近的 ^1H 核；③峰面积或积分强度，它与各共振谱峰中的 ^1H 核数成比例。依据这些信息就可对分子结构作出初步判断。但核磁共振波谱像红外光谱一样，有时仅依据它本身的信息来准确地鉴别一个有机化合物的结构是不够的。因此，要与紫外光谱、红外光谱、质谱和元素分析等其他方法相结合，才能得出准确的结果。

下面列举各种示例进行谱图解析。

例 5-6 化合物分子式为 $C_5H_{10}O_2$，其核磁共振波谱如图 5-34。试解析其结构。

解：首先计算不饱和度，其计算式如下：

$$\Omega=1+n_4+\frac{1}{2}(n_3-n_1)=1+5+\frac{1}{2}\times(0-10)=1$$

从图中的积分曲线（由左到右）可推知相对峰面积为 6.1、4.2、4.2、6.2。这些数值说明 10 个 ^1H 核在各基团中的分配数为 3∶2∶2∶3。$\delta=3.65$ 处的单峰可能是由于存在一个孤立的甲基引起的。甲基的化学位移能够达到 3.65，说明与电负性强的元素直接相连，由表 5-12 和表 5-4 可知，分子中可能存在—COOCH₃ 官能团，对应一个不饱和度。按化合物

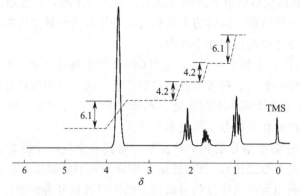

图 5-34　化合物 $C_5H_{10}O_2$ 的核磁共振氢谱（溶剂 CCl_4，60 MHz）

的分子式，余下的 ^1H 核的分配数为 2：2：3，可能存在一个正丙基。

结合谱图 5-34 进一步验证：$\delta=0.9$ 处的三重峰是与亚甲基邻近的典型的甲基峰；与羰基靠近的亚甲基上的两个 ^1H 核呈现出三重峰，其 $\delta=2.0$；剩余的亚甲基在 $\delta=1.7$ 处可观察到一组多重峰，这与它左右连接亚甲基与甲基的结构相符。因此，该化合物的结构式为：

$$CH_3-CH_2-CH_2-\overset{\overset{\displaystyle O}{\|}}{C}-O-CH_3$$

例 5-7　化合物 $C_2H_3Cl_3$ 的核磁共振波谱如图 5-35。试解析其结构。

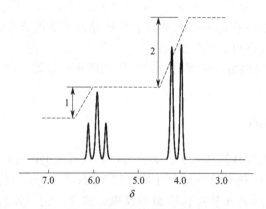

图 5-35　$C_2H_3Cl_3$ 的核磁共振氢谱（溶剂 CCl_4，60 MHz）

解：首先求出不饱和度，其计算式如下：

$$\Omega=1+n_4+\frac{1}{2}(n_3-n_1)=1+2+\frac{1}{2}\times(0-6)=0$$

说明该化合物为一饱和的卤化物。从图中积分曲线高度来看为 1：2，可知两基团中的 ^1H 核数分别为 1 与 2。相邻两基团偶合使峰裂分为三重峰与二重峰，高度比为 1：2：1 和 1：1。按 $n+1$ 规律，属典型的 AX_2 系统。因此化合物中有—CH—和—CH_2—两个带 ^1H 核的基团，它们分别被 2 个和 1 个 Cl 取代，因此化学位移移向低场，分别为 5.75 和 3.95。化合物具有下列结构：

$$\begin{array}{ccc} & \overset{\displaystyle H}{|} & \overset{\displaystyle H}{|} \\ Cl-&\!\!C\!\!-&\!\!C\!\!-Cl \\ & \overset{\displaystyle |}{Cl} & \overset{\displaystyle |}{H} \end{array}$$

例 5-8 某化合物为 C_4H_8O，其核磁共振波谱如图 5-36。试解析其结构。

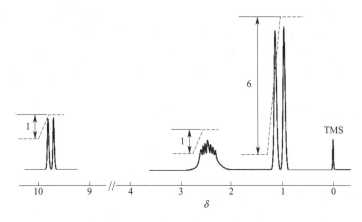

图 5-36 C_4H_8O 的核磁共振氢谱（溶剂 $CDCl_3$，60 MHz）

解：根据化合物分子式计算不饱和度为 1，说明分子中有一个双键。从积分曲线高度 1、1、6，说明有三个基团，其 $^1H_1$ 核数之比为 1∶1∶6。由于分子中只有 8 个氢，故积分曲线高度为 6 的二重峰必为两个相重叠的甲基峰。余下的两个氢可根据化学位移值进一步确定其归属。

因 $\delta=9.7$，查表后可确定有醛基 H 存在。$\delta=1.0$ 对应 6 个质子，出现双峰，而 $\delta=2.4$ 对应 1 个质子，出现七重峰，说明化合物中含有一个异丙基。2 个甲基上的 6 个质子化学等价，被旁边的次甲基裂分成双峰，次甲基则被 6 个等价的质子裂分成七重峰。因此，该化合物的结构式应为

$$\begin{array}{c} H_3C\quad H\quad\quad O \\ \backslash\quad|\quad\quad\nearrow \\ C\text{---}C \\ /\quad\quad\quad\backslash \\ H_3C\quad\quad\quad\quad H \end{array}$$

例 5-9 分子式为 $C_{10}H_{10}O$ 的化合物，溶于溶剂 $CDCl_3$ 中，得如图 5-37 的核磁共振波谱图。试解析其结构。

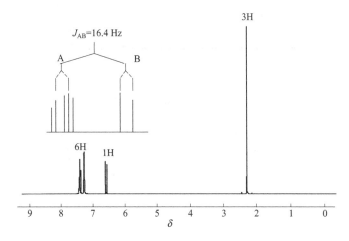

图 5-37 $C_{10}H_{10}O$ 的核磁共振氢谱（溶剂 $CDCl_3$，400 MHz）

解：根据分子式计算不饱和度为 6，说明分子中可能有一个苯环。

在化学位移7~8峰的裂分比较复杂，6.7左右的双峰为1个H，对应的是C=C—H的共振吸收峰，由于出现的是双峰，它肯定与附近的H核发生了偶合作用，而且6.7处左边的峰强度大一些，说明与它偶合的H核处于更低场处。由偶合关系图也可确定，化学位移7~8的多重峰中有一个质子与该质子形成典型的AB系统，出现对称且内高外低的四重峰，对应—HC=CH—结构，两个氢之间的偶合常数为16.4 Hz。只有反式烯烃的偶合常数才能达到16.4 Hz，因此推测结构中存在 $\overset{H}{\underset{H}{}}C=C\overset{}{}$ 结构单元。

7~8的多重峰剩下的5质子都是苯环氢，对应苯环单取代的结构单元；还剩下一个2.25左右的单峰，对应一个甲基—CH$_3$，处于末端，不与其他质子偶合。

由分子式扣除已经推导出的结构单元，还剩下1个不饱和度、1个碳和1个氧，则对应的是一个—C=O结构单元，该基团正好将—CH$_3$与反式烯烃的结构隔离开来。故化合物结构为

例 5-10 化合物 C_9H_{12} 的核磁共振波谱如图 5-38，试解析该化合物的结构。

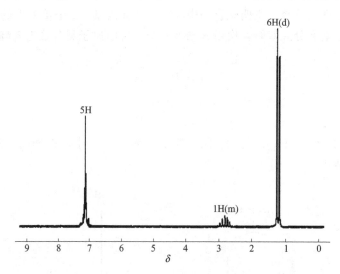

图 5-38　C_9H_{12} 的核磁共振氢谱（溶剂 CDCl$_3$，300 MHz）

解：求出化合物的不饱和度为 4，可能分子中有一苯环。$\delta=7.2$ 处的单峰，其积分曲线高度为 5，说明为一个单取代的苯环。在 $\delta=2.9$ 处有一个多重峰，其积分曲线高度为 1，表明是一个 ^1H 核。而 $\delta=1.2$ 处的二重峰是 6 个 ^1H 核的基团。因此，可知分子中有异丙基结构。

因此，该化合物的结构如下所示：

例 **5-11**　某化合物分子式 $C_{12}H_{14}O_4$，图 5-39 为其核磁共振氢谱。解析其结构。

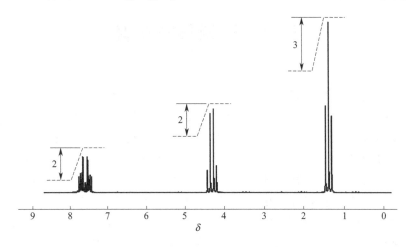

图 5-39　$C_{12}H_{14}O_4$ 的核磁共振氢谱（溶剂 $CDCl_3$，300 MHz）

解：根据分子式计算不饱和度为 6，因此分子中可能含有一个苯环。积分曲线高度之比为 2∶2∶3，由于分子中 ^1H 核总数为 14，正好为积分高度之和的两倍，可推知分子中有两个对称的结构。

分子中除苯环外，依据谱图中三重峰和四重峰可推知有两个 A_2X_3 系统。$\delta=7\sim 8$ 的多重峰，其积分曲线高度为 2，表明苯环上有四个氢，可能属 $AA'BB'$ 系统。谱图中三组峰相距较远，说明 $AA'BB'$ 系统与 A_2X_3 系统离得较远。因此，可能为下列两种结构之一：

但苯环上的邻位取代与对位取代的核磁共振氢谱有明显的不同，如图 5-40。显然分子中苯环上有邻位取代的 $AA'BB'$ 系统，故化合物具有下面的结构。

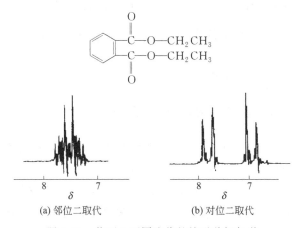

(a) 邻位二取代　　　　　　(b) 对位二取代

图 5-40　苯环上不同取代的核磁共振氢谱

5.7 核磁共振碳谱

有机化合物的主要骨架是碳原子构成的，核磁共振氢谱能够提供氢原子的信息，但是不能提供碳骨架的信息，核磁共振碳谱正好是一个有效的补充。

碳谱简介

碳原子有两个同位素，其中^{13}C 具有磁性，自旋量子数 $I=1/2$，在强磁场中能产生核磁共振信号。因此，通过^{13}C 谱可获得有机化合物分子中碳骨架的直接信息，而且^{13}C 的化学位移是^{1}H 的约 20 倍，在这样宽范围内不同化学环境中碳原子的化学位移各不相同，谱线清晰，为谱图解析提供了更加丰富的信息。然而^{13}C 同位素的天然丰度太低，只有 1.11%，核磁矩 μ(0.7021) 只有^{1}H 的 1/4，磁旋比为质子的 1/4，信噪比只有^{1}H 信噪比的 1/5700。因此，用一般的连续波法难以观察到^{13}C 核磁共振信号。自从将宽带去偶、脉冲傅里叶变换技术引入核磁共振波谱仪后，^{13}C 谱的检测灵敏度得到显著提高，使^{13}C 核磁共振波谱能用于常规分析。^{13}C 谱在实际应用中与^{1}H 谱相辅相成，成为有机化合物结构分析中重要的工具之一。

20 世纪 60 年代后期，特别是 70 年代 PFT-NMR 谱仪的出现及去偶技术的发展，使^{13}C NMR 测试变得简单易行。目前，PFT-^{13}C NMR 已成为阐明有机分子结构的常规方法，广泛应用于涉及有机化学的各个领域。在结构测定、构象分析、动态过程讨论、活性中间体及反应机制的研究、聚合物立体规整性和序列分布的研究及定量分析等方面都显示了巨大的威力，成为化学、生物、医药等领域不可缺少的测试方法。

^{13}C NMR 具有如下特点：

① 化学位移范围宽。^{1}H NMR 常用化学位移值范围为 0~10（有时可达 16）；^{13}C NMR 常用化学位移值范围为 0~220（正碳离子可达 330），约是氢谱的 20 倍，其分辨能力远高于^{1}H NMR。

② ^{13}C NMR 可给出不与氢相连的碳的共振吸收峰。季碳、$\diagup\!\!\!\!C\!\!=\!\!O$、$-C\!\equiv\!C-$、$-C\!\equiv\!N$、$\diagup\!\!\!\!C\!\!=\!\!C\!\!\diagdown$ 等基团中的碳不与氢直接相连，在^{1}H NMR 谱中不能直接观测，只能靠分子式及其对相邻基团化学位移值的影响来判断。而在^{13}C NMR 谱中，均能给出各自的特征吸收峰。

③ ^{13}C NMR 灵敏度低，偶合复杂。

5.7.1 提高^{13}C NMR 谱检测灵敏度的方法

为了提高^{13}C NMR 谱检测灵敏度，在核磁共振波谱仪中引入脉冲傅里叶变换技术是最有效的方法。脉冲傅里叶变换可把强度大、时间短（10~50 μs）的射频脉冲加到样品上，以观察原子核产生的核磁共振现象。在外加磁场 B_0 作用下，当发生强而短的射频脉冲时，样品分子体系中所有^{13}C 核被同时激发。由于脉冲强度大，处于平衡状态的大量核的宏观磁化强度矢量 M（M 定义为单位体积内所有原子核的磁矩 μ 的矢量和，用公式 $M=\sum_{i=1}^{n}\mu_i$ 表示）都向旋转坐标系的 y' 轴转动一个角度，如图 5-41(a) 所示。这时产生一个可检测的射频电压信号，通过调节射频脉冲使产生的信号达到最强。当脉冲停止时，M 仍在绕 B_0 方向进动，但由于横向弛豫，^{13}C 核磁共振信号随时间以指数方式衰减，因此称为自由感应衰减信号（free induction decay，FID），如图 5-41(b) 所示。

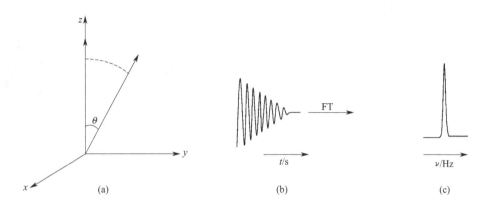

图 5-41　射频作用下傅里叶变换示意

（a）射频脉冲使 M 转动；（b）脉冲停止后产生自由感应衰减信号；（c）傅里叶变换后得到的核磁共振信号

　　FID 的变量为时间 t，是时间域函数 $f(t)$，而核磁共振波谱图的变量为频率 ν，是共振吸收幅度与共振频率 ν 的函数 $F(\nu)$，两者之间有如下关系：

$$F(\nu) = \int_{-\infty}^{\infty} f(t) e^{-2\pi i \nu t} dt \tag{5-22}$$

反之也可写成：

$$f(t) = \int_{-\infty}^{\infty} F(\nu) e^{2\pi i \nu t} d\nu \tag{5-23}$$

　　数学上两个函数可以互相变换，称为傅里叶变换。用计算机完成上述变换后产生核磁共振波谱，如图 5-41(c) 所示。由于 ^{13}C 的含量少，得到的 FID 信号很小，谱峰很弱。这时仪器发出多个脉冲，产生多个 FID 信号，存入计算机累加起来，再进行傅里叶变换，使灵敏度显著提高，得到累加的 ^{13}C 核磁共振波谱。

5.7.2　^{13}C NMR 的去偶技术

（1）^1H 核与 ^{13}C 核的偶合

　　在碳谱中，通常有三种偶合作用：^{13}C-^{13}C 的偶合、^{13}C-^1H 的偶合、^{13}C-X（X 为 ^{15}N、^{31}P、^{19}F 等）。由于 ^{13}C 天然丰度小，化合物分子中相邻两个 C 原子均是 ^{13}C 的可能性很小，所以 ^{13}C-^{13}C 偶合的概率很小；^{15}N 天然丰度也比较低，只有 0.365%，^{13}C-^{15}N 偶合也比较少见；^{31}P 和 ^{19}F 天然丰度有 100%，如果化合物含有 P 和 F 时，能够观察到它们与 ^{13}C 的偶合；最常见的偶合还是 ^{13}C-^1H 的偶合。

质子偶合谱
与质子去偶谱

　　^{13}C-^1H 的偶合常数 $^1J_{CH}$ 大小为 20～300 Hz，偶合裂分遵循 $n+1$ 规律：

　　　　　　　　伯碳(CH$_3$)四重峰　　　　　　1:3:3:1
　　　　　　　　仲碳(CH$_2$)三重峰　　　　　　1:2:1
　　　　　　　　叔碳(CH)二重峰　　　　　　　1:1

季碳(C)单峰

因此根据这一偶合裂分规律可以确定碳原子的种类。

由于^{13}C-^{1}H一键偶合常数较大，产生交叉重叠的多重峰，降低了^{13}C峰的强度，给谱图解析带来困难。为了简化谱图，通常采用一定的去偶技术，如质子噪声去偶或宽带去偶、质子偏共振去偶、选择性去偶等。

（2）宽带去偶

宽带去偶也称质子噪声去偶或者质子去偶。在观察碳谱时，同时发射一个频带相当宽的射频（其频带宽度大于样品中所有质子的共振频率），以消除全部^{1}H核对^{13}C核的偶合，每个碳原子只出现一个谱峰，同时产生NOE效应，使^{13}C谱峰的强度大大增强，如图5-42所示。

碳谱要
注意的问题

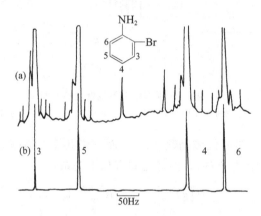

图5-42　2-溴苯胺的^{13}C核磁共振波谱（25.2MHz）

（a）未去偶；（b）宽带去偶

宽带去偶使谱图简化，得到各个不同^{13}C核的谱峰，但无法获得^{13}C-^{1}H偶合时各种偶合常数的数据，因而不能确定不同^{13}C核上质子数目的信息。

（3）偏共振去偶

质子偏共振去偶是采用一个比各种质子共振频率偏离几十到几百Hz的中等强度的射频场照射样品，这个频率的射频不足以使样品质子发生共振，但可以使偶合常数J_{CH}减小，即裂分峰的间距变小，但裂分峰形不变，还是符合$n+1$规律。

偏共振
去偶谱

该法采用双照射的方法，将质子去偶频率ν_2放在稍偏离^{1}H核共振区约100Hz处，产生不完全的^{1}H核去偶。这时^{13}C与^{1}H的偶合常数变小，由J变成J'，而多重裂分峰又不消失。J'与J有如下关系：

$$J' = J \cdot \frac{\Delta\nu}{\gamma B_2/2\pi} \tag{5-24}$$

式中，$\Delta\nu$为去偶频率与共振频率之差；γ为氢核的磁旋比；B_2为去偶频率的强度，T。

在仪器中$\Delta\nu$与$\frac{\gamma B_2}{2\pi}$的比例可以调整，一般$J' = J/10$。由于与^{13}C核直接相连的^{1}H核偶合最强，隔得越远的^{1}H核偶合越弱。上述偏共振去偶可消除弱的^{1}H核偶合，只保留与^{13}C直接相连的^{1}H核的偶合。此时，^{13}C谱峰的数目与所连接的^{1}H核的数目有关，且符合$n+1$

规律。据此，可依据谱峰数目判断出 $-\overset{|}{\underset{|}{C}}-$ 、 $-\overset{|}{\underset{|}{C}}-H$ 、 $-\overset{H}{\underset{|}{C}}-H$ 、 $-\overset{H}{\underset{H}{C}}-H$ 是否存在，如

图 5-43 所示。

由图 5-43 可知，除了两个处于高共振区的亚甲基 5、6 之外，其余所有 ^{13}C 核均属一级谱，很容易解析。

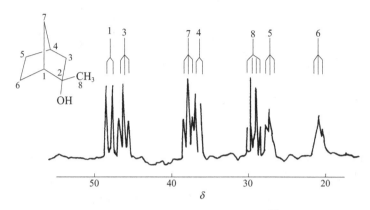

图 5-43　2-甲基二环[2.2.1]庚烷-2-醇偏共振去偶 ^{13}C 核磁共振波谱

(25.2 MHz，去偶频率中心距 TMS 的 $\delta = 2$，$\gamma B_2 / 2\pi = 2.1$ kHz)

采用偏共振去偶，既避免或降低了谱线间的重叠，具有较高的信噪比，又保留了与碳核直接相连的质子偶合信息。如 1,3-丁二醇的偏共振去偶 ^{13}C NMR 谱（图 5-44），碳骨架的峰位基本不变，但每个碳原子上直接相连质子的偶合裂分情况非常清晰，完全能够反映碳原子的类型。

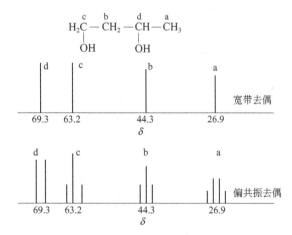

图 5-44　1,3-丁二醇的宽带去偶和偏共振去偶 ^{13}C NMR 谱

根据（$n+1$）规则，在偏共振去偶谱中，^{13}C 裂分为 n 重峰，表明它与（$n-1$）个质子直接相连，q、t、d、s 峰对应于伯、仲、叔、季碳，如图 5-45 所示。

目前，偏共振去偶基本上都被无畸变极化转移增强法（distortionless enhancement by polarization transfer，DEPT）所取代。DEPT 通过改变照射 ^{1}H 核的脉冲宽度（或者设定不

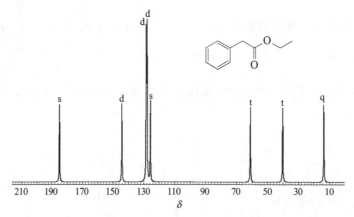

图 5-45 苯乙酸乙酯的偏共振去偶^{13}C NMR 谱

同的弛豫时间）使不同类型^{13}C 信号在谱图上呈单峰，并分别呈现正向峰或倒置峰，是^{13}C NMR 谱的一种常规测定方法。DEPT 主要有三种技术：DEPT45°、DEPT90°和 DEPT135°。

正常的宽带去偶谱只有单峰，给出所有碳原子的信息，包括伯、仲、叔、季碳原子。DEPT45°给出伯、仲、叔碳原子的正向单峰，与质子宽带去偶谱比较，可以确定季碳；DEPT90°给出叔碳（—CH）的正向单峰，其他信息都去掉了；DEPT135°给出伯、仲、叔碳原子的单峰，但伯碳—CH$_3$ 和叔碳—CH 是正向吸收峰，而仲碳—CH$_2$ —是负向吸收峰。如图 5-46 所示，为丙烯酸乙酯的宽带去偶谱和 DEPT 谱。宽带去偶谱上显示出四个单峰，对应五种碳原子，其中有两个碳原子（双键碳 CH$_2$=CH—）谱峰重叠。羰基碳的化学位移值最大，在 DEPT45°谱上羰基碳谱峰消失。在 DEPT90°谱上，只保留了叔碳（—CH）的正

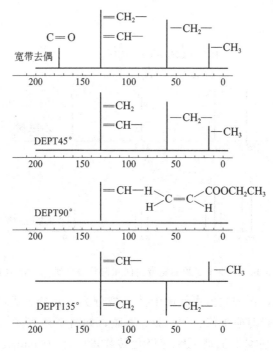

图 5-46 丙烯酸乙酯的宽带去偶谱和 DEPT 谱

向单峰。在 DEPT135°谱上，可以观察到两个—CH$_2$—的负峰，与正向的—CH 和—CH$_3$ 峰区分开来。需要注意的是在 ^{13}C NMR 谱中，峰高与 ^{13}C 的数目不成比例。

（4）选择性去偶

选择性去偶即异核双照射去偶，需先知道某一 ^{1}H 核的化学位移，选定一频率照射使该 ^{1}H 核产生共振，与之相连接的 ^{13}C 核被去偶而与共振峰合成一强单峰，具体实例如图 5-47 所示。

当照射 H3 时，得到图（a）中 C3 强单峰。当照射 H4 时，得到图（b）中的 C4 强单峰，这样，就很容易判断 C3 峰和 C4 峰的位置了。

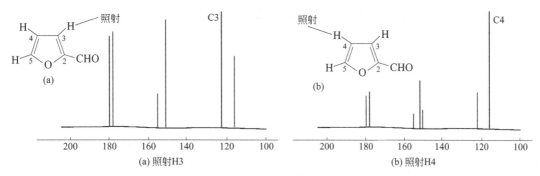

图 5-47 糠醛的选择性去偶 ^{13}C 核磁共振波谱

5.7.3 化学位移与分子结构的关系

5.7.3.1 影响 ^{13}C 的化学位移的主要因素

^{13}C 的化学位移（δ_C）是碳谱最重要的参数，它直接反映了被研究的碳原子所处的化学环境和种类。凡是会影响碳原子核外电子云密度的因素都会影响化学位移值，主要因素如下。

（1）碳原子的杂化类型

sp^3 杂化的碳原子处于高场区（0～70），sp 杂化的碳原子处于较低场（70～90），sp^2 杂化的碳原子处于低场区，其中烯烃的碳原子在 100～150，芳烃和取代芳烃的碳原子在 120～160，羰基碳则在 150～220。

（2）电子效应

碳原子与电负性强的取代基相连时，化学位移向低场移动，如甲烷碳的化学位移是 -2.3，氯代甲烷碳原子移动到 24.9，二氯甲烷碳在 54.0，三氯甲烷到了 77.5，四氯化碳则移动到 96.5。电负性取代基越多，位移越大。羰基碳因为和氧直接相连，碳原子处于缺电子状态，因此化学位移处于最低场。

当碳原子与推电子基团相连时，化学位移向高场移动。对于饱和的碳原子来说，化学位移值有如下关系：

$$C(\text{季碳}) > CH(\text{叔碳}) > CH_2(\text{仲碳}) > CH_3(\text{伯碳})$$

羰基碳与双键或苯环发生共轭时，羰基碳上的电子云密度增大，化学位移值向高场移动约 10。同样地，当共轭体系的共轭效应受阻时，羰基碳化学位移向低场移动，如：

诱导效应是通过化学键传递的，相隔的化学键增多时诱导效应迅速减弱。

（3）立体效应

立体效应主要是指基团的取代使 γ 位的碳原子 δ 值稍减小的现象（即其共振移向高场），也称 γ 效应。立体效应只对构象固定的分子有效。

与 X 相连的 α-、β-和 γ-碳如上所示，从构象图来看，当 X 与 γ-碳处于对位交叉状态时不存在 γ 效应，而当 X 与 γ-碳处于邻位交叉状态时，间隔最近，存在 γ 效应使化学位移 δ 值略微减小。

在取代环己烷构象中也存在类似的 γ 效应，如环己醇的羟基处于直立键时，存在 γ 效应，γ-碳化学位移值在 21；当羟基处于平伏键时，与 γ-碳处于对位交叉状态，不存在 γ 效应，化学位移值在 25.7。

（4）氢键效应

无论是分子内氢键还是分子间氢键作用，都使碳原子上电子云密度降低，屏蔽效应减小，化学位移值向低场移动。

（5）重原子效应（重卤素效应）

当碘、溴取代碳原子上的氢时，该碳原子 δ 值减小。这是因为重卤素原子具有很多电子，使得碳原子上电子云密度增加，屏蔽效应增强，其化学位移值移向高场。

5.7.3.2 各类有机化合物的 ^{13}C 化学位移

^{13}C 核磁共振波谱中的化学位移 δ_C 是一个重要的参数，它能充分反映有机化合物结构的特征。为了准确测定 ^{13}C 核的化学位移，需选定参考标准，目前常用 TMS 作标准，此时 $\delta_C=0$。也有用某些溶剂作标准的，它们的 δ_C 值见表 5-16。大多数有机化合物中 ^{13}C 的 δ_C 值为 0～240。表 5-17 列出了一些有机化合物中 ^{13}C 的化学位移值，其中各类结构中 ^{13}C 的 δ_C 值范围大致如下：烷烃 0～60；醚类 50～80；烯烃、芳烃 100～150；羰基类 150～220；有机金属化合物 220～240。

表 5-16　常用溶剂中 ^{13}C 的化学位移值

溶剂	δ_C	溶剂	δ_C	溶剂	δ_C
TMS	0	三氯甲烷	77.5	DMSO	40.5
环己烷	27.5	四氯化碳	96.0	氘代甲醇	49.0
丙酮(CH_3)	29.8	苯	128.5	二氧六环	67.4
二氯甲烷	54.0	乙酸(COOH)	178.4	DMF	30.1,35.2,167.7
二噁烷	67.4	二硫化碳	192.8		

表 5-17　常见基团中^{13}C 的化学位移值（TMS 为标准）

基团	δ_C	基团	δ_C
CH_3—X	−36(I)～35(Cl)	C=C（烯烃）	130～150
CH_3—P	−5～20	—H（芳环）	110～135
CH_3—S—	10～30	—C（取代芳环）	130～150
CH_3—C=O	20～30	CH=CH（杂芳环）	115～145
CH_3—N	30～47	—O—C≡N（氰酸酯）	110～120
CH_3—O—	40～60	—N=C=O（异氰酸酯）	115～135
—CH_2—X	−9(I)～52(Cl)	—S—C≡N（硫氰酸）	110～120
—CH_2—P	20～30	—N=C=S（异硫氰酸酯）	120～140
—CH_2—C=O	25～50	—C≡N（腈）	115～125
—CH_2—N	40～60	—N=C—（异腈）	150～160
—CH_2—O	40～70	C=N—（腙）	140～165
CH—X	12(I)～60(Cl)	$(RO)_2$C=O（碳酸酯）	150～160
CH—S—	35～55	C=N—OH（肟）	155～167
CH—N	48～65	—COOR（酯）	165～177
CH—O—	50～80	—CONHR（酰胺）	155～180
—C—X	32(I)～80(Cl)	—C=O—X（酰卤）	155(I)～185(Cl)
—C—S	55～70	—C=O—OH（羧酸）	160～185
—C—N	50～70	α-卤代醛	170～190
CH—O—	67～75	α,β-不饱和醛	175～195
—C—P	35～70	H—C=O（醛）	175～205
—C—C—	5～76	α-卤代酮	158～200
—C≡C—	70～100	α,β-不饱和酮	180～225

　　^{13}C 的化学位移受各种因素的影响，会发生一些改变。人们通过实验积累了大量的数据和资料，经过总结研究提出了一些经验计算式，以估算各类有机物中^{13}C 的化学位移，简介如下。

（1）饱和烷烃

饱和烷烃的碳属 sp^3 杂化，屏蔽效应较大，以 TMS 为标准，饱和烷烃的 δ_C 值范围在 $0\sim60$。

烷烃的结构单元：

其中，κ 位碳原子的化学位移 δ_C 可按下式计算

$$\delta_{C_\kappa} = A_n + \sum_{m=0}^{2} N_m^\alpha \alpha_{nm} + N^\gamma \gamma_n + N^\delta \delta_n \qquad (5\text{-}25)$$

式中，n 为连接在 κ 位碳原子上的氢原子数；m 为连接在 α-碳原子上的氢原子数；N_m^α 为 α 位置上 CH_m 基的个数（$m=0$、1、2，α 位上的 CH_3 不计算），N^γ、N^δ 分别表示 γ-、δ-碳原子的个数；A_n、α_{nm}、γ_n、δ_n 均为与 n、m 有关的参数，见表 5-18。

表 5-18　式(5-25) 中与 n、m 有关的参数

n	A_n	m	α_{nm}	γ_n	δ_n
		2	9.56		
3	6.80	1	17.83	-2.99	0.49
		0	25.48		
		2	9.75		
2	15.34	1	16.70	-2.69	0.25
		0	21.43		
		2	6.60		
1	23.46	1	11.14	-2.07	~0
		0	14.70		
		2	2.26		
0	27.77	1	3.96	$+0.86$	~0
		0	7.35		

例 5-12　计算 3-甲基庚烷中 C4 的化学位移值。

$$\begin{array}{c} \qquad\qquad\quad CH_3 \\ \qquad\qquad\quad | \\ CH_3 - CH_2 - CH - CH_2 - CH_2 - CH_2 - CH_3 \\ \ \,1 \quad\ \ 2 \quad\ \ 3 \quad\ \ 4 \quad\ \ 5 \quad\ \ 6 \quad\ \ 7 \end{array}$$

解： 对 C4 来说，$n=2$，$m=2$，$N_m^\alpha = N_2^\alpha = 1$，$N^\gamma = 2$，$N_m^\alpha = N_1^\alpha = 1$，则

$$\begin{aligned} \delta_{C_4} &= A_2 + 1\times\alpha_{2.2} + 1\times\alpha_{2.1} + 2\gamma_2 \\ &= 15.34 + 1\times9.75 + 1\times16.70 + 2\times(-2.69) \\ &= 36.41(\text{实测值}\ 36.5) \end{aligned}$$

上例说明计算值与实测值很接近。

（2）烯烃

烯烃的碳属 sp^2 杂化，以 TMS 为标准，δ_C 值范围为 $100\sim150$。

烯烃的结构单元

$$\underset{\gamma'\ \ \beta'\ \ \alpha'\ \ \ \ \ \ \kappa\ \ \ \alpha\ \ \ \beta\ \ \ \gamma}{-C-C-C=C-C-C-C-}$$

其中，C_κ 的 δ_{C_κ} 经验计算公式为

$$\delta_{C_\kappa} = 123.3 + \sum A_i + \sum A_i' + S \qquad (5\text{-}26)$$

式中，123.3 为乙烯 ^{13}C 的 δ_C 值；A 为 i 位取代基对 κ 位碳原子 δ_C 的影响；A_i' 为 κ 位碳原子的另一边取代基对 κ 位碳原子 δ_C 的影响；S 为校正项。取代烯烃碳化学位移经验参数见表 5-19。

表 5-19　取代烯烃碳化学位移参数（A_i'）

取代基	γ'	β'	α'	α	β	γ
C	1.5	−1.8	−7.9	10.6	7.2	−1.5
OH		−1			6	
OR		−1	−3.9	29	2	
OAc			−27	18		
C_6H_5			−11	12		
Cl		2	−6	3	−1	
Br		2	−1	−8	−0	
I			7	−38		
$COCH_3$			6	15		
CHO			13	13		
COOH			9	4		
COOR			7	6		
CN			15	−16		
$C(CH_3)_2$			−14	25		

注：$\underset{\gamma'}{-C}\underset{\beta'}{-C}\underset{\alpha'}{-C}\underset{\kappa}{-C}=\underset{\alpha}{C}\underset{\beta}{-C}\underset{\gamma}{-C}-C-$。

式(5-26)中的校正项 S 见表 5-20。

表 5-20　取代烯烃碳化学位移校正项（S）

	$\alpha\alpha$	$\alpha\alpha'$（顺式）	$\alpha\alpha'$（反式）	$\beta\beta$	$\alpha'\alpha'$	其余
S	−4.8	−1.1	0	2.3	2.5	约为 0

例如，计算以下顺式结构中 C3 的 δ_C 值。

$$\delta_{C_3}=123.3+10.6-7.9-1.1=124.9\text{（实测值 124.3）}$$

（3）芳烃

苯的 δ_C 值为 128.5，对取代苯 R 的情况可用下列经验公式计算：

$$\delta_{C_\kappa}=128.5+\sum_i A_{iR} \tag{5-27}$$

式中，A_{iR} 表示取代基 R 在苯环的 i 位置（C1、邻、间、对）对苯中 ^{13}C 化学位移的影响。各种取代基 R 的 A_i 值见表 5-21。

表 5-21　各种取代基的 A_i 值

R	A_i			
	C1	C_o	C_m	C_p
H	0	0	0	0
CH_3	9.3	0.6	0	−3.1
OH	29.6	−12.7	1.4	7.3

R	A_i			
	C1	C_o	C_m	C_p
CHO	7.5	0.7	−0.5	5.4
COOH	2.4	1.6	−0.1	4.8
$COCH_3$	9.1	0.1	0	4.2
$COOCH_3$	2.1	1.2	0	4.4
COCl	4.6	3	0.6	7
SH	2.2	0.7	0.4	−3.1
NO_2	19.6	−5.3	0.8	6.0
CN	−16.0	3.6	0.7	4.3
NH_2	19.2	−12.4	1.3	−9.5
F	34.8	−12.9	1.4	−4.5
Cl	6.4	0.2	1.0	−2.0
Br	−5.4	3.4	2.2	−1.0
I	−32.3	9.9	2.6	−0.4
OCH_3	31.4	−15.0	0.9	−8.1
$CH=CH_2$	10.2	−1.2	1.0	−0.3
CH_3-CH_2	15.6	−0.6	−0.1	−2.8

5.7.4　^{13}C NMR 谱图解析举例

^{13}C NMR 谱的解析可以参考以下步骤。

（1）鉴别谱图中的溶剂峰和杂质峰

核磁共振采用氘代试剂作溶剂，氘代试剂的碳原子均有相应的峰，这些峰化学位移相对稳定。如氘代氯仿在 77.0 左右表现出三重峰。d_6-DMSO 在 40.9 处出现多重峰。碳谱的溶剂峰和氢谱不同，氢谱中的溶剂峰是氘代不完全引起的，而在碳谱中溶剂的碳原子出峰是不可避免的。所幸的是，溶剂的弛豫时间性质的不同使其在碳谱中出现的峰强度比较低，容易辨认。同样，样品纯度不够时，还会有其他组分干扰。

碳谱谱图解析举例

（2）由分子式计算不饱和度

（3）分析分子的对称性

若碳谱上的谱线数目等于分子式中给出的碳原子数目，说明分子无对称性；若谱线数目小于分子式中碳原子的数目，则说明分子可能具有一定的对称性，导致某些碳原子谱峰重叠。

（4）根据化学位移值推测基团类型

如果碳原子化学位移值 $\delta > 200$，可能是醛、酮类化合物的羰基碳；如果靠近 160～170，则可能是连接有杂原子的羰基；化学位移值 δ 出现在 90～160，可能是不饱和碳原子，如苯环和烯烃（炔碳除外）；炔碳碳原子 δ 在 70～100；$\delta < 55$ 可能是饱和碳原子；饱和碳原子如果和氧、氮、氟等杂原子连接，δ 值可能会大于 55。

（5）碳原子级数的确定

由宽带去偶、偏共振去偶或 DEPT 谱来确定每个峰对应的碳原子是伯、仲、叔还是季碳原子，由此确定与该碳相连的氢原子数，得到各结构单元。如果由此得到的氢原子数目小于分子式中氢原子数，则可能有活泼氢存在，如—OH、—COOH、—NH_2、—NH—等。

（6）结构确定

由结构单元组合成可能的结构式，对碳谱进行指认，确定正确的结构。化合物结构复杂时，还需要结合其他谱（MS、^{1}H NMR、IR、UV）来综合解析。

例 5-13 某化合物分子式为 C_8H_{18}，在 100 MHz 下得到宽带去偶和偏共振去偶 ^{13}C 核磁共振波谱，见图 5-48，已知宽带去偶谱上 1～5 号峰化学位移分别为 53.14、31.06、30.11、25.48 和 24.64，试预测该化合物的结构，并计算出各 ^{13}C 的化学位移值。

解： 已知分子式 C_8H_{18}，计算不饱和度 Ω

$$\Omega = 1 + n_4 + \frac{1}{2}(n_3 - n_1) = 1 + 8 + \frac{1}{2} \times (-18) = 0$$

表明该化合物为一饱和碳氢化合物，分子中没有双键。从宽带去偶谱图可知，8 个碳原子只有 5 个谱峰，而且 3 峰与 4 峰特别高，说明分子中有几个碳原子的 δ_C 值相同，分子具有一定的对称性。在偏共振去偶谱图中，与宽带去偶谱图相对应的 1 峰为三重峰（示有 —CH$_2$—），2 峰为单峰（示有 $-\overset{|}{\underset{|}{C}}-$），3 峰为四重峰（强度较强，示有多个—CH$_3$），4 峰是四重峰（示有—CH$_3$），而 5 峰是二重峰（示有—CH—）。从上述 1～5 峰强度分析以及峰的裂分数目，已经可判断该化合物中有 1 个—CH$_2$—、1 个 $-\overset{|}{\underset{|}{C}}-$、多个—CH$_3$、1 个—CH，而亚甲基碳的 1 号峰在最左边，推测它处于 $-\overset{|}{\underset{|}{C}}-$ 和—CH 之间，具有多重 α 取代，才有可能化学位移最大。

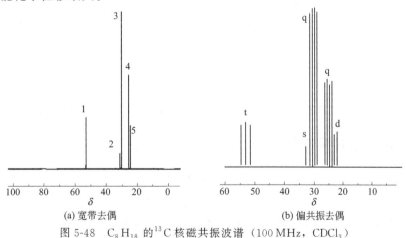

(a) 宽带去偶 　　　　　 (b) 偏共振去偶

图 5-48 　C_8H_{18} 的 ^{13}C 核磁共振波谱（100 MHz，CDCl$_3$）

根据分子式和已知的碳骨架，推测有叔丁基和异丙基结构，因此，可以推导出下列结构单位：

$$CH_3-\overset{\displaystyle CH_3}{\underset{\displaystyle CH_3}{C}}- \qquad -CH_2- \qquad \overset{\displaystyle CH_3}{\underset{\displaystyle CH_3}{CH}}-$$

由这三种结构单元只能连接成一种结构式，该化合物为 2,2,4-三甲基戊烷。

$$\underset{1}{CH_3}-\underset{2}{\overset{\displaystyle CH_3}{\underset{\displaystyle CH_3}{C}}}-\underset{3}{CH_2}-\underset{4}{\overset{\displaystyle CH_3}{CH}}-\underset{5}{CH_3}$$

按式(5-25)可计算各碳原子的化学位移，若选 C3 时，$n=2$，$m=1$，$m=0$，$N_1^\alpha=1$，$N_0^\alpha=0$，$N^\gamma=N^\delta=0$，$A_2=15.34$，$\alpha_{2,1}=16.70$，$\alpha_{2,0}=21.43$，则

$$\delta_C = A_2 + \alpha_{2.1} + \alpha_{2.0} = 15.34 + 16.70 + 21.43 = 53.47$$

同样，可计算出各碳原子的化学位移值，见表 5-22。计算值与实验值基本符合。

表 5-22　2,2,4-三甲基戊烷中各碳的化学位移值（δ_C）

碳	δ_C（计算值）	δ_C（实验值）	碳	δ_C（计算值）	δ_C（实验值）
1	30.27	30.11	4	23.85	24.64
2	31.75	31.06	5	23.11	25.48
3	53.47	53.14			

5.8　二维核磁共振波谱简介

二维核磁共振波谱（two-dimensional NMR spectroscopy，2D NMR）简称二维谱，可以看成是一维核磁共振谱的自然推广，在引入一个新的维数后必然会大大增加新的信息量，提高解决问题的新途径。

二维核磁共振（2D NMR）方法是 20 世纪 70 年代提出并发展起来的。NMR 一维谱的信号是一个频率的函数，共振峰分布在一个频率轴（或磁场）上，可记为 $S(\omega)$。而二维谱信号是两个独立频率（或磁场）变量的函数，记为 $S(\omega_1, \omega_2)$，共振信号分布在两个频率轴组成的平面上。也就是说 2D NMR 将化学位移、偶合常数等 NMR 参数在二维平面上展开，于是在一般一维谱中重叠在一个坐标轴上的信号，被分散到由两个独立的频率轴构成的平面上，使得图谱解析和寻找核之间的相互作用更为容易。

不同的二维 NMR 方法得到的图谱不同，两个坐标轴所代表的参数也不同。

5.8.1　二维核磁共振谱的分类

2D NMR 一般有二维 J 分解谱和二维相关谱两类。

二维 J 分解谱（J resolved spectroscopy）又称 J 谱或 δ-J 谱，是将不同的 NMR 信号分解在两个不同的轴上，使重叠在一起的一维谱的化学位移 δ 和偶合常数 J 分解在平面两个坐标上，用于把化学位移与自旋偶合的作用分辨开来，便于解析。二维 J 分解谱分为同核或异核 J 分解谱。

二维相关谱是检测核的自旋偶合及偶极相互作用等核自旋间的相互作用的，根据不同核的磁化之间转移的不同，二维相关谱可分为化学位移相关谱、多量子跃迁谱及化学交换/NOE 二维谱等种类。

化学位移相关谱（chemical shift spectroscosy）又称 δ-δ 相关。它能表征核磁共振信号的相关特性，是二维谱的核心。包括：同核相关谱、异核相关谱、NOE 相关谱。

多量子谱（multiple quantum spectroscopy）：跃迁时 Δm 为大于 1 的整数（常规 NMR 谱为单量子跃迁，$\Delta m = \pm 1$）。

5.8.2　二维核磁共振谱的表现形式

二维核磁共振谱的表现形式主要有两种：堆积图和平面等值（平面等高）线图，如图 5-49 和图 5-50 所示。

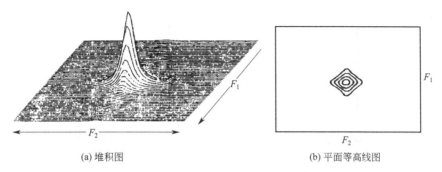

(a) 堆积图　　　　　　　　　　　　(b) 平面等高线图

图 5-49　$CHCl_3$ 的 H-H COSY 谱

堆积图是由许多条"一维"谱线紧密排列构成的。堆积图的优点是直观，有立体感。缺点是难以定出吸收峰的频率、容易丢失强峰后的小峰和作图费时费材。

等高线图相当于堆积图的横切面。优点是易于找出峰的频率，作图快。中心圈表示位置，圈数表示强度。

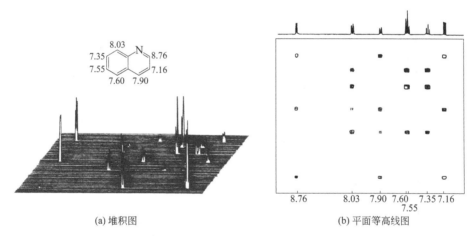

(a) 堆积图　　　　　　　　　　　　(b) 平面等高线图

图 5-50　喹啉的 H-H COSY 谱

一维谱（^1H NMR、D_2O 交换谱、^{13}C NMR 谱、DEPT 谱）虽然能提供许多重要信息，为解析有机化合物的结构起到了很重要的作用。但是对复杂化合物或结构未知的化合物要完全归属所有的 H、C 峰还是有困难的。

为了对常用二维谱解决结构问题的方法有一个大概的理解，下面首先对结构不是很复杂的化合物的常规一维谱作必要的分析（见图 5-51～图 5-55）。

茴拉西坦结构式

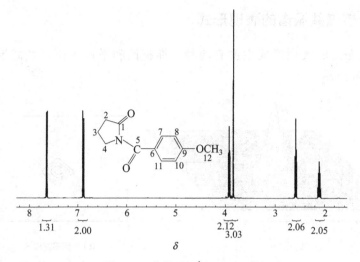

图 5-51　茴拉西坦 ^{1}H NMR 谱

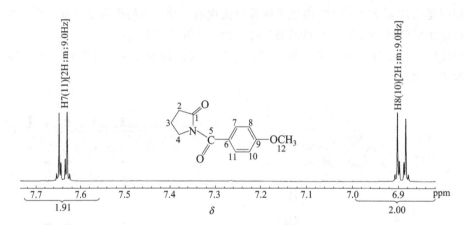

图 5-52　茴拉西坦 ^{1}H NMR 谱扩展 1

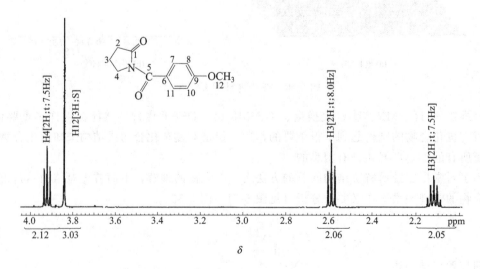

图 5-53　茴拉西坦 ^{1}H NMR 谱扩展 2

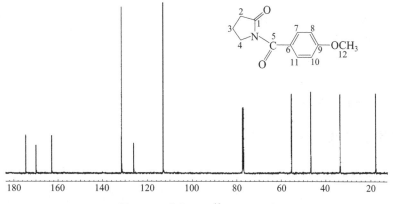

图 5-54 茴拉西坦 ^{13}C NMR 谱

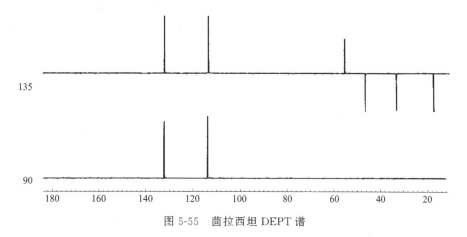

图 5-55 茴拉西坦 DEPT 谱

根据被检样品 ^{1}H NMR 谱中的化学位移、偶合裂分模式、偶合常数、积分值可以对各组峰给予明确的归属。

$\delta 7.640$ [2H；m；9.0 Hz]：H7(11)

$\delta 6.892$ [2H；m；9.0 Hz]：H8(10)

典型的对位取代苯特征共振吸收峰（AA$'$BB$'$自旋系统）。

$\delta 3.921$ [2H；t；7.5 Hz]：H4，受 H3 的偶合而裂分为三重峰（$^{2}J_{H-H} = 7.5$ Hz）

$\delta 2.588$ [2H；t；8.0 Hz]：H2，受 H3 的偶合而裂分为三重峰（$^{2}J_{H-H} = 7.5$ Hz）

$\delta 2.114$ [2H；t；7.5 Hz]：H3，同时受到 H2 和 H4 的偶合，由于 H2 和 H4 对 H3 的偶合常数相同，符合 $n+1$ 规律，裂分为五重峰。

$\delta 3.841$ [3H；S]：H12，典型的 OCH$_3$ 峰。

^{13}C NMR 谱给出 10 个碳共振吸收峰。

DEPT 谱表明有：

4 个季碳：$\delta 174.486$ [1C]、169.883 [1C]、162.769 [1C]、126.106 [1C]。

2 个 CH 碳：$\delta 131.569$ [2CH]、112.960 [2CH]，其强度为其他碳共振吸收峰的 2 倍以上，符合结构中 C7(11)、C8(10) 的特征。

3 个 CH$_2$ 碳：$\delta 46.482$ [1CH$_2$]、33.265 [1CH$_2$]、17.594 [1CH$_2$]。

1 个 CH$_3$ 碳：$\delta 55.246$ [1CH$_3$] 符合 C12 的位移特征。

问题：

① 还有更有效的方法能证实 H2、H3、H4 的偶合关系吗？

② 4 个季碳峰怎样归属？

③ 3 个—CH_2 碳原子怎样归属？

④ C—H 之间有什么关联吗？

⑤ 结构更复杂的谱图怎么办？

5.8.3　常用的二维核磁共振谱

（1）氢、氢同核二维 J 分解谱

同核二维 J 分解谱将 ^{1}H NMR 中重叠密集的谱线多重峰结构展开在一个二维平面上，可将偶合常数 J_{H-H} 与化学位移分别在 F_1、F_2 两个轴上给出。

A_2X_3 体系的同核二维 J 分解谱的原谱，在 F_1 轴上可得到 J 偶合信息，而在 F_2 轴上是化学位移和 J_{H-H} 同时出现。如 A_2 部分的质子为四个峰，X_3 部分为三重峰，如图 5-56 和图 5-57 所示。

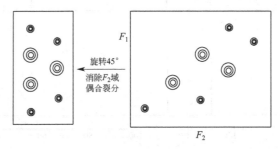

图 5-56　A_2X_3 体系（CH_2CH_3）的 [1]H-[1]H 二维 J 分解谱

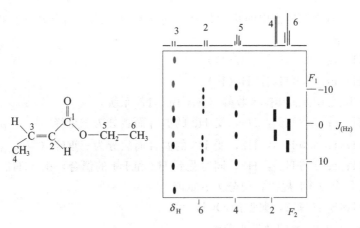

图 5-57　反式丙烯酸乙酯的 [1]H-[1]H 同核二维 J 分解谱

（2）异核碳、氢二维 J 分解谱

异核二维 J 分解谱中被测定的核的化学位移为一维，该种核与另一种核之间偶合的多重峰裂分为另一维。异核 [13]C-[1]H 2D J 分解核磁共振谱的 F_2 轴为 [13]C 化学位移 δ_C，F_1 轴为 [1]H 与 [13]C 的偶合常数 J_{C-H}。由于使用的脉冲序列不同，可以得到几种图谱。应用最多的为门控去偶 ^{13}C-^{1}H J 分解 2D NMR。此时 F_2 轴为 [13]C 的化学位移 δ_C，F_1 轴为 J_{C-H} 偶合

的多重峰，裂距为 $1/2J_{C-H}$。出峰情况是 CH 为二重峰，CH_2 为三重峰，CH_3 为四重峰，季碳单峰或不出峰，如图 5-58 所示。

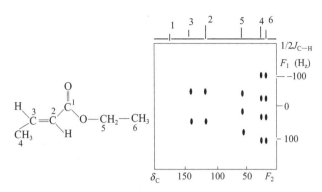

图 5-58 反式丙烯酸酯的 $^{13}C-^1H$ 2D J 分解谱

（3）氢-氢化学位移相关谱（$^1H-^1H$ COSY）

二维化学位移相关谱（correlation spectroscopy，COSY）是比二维 J 分解谱更重要更有用的方法。2D COSY 谱又分为同核和异核相关谱两种。相关谱的两维坐标 F_1 和 F_2 都表示化学位移。

$^1H-^1H$ COSY 是同一个偶合体系中质子之间的偶合相关谱。$^1H-^1H$ COSY 谱可以确定质子化学位移以及质子之间的偶合关系和连接顺序。

图上有两类峰，一类为对角峰（diagonal peak），它们处在坐标 $F_1 = F_2$ 的对角线上。对角峰在 F_1 或 F_2 上的投影得到常规的偶合谱或去偶谱。第二类为交叉峰（cross peak），它们不在对角线上，即坐标 $F_1 \neq F_2$。交叉峰显示了具有相同偶合常数的不同核之间的偶合。交叉峰有两组，分别出现在对角线两侧，并以对角线对称。这两组对角峰和交叉峰可以组成一个正方形，并且由此来推测这两组核 A(δ_A, δ_A) 和 X(δ_X, δ_X) 有偶合关系。如图 5-59 和图 5-60 所示。

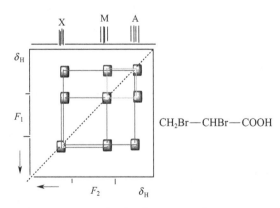

图 5-59 2,3-二溴丙酸的 AMX 体系 $^1H-^1H$ COSY 谱。F_1 和 F_2 皆为化学位移。

两组对角峰为对角线与两组交叉峰组成正方形，说明这两组质子有偶合。

2,3-二溴丙酸的碳上 3 个质子为 AMX 系统

从 5-60 可知，谱图中从左下角至右上角的线叫对角线，一维谱在对角线上的投影叫对

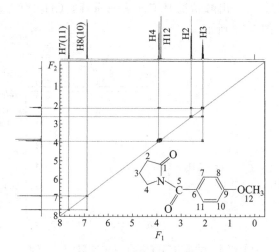

图 5-60 茴拉西坦 ^{1}H-^{1}H COSY 谱

角峰（自峰），与对角峰相交的峰称为交叉峰。两组对角峰能形成交叉峰表明两组峰有偶合关系，从左向右（或根据所能识别的特征峰）开始，可以依次找出相关峰或自旋系统。

$\delta 7.640$ [2H；m；9.0 Hz] 与 $\delta 6.892$ [2H；m；9.0 Hz] 相关。若已经归属 $\delta 7.640$ [2H；m；9.0 Hz] 为 H7(11)，则 $\delta 6.892$ [2H；m；9.0 Hz] 为 H8(10)。

$\delta 3.921$ [2H；t；7.5 Hz] 与 $\delta 2.114$ [2H；t；7.5 Hz] 相关，而 $\delta 2.114$ [2H；t；7.5 Hz] 又与 $\delta 2.588$ [2H；t；8.0 Hz] 相关。根据化学位移和偶合裂分特征，$\delta 3.921$ [2H；t；7.5 Hz] 应归属为 H4，所以 $\delta 2.114$ [2H；t；7.5 Hz]、$\delta 2.588$ [2H；t；8.0 Hz] 分别为 H3 和 H2。

（4）异核碳氢化学位移相关谱（^{13}C-^{1}H COSY 谱） **(若碳去偶，检测 H，简称为 HMQC 谱)**

^{13}C-^{1}H COSY 谱中 F_1 轴是 ^{1}H 化学位移 δ_H，F_2 轴是 ^{13}C 的化学位移 δ_C。得到的是直接相连的碳与氢（$^1J_{C-H}$）的偶合关系。从一个已知的 ^{1}H 信号，按照相关关系可以找到与之相连的 ^{13}C 信号；反之亦然。在 ^{13}C-^{1}H COSY 谱中，季碳没有信号。

若一个碳上有几个位移值不同的氢，则在谱图中该碳的 δ_C 处（即相同 F_2 坐标处）而不同的 δ_H 处（即不同的 F_1 坐标）出现几个信号；若一个碳上几个氢位移值相等，则只出现一个信号。如图 5-61 所示。

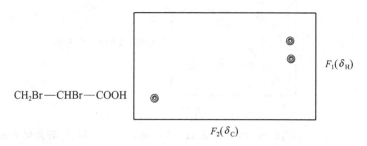

图 5-61 2,3-二溴丙酸的常规 ^{13}C-^{1}H COSY 谱

上述茴拉西坦若一维 H 谱的各峰已经得到归属，则通过 ^{13}C-^{1}H COSY 谱可以对相关的碳峰直接准确无误地进行归属（垂直相交）。

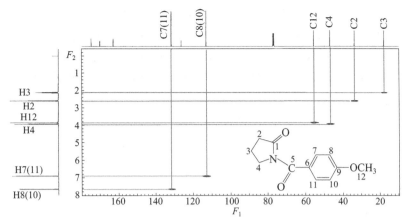

图 5-62　茴拉西坦^{13}C-^{1}H COSY 谱

根据图 5-62：

$\delta 131.569$ [2CH] 与 $\delta 7.640$ [2H；m；9.0 Hz] 相关，为 C7(11)。

$\delta 112.960$ [2CH] 与 $\delta 6.892$ [2H；m；9.0 Hz] 相关，为 C8(10)。

$\delta 46.482$ [1CH$_2$] 与 $\delta 3.921$ [2H；t；7.5 Hz] 相关，为 C4。

$\delta 33.265$ [1CH$_2$] 与 $\delta 2.588$ [2H；t；8.0 Hz] 相关，为 C2。

$\delta 55.246$ [1CH$_3$] 与 $\delta 3.841$ [3H；S] 相关，为 C12。

$\delta 17.594$ [1CH$_2$] 与 $\delta 2.114$ [2H；t；7.5 Hz] 相关，为 C3。

当然，若已经归属碳峰的条件下，同样可以通过碳氢相关谱对氢峰进行归属。

(5) 远程异核碳氢化学位移相关谱（远程^{13}C-^{1}H COSY 谱）（若碳去偶，检测 H，简称为 HMBC 谱）

建立在相隔 3(2) 根键的条件下的碳氢相关谱称为远程碳氢相关谱。远程 C—H COSY 谱能有效地解决季碳原子的归属问题。

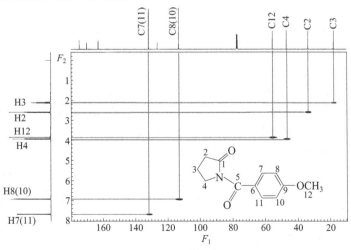

图 5-63　茴拉西坦远程^{13}C-^{1}H COSY 谱

根据图 5-63 和图 5-64：

$\delta 174.486$ [1C] 与 $\delta 3.921$ [2H；t]、$\delta 2.588$ [2H；t]，$\delta 2.114$ [2H；t] 远程相关，为 C1。

$\delta 169.883$ [1C] 与 $\delta 7.640$ [2H；m] 远程相关，为 C5。

$\delta 162.769$ [1C] 与 $\delta 7.640$ [2H；m] 和 $\delta 3.841$ [3H；s] 远程相关，为 C9。

$\delta126.106$ [1C] 与 $\delta6.892$ [2H；m；9.0Hz] 远程相关，为 C6。

$\delta46.482$ [1CH$_2$] 与 $\delta2.588$ [2H；t]、$\delta2.114$ [2H；t] 远程相关；C4。

$\delta33.265$ [1CH$_2$] 与 $\delta2.114$ [2H；t]、$\delta3.921$ [2H；t] 远程相关；C2。

$\delta17.594$ [1CH$_2$] 与 $\delta2.588$ [2H；t]、$\delta3.921$ [2H；t] 远程相关；C3。

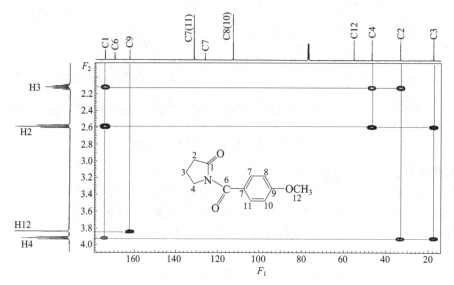

图 5-64　茴拉西坦远程 ^{13}C-^{1}H COSY 谱扩展

5.9　其他磁共振技术简介

（1）固体高分辨 NMR 谱

固体样品的 NMR 谱线比液体样品的 NMR 谱线宽得多。如冰的线宽为 105Hz，而液态水的线宽仅为 0.1Hz，这是由于固体样品中的核感受到各种"静"各向异性作用，这种作用在液体样品中可以通过分子的快速运动而平均掉。科学家们经过长期研究探索，采用高功率去偶、交叉极化和魔角旋转相结合技术，可以造成真实空间或自旋空间的快速运动而消除化学位移各向异性引起的谱线变宽。目前已有 ^{1}H 和 ^{13}C 固体高分辨技术。

（2）三维核磁共振

1D NMR 实验是通过预备期→（使体系恢复动态平衡）→激发（脉冲发射）→检出期（t），得到的信号（S）是含有一个时间变量的函数，记做 $S(t)$。经过傅里叶变换，得到频率域的 1D NMR 谱。

2D NMR 实验是通过预备期→发展期（t_1）→混合期→检出期（t_2），得到的信号（S）是含有两个时间变量的函数，记做 $S(t_1, t_2)$。经过两次傅里叶变换，得到频率域的 2D NMR 谱。2D NMR 可以提供详细的结构"照片"，也被誉为"溶液中的 X 射线衍射技术"。

3D NMR 实验是在 2D NMR 实验基础上发展起来的，是通过预备期→发展期（t_1）→混合期（1）→发展期（t_2）→混合期（2）→检出期（t_3），得到的信号（S）是含有三个时间变量的函数，记做 $S(t_1, t_2, t_3)$。经过三次傅里叶变换，得到频率域的 3D NMR 谱。3D NMR 主要用于生物大分子的序列指认，如蛋白质在溶液中的二级结构指认等。

（3）磁共振成像

磁共振成像是基于核磁共振基本原理，应用波谱技术获得有关分子的微观化学和物理信息。1975 年，Ernst 首先提出磁共振成像，1980 年，Edelstein 和他的研究小组实践了人体的成像，对于一个简单的成像仅需 5 min，1996 年成像时间降低至 5 s。改变不同的实验方式，可获得不同的图像。如质子密度像、T_1 的空间分布像和 T_2 的空间分布像已用于医疗诊断，确定肿瘤的大小和位置。

磁共振成像具有很高的分辨率和清晰度，不仅能清楚地显示大脑的组织结构，而且还可以用于研究大脑的功能。如化学位移成像可无创性定域检测脑组织中生物化学物质的含量，它可检测其他物质分子的质子或其他的核（如 ^{31}P、^{19}F、^{23}Na、^{39}K 等）的共振信号，并能在波谱图上清楚地显示出特定脑区域内一系列的化学物质及其含量。而这些化学物质及其含量与大脑的功能有关。如乳酸是葡萄糖的无氧代谢产物，正常状态时，它的含量很少，当局部脑血流不足或缺氧时，其含量会明显升高。

思考题

5-1 何谓核磁共振波谱？为什么 ^1H、^{13}C、^{19}F、^{31}P 能产生核磁共振？

5-2 ^1H 在何种情况下能产生回旋？^2H 能否产生回旋？

5-3 ^1H 产生核磁共振的条件是什么？

5-4 何谓核磁弛豫？它有哪几种类型？

5-5 为什么通常需将固体样品配制成液体进行 NMR 测量？

5-6 什么叫化学位移？它是如何产生的？应如何表示？

5-7 影响化学位移的因素主要有哪些？

5-8 苯环的上、下区与苯环平面为什么具有不同的屏蔽作用？在核磁共振波谱的测定中有何作用？

5-9 两种化合物 CH_3—H、 CH_3—$\overset{\displaystyle O}{\overset{\displaystyle \|}{C}}$—H 中 CH_3—化学位移有何差别？为什么会有差别？

5-10 用 400 MHz 核磁共振波谱仪记录得到一质子的共振吸收频率低于 TMS 质子吸收频率 2460 Hz，计算该质子的化学位移值。若使用 100 MHz 核磁共振波谱仪，其共振吸收频率为多少？

5-11 下列化合物中哪些 ^1H 核之间有自旋-偶合发生？当发生裂分时能出现几重峰？

（1）$CH_3CH_2—\overset{\displaystyle O}{\overset{\displaystyle \|}{C}}—CH_3$　　　　（2）$\langle\bigcirc\rangle$—CH_2—SH

（3）$\begin{matrix} HC—\overset{O}{\overset{\|}{C}}—OCH_2CH_3 \\ \| \\ HC—\underset{O}{\underset{\|}{C}}—OCH_2CH_3 \end{matrix}$　　　（4）$CH_3CH_2CH_2NO_2$

5-12 ^{13}C 核磁共振谱的检测灵敏度为何低于 ^1H 核磁共振谱？如何提高 ^{13}C 核磁共振谱的检测灵敏度？

5-13　^{13}C 核磁共振谱的化学位移与 ^1H 核磁共振谱有何差别？在解析谱图时有何优越性？

5-14　^{13}C 谱图有哪些常见的简化法？

习题

5-1　某化合物 $C_4H_8O_2$ 的 ^1H NMR 谱如图所示，出现三组谱峰，化学位移值分别为 1.3（3H，三重峰）、2.0（3H，单峰）和 4.1（2H，四重峰），试推测其结构。

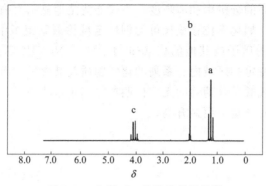

图 5-65　$C_4H_8O_2$ 的核磁共振氢谱

5-2　在某有机酸的钠盐中加入 D_2O，得到的 ^1H 核磁共振波谱中有两个强度相等的峰。试判断下列两种结构哪种正确。

（1）HOOC—C—CH—COOH 　　（2）HOOC—CH—CH—COOH
　　　　　　　C　　　　　　　　　　　　　　　C
　　　　　　CH₃　　　　　　　　　　　　　　CH₂

5-3　下列各化合物的 ^1H 核磁共振波谱如图 5-66（a）～（h）。溶剂均为 CCl_4，仪器 60 MHz，标准采用 TMS。推测各化合物结构。

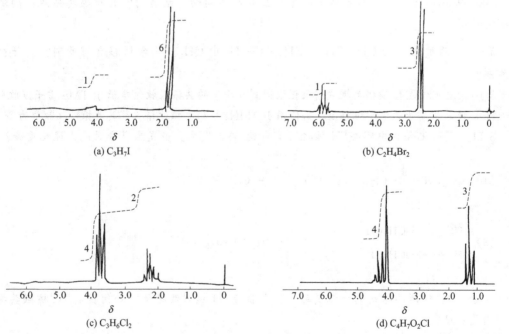

(a) C_3H_7I　　(b) $C_2H_4Br_2$　　(c) $C_3H_6Cl_2$　　(d) $C_4H_7O_2Cl$

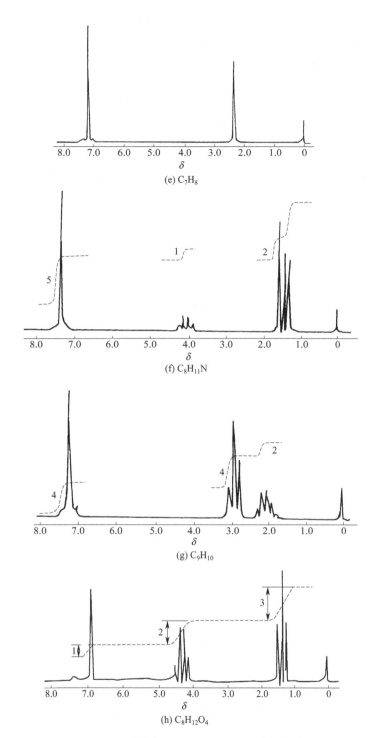

(e) C_7H_8

(f) $C_8H_{11}N$

(g) C_9H_{10}

(h) $C_8H_{12}O_4$

图 5-66　化合物 (a)～(h) 的核磁共振氢谱

5-4　某化合物的分子式为 C_3H_6O，其 ^1H 核磁共振波谱的三重峰中心处 $\delta=4.73$，多重峰中心处 $\delta=2.72$，积分面积比为 $4:2$，试解析该化合物的结构。

5-5　绘出下列各化合物的 ^1H 核磁共振波谱图，并表示出每组峰的相对强度。

(1) $\begin{array}{cc} CH_2-CH_2 \\ | \quad\quad | \\ OCH_3 \quad OCH_3 \end{array}$ (2) $\begin{array}{c} CH_3-CH-CH-CH_3 \\ \quad\quad | \quad\quad | \\ \quad\quad Br \quad Br \end{array}$

(3) 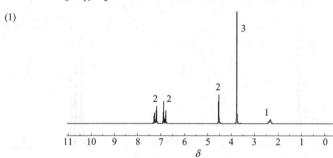环己烷结构 (4) 对二甲氨基苯甲醛结构

5-6 化合物分子式为 $C_8H_{10}O_2$，根据^{1}H 核磁共振谱图写出其结构式。

(1)

(2)

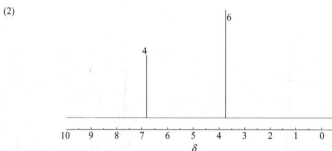

(3)

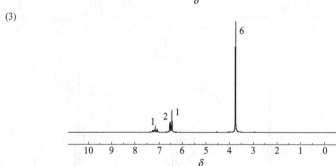

图 5-67 化合物 (1)～(3) 的核磁共振氢谱

5-7 某化合物分子式为 $C_4H_8O_2$，在 25.2 MHz 磁场中得宽带去偶^{13}C 核磁共振波谱图见图 5-68，图中只有 1 个峰，$\delta_C=67.12$。试推断该化合物的结构。

5-8 试计算 $CH_3-CH_2-CH_2-CH_2-CH_3$ 中 C1、C2、C3 的 δ_C 值。

5-9 某化合物分子式为 $C_4H_6O_2$，在 25.2 MHz 磁场中得宽带去偶和偏共振去偶^{13}C 核磁共振波谱图，如图 5-69。试推断该化合物结构。

5-10 ^{13}C 核磁共振波谱有何特点？在 1.4092 T 磁场中和 2.3487 T 磁场中^{13}C 核的吸收频率为多少？

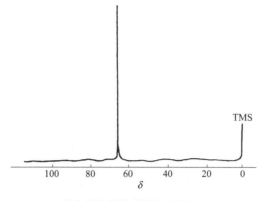

图 5-68 $C_4H_8O_2$ 的宽带去偶核磁共振碳谱（25.2 MHz，$CDCl_3$）

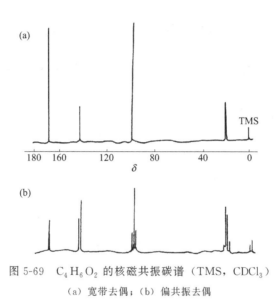

图 5-69 $C_4H_6O_2$ 的核磁共振碳谱（TMS，$CDCl_3$）

（a）宽带去偶；（b）偏共振去偶

5-11 某酯类化合物分子式为 $C_{14}H_{18}O_4$，其 ^{1}H NMR 和 ^{13}C NMR 谱如图 5-70 和图 5-71 所示，试推测该化合物的结构。

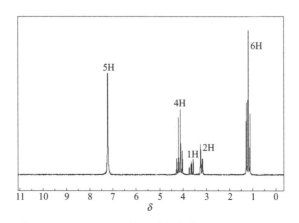

图 5-70 $C_{14}H_{18}O_4$ 的核磁共振氢谱（TMS，$CDCl_3$）

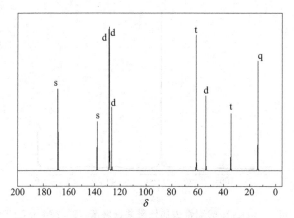

图 5-71　$C_{14}H_{18}O_4$ 的核磁共振碳谱（TMS，$CDCl_3$）

5-12　化合物 $(Cl_2CH)_3CH$ 的 ^1H 核磁共振谱属于几级谱图？试画出其核磁共振谱的示意图，并标出各组峰在谱图上的相对位置。

5-13　液体二烯酮 $C_4H_4O_2$ 的 ^1H 核磁共振谱中有两个强度相等的峰，试推测该化合物有何种结构。

5-14　指出下列化合物各属于何种自旋系统？

（1）$\overset{\displaystyle F}{\underset{\displaystyle F}{H-C-H}}$　（2）$\overset{\displaystyle H}{\underset{\displaystyle H}{H-C-OH}}$　（3）$\overset{\displaystyle H}{\underset{\displaystyle H}{H-C-}}\overset{\displaystyle H}{\underset{\displaystyle H}{C-NO_2}}$　（4）$\overset{H\quad\quad H}{\underset{H\quad\quad Cl}{C=C}}$

（5）苯$-CH_2CH_2-\overset{\displaystyle O}{C}-CH_3$　（6）水杨酸 $-COOH$，$-OH$，$-CH_3$ 取代苯环　（7）二氯代苯环

微信扫码
➤ 重难点讲解
➤ 课件
➤ 参考答案

《《《 第6章 》》》
质谱分析法

质谱技术对于化学和物理的发展起着重要的作用。质谱技术出现的初期仅供测定同位素之用。20世纪40年代后，开始应用于有机化合物结构的研究。自应用高分辨质谱仪器后，质谱分析向更精确的方向发展，特别是电子信息技术的引入，使质谱的解析工作大大加速，能迅速准确地推算出谱图中每个峰的元素组成。目前质谱法已广泛用于有机合成、石油化工、生物化学、天然产物、环境保护等研究领域，特别是色谱与质谱的联用，为复杂混合物的分离、鉴定提供了快速、有效的分析手段。

6.1 质谱分析法的基本知识

6.1.1 质谱分析法及其发展概况

气体分子或固体、液体的蒸气分子，在真空条件下，受到高能电子流的
轰击，首先失去一个外层价电子（也有可能失去一个以上），生成带一个正电
荷的阳离子。继续轰击使正离子的化学键有规律地断裂，产生带有不同电荷
和质量的碎片离子。碎片离子的种类及其含量与原来化合物的结构有关。如
果测定了这些离子的种类及其相对含量，就有可能确定未知物的化学组成及结构。

质谱分析
概述

质谱分析法（mass spectroscopy，MS）是一种与光谱并列的仪器分析方法，它通过对被测样品的分子电离后所产生的离子的质荷比（m/z）及其强度的测量来进行成分和结构分析。测量过程中，被测样品首先通过一定的电离方法产生带电离子，利用不同离子在电场或磁场中运动行为的不同，把带电离子按质荷比大小依次分开，并收集和记录就得到质谱。通过质谱分析，可以获得被分析样品的分子量、分子式、分子中同位素构成和分子结构等多方面的信息。

质谱分析法与紫外吸收光谱、红外光谱和核磁共振波谱不同，它不属于分子吸收光谱的范围，但在有机化合物结构鉴定中质谱灵敏度很高，鉴定的最小量可达 10^{-10} g，检出限可达 10^{-14} g，质谱法也是至今唯一可以确定分子量的方法，在高分辨率质谱仪中能够准确测定质量，而且可以确定化合物的化学式，这对于未知物的结构解析是至关重要的。

质谱技术的原理可以追溯到诺贝尔物理学奖得主 Wilhelm Wien 的工作，他于 1898 年发现带正电荷的离子在磁场中会发生偏转，为质谱的诞生提供了基本的理论基础。1912 年，诺贝尔物理学奖得主 Joseph John Thomson 和他的助手 Francis William Aston 制作了扇形磁场质谱计模型：使离子沿抛物线运行，将其轨迹记录到底片上，从而测定其精确质量。利用这个质谱仪的初步模型，他们通过实验首次发现了氖的两种同位素。1919 年，Francis William Aston 成功研制了第一台真正意义上的质谱仪，并相继研制出性能更高的第二和第三部，能够分辨一百分之一质量单位。借助这些具备电磁聚焦性能的质谱仪，他鉴别出至少 212 种天然同位素。1922 年，Francis William Aston 因采用质谱技术发现了同位素而获得诺贝尔化学奖。

早期的质谱仪仪器结构和探测手段都比较简单，主要是用来进行同位素测定和无机元素分析。20 世纪 40 年代以后高分辨质谱出现，并被用于有机化合物的结构分析。1942 年第一台单聚焦质谱仪商品化。20 世纪 60～70 年代，质谱与气相色谱或液相色谱联用显著提高了质谱仪分析混合物的能力，大大促进了天然有机化合物结构分析的发展。随后质谱在电离技术和分析技术上的发展和完善，使其在多个领域得到了广泛的应用，如制药、化学、环境、地质、能源、材料和空间研究等。计算机技术的应用也促进了质谱分析法的飞跃发展。

然而，即使在一些现代软电离质谱技术出现以后，质谱分析的分子量最高也只是在几千左右。直到 20 世纪 80 年代，日本学者田中耕一发现在样品中加入钴纳米离子与甘油混合物等基质，可辅助大分子完整地离子化成分子离子，可让大分子保持完整的结构进入质量分析器被检测，并于 1987 年利用该方法成功分析完整蛋白质分子的质谱图。此方法后来经过德国科学家 Micheal Karas 和 Franz Hillenkamp 进一步改良成为更实用的生物大分子分析技术，称为基质辅助激光解吸电离（matrix-assisted laser desorption ionization，MALDI）。2002 年，田中耕一与发展电喷雾电离（electrospray ionization，ESI）技术准确测量蛋白质分子质量的美国科学家 John Bennet Fenn 共同荣获诺贝尔化学奖，他们在生物大分子质谱分析领域的贡献得到肯定。MALDI 和 ESI 等质谱电离新技术的发明使得在 fmol（10^{-15}）乃至 amol（10^{-18}）水平检测分子量高达几十万的生物大分子成为可能，从而也开拓了生物质谱——质谱学一个崭新的研究领域。目前，生物质谱技术已经成为生命科学中的重要研究工具。

6.1.2　质谱分析法的基本原理

质谱仪的种类很多，其原理也不尽相同。现以单聚焦质谱仪为例，阐述质谱分析法的基本原理。如图 6-1(a) 所示，样品分子通过进样系统进入质谱仪，首先在电离系统中离子化，如采用高能电子来撞击气态样品分子，形成具有不同质量的带电离子。各种带电离子被高压电场加速，加速后的动能等于带电离子的势能：

$$\frac{1}{2}mv^2 = z \cdot E \qquad\qquad (6\text{-}1)$$

式中，m 为带电离子的质量；v 为离子被加速后运动的速度；z 为带电离子的电荷数；E 为外加电场电压。

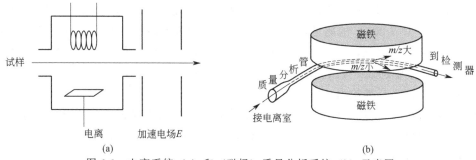

图 6-1　电离系统（a）和（磁场）质量分析系统（b）示意图

之后这些被加速的带电离子进入由电场和磁场组成的质量分析系统，如图 6-2(b)。由于受到磁场的作用，使带电离子偏离直线运动方向，开始做圆周运动，此时带电离子所受的向心力（即洛仑兹力）和圆周运动的离心力相等：

$$F_{离心力} = \frac{mv^2}{R} = F_{向心力} = B \cdot z \cdot v \tag{6-2}$$

离子束中速度较慢的带电离子通过电磁场后偏转大，速度快的偏转小，这样就使具有不同质荷比的带电离子聚焦在不同的点上。由式(6-1)和式(6-2)可以推导出离子质荷比与圆周运动的曲率半径 R 的关系：

$$\frac{m}{z} = \frac{B^2 R^2}{2E} \tag{6-3}$$

$$R = \sqrt{\frac{2E}{B^2} \times \frac{m}{z}} \tag{6-4}$$

可见离子圆周运动的曲率半径受外加电场电压 E、磁场强度 B 和离子的质荷比（m/z）三个因素的影响。如果固定曲率半径 R 不变，改变电场或磁场强度，每次只允许一种质荷比的离子通过出射狭缝，被离子捕集器收集，经放大器将信号放大，由记录器记录下以 m/z 为横坐标、以离子峰的强度为纵坐标的质谱图，如图 6-2 所示。图中每一条直线代表一种 m/z 的离子峰，峰越高表示形成的离子越多，因此谱峰的强度与离子的多少成正比。峰的强度以相对丰度（relative abundance，RA）或相对强度（relative intensity，RI）表示，它是以谱图中最强峰的峰高为 100%，分别计算其他峰的强度，该最强峰也称为基峰。如图 6-2 中，正辛烷的基峰为 43，114 处的峰刚好等于正辛烷的分子量，也称分子离子峰。

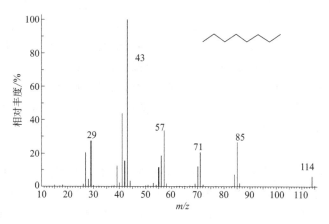

图 6-2　正辛烷的质谱图

在电离过程中，如采用高能电子轰击有机物分子，能量一般为 70 eV，但是使分子失去一个电子只需要 15～20 eV 的能量，剩余的能量足以把带电离子中不稳定的键打断，生成较小质量的碎片离子。因此，在质谱图中除了分子离子峰和基峰之外，还能观察到一系列碎片离子峰，如图 6-2 中的 85、71、57、29 等。电离产生的中性碎片不出峰，阴离子因向相反的方向高速运动而不易被检出，所以质谱一般是指正离子的质谱。

质谱可以进行纯物质的分子量测定、化学式确定及结构鉴定等。如果与一定的高效分离技术相结合，也可以作复杂混合物中各组分的分析。质谱检出的离子强度与离子数目成正比，通过离子强度测定可进行定量分析。

6.2 质谱仪及主要性能指标

6.2.1 质谱仪的基本结构

质谱仪的主要构造包括真空系统、进样系统、电离系统、质量分析系统和检测系统，如图 6-3 所示。

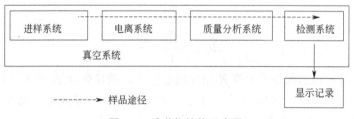

图 6-3 质谱仪结构示意图

（1）真空系统

由于质谱仪检测的是具有一定动能的分子离子或碎片离子的离子流，为了获得离子的良好分析，应避免离子与气体分子间发生碰撞而造成能量的损失。因此，质谱仪的离子产生及经过系统必须处于高真空状态，其中离子源的真空度应达到 $(1.333 \times 10^{-4}) \sim (1.333 \times 10^{-5})$ Pa，质量分析器中应达到 1.333×10^{-6} Pa。若真空度不够，则过量的氧会造成离子源灯丝损坏、本底增高、副反应过多，使图谱复杂化，干扰离子源的调节、加速及放电等。真空系统工作时，先由低真空泵将真空腔内的压强降低几个数量级，再接着用高真空泵将真空腔内的压强降到工作压强。低真空泵一般采用旋转机械泵；高真空泵一般采用高效率油扩散泵或涡轮分子泵。扩散泵性能稳定可靠，缺点是启动慢，从停机状态到仪器能正常工作所需时间长；涡轮分子泵则相反，仪器启动快，但使用寿命不如扩散泵。由于涡轮分子泵使用方便，没有油的扩散污染问题，因此，近年来生产的质谱仪大多使用涡轮分子泵。

（2）进样系统

进样系统的目的是高效重复地将样品引入到离子源中并且不会造成真空度的降低。常用的进样装置有三种类型：间歇式进样系统、直接探针进样系统、色谱进样系统等。

间歇式进样系统可用于气体、液体和中等蒸气压的固体样品进样。典型的设计如图 6-4所示，试样通过一个可拆卸式的试样管引入贮存器。进样系统处于低压强状态，加上贮存器带有加热炉，这样进入的试样就容易被气化。进样系统与离子源相比压强要大一些，样品通过分子漏隙的小孔以分子流的形式渗透进高真空度的离子源内。

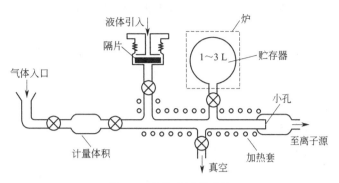

图 6-4　间歇式进样系统

对那些在间歇式进样系统的条件下无法变成的固体、热敏性固体及非挥发性液体的试样，可采用直接探针进样引入到离子源中，结构如图 6-5 所示。直接探针采用不锈钢杆，末端有一装样品的黄金杯（坩埚），通常将试样放入小杯中，通过真空闭锁装置将其引入离子源，可调节加热温度使样品气化。采用直接探针进样不需要让样品蒸气充满整个贮存器，样品用量少（可达 1×10^{-9} g），适合于高沸点液体或固体，可以对蒸气压较低的复杂有机物和有机金属化合物进行有效的分析，如甾族化合物、糖、双核苷酸和低分子量聚合物等。

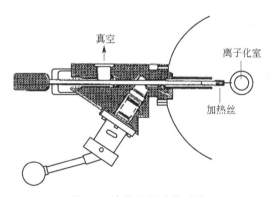

图 6-5　直接探针进样系统

色谱进样：样品经气相或液相色谱分离后通过接口进入质谱分析，进行多组分复杂混合物分析。

（3）电离源

电离源的功能是将进样系统引入的气态样品分子在很短时间（约 $1\,\mu s$）内转化成离子。由于离子化所需的能量随分子不同差异很大，因此，对于不同的分子应选择不同的电离方法。通常能给样品较大能量的电离方法称为硬电离法，如电子轰击电离；而给样品较小能量的电离方法为软电离法，如化学电离、场电离、场解吸等方法（详述见 6.2.2）。

（4）质量分析器

质谱仪的质量分析器位于离子源和检测器之间，依据不同方式将样品离子按质荷比（m/z）分开。由非磁性材料制成的质量分析器，管内抽真空达 10^{-6} Pa。当被加速的离子流进入质量分析器后，在磁场作用下，各种阳离子发生偏转。质量小的偏转大，质量大的偏转小，因而互相分开。当连续改变磁场强度或加速电压，各种阳离子将按 m/z 大小顺序依次到达收集极，产生的电流经放大后，由记录装置记录成质谱图。质量分析器的种类也很多，不同类型的质量分析器具有不同的特性和功能（详述见 6.2.3）。

（5）检测系统

质谱仪检测系统的作用是将离子束转变成电信号，并将信号放大，主要采用电子倍增器或渠道式电子倍增器阵列。电子倍增器如图 6-6 所示，包括一个铜铍等合金制作的阴极、多个打拿极和一个阳极。

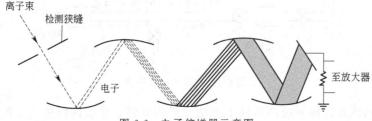

图 6-6　电子倍增器示意图

离子流撞击阴极打出二次电子，这些电子被加速，经过多个打拿极放大倍增，最终在阳极获得较大的响应电流。每个电子碰撞下一个打拿极时能喷射出 2～3 个电子，通常电子倍增器有 14 级放大，可大大提高检测灵敏度。由倍增器出来的电信号经计算机处理后就可以得到质谱图。

6.2.2　质谱电离方法

目前，没有单一种类的质谱电离方法可以适用于所有的分析需求，因此多种不同的电离方法已被开发应用于许多领域来解决化学分析的需求。常用的电离方法主要包括电子轰击电离、化学电离、场电离、场解吸、快原子轰击、基质辅助激光解吸电离、电喷雾电离、大气压化学电离等。这些电离方法在分析应用价值上各具独特之处，使用者可根据样品分子的物理化学特性选用适当的质谱电离方法。

离子源 1

离子源 2

（1）电子轰击电离

电子轰击电离法（electron impact，EI）是通用的电离法，是使用高能电子束从试样分子中撞出一个电子而产生正离子，即：

$$M + e^-（高速）\longrightarrow M^{+\cdot} + 2e^-（低速）$$

如图 6-1 所示，离子源内，用电加热锑或钨的灯丝到 2000 ℃，产生高速电子束。当气态试样进入电离室时，高速电子与分子发生碰撞导致样品分子的电离。当电子轰击源具有足够的能量时（70 eV），分子离子进一步发生键的断裂，形成大量的各种低质量数的碎片正离子和中性自由基。电子轰击电离源容易操作，使用最广泛，谱库最完整，而且电离效率高，缺点是分子离子峰强度较弱或不出现。

（2）化学电离

在质谱中可以获得样品的重要信息之一是其分子量。但经电子轰击产生的分子离子峰，往往不存在或其强度很低。必须采用比较温和的电离方法，其中之一就是化学电离法。化学电离法（chemical ionization，CI）是通过离子-分子反应来进行，而不是用强电子束进行电离。化学电离和电子轰击在结构上差不多，主体部件是共用的。最主要的差别在于化学电离源工作过程中要引进一种反应气体。反应气体可以是甲烷、异丁烷、氨等，反应气的量比样品气要大得多。以甲烷气为例，化学电离源一般在 $1.3 \times 10^2 \sim 1.3 \times 10^3$ Pa（现已发展为大气压下）压强下工作，其中充满甲烷气体，试样与甲烷的稀释比大约为 1：1000。首先 CH_4 在高能电子轰击下电离产生 $CH_4^{+\cdot}$ 和 CH_3^+：

$$CH_4 + e^- \longrightarrow CH_4^{+\cdot} + 2e^-$$

$$CH_4^{+\cdot} \longrightarrow CH_3^+ + H\cdot$$

$CH_4^{+\cdot}$ 和 CH_3^+ 很快与大量存在的 CH_4 分子发生反应产生 CH_5^+ 和 $C_2H_5^+$：

$$CH_4^{+\cdot} + CH_4 \longrightarrow CH_5^+ + CH_3\cdot$$

$$CH_3^+ + CH_4 \longrightarrow C_2H_5^+ + H_2$$

CH_5^+ 和 $C_2H_5^+$ 不再与中性甲烷进一步反应，当少量样品分子（XH）进入离子源后，XH 会与 CH_5^+ 和 $C_2H_5^+$ 发生如下反应得到或失去一个氢形成 XH_2^+ 或 X^+，然后再进一步裂解，产生碎片离子峰：

$$CH_5^+ + XH \longrightarrow XH_2^+ + CH_4$$

$$C_2H_5^+ + XH \longrightarrow X^+ + C_2H_6$$

所以采用化学电离源容易得到（M+H）或（M−H）的准分子离子峰。

化学电离源电离能小，质谱峰数比较少，图谱简单，准分子离子峰强度大，可以提供分子量的重要信息。但 CI 得到的质谱不是标准质谱，不能进行库检索。气相色谱-质谱联用仪也常用 EI 和 CI 源，它们适用于易气化的有机物样品分析。

（3）场电离和场解吸

应用强电场也可以诱发样品电离。如图 6-7 所示，场电离（field ionization，FD）源由两个间距很小的针状电极组成，电压梯度约为 $10^7 \sim 10^8$ V·cm^{-1}。流经电极之间的样品分子由于价电子的量子隧道效应而发生电离。分子的电子被电极微针"萃出"，分子本身很少发生振动或转动，因而分子的碎片少。电离后产生的正离子被阳极排斥出离子化室并加速经过狭缝进入质量分析器。场离子化是一种温和的离子化技术，分子离子峰很强，但产生的碎片又少，能够提供的分子结构信息也比较少，所以应用有限。

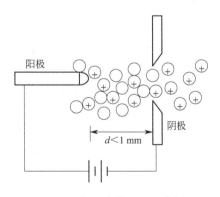

图 6-7　场电离的原理示意图

场解吸（field desorption，FD）的原理与场电离接近，但样品是被沉积在电极上，在电场的作用下（或再温和加热），样品分子不经气化而直接得到准分子离子。为增加离子的产率，电极上有很多微针。解吸试样分子所需能量远低于气化所需能量，因而有机化合物不会发生热分解，即使热稳定性差的试样仍能得到很好的分子离子峰。场解吸适合于难气化的、热不稳定的样品，如肽类化合物、糖、高聚物、有机酸的盐、有机金属化合物等。场解吸获得的质谱中准分子离子峰强，碎片离子很少，谱图最为简单。

（4）快原子轰击

快原子轰击（fast atom bombardment，FAB）是 20 世纪 80 年代以来应用非常广泛的一种软电离技术。它是将样品置于涂有底物基质（如甘油、硫代甘油、3-硝基苄醇等）的靶上，靶材为铜质，然后用中性快速氩原子流打在样品上使其电离，进入真空中，并在电场作用下进入质量分析器，如图 6-8 所示。

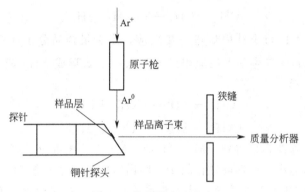

图 6-8　快原子轰击电离

中性快速氩原子的获得是首先将氩气在电离室电离，再加速成为高能氩离子，然后在原子枪内进行电荷交换反应，转变成高能氩原子。快原子轰击的电离过程中不必加热气化，因此适合于分析分子量大、难气化、热稳定性差、极性强的样品，如氨基酸、多肽、糖类等。快原子轰击串联质谱技术（FAB-MS/MS）能够提供样品更为详细的分子结构信息。

（5）基质辅助激光解吸电离质谱技术

基质辅助激光解吸电离质谱技术（matrix-assisted laser desorption ionization mass spectrometry，MALDI-MS）是采用小分子有机物作为辅助的基质，将分析物均匀分散在基质分子中，并干燥形成晶体或半晶体进入离子源。采用一定波长的脉冲激光照射时，基质分子能够有效地吸收辐射能量，导致能量蓄积并迅速产热，使基质晶体升华，瞬间由固态转变为气态，基质离子与样品相互碰撞使样品分子发生离子化。常用的基质分子有 2,5-二羟基苯甲酸、芥子酸、烟酸、α-氰基-4-羟基肉桂酸等。MALDAI 所产生的质谱图多为单电荷离子，因而质谱图中的离子与多肽和蛋白质的质量有一一对应关系。

MALDI 是一种软电离技术，得到的质谱特点是准分子离子峰很强，碎片离子峰很少，能直接测定难以电离的样品。MALDI 与飞行时间检测器相结合的 MALDI-TOF-MS，具有极高的灵敏度和精确度，常用来检测生物大分子，如蛋白质、多肽、核酸和多糖等。

（6）电喷雾电离

电喷雾电离（electrospray ionization，ESI）常用于液相色谱-质谱联用仪（LC-MS），既可以作为仪器之间的接口，又可以作为电离装置。如图 6-9 所示，液相色谱与质谱的接口是一个多层套管组成的喷嘴，流出液经内层的毛细管流出，外层走喷射气（一般采用氮气），使流出液变成喷雾。在毛细管出口处施加一个高电压，强的电场使喷射出来的喷雾带电。喷嘴前方还有一个补助气喷嘴（也采用氮气），在喷嘴前方形成一个"气帘"。这个"气帘"起到三方面的作用：使小液滴进一步雾化；加速小液滴中溶剂的蒸发；阻止中性溶剂分子进入进样孔。随着溶剂的迅速蒸发，这些小液滴直径变小，而表面的电荷密度迅速增大，当达到Rayleigh（瑞利）极限时，液滴就会发生裂变，生成更小的液滴，再次达到Rayleigh极限时，再一次发生裂变，这样溶剂从小液滴中几乎全部蒸发，就形成了分子离子或准分子离子，进入进样孔，如图6-10。一般来说，喷嘴和进样孔不是正好在一条直线上，而是错开一定角度，以防堵塞。这样形成的离子不是碎片离子，而是带一个或多个电荷的离子。

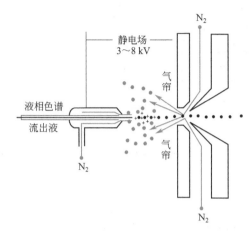

图 6-9　电喷雾电离装置示意图

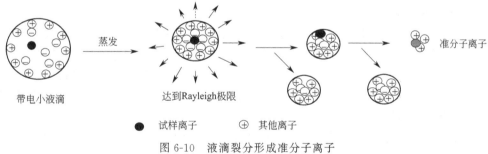

图 6-10　液滴裂分形成准分子离子

　　电喷雾电离属于大气压电离中的一种技术，是软电离，适合极性强、稳定性差、分子量大的化合物分析，例如蛋白质、糖类、多肽等。采用电喷雾电离源的质谱也称电喷雾质谱，电喷雾质谱很容易形成多电荷的离子，这样就可以使被分析物的 m/z 降低到多数质量分析仪器都可以检测的范围，大大拓展了分子量的测量范围，特别是和液相色谱相结合，完全可以达到检测这些生物大分子的目的，分子量可由 m/z 和电荷数计算出来。

（7）大气压化学电离

　　大气压化学电离（atmospheric pressure chemical ionization，APCI）质谱技术的仪器结构如图6-11所示，与电喷雾电离类似，产生热的喷雾，不同之处在于 APCI 喷嘴和进样孔之间的下端放置了一个针状的放电电极，通过放电电极的高压放电，使空气中某些中性分子电离，产生 H_3O^+、N_2^+、O_2^+ 和 O^+ 等，这个过程中溶剂分子也会被电离。这些离子与分析物分子发生离子-分子反应，使分析物分子离子化。

　　ESI 不能使中等极性的样品产生足够多的离子，而大气压化学电离源则适用于热稳定的

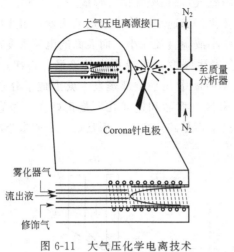

质量分析器1

质量分析器2

图 6-11　大气压化学电离技术

中等极性化合物的分析，与 ESI 也存在一个互补。APCI 也常用于液相色谱-质谱联用。

6.2.3　质量分析器

质量分析器是质谱仪的核心，它的功能是将离子源中产生的样品离子按质荷比的大小进行分离。目前应用较多的质量分析器主要包括：扇形磁质量分析器、飞行时间质量分析器、四极杆质量分析器、离子阱质量分析器和离子回旋共振质量分析器等。

（1）扇形磁质量分析器

质谱中最常用的分析器之一就是扇形磁质量分析器。单聚焦和双聚焦质谱仪都要用到扇形磁质量分析器。电离源过来的高速离子进入扇形区后，固定加速电压和扇形磁场的曲率半径，连续改变磁场强度，就可以让不同 m/z 的离子依次通过狭缝被检测记录。只采用一个扇形磁场进行质量分析的质谱仪是单聚焦质谱仪，分辨率最多可达 5000，一般只用于同位素质谱仪和气体质谱仪。

单聚焦质谱仪不能克服离子初始能量分散对分辨率造成的影响，所以分辨率低。即离子源产生的离子中，质量相同的离子碎片初始能量不完全相同，经过扇形磁场后其偏转半径也有一定的差别，这样就使得相邻两种质量的离子峰很难分开，从而降低了分辨率。为了克服离子能量分散的问题，通常在扇形磁场前面增加一个扇形的电场。该电场对离子产生的能量色散作用与后面的磁场对离子产生的能量色散作用刚好数值相等，方向相反，两者配合就能实现能量聚焦。因此，质量相同的离子，即使初始能量不完全相等，经过电场和磁场后就能会聚到同一点。扇形电场和扇形磁场都具有方向聚焦的作用，即相同质量和能量的离子如果进入电场或磁场时角度比较发散，经过电场和磁场的偏转后都能会聚到一点。而扇形磁场还有一个作用是质量色散，将不同质量的离子分离开，而电场则不具备这一能力。经过如图 6-12 所示的电场和磁场后，就能实现离子的方向聚焦、能量聚焦和质量色散。这种利用电场和磁场进行方向聚焦和能量聚焦来共同实现质量分离的质谱仪叫双聚焦质谱仪。一般商品化的双聚焦质谱仪分辨率可达 150000。

（2）飞行时间质量分析器

飞行时间（time-of-flight，TOF）质量分析器是利用具有相同能量、不同荷质比（m/z）

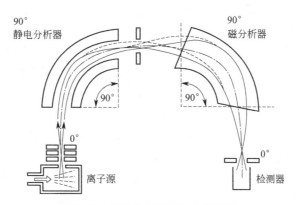

图 6-12　双聚焦质谱仪结构示意图

的离子由于飞行速度不同，经过相同距离的无场空间飞行后到达离子探测器的时间存在差异，从而实现分离，是一种非磁性分离。飞行时间质量分析器的主要部分是一个离子漂移管。如图 6-13 所示，离子在一负脉冲（−270 V）作用下，加速进入电离室电离形成正离子，正离子在−2.8 kV 的负高压引力作用下加速，以一定的速度进入长度约为 1 m 的无场管内漂移，到达检测器的时间为：

$$t = \frac{L}{v} = L\sqrt{\frac{m}{2zE}} \tag{6-5}$$

式中，L 为漂移距离；m 为离子的质量；z 为离子的电荷量；E 为离子加速电压。

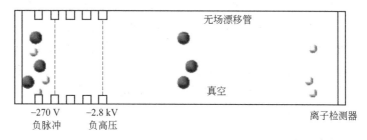

图 6-13　飞行时间质量分析器的原理示意图

　　可见，离子在漂移管中飞行的时间与质荷比的平方根成正比。也就是说，能量相同的离子，质荷比越大，达到检测器所用的时间越长，质荷比越小，所用时间越短，从而把不同质荷比的离子分开。适当增加漂移管的长度还可以增加质谱仪的分辨率。

　　飞行时间质谱与传统质谱相比存在两个明显的优势：一是利用飞行时间将离子分开，不需要作电场或磁场的扫描，对质荷比没有限制，检测速度很快；二是电离产生的离子没有经过筛选，基本上全部都能到达检测器，传输效率很高，对提高灵敏度有利。但由此也带来了一些问题，离子进入漂移管前存在时间、空间和能量分散，这样，即使是质量相同的离子，达到检测器的时间也不相同，因而分辨率较低，第一台成型的飞行时间质谱仪分辨率仅有 2 左右。

　　到了 20 世纪 80 年代中期，随着有机和生物分子分析的需求增长，传统的电离方式得不到理想的谱图，特别是分子量高的生物分子，需要高强度的电场或磁场，这也为飞行时间质谱的发展提供了契机。随着激光脉冲电离方式、离子延迟引出技术和离子反射技术的发展，在很大程度上克服了时间、空间和能量分散的问题，分辨率大大提高，现在的飞行时间质谱仪分辨率可达 20000 以上，采用激光辅助的反射型 TOF-MS，分辨率可达 35000。

脉冲激光技术主要包括适合痕量金属元素分析的共振激光离子化（RI）、用于复杂有机物选择性离子化的共振加强单/多光子离子化（RES/MPI）以及用于生物大分子分析的基质辅助激光解吸电离（MALDI）等。特别是 MALDI，对于热不稳定的生物大分子可实现无碎片离子化，分析灵敏度高，分析时间短，已经成为基因组学和蛋白组研究的重要手段之一。在样品分析中，对于相对较纯的和难溶解的样品，一般采用脉冲激光电离技术，而对于复杂体系而且极性较大的样品，可以与液相色谱或毛细管电泳等分离技术联用，结合电喷雾或大气压化学电离技术作复杂体系未知化合物的鉴定。

采用时间延迟聚焦（time-lag focusing）技术可以减少气体离子能量分散的问题，采用表面解吸技术可以减少固体表面离子能量分散的影响，也就提高了分辨率。增加离子的飞行时间无疑能够提高仪器的分辨率，因此出现了各种改进离子飞行轨道的技术，最有效的方法是让离子在同一区域内作循环飞行，如采用环形质量分析器，让离子绕环形轨道飞行数圈；折叠式质量分析器，采用多次反射技术使离子往返飞行。循环飞行的次数越多，分辨率越高。

飞行时间质谱以其宽的质荷比检测范围、高的灵敏度和极快的检测速度，在生命科学、分析化学、表面科学等诸多领域发挥了重要作用。

（3）四极杆质量分析器

四极杆质量分析器是四极杆质谱仪的重要组成部件，如图 6-14 所示。在离子源中，加热的灯丝发出电子，被加速后进入离子化室，向电子收集极高速运动。样品分子进入离子源后与高能电子碰撞，发生电离产生正离子，并加速进入四极杆质量分析器。四极杆分析器由四根棒状镀金陶瓷（或钼合金）电极组成，相对的两根电极间加有正的电压（$V_{dc}+V_{rf}$），另外两根电极间加有负的电压 $-(V_{dc}+V_{rf})$。其中 V_{dc} 部分为直流电压，V_{rf} 部分为高频电压，两者的幅值保持一定比值（约为 1∶6）。四个棒状电极形成一个高频和直流组成的四极电场，其质量分离原理是基于不同质荷比的离子在四极电场中运动轨迹稳定与否来实现的。

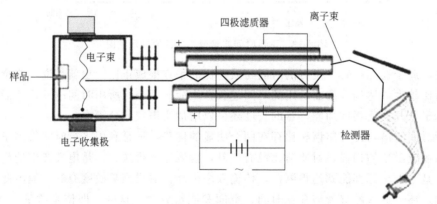

图 6-14　四极杆质谱仪的结构示意图

离子在四极电场中受到强聚焦作用，这个回复力将离子向四极杆质量分析器的中心轴聚焦。离子的运动在数学上可以用二阶线性微分方程，即 Mathieu 方程的解来描述。当直流电压和高频电压都比较低时，低质量的离子在四极电场中运动轨迹稳定（有界），且振动幅度小于四极电场半径，所以可以穿过四极杆中的通道，到达离子收集极上，称共振离子。而其他的碎片离子由于振动幅度较大，撞击到四极杆上，被真空泵抽出，不能到达检测器，称非共振离子，如图 6-15 所示。当直流电压和高频电压由小逐渐变大时，碎片离子按照质量从小到大的顺序依次通过分析器到达收集极，达到质量分析的目的。

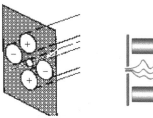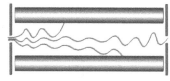

图 6-15　离子在四极电场中的运动

四极杆质谱采用四极杆代替了笨重的电磁铁，所以体积小、质量轻；仪器的传输效率较高，入射离子的动能或角发散影响不大；四极杆质谱扫描速度快，可通过调节电参量实现仪器灵敏度和分辨本领的调整；能够检测的质量范围一般在 1000 以内，最大可以达到 4000。四极杆质谱是目前最成熟、应用最广泛的小型质谱计之一。

（4）离子阱质量分析器

离子阱与四极杆质量分析器的原理很相似，如果将四极杆质量分析器的两端也施加电场，就会形成一个三维的四极场，离子在来自 x、y、z 三个方向电场力共同作用下能够较长时间待在稳定区域，就像一个电场势阱，称为离子阱或四极杆离子阱。离子阱质谱仪也是利用离子在四极电场中的特定运动特性，四极杆质量分析器是选择性地使某一 m/z 的离子通过，离子阱则是选择性地将某一 m/z 的离子激发出四极场，到达检测器。离子阱质量分析器的结构包括中间的环形电极和上下两个端盖电极。电极之间以绝缘隔开，其中两个端盖电极是等电位的，端盖电极上有小孔，以进入和排出样品离子。离子阱既能直接用于不同质荷比离子的检测，又能用于时间上的串联质谱。

离子在离子阱中的运动有稳定和不稳定两种情况。处于稳定区的离子运动幅度不大，能长期储存在离子阱中；处于稳定区之外的离子运动幅度过大，会与环电极或端盖电极相碰撞，因而消亡。通过设定实验参数，可以使稳定区的离子按照质荷比从小到大的顺序逐次由端盖电极上的小孔排出而被记录，由此得到质谱数据。

离子阱质量分析器具有许多独特的优点，如体积较小，价格相对低廉，能耐受高压，广泛用于色谱-质谱联用和串联质谱。离子阱质谱仪可检测的质量范围可达到 6000。

（5）傅里叶变换-离子回旋共振质量分析器

离子回旋共振（ion cyclotron resonance，ICR）质量分析器的基本原理（见图 6-16）与核磁共振有些类似，离子在均匀磁场（一般由超导磁体产生）中做回旋运动，其运动的频率、半径、速度和能量是离子质荷比及磁场强度的函数。在与磁场垂直的方向施加一个射频场时，如果射频场产生的辐射频率刚好等于离子的回旋频率，离子就会吸收这部分能量，产生共振，即离子将被同相位加速到一较大的半径回旋，在电极上产生感应电流信号。不同质荷比的离子发生共振需要的射频频率不同，可以采用一定的射频宽度使所有质荷比的离子同时被激发，发生共振，记录检测信号，再经过一个傅里叶变换，将时域图转换为频域图，就得到常见的质谱图。

傅里叶变换离子回旋共振质谱是离子回旋共振波谱法与现代计算机技术相结合的产物，可检测的质量氛围可以达到 5 万，适用于生物大分子质谱分析。它的特点是：分辨率高，扫描速度快，灵敏度高，质量范围宽，便于实现串联质谱分析，便于与色谱仪器联用。

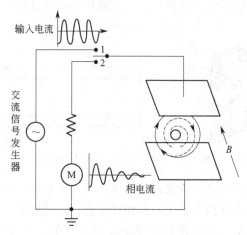

图 6-16　离子回旋共振质量分析器原理

6.2.4　质谱仪的分类及质谱性能指标

检测器及质
谱性能指标

质谱仪种类繁多，工作原理和应用范围也有很大的区别。从不同的角度，有不同的分类方法。

从质谱仪所用的质量分析器的不同，可以把质谱仪分为单聚焦质谱仪、双聚焦质谱仪、四极杆质谱仪、飞行时间质谱仪、离子阱质谱仪等。

从分析对象或应用的角度，可以将质谱仪分为：有机与生物质谱仪、无机质谱仪、同位素质谱仪和气体分析质谱仪。其中数量最多，应用最广泛的还是有机质谱仪。生物质谱是有机质谱仪中的一支新秀，随着 20 世纪 80 年代末电喷雾质谱和基质辅助激光解吸电离两项技术的诞生，传统的质谱技术发生了历史性的变革，研究对象从传统的小分子拓展到分子量高达几万到几十万的生物大分子，也因此形成了独特的生物质谱技术。

随着一些新的电离技术的发展，质谱仪也有不同的称呼，如快原子轰击质谱仪（FAB-MS）、电喷雾质谱仪（ESI-MS）、基质辅助激光解吸飞行时间质谱仪（MALDI-TOF-MS）等。

质谱与其他分离分析技术的联用也形成了一些新的分析技术，如气相色谱-质谱联用（GC-MS）、液相色谱-质谱联用（LC-MS）、多级质谱联用（MS/MS 或 MS^n）、毛细管电泳-质谱联用技术（CE-MS）、色谱/光谱/质谱联用技术、微流控电泳芯片/生物质谱联用技术等。

一台质谱仪的好坏有几个衡量指标，一是质量测定范围，即质谱仪所能测定的离子质荷比的范围或分子量范围，质量范围的大小主要取决于质量分析器的类型；二是质量稳定性，即一定时间内质量漂移情况；三是质量精度，即质量测定的精确程度，常用相对百分比表示，对高分辨质谱仪是一项重要指标，但对低分辨质谱仪没有太大意义；四是灵敏度，可以用绝对灵敏度（仪器可检测的最小试样量）、相对灵敏度（仪器可同时检测的大、小组分的含量比）、分析灵敏度（输入试样量与输出信号比）来表示；五是质谱仪的分辨率，即对质量非常接近的两种离子的分辨能力，定义为两个相等强度的相邻质量峰，如果两峰间的峰谷不大于其峰高 10% 时，则认为两峰已经分开，如图 6-17 所示，分辨率定义为：

$$R = \frac{m_1}{m_2 - m_1} = \frac{m_1}{\Delta m} \tag{6-6}$$

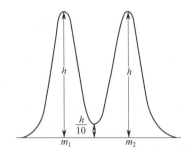

图 6-17 分辨率示意图

在实际工作中,一般很难找到两个相邻的且强度相等的峰,同时峰谷又为峰高的 10%。可任选一个单峰,测量峰高 5% 处的峰宽 $W_{0.05}$ 代替 Δm,此时分辨率(R)定义为:

$$R = \frac{m_1}{W_{0.05}} \tag{6-7}$$

R 在 10000 以下的称为低分辨质谱,10000 以上的称为中或高分辨质谱。

6.3　有机质谱中的主要离子

有机化合物在质谱中可以形成多种离子类型,主要包括分子离子、碎片离子、亚稳离子、同位素离子、重排离子等。这些离子形成的峰给出了丰富的质谱信息,它们在质谱图上的相对丰度与分子结构密切相关,可以为有机化合物的结构分析提供重要的依据。不同的质谱离子化方法得到的谱图不同,解析方法也不尽相同。电子轰击电离是最经典和最成熟的质谱离子化方法,其谱图富含大量结构信息,因此下面主要以电子轰击电离源质谱为例进行阐述。

6.3.1　离子类型和离子峰

(1) 分子离子

分子受高速电子的轰击失去一个价电子,生成的离子称为分子离子,或者母离子,一般采用符号 $M^{+\cdot}$ 来表示,其中"+"代表正离子,"·"代表未成对电子。所以分子离子是奇电子离子,在质谱图上对应的峰为分子离子峰。有的教科书上将"·"打在"+"的正下方,意思也相同。当 z 等于 1 时,m/z 比也就等于该分子的分子量。

离子的主要
类型 1

$$M + e^- (\text{高速}) \longrightarrow M^{+\cdot} + 2e^- (\text{低速})$$

如果分子中含有杂原子,则其中未成键的 n 电子对较易失去一个电子而带正电荷,所以正电荷一般在杂原子上;如果分子中没有杂原子,但有 π 键,则 π 电子对较易失去一个电子,所以正电荷一般在 π 键上;如果分子中既无杂原子,也无 π 键,则正电荷一般在有分支的碳原子上;对于复杂分子,电荷位置不易确定的,则用"$M^{\rceil+\cdot}$"表示。

（2）碎片离子

广义的碎片离子包含由分子离子碎裂而产生的一切离子。狭义的碎片离子指由简单断裂产生的离子。

高能电子轰击样品分子形成分子离子后，剩余的能量足以把正离子中不稳定的化学键打断，生成较小质量的碎片，因此，在质谱图中除了分子离子峰和基峰之外，还能观察到一系列碎片离子峰。碎片中既有带正电的离子，又有带负电的离子和中性分子。碎片离子的形成与分子结构有密切关系，根据反应中生成的几种主要的碎片离子峰，可以推测出原来化合物的大致结构，对化合物的结构解析也具有一定的作用。例如，常见质量丢失有：

$M-15(CH_3)$ $M-16(O,NH_2)$

$M-17(OH,NH_3)$ $M-18(H_2O)$

$M-19(F)$ $M-26(C_2H_2)$

$M-27(HCN,C_2H_3)$ $M-28(CO,C_2H_4)$

$M-29(CHO,C_2H_5)$ $M-30(NO)$

$M-31(CH_2OH,OCH_3)$ $M-32(S,CH_3OH)$

$M-35(Cl)$ $M-42(CH_2CO,CH_2N_2)$

$M-43(CH_3CO,C_3H_7)$ $M-44(CO_2,CS_2)$

$M-45(OC_2H_5,COOH)$ $M-46(NO_2,C_2H_5OH)$

$M-79(Br)$ $M-127(I)$ 等

离子的主要
类型 2

（3）亚稳离子

亚稳离子介于稳定和不稳定的离子之间。稳定的离子，在离子源生成之后可一直稳定地存在，直到被检测。不稳定的离子，在离子源内即已碎裂。亚稳离子介于二者之间，是从离子源出口到检测器之间裂解产生的离子。例如 $M_1^+ \longrightarrow M_2^+ + $ 中性碎片。M_2^+ 是在飞行途中裂解产生的，损失了一部分动能，因此其质谱峰不在正常的 M_2^+ 位置上，而是出现在比 M_2^+ 稍微低一点的位置，这种质谱峰称为亚稳离子峰，此峰所对应的质量称为表观质量 m^*，m^* 一般不为整数，在质谱图中容易被识别，它与 m_1 和 m_2 的关系为：

$$m^* = \frac{(m_2)^2}{m_1} \tag{6-8}$$

亚稳离子峰钝而小，它不仅表现出丰度很低，一般为基峰的 $0.01\% \sim 0.1\%$，有时还跨越 $2 \sim 5$ 个质荷比的区域。存在时间约为 10^{-6} s，它可以帮助确定分子断裂过程中 m_1 和 m_2 的 "母子" 关系，对解析质谱十分有用。如苯乙酮有两种可能的断裂途径：

对应有两种可能的亚稳离子峰 $m_1^* = \frac{77^2}{105} = 56.5$；$m_2^* = \frac{77^2}{120} = 49.4$。如果在质谱图中观察到有 56.5 的亚稳离子峰，说明 m/z 为 77 的离子是由 m/z 为 105 的峰裂解失去 CO 产生的。

（4）同位素离子

前面讨论分子离子峰及其他离子峰时，都没有考虑许多元素具有两种或两种以上同位素的存在。这些同位素在自然界中都有一定的丰度——自然丰度。表 6-1 列出某些常见元素的天然同位素丰度。这些元素形成化合物后，其同位素就以一定的丰度出现在化合物中，电离过程产生同位素离子，因此，质谱中就会有不同同位素形成的离子峰，通常把由同位素形成的离子峰叫同位素离子峰。

离子的主要
类型 3

表 6-1　某些常见元素的天然同位素丰度

同位素	元素							
	氢	碳	氮	氧	硫	氯	溴	硅
M	100	100	100	100	100	100	100	100
$M+1$	0.016	1.08	0.37	0.04	0.78	—	—	5.1
$M+2$	—	—	—	0.20	4.40	32.5	98.0	3.4

在质谱图中，分子离子峰或碎片离子峰往往伴随着质荷比大 1、2 等的同位素离子峰，相对于 $M^{+ \cdot}$ 可以记为 $(M+1)$、$(M+2)$ 等峰，形成同位素离子峰簇。

通过各同位素的丰度可以估算分子离子峰和其他同位素离子峰的相对强度。对于仅含 C、H、N、O 的有机化合物 $C_w H_x N_y O_z$ 来说，同位素峰簇的相对强度可以采用下式计算：

$$\frac{M+1}{M} \times 100 = 1.08W + 0.02X + 0.37Y + 0.04Z \approx 1.08W + 0.37Y \tag{6-9}$$

$$\frac{M+2}{M} \times 100 = \frac{(1.08W + 0.02X)^2}{200} + 0.20Z \approx \frac{(1.08W)^2}{200} + 0.20Z \tag{6-10}$$

化合物中如果含有 S，由于 ^{33}S 天然丰度为 0.78，^{34}S 为 4.40（^{32}S 为 100），则式(6-9) 和式(6-10) 可以表示为：

$$\frac{M+1}{M} \times 100 = 1.08W + 0.37Y + 0.78S \tag{6-11}$$

$$\frac{M+2}{M} \times 100 = \frac{(1.08W)^2}{200} + 0.20Z + 4.4S \tag{6-12}$$

对于仅含有 C、H、O（甚至是 N）的化合物，可以从 $(M+1)$ 与 M 的强度比来估算化合物分子中的碳原子数：

$$n_C \approx \frac{M+1}{M} \times 100 / 1.08 \tag{6-13}$$

如果化合物中含有氯和溴原子，由表 6-1 可知，^{35}Cl(M) 和 ^{37}Cl(M+2) 两种同位素的丰度比为 $100 : 32.5 \approx 3 : 1$，^{79}Br(M) 和 ^{81}Br(M+2) 的丰度比为 $100 : 98 \approx 1 : 1$（F、I 为单一同位素），所以含有多个 Cl、Br 原子的分子，就会有 M、$M+2$、$M+4$、$M+6$……同位素离子峰簇。如果分子只含有同一种卤原子，其同位素离子峰的强度比等于二项展开式 $(a+b)^n$ 各项系数之比，其中 n 为分子中同种卤素原子的个数；a 为轻质量同位素的丰度比；b 为重质量同位素的丰度比。

如分子中含有 2 个 Cl 原子的分子 RCl_2：$(a+b)^n = (3+1)^2 = 9+6+1$，所以该分子的同位素峰簇强度比为：$M : (M+2) : (M+4) = 9 : 6 : 1$。而含有 2 个 Br 原子的分子 RBr_2：$(a+b)^n = (1+1)^2 = 1+2+1$，所以 RBr_2 的 $M : (M+2) : (M+4) = 1 : 2 : 1$。含氯和溴原子的化合物同位素峰簇相对强度示意图如图 6-18 所示。当分子中同时含有两种原子时，则

按 $(a+b)^m(c+d)^n$ 展开式系数推算，情况较为复杂。同位素离子峰的强度比在推断化合物分子式时很有用处。

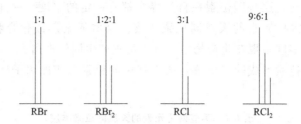

图 6-18　含氯和溴原子的化合物同位素峰簇相对强度特征

（5）重排离子

有些离子不是由简单断裂产生的，而是发生了原子或基团的重排，这样产生的离子称为重排离子。重排比较复杂，有些离子的重排是没有规律的，重排的结果难以预测，在结构测定中用处不大；但是大多数离子的重排有一定的规律性，如麦氏（McLafferty）重排等，所产生的离子能够提供较多的结构信息，对分析化合物的结构很有帮助。在重排反应中，化学键的断裂和生成同时发生，并丢失中性分子或碎片。重排离子可按下述方法识别：当不发生重排时，偶数质量数的分子离子裂解可得到奇数质量数的碎片离子，奇数质量数的分子离子裂解可得到偶数质量数的碎片离子。但在反应中发现，偶数质量数的分子离子裂解后得到的是偶数质量数的碎片离子，其质量数与未发生重排时的质量相差 1 个质量单位，这是因为两次裂解过程中发生了重排。

（6）母离子和子离子

任何离子（分子离子或碎片离子）发生进一步裂解产生某种离子，前者称为母离子，后者称为子离子。分子离子是母离子的特例。

（7）奇电子离子和偶电子离子

前面提到分子离子峰 $M^{+\cdot}$ 是带有一个未成对电子的正离子，它是奇电子离子。除了分子离子之外，有未成对电子的离子都称为奇电子离子（odd-electron ion，OE）。奇电子离子具有高的反应活性，容易引发反应。相反，不具有未成对电子的离子称为偶电子离子（even-electron ion，EE）。

（8）多电荷离子

失去两个以上电子的离子称为多电荷离子，一般具有非整数的质荷比，容易观察到。芳环、杂环和多共轭结构的分子可能会出现多电荷离子。

（9）准分子离子

采用软电离方法，常得到比分子量少或多 1 个质量单位的离子，称准分子离子。准分子离子不含未配对电子，因而结构上比较稳定。

6.3.2　分子离子的识别

分子离子是分子失去一个电子所得到的离子，所以其数值等于化合物的分子量，这在谱图解析中具有特殊意义。在识别分子离子时还需要注意以下几个问题。

① 质谱图中，分子离子峰应该是所有离子峰中具有最高 m/z 的离子峰（准分子离子峰

和同位素离子峰除外）。

② 分子离子峰具有合理的丢失碎片，即在比分子离子小 5～14 及 20～25 个质量单位处，不应有离子峰出现。否则，所判断的质量数最大的峰就不是分子离子峰。因为一个有机化合物分子不可能失去 5～14 个氢而不断键。如果断键，失去的最小碎片应为 CH_3，即减少 15 个质量单位。同样，也不可能失去 20～25 个质量单位。

③ 分子离子是奇电子离子，它的质量数必须符合"氮律"。在组成有机物的所有元素中，偶数质量数的元素一般具有偶数化合价，如碳（+4 价）、氧（-2 价）、硫（-2，0，+4，+6 价）等，奇数质量数的元素一般具有奇数化合价，如氢（+1 价）、氯（-1 价）、磷（+3，+5 价）等。只有氮元素是一个特例，它的质量数是偶数，但化合价是奇数（-3，+5 价等），由此得出氮规律。所谓"氮律"是指在有机化合物分子中含有奇数个氮时，其分子量为奇数；含有偶数个氮时，其分子量为偶数。

分子离子峰必须完全符合上述三项判断原则，只要有一项不符合，这个离子峰就肯定不是分子离子峰。

质谱中，分子离子峰的强度和化合物的结构关系密切。一般来说，形成的分子离子越稳定，其分子离子峰的强度越大。共轭双键或环状结构的分子，分子离子峰较强；而增加分子中碳链的长度和增多侧链都有利于分子离子的解离，因此分子离子峰变弱；胺类、酯类、羧酸、醇类等化合物的分子离子峰都很弱，有的几乎无法鉴别。分子离子峰强度的一般顺序为：芳环＞共轭烯＞烯＞环状化合物＞酮＞不分支烃＞醚＞酯＞胺＞酸＞醇＞高分支烃。

正丁胺和苯胺的质谱图如图 6-19 和图 6-20 所示。比较图 6-19 和图 6-20 可以看出，普通的胺如正丁胺的分子离子峰很弱，但是当连有苯环时，分子离子峰变得很强，甚至成为基峰。

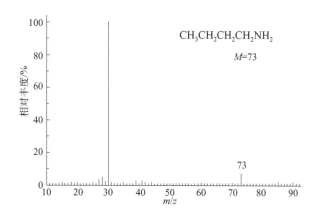

图 6-19　正丁胺的质谱图

正己烷的分子离子峰也很弱，如图 6-21 所示；带支链的己烷，如 3,4-二甲基己烷，分子离子峰更弱（如图 6-22）；但环状的环己烷分子离子峰较强（如图 6-23）。

分子如果能够失去 2 个或 3 个电子，则生成的分子离子相应的质荷比是 $m/2z$ 或 $m/3z$，在质谱图中，分子离子峰出现在 $m/2z$ 或 $m/3z$ 处。芳香环、杂环化合物或多 π 电子化合物中有时会观察到这种现象。

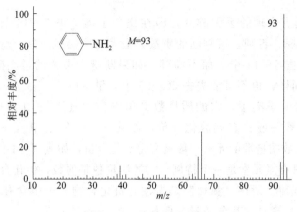

图 6-20　苯胺的质谱图

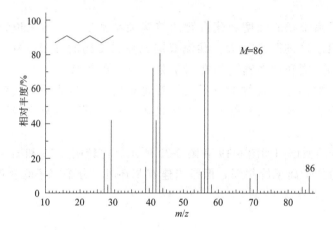

图 6-21　正己烷的质谱图

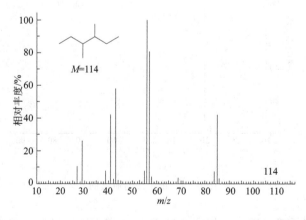

图 6-22　3,4-二甲基己烷

　　还需要注意的是有些化合物容易出现 $M-1$ 峰或 $M+1$ 峰。如果经判断没有分子离子峰或分子离子峰强度极弱难以辨认时，则需要改变实验方法来得到分子离子峰，常用的方法如下。

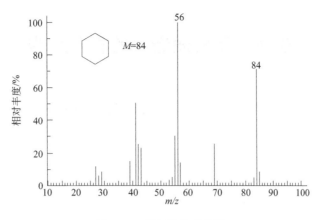

图 6-23　环己烷的质谱图

① 降低 EI 离子源的轰击电压　将通常所用的 70 eV 电离电压改为 12～15 eV，降低分子的内能，减少继续断裂的概率，虽然总离子流强度会大大降低，但分子离子峰的相对强度会增加。

② 采取软电离方式（给样品较小能量的电离方法为软电离方法）　软电离方式很多，有化学电离源、快原子轰击源、场解吸源及电喷雾源等。要根据样品特点选用不同的离子源。软电离方式得到的往往是准分子离子，然后由准分子离子推断出真正的分子量。软电离得到的分子离子峰增强，但碎片离子峰的种类和强度大大减少，减少了结构解析的有效信息量。

③ 降低样品的汽化温度　降低汽化温度也可以降低进一步裂解的概率。

④ 制备衍生物　将极性高、蒸气压低、热不稳定的化合物进行衍生化处理，如对羟基、氨基的乙酰化、甲基化等方法；再如将有机酸制备成相应的酯，从而得到较易挥发的衍生物，获得衍生物的质谱。

6.3.3　分子离子的测定

利用一般的电子轰击得到的质谱很难确定分子式。早期，人们利用分子离子峰的同位素峰来确定分子式。不同分子的元素组成不同时，化合物分子离子峰的同位素峰丰度（强度）比也不同，Beynon 将各种化合物（包括 C、H、O、N 的各种组合）的 M、$M+1$、$M+2$ 的强度值编成质量与丰度表，知道化合物的分子量和 M、$M+1$、$M+2$ 峰的强度比，查表就可以确定分子式。如某化合物分子量为 $M=150$，$M:(M+1):(M+2)=100:9.9:0.88$，求化合物的分子式。查 Beynon 表可知，$M=150$ 化合物有 29 个，其中与该数据相符合的化合物只有 $C_9H_{10}O_2$。这种方法要求分子离子峰较强，分子量较小，而且同位素峰的测定十分准确，因此，这种查表的方法应用有限，目前已经不常用了。

采用高分辨质谱仪可以获得化合物精确的分子量，比如碳、氢、氧、氮的原子量可以分别精确到 12.000000、10.07825、15.994914、14.003074，这样采用计算机就能很容易地计算出元素组成和个数。目前常用的傅里叶变换质谱仪、双聚焦质谱仪和飞行时间质谱仪等都能给出化合物的元素组成。因此本书中并未将 Beynon 查表法作为详细的章节来介绍。

6.4 有机质谱中的裂解反应

以有机化合物 ABCD 为例，当蒸气分子进入离子源，受到电子轰击后可能发生以下过程的裂解，产生多种类型的离子：

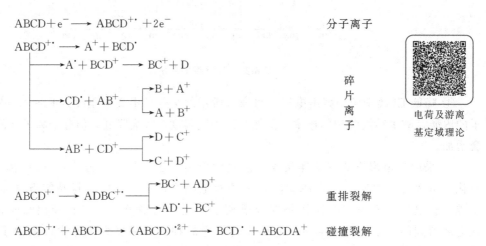

分子离子

碎片离子

重排裂解

碰撞裂解

ABCD$^{+\cdot}$ 为分子离子，其他离子为碎片离子。McLafferty 提出的"电荷-游离基定域理论"认为，分子离子中电荷或自由基是定位在某个特定的位置的，离子是在电荷或自由基中心的诱导下发生进一步的碎裂反应。由分子离子裂解形成碎片离子主要有四种方式：单纯裂解、重排裂解、复杂裂解和双重重排等，比较常见的是前两种。

6.4.1 单纯裂解

只有一个化学键发生断裂称为单纯裂解，其断裂的方式有均裂、异裂和半异裂三种。

单纯裂解1　单纯裂解2

（1）均裂

当一个 σ 键断裂时，两个成键电子分别保留在各自的碎片上的裂解过程称为均裂。电子转移过程用单鱼钩箭头表示：

$$X\text{—}Y \longrightarrow X\cdot + Y\cdot$$

分子离子中电荷或自由基中心一般定域于电离电位比较低的原子上。对于有机物来说，杂原子如 O、N、S 等上的未共用 n 电子最易失去，其次是 π 电子，再其次是 σ 电子。也就是说电离电位最小的是有 n 电子的杂原子，其次是 π 电子和 σ 电子。那么，分子离子中的电荷或自由基中心一般定位在杂原子上。含杂原子的有机化合物有醇、酚、醚、胺、醛、酮、酸、酯等，如果用 Y 表示杂原子，这些化合物均含有 C—Y 或 C=Y 键（Y=O、N、S 等）。这类化合物容易发生 C—Y 键或 C=Y 键与 α-碳原子之间的均裂，简称 α-裂解。

$$R\text{—}CH_2\text{—}Y\text{—}R' \xrightarrow{-e^-} R\{CH_2\text{—}Y\text{—}R'^{+\cdot} \xrightarrow{\alpha} R\cdot + H_2C\overset{+}{=}Y\text{—}R'$$

$$Y \quad \quad Y^{+\cdot}$$
$$\| \quad \quad \quad \| $$
$$R-C-R' \xrightarrow{-e^-} R-\overset{\xi}{\underset{\xi}{C}}-R' \xrightarrow{\alpha} R\cdot + R'-C\equiv Y^+$$
$$\xrightarrow{\alpha} R'\cdot + R-C\equiv Y^+$$

α-裂解反应的动力来自自由基强烈的电子配对倾向。在自由基中心的诱导下，与其相邻原子的外侧键断裂，属于该原子的一个电子转移，并与自由基中心未成对电子形成新键，生成较稳定的偶电子碎片离子或稳定的中性分子。α-裂解反应与后面的 i-裂解不同之处在于，α-裂解并不引起电荷的转移。

烯烃类化合物也会发生 α-裂解。烯丙基中 π 键的电离能较低，电离后形成自由基中心，诱导 3-位碳外侧键的均裂，生成的偶电子烯丙基离子具有共振稳定特性。可以用下列通式表示：

$$R-CH_2-CH=CH_2$$
$$\downarrow -e^-$$
$$R-CH_2-CH-CH_2^{\cdot+} \xrightarrow{\alpha} \overset{+}{C}H_2-CH=CH_2 + R\cdot$$
$$m/z=41$$

苯环有侧链取代时，如烷基苯，通常会发生与苄基相连的键之间的均裂（苄基裂解），生成比烯丙基正离子更稳定的苄基正离子，进一步环化成七元环的䓬鎓离子。

$$\text{（苯环）}\overset{H_2 \ H_2}{C-C-R} ^{\dagger\cdot} \longrightarrow \text{（七元环）}^+ + R-CH_2^\cdot$$
$$m/z = 91$$

（2）异裂

一个 σ 键断裂时，两个成键电子全部转移到一个碎片上的裂解过程称为异裂，用箭头表示。

$$X\overset{\frown}{-}Y \longrightarrow X^- + Y^+$$

含杂原子的有机化合物还能够发生异裂，异裂反应的动力源于电荷中心的诱导作用。正电荷具有吸引或极化相邻成键电子的能力，与正电荷中心相连键上的一对电子全被正电荷吸引，造成单键的断裂和正电荷的移位，产生所谓的 i-裂解。例如醚类和酮类的 i-裂解：

$$R\overset{\frown}{-}\overset{+\cdot}{O}-R \longrightarrow R^+ + \overset{\cdot}{O}-R$$

$$\overset{R^1}{\underset{R^2}{\diagdown}}C\overset{+\cdot}{=}O \longrightarrow R^{+1} + R^2-\overset{\cdot}{C}=O$$

化合物中含有电负性强的元素时，i-裂解和 α-裂解同时存在，由于 i-裂解需要电荷转移，因此，i-裂解不如 α-裂解容易进行。在质谱中，α-裂解相应的离子峰要强一些，而 i-裂解产生的离子峰较弱。

有的 i-裂解还可以失去中性分子，如：

$$R\overset{\frown}{-}CH_2\overset{+}{-}CH_2 \xrightarrow{i} H_2C=CH_2 + R^+$$

（3）半异裂

化学键在电子流轰击下先被离子化了，然后发生 σ 键的断裂，未成对的电子转移到一个碎片上形成自由基，另一个碎片形成阳离子的裂解称为半异裂。这种断裂也称 σ-裂解。

$$X + \cdot Y \longrightarrow X^+ + Y\cdot$$

σ-裂解需要的能量大，当化合物中没有 π 电子和 n 电子时，σ-裂解才可能成为主要的断裂方式。对于饱和烷烃，取代度越高的碳，其 σ 键越容易被电离，且取代度越高的碳正离子越稳定。因此，支链较多的烷烃容易发生 σ-裂解：

$$
\begin{array}{ccc}
m/z = 57 & m/z = 71 & m/z = 85 \\
(100\%) & (1.6\%) & (0.2\%)
\end{array}
$$

$$CH_3-\underset{\underset{CH_3}{|}}{\overset{\overset{CH_3}{|}}{C}}-CH_2-CH_2-CH_2-CH_3$$

饱和环裂解时，环上一个 σ 键被电离，失去一个电子，断裂开环，接着发生 α-裂解或 i-裂解生成碎片离子。

$$环己烷 \xrightarrow{-e^-} \cdots$$

$$m/z\,56\,(100\%)$$

不饱和环上 π 键的电离能比 σ 键的电离能低，优先失去 π 电子而形成自由基和电荷中心。在自由基中心的诱导下，发生 α-裂解开环，接着发生 α-裂解或 i-裂解生成碎片离子。

$$m/z = 54\,(0.8\%)$$

$$m/z = 104\,(100\%)$$

6.4.2 重排裂解

有些离子不是由单纯裂解产生的，而是通过断裂两个或两个以上的化学键，原子或基团结构发生了重新排列，这种裂解方式称为重排，产生的离子为重排离子。重排的方式很多，其中最常见的是麦氏重排和反 Diels-Alder 重排。

重排裂解 1

（1）麦氏重排（γ-H 的六元环重排）

当化合物中含有不饱和基团 C=X 或 C≡X（X=O、N、S、C 等），并且该基团相连的键上有 γ-氢原子时，就会发生麦氏重排：

γ-氢原子转移到不饱和中心的 X 原子上，同时，β-键发生断裂，脱掉一个中性分子。例如 2-戊酮：

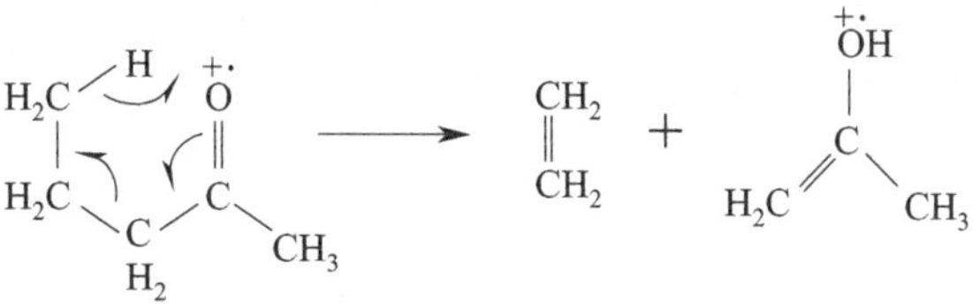

（2）反 Diels-Alder 重排

当分子中存在含一个 π 键的六元环时，会发生反 Diels-Alder 重排：

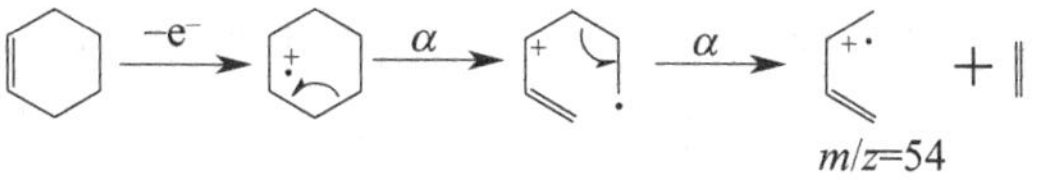

反 Diels-Alder 重排中，环己烯双键打开，同时引发两个键断开，形成两个新的双键，电荷处在原来带双键的碎片部分。

例如

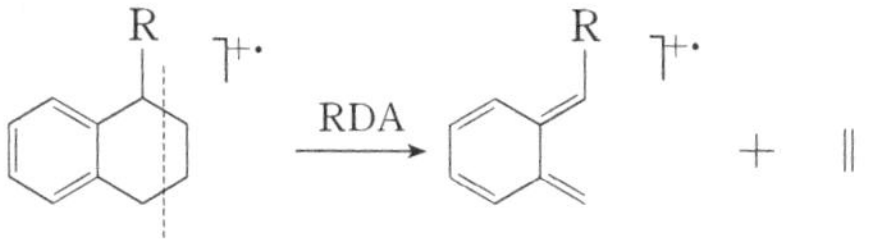

（3）含饱和杂原子的氢重排（γ-H 的非六元环重排）

含卤素、氧、硫等杂原子的化合物可以通过非六元环的过渡态，失去 HX、H_2O 或乙烯来实现重排。

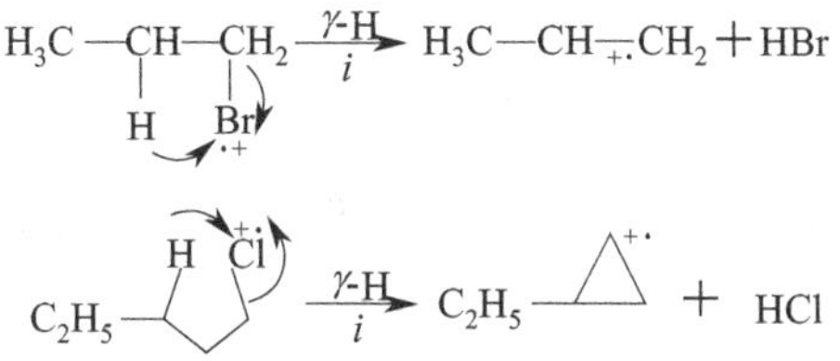

重排裂解 2

（4）取代重排

取代重排（displacement rearrangement，rd）是一个自由基引发的环化反应，键角及取代基的空间位置对取代重排反应影响较大。含氯或溴的正构直链烷烃容易发生取代重排反应，通常经过五元环环化的趋势更大。

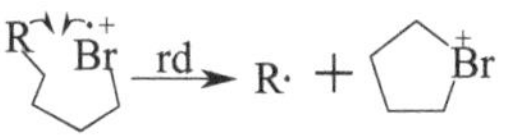

含氧的正构长链饱和脂肪酸及其酯类也容易发生取代重排反应，产生 $m/z=87$、101、115、129 等相隔 14 的碎片离子（$n=1$、2、3、4…）；其中，$m/z=87$、143 的丰度最大（对应四元环和八元环）。

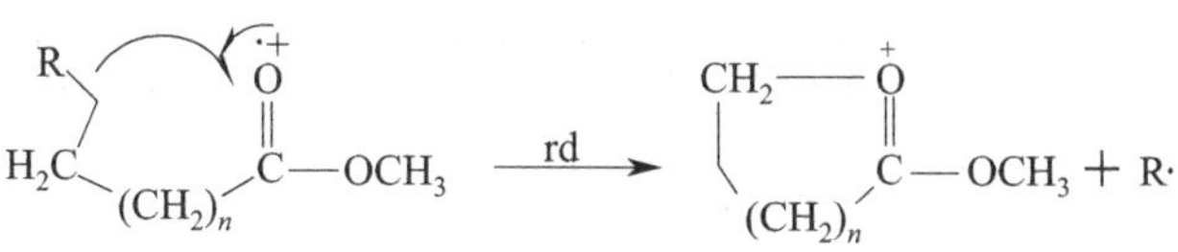

（5）消去重排

消去重排（elimination rearrangement，re）反应有两个键断裂和两个键生成，可视为官能团的重排反应，失去的是稳定的中性小分子，如 CO、CO_2、HCN 等，新生成的离子比前体离子更稳定。

重排裂解 3

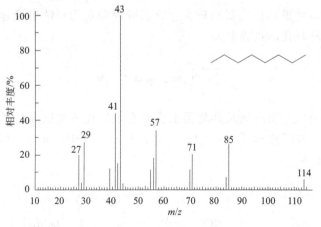

$$m/z=68(25.6\%) \qquad m/z=42(39.2\%)$$

有机化合物的裂解还遵循一些基本规律：① 偶电子规律，即偶电子离子裂解一般只能生成偶电子离子，而奇电子离子裂解既能生成奇电子离子，又能生成偶电子离子；② 碎片离子的稳定性规律，即优先失去大的基团，优先生成稳定的碳正离子，如苄基、烯丙基正离子；③ Stevenson 规则，即奇电子离子裂解过程中，自由基留在电离电位较高的碎片上，而正电荷留在电离电位较低的碎片上；④ 丢失最大烷基规律，如 2-己酮发生 α-裂解时丢失正丁基的趋势比丢失甲基大得多。

6.5 各类有机化合物的质谱

6.5.1 饱和烷烃

有机分子
裂解规律

（1）饱和直链烷烃

饱和直链烷烃类化合物的分子离子峰强度一般比较弱，随着分子量的增加而下降，接近 40 个碳时，分子离子峰的强度接近零。

如图 6-24 和图 6-25 所示为正辛烷和正十二烷的质谱图，饱和烷烃的裂解途径主要是 σ-裂解，产生一系列 m/z 相差 14 的 C_nH_{2n+1} 碎片离子峰。

常见有机化
合物的质谱

图 6-24　正辛烷的质谱图

它们的基峰一般是 $C_4H_9^+$（$m/z=57$）或 $C_3H_7^+$（$m/z=43$）。此外，在断裂过程中，由于伴随失去一分子的氢，可以在比碎片离子峰低两个质量单位处观察到一系列 C_nH_{2n-1} 的链烯峰（即 m/z 27、41、55…的峰）。强度最大的峰一般在 C_3 和 C_4 处，然后碎片离子的强度呈平滑曲线下降，直至分子离子峰。

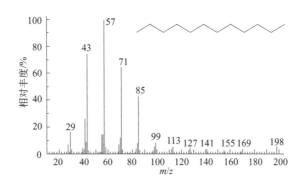

图 6-25　正十二烷的质谱图

（2）饱和支链烷烃

支链烷烃的断裂，容易发生在被取代的碳原子上。这是因为在直链分叉处的化学键受到侧链烷基的推电子效应影响，使键的极化度增加，容易发生断裂。烷基的推电子效应顺序为：$-C_4H_9 > -C_2H_5 > -CH_3$，所以还存在一个规律就是优先失去较大的烷基基团，正电荷保留在取代基较多的碎片离子上，形成的碳正离子稳定性存在以下关系：

$$\underset{R}{\overset{R}{R-C^+}} > \underset{R}{R-\overset{+}{C}H} > R-\overset{+}{C}H_2 > \overset{+}{C}H_3$$

这种现象也称为最大丢失原则：即烃类化合物裂解时优先失去大的基团，优先生成稳定的碳正离子。

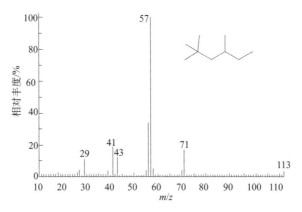

图 6-26　2,2,4-三甲基己烷的质谱图

如图 6-26 和图 6-27 所示，2,2,4-三甲基己烷与 2,3-二甲基庚烷的质谱图分子离子峰均很弱，几乎观察不到，2,2,4-三甲基己烷质荷比为 57 的峰比 43 的峰更强，符合丢失最大烷基原则，形成了稳定的叔丁基碳正离子，而 2,3-二甲基庚烷质荷比为 43 的峰更强，形成异

丙基碳正离子。

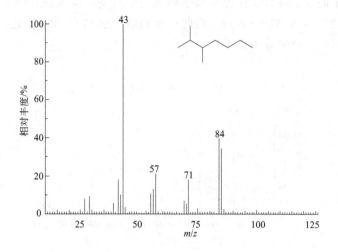

图 6-27 2,3-二甲基庚烷的质谱图

（3）环烷烃

环烷烃具有环状结构，稳定性较好，所以分子离子峰比较强，如图 6-23 所示的环己烷。环己烷一个化学键断裂产生一个异构体离子，这个异构体再通过 α 断裂形成质荷比为 56 的基峰：

环烷烃 $\xrightarrow{-e^-}$ ，$\xrightarrow{\alpha}$ ‖ ＋ $m/z=56$

带有侧链的环状烷烃，如甲基环己烷，容易失去侧链形成较稳定的仲碳正离子，质谱图如图 6-28 所示。

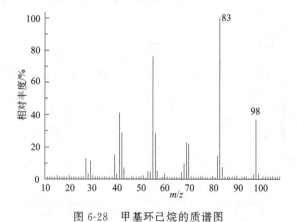

图 6-28 甲基环己烷的质谱图

基峰 83 产生机理如下：

$\cdot CH_3$ $\longrightarrow$ ＋ $\cdot CH_3$

$m/z=98$ $m/z=98$

6.5.2 烯烃和炔烃

烯烃的质谱图与烷烃类似，有质荷比间隔为 14 的系列碎片峰。双键的存在使得 C_nH_{2n-1} 和 C_nH_{2n} 系列碎片峰强度增加，离子断裂过程中正电荷倾向于留在含双键的碎片上。

烯烃化合物容易发生 α-裂解，即烯丙基断裂，而且也容易通过双键迁移发生异构化。所以通过质谱一般判断不出双键的位置，而且顺式和反式烯烃的质谱也很相似。

$$R-CH_2-CH=CH_2 \longrightarrow R-CH_2-CH\overset{+}{\cdot}CH_3 \overset{\alpha}{\longrightarrow} R\cdot + CH_2=CH-\overset{+}{C}H_2$$
$$m/z = 41$$

图 6-29 是 1-己烯的质谱图，可以看到 C_nH_{2n-1}（m/z 27、41、55、69…）和部分 C_nH_{2n}（m/z 42、56）的较强的碎片离子峰。

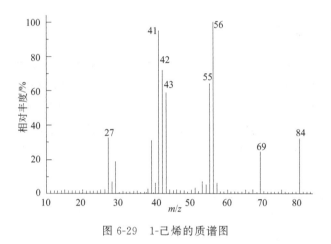

图 6-29　1-己烯的质谱图

1-己烯有 γ-H，还可以发生麦氏重排，产生质荷比等于 42 的碎片离子峰。

环状烯烃可以发生逆 Diels-Alder 裂解和氢的重排。

炔烃类化合物也能发生类似烯烃的 α-裂解，产生 m/z 为 39 的（$CH_2=C=CH^+$）碎片离子峰。当碳原子数大于等于 5 时，能观察到 $M-1$ 峰比 M 峰更强，还能观察到系列 $39+14n$ 的碎片离子，且 m/z 为 67 或 81 的碎片离子峰通常是最强峰，可能是通过取代重排生成了环状离子。图 6-30 为 1-壬炔的质谱图。

100
80
60
40
20
0
相对丰度/%
41
39
43
53
55
67
81
95
109
(M−1)
10 20 30 40 50 60 70 80 90 100 110
m/z

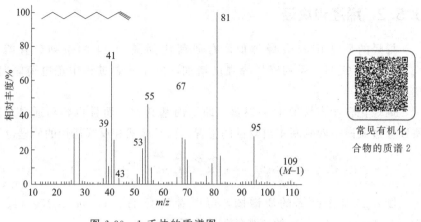

图 6-30　1-壬炔的质谱图

常见有机化合物的质谱 2

6.5.3　芳香族化合物

分子中含有苯环结构时，对分子离子峰具有稳定作用，因此分子离子峰比较强，有时就是基峰。在芳香族化合物的质谱中，如果含有苄基结构，常常出现 m/z 为 39、51、65、77、91、105……的系列离子峰。这一系列的离子峰可以用来鉴定芳香族化合物。

芳香族化合物可以发生 α-裂解（苄基裂解），产生苄基正离子，苄基正离子进一步扩环形成稳定的七元环䓬鎓离子，产生 m/z 为 91 的基峰（图 6-31）。如图 6-32 所示为正丁基苯的质谱图。

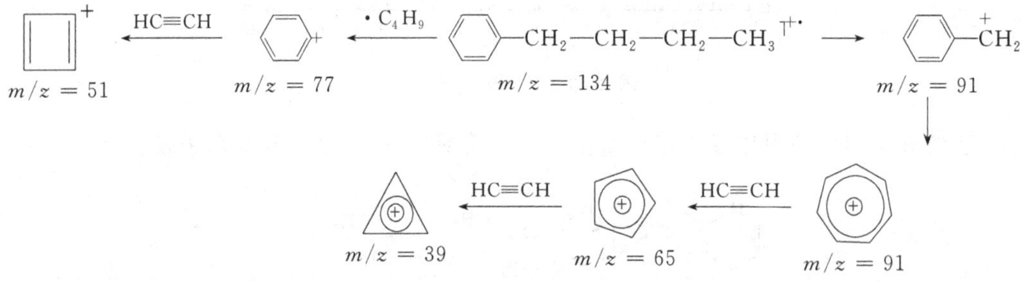

HC≡CH
·C4H9
CH2—CH2—CH2—CH3
CH2
m/z = 51
m/z = 77
m/z = 134
m/z = 91
HC≡CH
HC≡CH
m/z = 39
m/z = 65
m/z = 91

图 6-31　芳香族化合物裂解途径

91
100
CH2—CH2—CH2—CH3
80
60
92
40
相对丰度/%
134
20
39
51
65
77
0
25 50 75 100 125
m/z

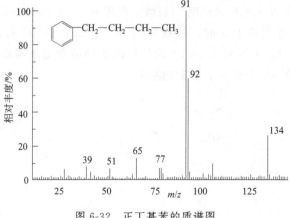

图 6-32　正丁基苯的质谱图

阳离子发生进一步裂解时还遵循一个规律，就是偶电子规律：偶电子离子裂解一般只能生成偶电子离子；奇电子离子裂解既能生成偶电子离子，又能生成奇电子离子。所以䓬鎓离子会失去一个中性的乙炔分子，产生 m/z 65 的五元环正离子，然后再进一步失去一个乙炔分子，产生 m/z 39 的三元环正离子。质谱图中观察到的 m/z 77 离子峰是正丁基苯丢失一个丁基后产生的正离子，该正离子失去一个中性的乙炔分子，还会产生 m/z 为 51 的四元环正离子。

正丁基苯中含有 γ-H，还会发生麦氏重排，产生质荷比为 92 的碎片离子峰：

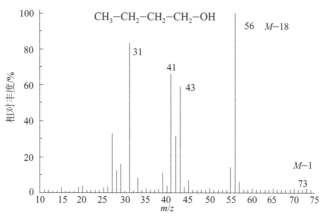

6.5.4　醇、醚和胺

醇、醚和胺类都比较容易发生 α-裂解，形成 m/z 符合 $31+14n$ 的正离子或 m/z 符合 $30+14n$ 的亚胺正离子，构成质谱图上的主要强峰。醇、醚和胺的分子离子峰都很弱，尤其是长链脂肪醇。

常见有机化
合物的质谱3

图 6-33　正丁醇的质谱图

以正丁醇为例，如图 6-33 所示，分子离子峰几乎观察不到，可以看到的是 m/z 为 73 的离子峰，是 $M-1$ 的准分子离子峰。醇类还容易失去一分子的水产生 $M-18$ 的强峰。α-裂解产生 m/z 为 31 的离子峰：

$$CH_3-CH_2-CH_2 + CH_2-OH]^{+\cdot} \xrightarrow{\alpha} CH_2= \overset{+}{O}H + \cdot C_3H_7$$
$$m/z=74 \qquad\qquad m/z=31$$

脱去一分子水，产生 m/z 为 56 的基峰：

其他比较强的离子峰：

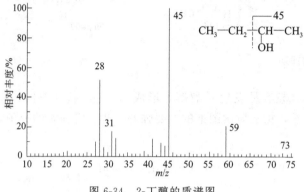

$$CH_3-CH_2-\underset{H}{\overset{|}{C}}H-\underset{OH}{\overset{|}{C}}H_2\rbrack^{+\cdot} \longrightarrow CH_3CH_2CH_2^+ + \cdot CH_3OH$$
$$m/z\ 43$$

$$\downarrow$$

$$C_3H_6^+ + H_2$$
$$m/z\ 41$$

如果不是伯醇，则产生 m/z 为 $31+14n$ 的正离子，如 2-丁醇，α-裂解过程丢失最大烷基，产生 m/z 为 45 的基峰，如图 6-34 所示。

图 6-34 2-丁醇的质谱图

醚类也容易发生 α-裂解产生系列 $31+14n$（31、45、59）的正离子，如图 6-35 所示，乙醚的基峰 m/z 为 45，还能够观察到 $M-1$、$M-15$ 峰。其裂解方式如下所示：

图 6-35 乙醚的质谱图

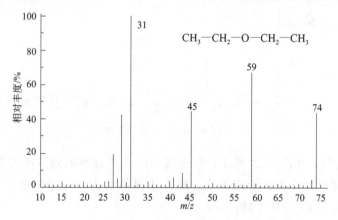

$$CH_3CH_2-\overset{+\cdot}{O}-CH_2CH_3$$
$$m/z = 74$$

$$CH_3CH_2-\overset{+}{O}=CH-CH_3 + H\cdot \qquad CH_2=\overset{+}{O}-CH_2CH_3 + \cdot CH_3$$
$$m/z = 73 \qquad\qquad\qquad m/z = 59$$

$$CH_3\overset{+}{CH}=OH + CH_2=CH_2 \qquad CH_2=\overset{+}{OH} + CH_2=CH_2$$
$$m/z = 45 \qquad\qquad\qquad m/z = 31$$

胺类化合物中脂肪胺主要也是发生 α-裂解，丢失最大的烷基：

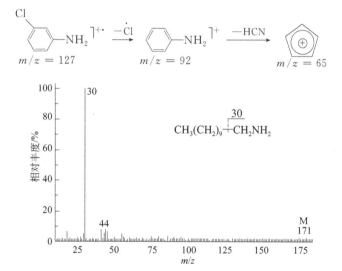

由此产生一系列 m/z 等于 $30+14n$（30、44、58、72、86、100……）的亚胺正离子。脂肪族胺类化合物分子离子峰很弱，芳香族胺类化合物有苯环的稳定作用，可以观察到一定强度的分子离子峰，还有 $M-1$ 峰：

例如正十一胺（图 6-36）、正丁胺（图 6-19）都是发生 α-裂解产生 m/z 等于 30 的基峰，分子离子峰都非常弱。但苯胺（图 6-20）、间氯苯胺（图 6-37）的分子离子峰却比较强，都是基峰，还能观察到 66、65 的离子峰，主要是发生了以下裂解：

图 6-36　正十一胺的质谱图

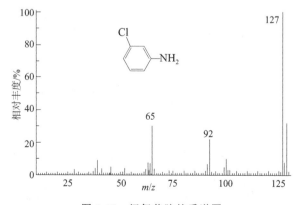

图 6-37　间氯苯胺的质谱图

6.5.5 醛和酮

醛和酮的分子离子峰都是强峰。醛和酮容易发生 α-裂解，丢失最大的烷基基团，产生酰基阳离子。醛基氢不容易失去，常常产生 m/z 为 29 的较强的碎片离子峰。而酮则产生 $C_nH_{2n+1}CO^+$（m/z 43、57、71···）的系列碎片离子峰。当分子中有 γ-氢存在时，醛和酮均能发生麦氏重排，产生 m/z 符合 $44+14n$ 的碎片离子峰。

以 5-壬酮为例，如图 6-38 所示，分子离子峰是 $m/z142$，发生 α-裂解产生 m/z 等于 85 和 57 的强碎片离子峰：

$$C_4H_9\overset{\overset{\displaystyle O^{+\cdot}}{\|}}{-}C-CH_2CH_2CH_2CH_3 \xrightarrow[M-57]{-C_4H_9} CH_3CH_2CH_2CH_2-C\overset{+}{\equiv}O \xrightarrow{-CO} C_4H_9^+$$
$$m/z=85 \qquad\qquad m/z=57$$

m/z 57 的碎片离子进一步裂解产生 m/z 为 55、43、41 的碎片离子峰：

$$\underset{m/z=41}{C_3H_5^+} \xleftarrow{-H_2} \underset{m/z=43}{C_3H_7^+} \xleftarrow{-:CH_2} \underset{m/z=57}{C_4H_9^+} \xrightarrow{-H_2} \underset{m/z=55}{C_4H_7^+}$$

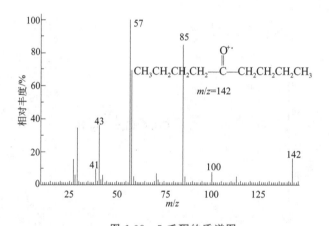

图 6-38 5-壬酮的质谱图

5-壬酮结构中含有两个 γ-H，可以发生麦氏重排，产生 m/z 为 100 和 58 的碎片离子峰：

$$\underset{m/z=142}{}\xrightarrow[M-42]{-CH_3CH=CH_2} \underset{m/z=100}{C_4H_9-\overset{\overset{\displaystyle \cdot\cdot}{O}H}{C}=CH_2} \xrightarrow[M-42]{-CH_3CH=CH_2} \underset{m/z=58}{H_2C=\overset{\overset{\displaystyle +}{O}H}{C}-CH_3}$$

图 6-39 是正戊醛的质谱图，正戊醛发生 α-裂解产生 m/z 为 29 的碎片离子峰，其他强峰如 44、58 等也是 γ-H 发生麦氏重排的结果：

$$\underset{m/z=86}{}\xrightarrow[M-42]{-CH_3CH=CH_2} \underset{m/z=44}{H_2C=\overset{\overset{\displaystyle +}{O}H}{C}-H}$$

m/z 为 58 的碎片离子峰是失去一个 $CH_2{=}CH_2$ 得到的，直链醛中经常会观察到失去 H_2O、$CH_2{=}CH_2$、$CH_2{=}CHO$、$CH_2{=}CH{-}OH$ 等碎片产生的离子峰。

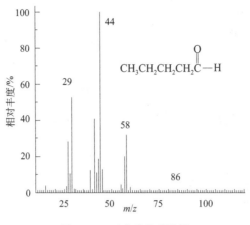

图 6-39　正戊醛的质谱图

芳香醛分子离子比较稳定，分子离子峰强度较大，能够失去一个 H，得到 $M-1$ 峰。也容易发生 α-裂解，产生 m/z 为 77、51 的碎片峰。如图 6-40 是苯甲醛的质谱图。

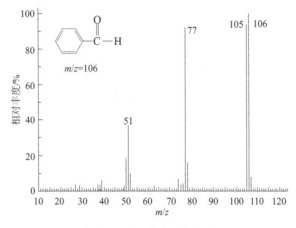

图 6-40　苯甲醛的质谱图

断裂情况如下：

6.5.6　羧酸、酯和酰胺

羧酸、酯和酰胺容易发生 α-裂解，产生 m/z 45（$HO{-}C{\equiv}O^+$）和 m/z 44（$H_2N{-}C{\equiv}O^+$）的离子峰。当有 γ-H 存在时，能发生麦氏重排，失掉一个中性碎片，产生一个奇电子的正离子。酸和酯得到 m/z 符合 $60+14n$ 的离子峰，而酰胺得到 m/z 符合 $59+14n$ 的离子峰。

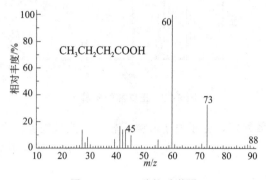

$$\text{R—C}\overset{\displaystyle O^{+\cdot}}{\underset{\displaystyle CH_2}{\Big|}}\overset{\displaystyle H}{\underset{\displaystyle CH_2}{\Big|}}\overset{\displaystyle CH—R}{\longrightarrow} \overset{-R'—CH=CH_2}{\underset{M-42}{\longrightarrow}} \text{R—C}\overset{\displaystyle OH}{=}CH_2$$

R=OH	HO—C⁺=CH₂ (ṒH)	$m/z=60$	羧酸
R=OCH₃	CH₃O—C⁺=CH₂ (ṒH)	$m/z=74$	酯
R=NH₂	H₂N—C⁺=CH₂ (ṒH)	$m/z=59$	酰胺

图 6-41～图 6-43 所示为正丁酸、戊酸甲酯和正戊酰胺的质谱图。

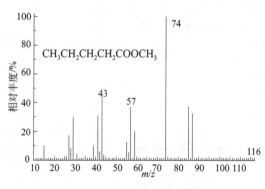

图 6-41　正丁酸的质谱图

图 6-42　戊酸甲酯的质谱图

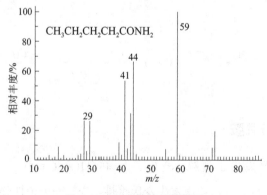

图 6-43　正戊酰胺的质谱图

正丁酸的基峰就是通过麦氏重排产生的 m/z 为 60 的离子峰。m/z 为 73 的离子峰是正丁酸失去一个甲基自由基产生的。戊酸甲酯通过麦氏重排产生 m/z 74 的基峰，正戊酰胺通过重排产生 m/z 59 的基峰。正戊酰胺发生 α-裂解产生 m/z 44（$H_2N—C\equiv O^+$）的次强离子峰。同时它们的质谱图中还观察到一系列的烷基碎片峰，如 m/z 为 15、29、43、57 等。

6.5.7 卤化物

卤化物分子离子峰一般信号较强，既能发生 α-裂解，又能发生 i-裂解。

$$H_2C=\overset{+}{Br} \xleftarrow[\alpha]{CH_3CH_2\cdot} \overset{\overset{+\cdot}{Br}}{\diagup\!\!\!\diagdown} \xrightarrow[i]{Br\,\cdot} \diagup\!\!\!\diagdown^+$$
$$m/z=93 \qquad\qquad m/z=122 \qquad m/z=43(100\%)$$

当卤代烃是氯或氟取代时，C—X 键较强，离电荷中心较远的键有较易极化的电子，则易发生转移，发生另一种形式的 i-裂解，例如

$$\diagup\!\!\!\diagdown\!\!\!\overset{+\cdot}{F} \xrightarrow{i} CH_3CH_2CH_2CH_2^+ + F\cdot$$
$$m/z=57(2\%)$$

$$\xrightarrow{i} CH_3CH_2CH_2^+ + CH_2F\cdot$$
$$m/z=43(100\%)$$

另外，卤代烃还能发生氢重排脱 HX 反应和取代重排环化反应。

$$\underset{H_2C}{\overset{H}{|}}—(CH_2)_n—\underset{CH_2}{\overset{\overset{+\cdot}{X}}{|}} \xrightarrow{HX} H_2C—(CH_2)_n—CH_2^{+\cdot}$$

$$H_3C\diagdown\!\!\!\overset{+\cdot}{X} \xrightarrow{rd} CH_3\cdot + \overset{+}{X}\bigcirc$$

芳香卤代物有如下裂解方式，一般 $m/z=77$ 的峰较强。

$$\overset{+\cdot}{X}\bigcirc \xrightarrow{-X\cdot} \bigcirc^+ \xrightarrow{-CH\equiv CH} [C_4H_3]^+$$
$$m/z=77 \qquad\qquad m/z=51$$

卤化物常呈现出明显的同位素峰，可根据同位素峰的数目及丰度来鉴别卤原子的种类和数目。如图 6-37 中，间氯苯胺含有一个 Cl 原子，所以质谱图出现 $M:(M+2)=3:1$ 的同位素峰。如果质谱图中出现 $M:(M+2)=1:1$ 的同位素峰，则可能含有一个 Br 原子。

6.5.8 酚类及苄醇

在酚类和苄醇中，最重要的裂解过程是失去 CO 和 CHO，分别得到 $M-28$ 和 $M-29$ 的碎片峰。酚的分子离子峰强度很高，通常也是基峰，如图 6-44 所示。其裂解方式如下所示。

苄醇与苯酚的裂解过程有些类似，苄醇的分子离子峰和 $M-1$ 离子峰强度大，如图 6-45

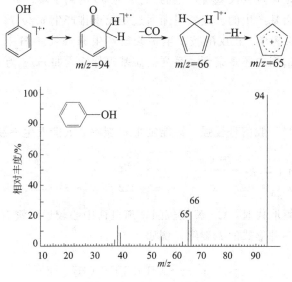

图 6-44　苯酚的质谱图

所示，有两种途径形成 m/z 为 79 的离子。

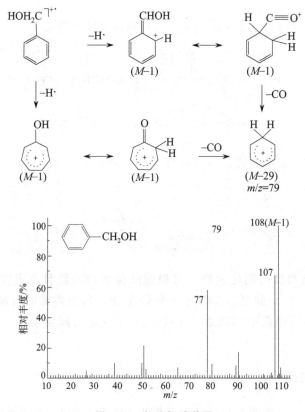

图 6-45　苄醇的质谱图

6.5.9 腈类化合物

高级脂肪族腈的分子离子峰很弱，有时能观察到 $M-1$ 峰，在脂肪族腈类的鉴定中有用。

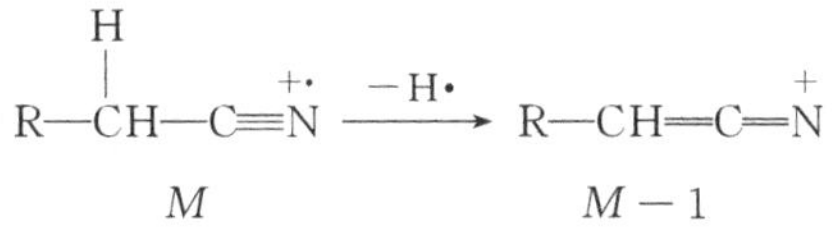

也可能出现 $M+1$ 峰：

含有 $C_4 \sim C_{10}$ 的直链脂肪族腈类，裂解后生成 $CH_2 =\!\!=\!\! C =\!\!=\!\! N-H (m/z = 41)$ 离子，这是因为发生了麦氏重排。

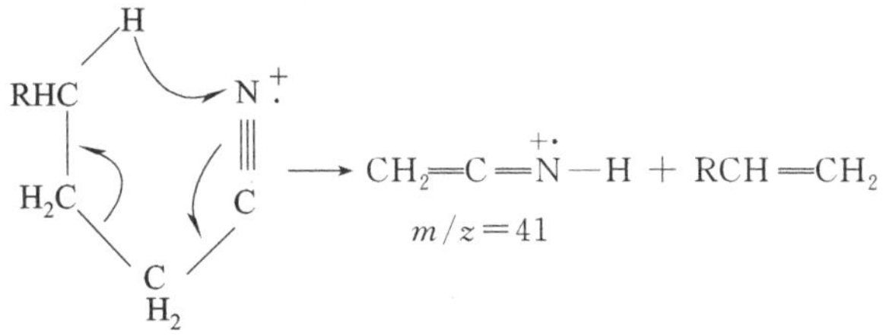

6.5.10 硝基化合物

脂肪族硝基化合物的分子生成的分子离子峰一般不强，产生烷基和链烯的离子峰较强，存在 γ-H 时能够发生麦氏重排。例如，硝基丙烷可产生如下裂解：

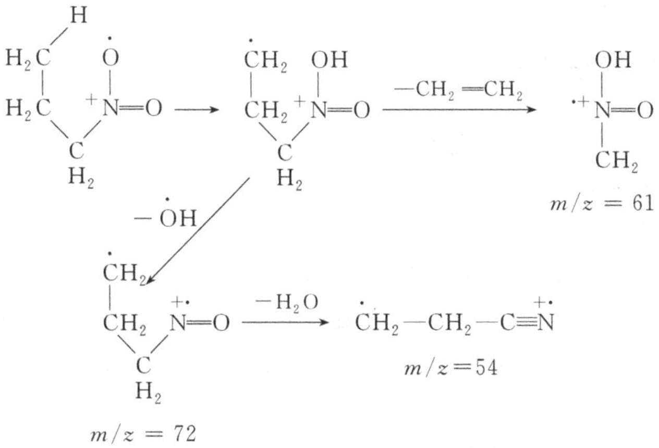

芳香族硝基化合物显示出强的分子离子峰。例如，硝基苯的裂解如下：

6.5.11 杂环化合物

芳香杂环化合物的分子离子峰一般是基峰，其裂解较复杂，如吡啶、噻吩和呋喃的裂解。

6.6 质谱在有机结构分析中的应用

6.6.1 质谱图的解析步骤

质谱解析可以参考下列步骤来进行。

（1）解析分子离子区

① 标出各峰的质荷比，尤其注意高质荷比区的峰。

② 识别分子离子峰。在高质荷比的区域选择可能的分子离子峰，根据该离子峰与相邻碎片离子峰之间的关系是否合理，以及氮律来判断该离子峰是否为分子离子峰。

③ 分析同位素峰簇的相对强度比及碎片峰之间的差值，判断化合物含有卤素的种类和数目。

④ 推导分子式，计算不饱和度。由高分辨质谱仪测得的精确分子量或由同位素峰簇的相对强度辅助推导分子式。

⑤ 由分子离子峰的相对强度推测分子结构的信息。分子离子峰的相对强度与化合物的稳定性密切相关。比如芳香族化合物和共轭烯烃分子离子峰比较强，而胺、酸、醇、高分支烃的分子离子峰很弱。

（2）解析碎片离子

① 由特征离子峰及丢失的中性碎片了解可能的结构信息。如果在质谱图中观察到一系列 C_nH_{2n+1} 的离子峰，则化合物可能含长链烷基。如果出现 m/z 为 77、65、51、39 等弱的碎片离子峰，表明化合物中可能含有苯环。如果 $m/z=91$ 或 105 为基峰或强峰，表明化合物可能含有苄基或苯甲酰基。

② 综合分析以上得到的全部信息，根据分子式和不饱和度，结合其他谱图（^{1}H NMR、IR、UV）给出的信息，提出化合物的可能结构。一般来说，单独利用质谱来解析化合物结构还不多见。

③ 分析所推导的分子结构的裂解机理，看是否与质谱图相符，确证结构并进一步解释质谱中主要的碎片离子峰。

6.6.2 质谱谱图解析示例

例 6-1 已知化合物（a）和（b）均为烷烃，二者的电子轰击质谱（即 EI）如图 6-46 所示，其中（a）的质谱图主要峰有 m/z：86（M^+）、71、57（基峰）、43、29、27、15；（b）主要有 m/z：98（M^+），83（基峰）、69、55、41、27、15，试推测它们的结构。

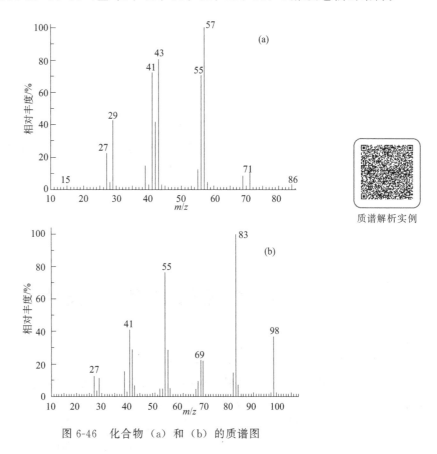

质谱解析实例

图 6-46 化合物（a）和（b）的质谱图

解：（a）由分子离子峰可推测分子式为 C_6H_{14}，不饱和度为 0。有典型的 C_nH_{2n+1} 系列（m/z 71、57、55、43、41、29、15），伴随丰度较低的 C_nH_{2n-1} 系列（m/z 55、41、27），基峰 m/z 57，确认是无支链的直链烷烃：正己烷。

（b）由分子离子峰推测分子式为 C_7H_{14}，不饱和度为 1。分子离子峰丰度较大及 C_nH_{2n-1} 系列（m/z 83、69、55、41、27），佐证了为环烷烃，基峰是 $M-15$ 峰，说明环烷烃侧链是甲基。所以（b）结构为：甲基环己烷。

例 6-2 2-甲基戊烷的质谱图为 EI（m/z,%）：86（5%）、71（53%）、57（27%）、43（100%）、29（40%）。分子离子峰和基峰各在哪里？m/z 为 71、57、43 和 29 的碎片离子峰又分别代表了怎样的碎片结构？

解： 分子离子峰 m/z 86，基峰 m/z 43，说明有 C_3H_7 结构，裂解方式如下：

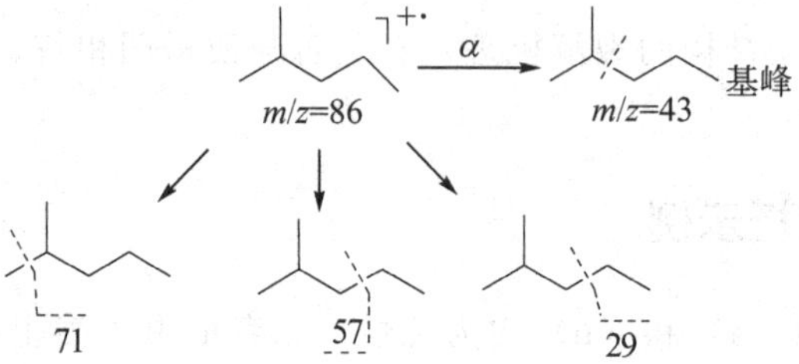

例 6-3 烷基苯 C_9H_{12}，其质谱图中 m/z 91 为基峰，下列几个结构中哪一个与之相符？为什么？

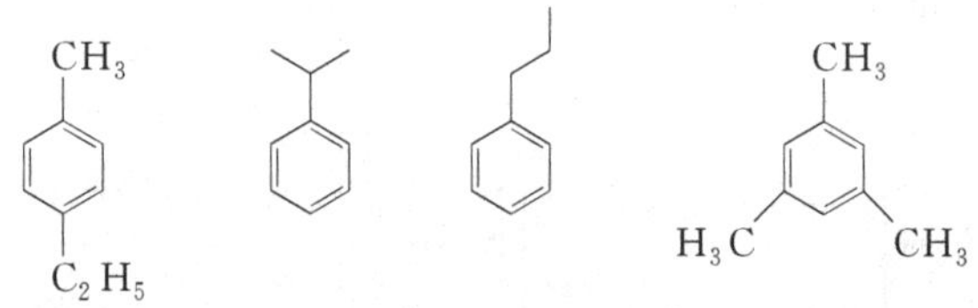

（1）　　　　（2）　　　　（3）　　　　（4）

解： 结构（3）与之相符。带烃基侧链芳烃常发生苄基裂解，产生䓬鎓离子基峰：

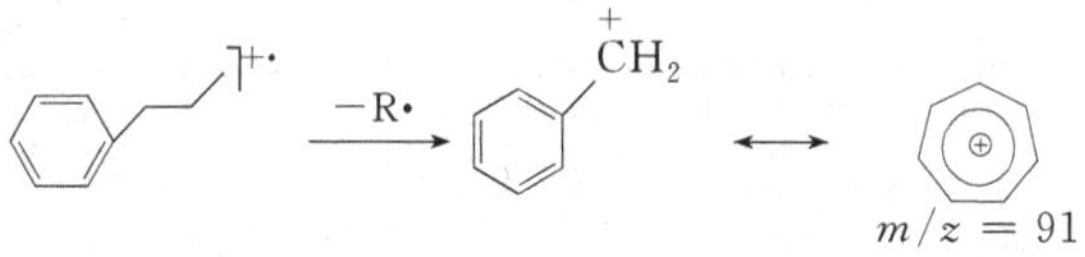

6.7　色谱-质谱联用技术

有机化合物很少是单独存在的，通常和其他化合物共存于样品中。分析目标化合物时，必须排除其他共存物的干扰。将色谱特有的高效分离能力和质谱优异的定性鉴定能力相结合，充分发挥二者的优势，能够实现对复杂混合物的分离分析，如体液或尿液中兴奋剂的检测。一个复杂混合物样品进入色谱后，在合适的色谱条件下，首先被分离成单一组分，再依次进入质谱仪，经离子源电离得到相应的离子，再经质量分析器、检测器即得到每个化合物的质谱。

色谱-质谱联用仪最早产生于 20 世纪 60 年代，但直到 80 年代后期，大气压电离技术的出现，才使色谱-质谱联用仪的水平提高到一个新起点。色谱仪一般在常压下工作，并且流动相和分离后的组分是一起流出的，而质谱仪需要在高真空状态工作。因此，色谱-质谱联用仪必须解决两方面的问题：一是如何降低压力使色谱柱的出口与质谱的进样系统对接，达到两部分速度的匹配；二是如何除去色谱流出物中大量的流动相分子。

6.7.1 气相色谱-质谱联用

如果是气相色谱-质谱联用（gas chromatograph-mass spectrometer，GC-MS），可以采用喷射式分子分离器，将色谱载气去除，使样品气进入质谱仪，如图 6-47 所示。从色谱柱流出的载气和组分经过一小孔加速喷射进入分子分离器，分离器的喷射腔进行抽气减压。载气的分子量小，扩散速度快，经喷嘴后，很快扩散并被抽走。而组分气的分子量大，扩散速度慢，依靠惯性继续向前运动，进入捕捉器中，进入质谱。经分子分离器后，大多数载气分子被分离，组分分子被浓缩，同时压力也降至约 1.3×10^{-2} Pa。GC-MS 的质谱仪部分，离子源主要是 EI 源和 CI 源。质量分析器可以采用磁质量分析器、四极杆质量分析器、飞行时间质谱仪和离子阱质量分析器等，目前最常用的是四极杆质量分析器。

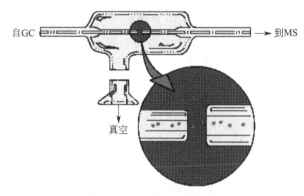

图 6-47　分子分离器示意图

整个分析过程中，气相色谱柱需置于加热条件下，以确保色谱柱内的化合物到达质谱离子源时均为气态。通常沸点低的分析物在低温下分辨率较好，而沸点高的分析物在高温下才能获得较好的分离度。因此，柱温通常使用程序升温的方式，使得所有分析物在适当分离时间内都尽可能被分离以或得良好分离度。

6.7.2 液相色谱-质谱联用

如果分析物本身因热不稳定性或高沸点而难以加热形成气态，则无法使用气相色谱-质谱联用技术进行测定。然而，只要分析物可溶于液相样品，就可以利用液相色谱-质谱联用技术（liquid chromatograph-mass spectrometer，LC-MS）进行分析。LC-MS 是以液体为流动相的液相色谱作为分离系统，质谱作为检测器的集分离、鉴定为一体的分析技术。目前 LC-MS 中的液相色谱主要包括高效液相色谱（high performance liquid chromatograph，HPLC）、超高效液相色谱（ultra-high performance liquid chromatograph，UPLC）和纳升级流速液相色谱（NanoFlow LC）。在液相色谱-质谱仪中，由于分析物从液相色谱柱的末端流出时，会伴随着大量的液体，因此需要连接大气压压力法的离子化接口，如电喷雾电离源（ESI）和大气压化学电离源（APCI）。ESI 和 APCI 的原理与特点可以参考前面相关内容，其中 ESI 可以使大部分分析物有效地带上电荷，因此成为目前商品化的 LC-MS 仪中主要的接口技术。该技术有效解决了 LC 流动相和 MS 高真空操作条件的矛盾，同时实现了样品分子在大气压条件下的离子化。LC-MS 兼具色谱和质谱的优点，检测范围广，检测灵敏度高，既可以鉴定单一化合物的分子结构，也可以检测复杂混合物。LC-MS 技术已广泛应用于药学领域中药物结构信息的获取、药物代谢途径分析及代谢物鉴定等。由于 LC-MS 中的电喷雾电离源很适合分析极性小分子、多肽与蛋白质大分子，因此 LC-MS 技术也成为代谢组和蛋白质组的主要分析方法。

6.7.3　串联质谱技术

为了进一步提升质谱检测的分辨能力，增加分析物的结构信息，GC-MS 和 LC-MS 大多采用具有串联质谱（tandem MS，MS/MS）功能的质量分析器。串联质谱主要分为两类：空间串联质谱和时间串联质谱。空间串联质谱仪是由两个以上的质量分析器串联组成，目的在于将第一个质量分析器选定的离子打碎，然后将所产生的碎片离子群传送至串接的第二个质量分析器中进行分析。时间串联质谱仪只有一个质量分析器，前一时刻选定的离子在质量分析器内打碎，后一时刻再进行分析。无论是哪种方式的串联，都需要采用碰撞活化解离（collision activated dissociation，CAD）技术将前一级 MS 分离出来的特定离子打碎，再经过后一级 MS 进行质量分析。CAD 在碰撞室内进行，带有一定能量的离子进入碰撞室后，可与室内惰性气体分子或原子碰撞后发生碎裂。

目前，商业化的串联质谱仪主要包括三重四极杆质谱仪、飞行时间串联质谱仪、离子阱质谱仪、傅里叶变换质谱仪等。其中最常见的一种串联质谱就是三重四极杆串联质谱。它的质量分析器是由串联起来的三组四极杆组成的，是一种应用广泛的空间串联质谱。其中第一级四极杆用于母离子的选择，第二级四极杆作为碰撞室使用，第三级四极杆用于由母离子裂解生成的子离子的检测。最基本的功能包括能说明第一级质谱中母离子和第二级质谱中子离子之间的联系。根据子离子扫描、母离子扫描和中性碎片丢失的扫描，可以研究母离子和子离子间的联系，以及不同质量数离子间的关系。

由于串联质谱技术具有高通量、高灵敏度、低检测限、分析速度快、样本用量少等优点，该技术已被广泛应用于生物医学研究与临床应用，包括治疗药物浓度监测、类固醇类激素检测、维生素定量检测、新生儿遗传学代谢病筛查等。

6.8　生物质谱技术

随着电喷雾电离、基质辅助激光解析电离等软电离方法的发展，生物质谱技术在蛋白质分析、核酸研究、基因工程、临床医学检测等领域展示出可观的应用前景。生物质谱不仅可以用于测定各种亲水性蛋白、疏水性蛋白及糖蛋白等的分子量，还能用于测定蛋白质混合物和经酶降解后的混合物的分子量。所以，对一个基因组、一个细胞或组织所表达的全部蛋白质进行成分分析也是可行的，即蛋白质组学研究。在多肽和蛋白质的研究获得有效进展后，人们开始尝试将生物质谱技术用于核酸的研究。将寡核苷酸样品用外切酶进行降解，在不同时间分别取样进行质谱分析，通过相邻降解产物的分子离子峰分析，可以计算被切割的核苷酸单体分子量，最终读出碱基序列。因此在核酸研究中，生物质谱对常规的色谱或电泳技术

（只能对其浓度和纯度进行分析）是一个很好的补充。本节将重点介绍基于生物质谱的蛋白质定性定量分析及其在蛋白质组学研究中的应用和发展。

6.8.1　基于生物质谱的蛋白质鉴定分析

早在 20 世纪 80 年代，即有学者开始尝试利用质谱技术测定蛋白质序列，其中最重要的一种方法是蛋白质从头测序（*de novo* sequencing）。该方法的基本原理是基于蛋白质水解后的多肽分子在质谱检测中有规律的断裂，利用所得到的多肽碎片数据推测多肽的氨基酸序列，再组合回蛋白质的序列。从头测序法将蛋白质酶切为多肽后，利用串联质谱仪先选取特定质荷比的多肽作为前体离子（precursor ion），进入碰撞室后，前体离子与氦气或氮气等气体分子发生碰撞，将碰撞动能转化为分子内能，造成前体离子的化学键断裂，产生的碎片离子进入后一级质量分析器，测得多肽碎片质谱。

蛋白质从头测序法利用多肽碎片数据直接对蛋白质的序列进行分析，可以不依赖任何蛋白质数据库信息。因此，该方法适于在缺乏可供检索的蛋白质序列数据库时使用，如某些物种的蛋白质序列数据库尚未构建时，只能使用从头测序法进行蛋白质鉴定。然而，蛋白质从头测序法需要充足的质谱及蛋白质知识，且对于复杂的谱图，推算过程十分繁琐，很难鉴定出完整的蛋白质序列。

随着蛋白质序列数据库通过基因组和转录组测序完成而完整地建立，加上计算机储存以及运算能力大幅提升，以串联质谱技术分析所得多肽数据来检索蛋白质序列数据库的各种程序蓬勃发展。检索数据库测序法是利用生物信息软件将数据库中的蛋白质进行计算机仿真水解，得到小分子多肽及其裂解后的碎片离子质量，再比对分析质谱数据和计算机仿真数据，由统计方法找出最符合实测值的蛋白质序列。检索数据库测序法和蛋白质从头测序法最大的不同之处在于数据库中蛋白质序列是由基因序列翻译而来，而非所有多肽氨基酸的全部排列组合。真正存在于自然界中的蛋白质序列，只占所有排列组合序列中的极小部分。利用基因序列翻译而建立的蛋白质数据库较接近真实情况，所以检索数据库测序法大幅提升了蛋白质鉴定的效率和准确性。

检索数据库测序主要包括两种方法，即多肽质量指纹图谱（peptide mass fingerprint）和多肽碎裂模式（peptide fragmentation pattern）。多肽质量指纹图谱法是利用特定水解酶降解某个特定蛋白质，测量出所有多肽组成的质量，所得到的质量数据可以视为是独一无二的。不同序列的蛋白质，其多肽质量指纹就会不同，具有极高的特异性。多肽碎裂模式测序法是先以串联质谱技术获得多肽碎片的谱图数据，再与数据库中已知蛋白质水解后的多肽理论碎片图谱进行比对分析。在多肽碎裂模式测序法中，假设多肽在碎裂后所产生的裂解碎片具有一定的规则，所以其比对的对象是多肽碰撞碎裂后的碎片离子质量。该方法还可以直接定性分析复杂的蛋白质混合物，准确率也比较高。

6.8.2　基于生物质谱的蛋白质定量分析

蛋白质的鉴定分析是蛋白质组学的首要工作，以定量分析方法比较不同生理状态或不同处理条件下的蛋白质表达变化，则能找出具有特定功能的蛋白质，进一步了解它们在机体发育或疾病发生中的分子机制。基于蛋白质组的复杂程度，现阶段的质谱仪无法一次分析数万以上的蛋白质，因此很难全面分析蛋白质组中每一个蛋白质的拷贝数或浓度，绝对定量分析仅局限于数个蛋白质的范围。目前生物质谱大部分采用的是蛋白质相对定量分析，研究不同情况下蛋白质丰度的变化。蛋白质组定量分析方法可以分为稳定同位素标记（stable isotope labeling）定量法和免标记（label-free）定量法。

（1）稳定同位素标记定量法

基于稳定同位素标记的蛋白质组定量方法是利用不同的同位素标签对欲比较的蛋白质组分别进行标记。同位素标签除了质量不同，在结构及化学性质上都很相似，因此几乎会在相同的时间点由液相色谱仪流出，并同时离子化进入质量分析器中。根据同一段多肽由于标记的同位素不同，在质谱中可形成特定质量差异的多肽对，其质谱信号的强度可以反映相应蛋白质的表达量，因此通过比较分析多肽对的强度可以得到相对定量。根据同位素引入的方式，稳定同位素标记法主要包括代谢标记（metabolic labeling）、酶标记（enzymatic labeling）和化学标记（chemical labeling）。

细胞培养氨基酸稳定同位素标记（stable isotope labeling by amino acids in cell culture，SILAC）是一种利用体内代谢反应进行同位素标记的方法。SILAC 技术是在实验组和对照组细胞的培养基中分别加入含有重型同位素（如 ^{13}C）和轻型同位素（如 ^{12}C）标记的必需氨基酸（如精氨酸和赖氨酸），通过细胞的正常代谢，可以使稳定同位素标记的氨基酸掺入新合成的蛋白质中。不同标记细胞的裂解蛋白等比例混合，经分离、纯化、蛋白质水解后进行质谱鉴定，可以通过比较质谱图中同位素标记肽段的峰面积大小得到蛋白质的相对定量。SILAC 技术具有无细胞毒性、标记效率高、定量准确性高等优点，但它不能直接应用于组织或体液，且存在原代细胞中效率低等问题。

酶标记法是在蛋白质酶解成多肽的过程中进行同位素标记，该方法一次可以比较分析两个样品，其技术核心在于将含有 ^{16}O 或 ^{18}O 的水分子分别加入两个需要比较的蛋白质组样品中。在胰蛋白酶、胰凝乳蛋白酶等水解酶作用下，水分子中的 ^{16}O 或 ^{18}O 可以置换至水解后的多肽的羧基上。将两种所产生的多肽样品混合后，进行质谱分析比对。由于羧基含有两个氧原子，^{16}O 或 ^{18}O 标记完全的多肽对将产生 4 Da 的差异，可由此多肽对求取定量比值。尽管这种酶标记法操作比较简单，然而 ^{18}O 容易和正常的 ^{16}O 产生逆交换（back-exchange），而且交换速率会因结构不同而改变，使蛋白质的定量分析变得复杂。

化学标记法是利用化学反应将重型同位素（如 ^{13}C）和轻型同位素（如 ^{12}C）所合成的亲和标签分别标记到不同样品的蛋白质或多肽。标记样品混合后，同一段多肽因带有重型同位素或轻型同位素标签而产生具有质量差异的多肽对，再根据每一个多肽对在质谱上的信号强度进行蛋白表达定量分析。目前常用的化学标记方法是通过串联质谱完成定量，比如 TMT（tandem mass tags）及 iTRAQ（isobaric tags for relative and absolute quantitation）。这两种方法基于化学反应标记效率高、灵敏度高以及一次可以分析多重样品等优点，是目前应用最广泛的蛋白质组定量方法。但是，这些稳定同位素标记定量法也存在试剂昂贵、实验操作繁琐等缺点。

（2）免标记定量法

基于免标记技术的蛋白质组定量方法无需对蛋白质样品进行任何同位素标记处理，可以直接利用蛋白质水解后的多肽进行质谱分析。免标记定量法的原理是基于不同样品中相同序列的肽段，其在 LC-MS 上的保留时间（retention time）是一致的，且蛋白质的丰度与肽段在 LC-MS 上的峰面积成正比。在保证 LC-MS 仪器高度稳定的基础上，通过比对肽段在 LC-MS 上的保留时间和峰面积可进行蛋白质表达水平的相对定量分析。免标记定量法常用的数据处理方法可以分为两类：谱图计数法（spectral counting）和信号强度法。谱图计数法主要是基于蛋白质含量越高时，其产生的多肽片段被串联质谱所检测的频率也更高，因此计算串联质谱所得到谱图的总数可以作为蛋白质相对定量的依据。信号强度法是以一级质谱为基础，计算每个肽段信号在质谱图上的积分，主要是根据肽段匹配的一级质谱的峰强或峰面积等信息进行蛋白质的相对定量分析。为了提高定量准确性，通常会加入蛋白质或多肽内标物（internal standard），或以样品中已知浓度不变的蛋白质作为内标物，作为相对定量的依据。

理论上，免标记定量法可以分析无限多个样品，其通量要远高于 SILAC、TMT、iTRAQ 等稳定同位素标记定量方法，是真正的高通量蛋白质分析技术。但是，免标记定量法对 LC-MS 仪器的稳定性要求极高，数据处理流程相对复杂，计算速度慢，大规模数据处理为最关键及具有挑战性的步骤。相较于稳定同位素标记定量法，基于免标记技术的蛋白质组定量方法仍存在重复性差、定量准确性低等问题。

6.8.3 生物质谱技术的应用和发展

随着生物质谱技术的发展，它们已经成为生物医学研究中非常重要的工具。基于生物质谱的蛋白质组学技术具有高通量、高灵敏度、高特异性等优点，已被广泛应用于疾病生物标志物发现、药物靶标筛选鉴定、生物大分子相互作用以及蛋白质翻译后修饰研究等许多方面。现以药物靶标蛋白筛选为例，简述生物质谱技术在蛋白质组学研究中的应用和发展。

亲和纯化质谱分析（affinity purification-mass spectrometry，AP-MS）是药物靶标鉴定的一种传统方法。AP-MS 实验的一般流程为将感兴趣的药物分子连接到固相基质（如琼脂糖凝胶）后与细胞裂解液共孵育，然后利用亲和纯化的方法选择性地富集与药物分子相互作用的靶蛋白，再用基于质谱的蛋白质组学技术进行分析鉴定。例如，Bantscheff 等研究者利用 AP-MS 方法结合 iTRAQ 定量蛋白质组学技术研究了伊马替尼（imatinib）、达沙替尼（dasatinib）和博苏替尼（bosutinib）等激酶抑制剂的蛋白互作网络，发掘了多种激酶抑制剂的新靶点。

基于活性的蛋白质分析（activity-based protein profiling，ABPP）是目前常用的一种药物靶标蛋白鉴定技术，它通过结合活性分子探针标记和生物质谱分析，实现靶标蛋白的鉴定。ABPP 方法的大致流程是将药物分子通过化学修饰与特定功能基团（如生物素）连接，构建能与蛋白活性中心共价或非共价相互作用的药物分子亲和探针，然后将该探针与细胞裂解液孵育来捕获可能与药物分子互作的蛋白质，再结合质谱等技术来鉴定捕获的靶蛋白。例如，北京大学王初研究员课题组通过对传统中药活性分子黄芩苷进行化学衍生化，从而获得了与天然黄芩苷具有相似生物活性的光交联分子探针，并利用 ABPP 方法结合 SILAC 定量蛋白质组学技术发现肉碱棕榈酰转移酶 CPT1（carnitine palmitoyl transferase 1）是黄芩苷在细胞内的直接作用靶点，揭示了黄芩苷治疗肥胖及相关代谢疾病的分子机制。

虽然 AP-MS 和 ABPP 等方法已被成功应用于许多药物分子的靶标蛋白鉴定，但是它们都需要将药物小分子连在固体基质或生物素等亲和标签上，这可能会导致小分子的亲和力或特异性结合能力发生改变，造成药物小分子的非特异性结合，从而导致假阳性结果。最近，研究者利用靶标蛋白与药物小分子结合所产生热稳定性、氧化速率等生物物理性质的变化，发展了蛋白质热稳定性分析（cellular thermal shift assay，CETSA）、蛋白质氧化速率稳定性分析（stability of proteins from rates of oxidation，SPROX）等多种药物靶标鉴定的新方法。这些方法不需要事先将药物分子连接到固定基质上或进行药物结构修饰，因此能够更准确地找到与药物分子直接相互作用的靶标蛋白。

质谱成像（mass spectrometry imaging，MSI）作为生物质谱领域的前沿技术，近几年受到国内外学者的高度关注并得到迅速发展。它是一种结合质谱分析和影像可视化的新型分子成像技术，其主要原理是通过离子束或激光照射使生物组织样本切片的表面分子解吸并离子化，随后经质谱分析器分离不同质荷比的离子化分子，再由成像软件将质谱检测器获得的质谱信号转化成相应像素点并重构出目标分子在组织表面的空间分布图像。根据离子源技术不同，目前常用的 MSI 技术主要分为三大类型：MALDI-MSI、二次离子质谱（secondary ion mass spectrometry，SIMS）成像、以解吸电喷雾电离（desorption electrospray ionization，DESI）为代表的常压敞开式离子化 MSI 技术。与传统成像技术相比，MSI 技术具有以下优点：① 无需荧光或放射性同位素标记，且检测前无需了解被检测成分的信息；② 样本前处理过程较简单，可直接对生物组织表面的多种分子同时进行快速分析；③ 不仅可获得样本切片表面的分子结构信息，而且可以提供目标分子的空间分布信息；④ 具有较宽的质量范围以及较高的灵敏度和空间分辨率，可以对生物体内参与生理和病理过程的功能分子进行可视化定性或定量检测。因此，MSI 技术在分子生物学、药学及临床医学等领域具有重要的应用价值。

思考题

6-1　简述质谱分析法的基本原理。

6-2　与电子轰击源相比，化学电离源具有什么优点？它们一般不适用于哪些有机物的分析？

6-3　快原子轰击源有何优点？它适用于哪些有机物的分析？

6-4　软电离方式有哪些？软电离和硬电离得到的质谱图各有何特点？

6-5　在单聚焦质谱中，离子在质量分析器中做半圆形轨道运行时，影响轨道半径的因素有哪些？

6-6　双聚焦指什么？双聚焦和单聚焦质量分析器有什么区别？

6-7　四极杆质谱和飞行时间质谱各有何优点？

6-8　质谱仪需要在高真空条件下工作的原因是什么？

6-9　分子离子是如何产生的？形成的规律如何？

6-10　亚稳离子有何特点？在质谱解析中有何作用？

6-11　C_6H_5Cl 和 C_6H_5Br 的同位素峰簇各有何特点？

6-12　α-裂解与 i-裂解有什么区别？

6-13　有机化合物裂解时遵循哪些基本规律？

6-14　发生麦氏重排需要哪些条件？

6-15　写出正丙苯的裂解反应式，并予以说明。

6-16　写出丁酸乙酯的裂解反应式，并予以说明。

6-17　写出对氯乙苯的裂解反应式，并予以说明。

6-18　与气相色谱-质谱联用相比，液相色谱-质谱联用技术有何优点？

6-19　蛋白质从头测序法的基本原理是什么？

6-20　亲和色谱-质谱联用技术的基本原理是什么？

6-1 质谱的主要仪器部件有哪些？每部分的作用分别是什么？

6-2 电子轰击源主要适用于什么类型物质的电离？它有何优缺点？

6-3 基质辅助激光解吸电离源的优点是什么？基质有什么作用？

6-4 什么是分子离子峰？如何识别分子离子峰？

6-5 亚稳离子峰有何特点？它在结构分析中有何用途？

6-6 由 C、H、O、N 组成的碎片离子，如何判断离子含偶数个还是奇数个电子？

6-7 什么是单纯裂解？常见的单纯裂解方式有哪些？

6-8 某化合物的分子离子质量为 142，其附近有一（$M+1$）峰，强度为分子离子峰的 1.12%。此化合物为何物？

6-9 某化合物只含 C、H、O 三元素，熔点 40℃，在质谱图中分子离子峰的 m/z 为 184，其强度为 10%。基峰 m/z 为 91，小的碎片离子峰 m/z 为 77 和 65，亚稳离子峰在 m/z 45.0 和 46.5 之间出现。试推导其结构。

6-10 某化合物的质谱图中，分子离子峰的 m/z 为 122(35%)，碎片离子 m/z 分别为 92(65%)、91(100%) 和 65(15%)，亚稳离子的 m/z 在 46.5~69.4 之间出现。试推导其结构。

6-11 丁酸甲酯（$M=102$）在 m/z 71(55%)，m/z 59 (25%)，m/z 43(100%) 及 m/z 31(43%) 处均出现离子峰，试解释其来历。

6-12 试说明邻甲氧基苯胺的质谱中，碎片离子 m/z 108、m/z 80 的形成机理。

6-13 试说明正丁基苯的质谱中，碎片离子 m/z 65、m/z 92 的形成机理。

6-14 初步推断某一酯类（$M=116$）的结构可能为 A 或 B 或 C，质谱图上 m/z 87、m/z 59、m/z 57、m/z 29 处均有离子峰，试问该化合物的结构为何？

(A) $(CH_3)_2CHCOOC_2H_5$ (B) $C_2H_5COOC_3H_7$ (C) $C_3H_7COOCH_3$

6-15 我国科学家屠呦呦因发现新型抗疟药青蒿素获得 2015 年诺贝尔生理学或医学奖。近几年来，国内外科学家利用质谱技术探究了青蒿素在生物体内的作用靶点，为进一步研究其抗疟机制奠定了坚实的基础。请查阅生物质谱在青蒿素药物机理研究中的相关文献，写一篇 3000 字左右的文献综述。

6-16 某化合物分子式为 $C_4H_8O_2$，其质谱如图 6-48。化合物为液体，沸点 163℃。试推导其结构。

6-17 某化合物分子式为 $C_4H_{11}N$，液体，沸点为 77℃，其质谱如图 6-49。试解析其结构。

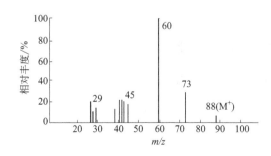

图 6-48 $C_4H_8O_2$ 质谱图

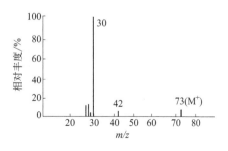

图 6-49 $C_4H_{11}N$ 质谱图

6-18 某化合物分子式为 C_3H_8O，其质谱如图 6-50 所示，其中 29.4 有一亚稳离子峰。红外光谱数据表明在 $3640cm^{-1}$ 和 $1065\sim1015cm^{-1}$ 有尖而强的吸收峰。试解析其结构。

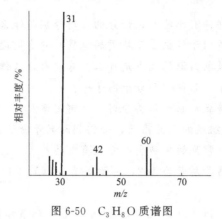

图 6-50 C_3H_8O 质谱图

6-19 某化合物的质谱图中，分子离子峰 $m/z=100$，高分辨质谱仪给出的精密分子量为 100.0889，分子式为 $C_6H_{12}O$，其质谱如图 6-51。解析其结构。

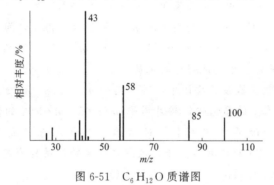

图 6-51 $C_6H_{12}O$ 质谱图

6-20 某化合物分子式为 $C_7H_6O_2$，其质谱如图 6-52 所示。试解析其结构。

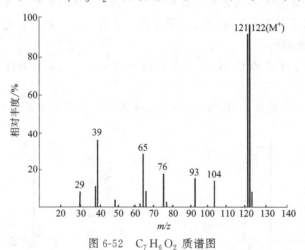

图 6-52 $C_7H_6O_2$ 质谱图

《《《 第7章 》》》
综合谱图解析

前序章节分别介绍了紫外、红外、拉曼光谱法，核磁共振波谱法和质谱法，这些波谱分析法是目前有机化合物结构分析中最常用的方法。在实际工作中，依靠一种波谱技术进行结构解析往往不能解决问题，因此需要综合运用多种谱学技术相互验证，才能推导出正确的结构。

7.1 综合谱图解析的一般程序

综合谱图解析并没有规定的解析步骤要求，可根据各谱图提供的信息，灵活运用，找出谱图信息之间的关联，逐步推导出化合物的结构。下文列出的是综合谱图解析的一般步骤。

综合谱图
解析1

（1）确定样品纯度

在波谱分析前首先需要对样品的来源、纯度、物理化学性质尽可能多地了解。通过熔点、折射率、薄层色谱等方法可以判断样品的纯度，如果不是纯物质，需要首先进行分离纯化，再做波谱分析。

（2）确定分子量和分子式。

确定分子式的方法主要有如下几种。

① 采用质谱法或冰点下降法测定未知物的分子量，结合元素分析结果计算化合物的分子式。

② 根据高分辨质谱给出的分子离子的精确质量数，查 Beynon 表或 Lederberg 表计算得到，也可以从低分辨质谱的分子离子峰与 $M+1$、$M+2$ 等同位素峰的相对丰度比，利用 Beynon 表推断可能的分子式。在确定分子离子峰时，可依据氮规律和邻近丢失碎片是否合理来判断。

③ 利用宽带去偶碳谱的峰数目和强度估算碳原子数，结合分子量判断分子的对称性。

由偏共振去偶谱或 DEPT 谱分析化合物中甲基、亚甲基、次甲基和季碳的类型与数目，由氢谱中各峰面积积分比确定各基团氢原子的数目比，确定化合物分子式。

从元素分析还能知道分子中含有哪种杂原子（如 N、S、X 等元素），含量是多少。从红外光谱的吸收峰还可以判断含氧基团（如—OH、C＝O、C—O 等）。

（3）计算不饱和度

由分子式计算出不饱和度，对判断化合物的类型很有必要。如果不饱和度在 1～3，可能含有双键或环，如果不饱和度≥4，则可能含有苯环。确定化合物类型还可以进一步结合各谱图信息，如化合物可能含有苯环时，结合红外光谱中的系列相关峰、核磁共振氢谱上苯环质子相关峰等信息。

（4）单元结构的确定

由紫外光谱确定分子中是否含有共轭结构，如苯环、共轭烯烃、α,β-不饱和羰基化合物等。观察红外光谱特征吸收区，确定分子中的主要官能团结构，如羟基、羰基、氰基、苯环等。结合红外光谱指纹区的吸收特点确定化合物的精细结构，如苯环和双键的取代情况，碳原子是伯碳、仲碳还是叔碳等。

结合核磁共振氢谱各峰面积积分比，将分子式中的氢原子进行分配，初步确定单元结构，再依据裂分峰形和偶合常数确定单元结构之间的连接方式。从氢谱上还能判断分子中是否含有羧基、醛基、芳环氢、烯基氢等活泼氢基团。由核磁共振碳谱可知分子是否含有烯烃或芳烃的 sp^2 杂化碳、羰基碳、季碳、氰基碳、炔碳等特征碳原子。质谱能提供许多特征碎片离子的信息，如分子中是否存在苄基结构等，根据裂解规律还可以进一步推测基团的连接关系和取代基位置。

（5）组成几种可能的分子结构

利用已经知道的结构单元和基团信息，结合分子式推出分子的剩余部分，组成该化合物可能的几种分子结构。

（6）确定化合物的结构

在初步确定可能的结构式后，应对照各种谱图，对推断的结构式加以验证，看它是否符合核磁共振谱峰情况、质谱裂解规律和红外吸收特点，从而做出正确的结论。这一步骤对确定一个未知物的结构是必不可少的，还可以结合其他物理化学参数加以验证。

例 7-1 某化合物含 C、H、O 元素，元素分析结果已知 C 80.1%、H 6.67%，由质谱得到分子量为 120，求分子式。

解：若分子只含 C、H、O 元素，则该分子含有：

含 C 数目：$120 \times 80.1\% \div 12 = 8$

含 H 数目：$120 \times 6.67\% \div 1 = 8$

含 O 数目：$120 \times (100 - 80.1 - 6.67)\% \div 12 = 1$

因此该化合物的分子式为 C_8H_8O。

7.2　综合谱图解析实例

例 7-2 某化合物分子式是 $C_8H_{10}O$，其 MS、^1H NMR、IR 谱图分别如图 7-1～图 7-3 所

示，其紫外-可见吸收光谱在 230～270 nm 有 7 个精细结构的吸收峰，已知 ^{1}H NMR 谱中 2.0 处是活泼的—OH 质子的共振峰，试推测该化合物可能的结构式。

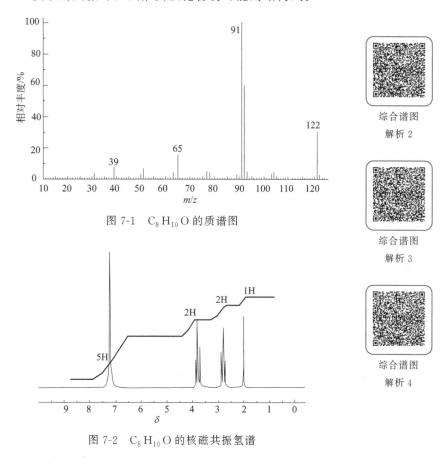

图 7-1 $C_8H_{10}O$ 的质谱图

综合谱图 解析 2

综合谱图 解析 3

综合谱图 解析 4

图 7-2 $C_8H_{10}O$ 的核磁共振氢谱

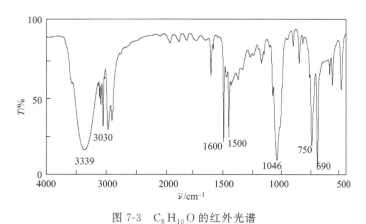

图 7-3 $C_8H_{10}O$ 的红外光谱

解：（1）数据总结

质谱出现的几个最强峰：91，122，65，39…

紫外-可见吸收光谱：紫外-可见吸收光谱在 230～270 nm 有 7 个精细结构的吸收峰，化合物可能含苯环。

红外光谱： 重要的吸收峰/cm^{-1} 可能归属
3030 C$=$C—H
3339 —OH
1600/1500 苯环 C$=$C
3339 C—H 变形振动
1046 CH$_2$OH
690，750 苯环单取代

^{1}H NMR 谱：

化学位移	相对质子数	峰重数	可能归属
7.3	5	单峰	苯环单取代
3.8	2	三重峰	—CH$_2$—［与 CH$_2$ 相连］
2.8	2	三重峰	—CH$_2$—［与 CH$_2$ 相连］
2.0	1	单峰	—OH

（2）解析鉴定

不饱和度：$\Omega = 1 + 8 - 10/2 = 4$

化合物可能含苯环，对照 IR 中有 3030 cm^{-1}、1650～1400 cm^{-1} 吸收；^{1}H NMR 在 7.27 左右有共振峰；MS 有对应的碎片峰。

^{1}H NMR 上观察到活泼的—OH 质子；红外光谱在 3339 cm^{-1} 有—OH 伸缩振动峰，1046 cm^{-1} 对应伯醇的 C—O 伸缩振动。

^{1}H NMR 谱显示分子中含有四类不同的质子，比例分别是 5：2：2：1，可能的结构式：

$$\bigcirc\text{—CH}_2\text{CH}_2\text{OH}$$

（3）复核查对

苯环单取代 NMR 谱出现在较低场，表现为单峰。与苯环直接相连的—CH$_2$，^{1}H NMR 谱出现在较高场，邻位有两个质子呈三重峰。与—OH 相连的—CH$_2$，^{1}H NMR 谱出现在较低场，邻位有两个质子呈三重峰。—OH 上的活泼 H 出现在 2.0 左右，为单峰。MS 谱中基峰是 91，是由于 α-裂解形成了稳定的 C$_6$H$_5$—CH$_2^+$：

例 7-3 未知化合物分子式是 C$_7$H$_{14}$O，沸点 144 ℃，其紫外-可见吸收光谱最大吸收波长 $\lambda_{max} = 275$ nm，$\varepsilon_{max} = 12$ L·mol^{-1}·cm^{-1}；MS 谱、IR 光谱和^{1}H NMR 波谱如图 7-4～图 7-6 所示，试推导化合物结构。

解：（1）数据总结

质谱出现的几个最强峰：43，71，27，114…

紫外-可见吸收光谱：除 275 nm 的弱吸收，在 200 nm 以上无吸收，表明样品中只含简单非共轭的具有 n 电子的发色团。

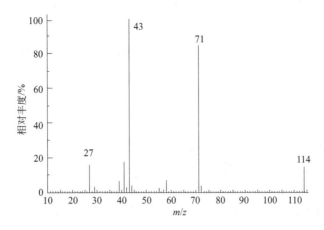

图 7-4　$C_7H_{14}O$ 的质谱图

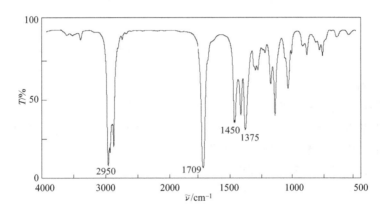

图 7-5　$C_7H_{14}O$ 的红外光谱

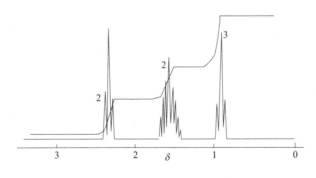

图 7-6　$C_7H_{14}O$ 的核磁共振氢谱

红外光谱：	重要的吸收峰/cm^{-1}	可能归属
	2950	C—H 伸缩振动；—CH_3；—CH_2
	1709	C=O
	1475/1375	C—H 变形振动

^{1}H NMR 谱：

化学位移	相对质子数	峰重数	可能归属
2.31	2	三重峰	CH_2-CH_2
1.57	2	多重峰	$CH_3-CH_2-CH_2$
0.86	3	三重峰	CH_3-CH_2

（2）解析鉴定

不饱和度：$\Omega = 1 + 7 - 14/2 = 1$

化合物不含苯环，对照 IR 中 3030 cm^{-1}、1650～1400 cm^{-1} 无吸收；^{1}H NMR 在 7.27 左右无共振峰；MS 没有对应的碎片峰。

IR 中 1709 cm^{-1} 对应 C=O 吸收峰，符合不饱和度为 1；UV 光谱在 275 nm 处的弱吸收正好是 C=O 的 n→π*；应该是酮，而不是醛，因为 ^{1}H NMR 上观察不到活泼的 —CHO 质子；红外光谱在 2700 cm^{-1} 也没有活泼的 —CHO 质子吸收。

^{1}H NMR 谱显示出分子中含有三类不同的质子，比例分别是 2∶2∶3，可能的结构是 $CH_3-CH_2-CH_2-C=O$；化合物质子数为 14，可能是对称结构：

$$CH_3CH_2CH_2-\overset{O}{\overset{\|}{C}}-CH_2CH_2CH_3$$
$$\quad\quad\quad\quad\quad\quad\quad \alpha\quad\beta\quad\gamma$$

（3）复核查对

推导的结构中只有三种类型的质子，比例是 2∶2∶3。

α-质子与羰基直接相连，NMR 谱出现在较低场，邻位有两个质子呈三重峰。

β-质子与多个质子相连，裂分成多重峰。

γ-质子与 β-碳上的两个质子相连而呈三重峰。

MS 谱中若化合物发生 α-均裂则形成稳定的 R—C≡O$^+$，$m/z = 71$，基峰是 43，是由于：

例 7-4　某化合物分子式是 $C_9H_{10}O_2$，其 MS、^{1}H NMR、IR 谱如图 7-7～图 7-9 所示，其紫外-可见吸收光谱在 230～270 nm 出现 7 个精细结构的峰，试推导该化合物的结构。

解：（1）数据总结

质谱出现的几个最强峰：108，150，91，43…

紫外-可见吸收光谱：在 230～270 nm 出现 7 个精细结构的峰，可能有苯环结构。

红外光谱：

重要的吸收峰/cm^{-1}	可能归属
1750	C=O
1230	C—O 伸缩振动
690/750	C—H 变形振动，苯环单取代

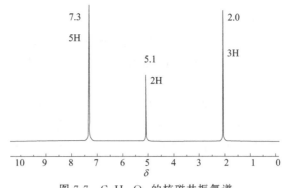

图 7-7　$C_9H_{10}O_2$ 的核磁共振氢谱

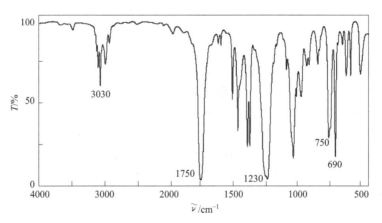

图 7-8　$C_9H_{10}O_2$ 的红外光谱

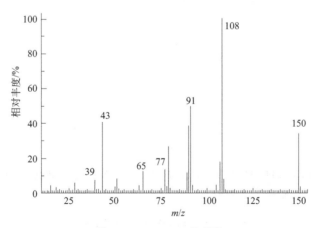

图 7-9　$C_9H_{10}O_2$ 的质谱

^{1}H NMR 谱：化学位移	相对质子数	峰重数	可能归属
7.3	5	单峰	苯环单取代
5.1	2	单峰	CH_2—O
2.0	3	单峰	CH_3—CO—

（2）解析鉴定

不饱和度：$\Omega=1+9-10/2=5$

化合物含苯环，对照 UV 中 $230\sim270$ nm 有苯环的精细结构吸收峰；IR 中在 $3030\ cm^{-1}$、$1650\sim1400\ cm^{-1}$ 有吸收；^{1}H NMR 在 7.27 左右有共振峰；MS 有对应的碎片峰；不饱和度为 4。

IR 中 $1750\ cm^{-1}$ 对应 $C=O$ 吸收峰；对应剩下的 1 个不饱和度

^{1}H NMR 谱显示出分子中含有三类不同的质子，比例分别是 5：2：3，三组峰均是单峰，互相之间没有偶合作用，CH_2 化学位移到了 5.1，可能是与 O 直接相连，可能的结构式为：

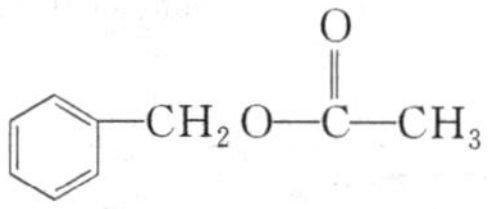

（3）复核查对

推导的结构中只有三种类型的质子，比例是 5：2：3。

苯环上的质子 NMR 谱出现在较低场，不与其他质子偶合，呈单峰。

亚甲基质子与氧相连，出现在低场，呈单峰。

甲基质子与羰基相连，呈单峰。

MS 谱中，由于 C—O 键断裂，甲基质子重排到 O 上形成稳定的 108 基峰。然后依次产生 m/z 为 91、65、39 的碎片离子峰。若发生 α-裂解则形成稳定的 $CH_3—C\equiv O^+$，$m/z=43$。裂解过程如下：

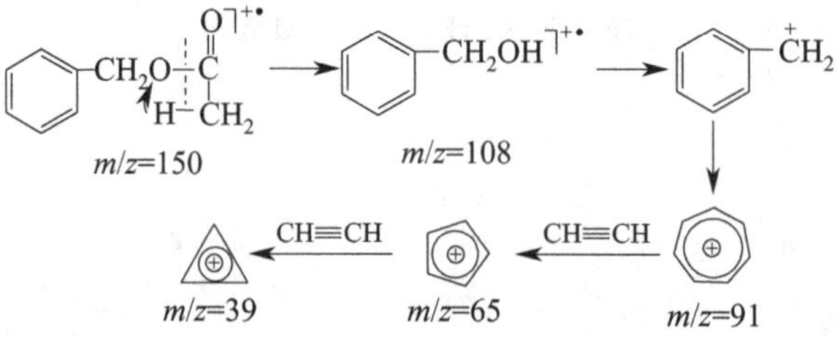

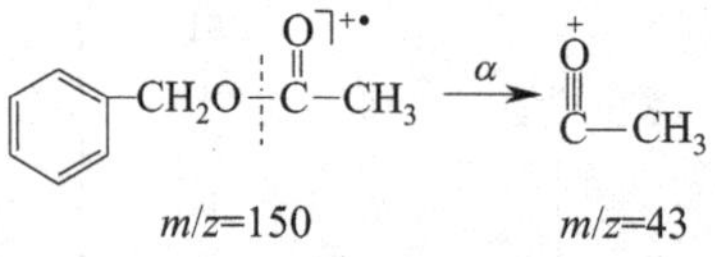

例 7-5　某未知物 $C_{11}H_{16}$ 的 UV、IR、^{1}H NMR、MS 谱图如图 7-10～图 7-13 所示，^{13}C NMR 数据如表 7-1，试推导未知物结构。

表 7-1　$C_{11}H_{16}$ 的核磁共振碳谱数据

序号	δ	碳原子个数	序号	δ	碳原子个数
1	143.0	1	6	32.0	1
2	128.5	2	7	31.5	1
3	128.0	2	8	22.5	1
4	125.5	1	9	10.0	1
5	36.0	1			

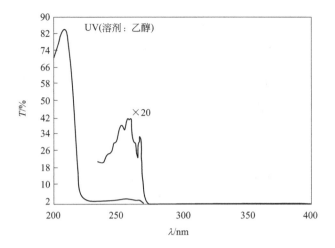

图 7-10 $C_{11}H_{16}$ 的紫外-可见吸收光谱图

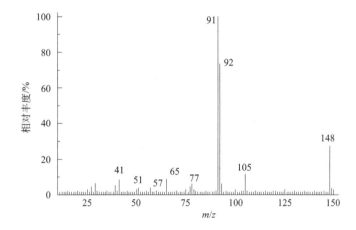

图 7-11 $C_{11}H_{16}$ 的质谱图

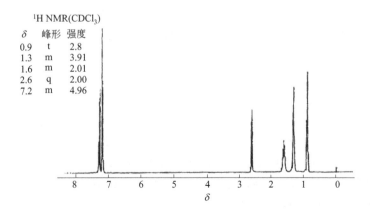

^{1}H NMR(CDCl$_3$)

δ	峰形	强度
0.9	t	2.8
1.3	m	3.91
1.6	m	2.01
2.6	q	2.00
7.2	m	4.96

图 7-12 $C_{11}H_{16}$ 的核磁共振氢谱（去偶）

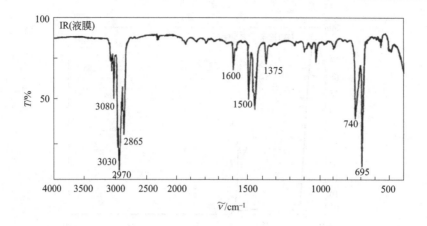

图 7-13 $C_{11}H_{16}$ 的红外光谱（液膜法）

解：（1）数据总结

质谱出现的几个主要峰：148，105，92，91，65，77…可能有苄基结构。

紫外-可见吸收光谱：240～275 nm 吸收带具有精细结构，表明化合物可能有苯环结构。

红外光谱：

重要的吸收峰/cm^{-1}	可能归属
3030/1600/1500	苯环
2970/2863	C—H 伸缩振动，甲基/亚甲基
695/740	C—H 变形振动，苯环单取代

^1H NMR 谱：

化学位移	相对质子数	峰重数	可能归属
7.2	5	多重峰	苯环单取代
2.6	2	四重峰	CH_2（与 CH_3 相连）
1.6	2	多重峰	CH_2
1.3	4	多重峰	2 个 CH_2
0.9	3	三重峰	—CH_3

^{13}C NMR 谱：谱图上出现的峰数目为 9，少于化合物中碳原子的个数，分子有一定的对称性。化学位移值小于 55 的共振吸收峰有 5 个，为饱和碳原子；位移值在 120～150 之间的峰有 4 个，为不饱和碳原子，其中 128.0 和 128.5 的峰分别对应两个碳，也符合苯环单取代的特征。

（2）解析鉴定

不饱和度：$\Omega = 1 + 11 - 16/2 = 4$

化合物含苯环，对照 UV 中 240～275 nm 有苯环的精细结构吸收峰；IR 中在 3030 cm^{-1} 和 3080 cm^{-1} 有双键氢的特征吸收，1600 cm^{-1}、1500 cm^{-1} 有苯环的骨架振动吸收峰，695 cm^{-1} 和 740 cm^{-1} 表明苯环是单取代；^1H NMR 在 7.2 左右有 5 个质子的共振吸收峰；碳谱在 120～150 之间有苯环单取代碳原子的特征峰；MS 中 m/z 148 为分子离子峰，其合理丢失一个碎片，得到 m/z 91 的苄基离子。

^{13}C NMR：在 40～10 的高场区有 5 个 sp^3 杂化的饱和碳原子；^1H NMR：积分高度比表明分子中有 1 个 CH_3 和 4 个—CH_2—，其中 1.4～1.2 为 2 个 CH_2 的重叠峰；红外光谱在

2970 cm^{-1} 和 2863 cm^{-1} 处有甲基、亚甲基的 C—H 伸缩振动吸收峰，1375 cm^{-1} 处有甲基 C—H 变形振动吸收峰；因此，此化合物应含有一个苯环和一个 C$_5$H$_{11}$ 的烷基。

^{1}H NMR 谱中各峰裂分情况分析，取代基为正戊基，即化合物的结构为：

（3）复核查对

UV：λ_{max} 208 nm（苯环 E$_2$ 带），265 nm（苯环 B 带）。

IR：3080 cm^{-1}，3030 cm^{-1}（苯环的 ν_{CH}），2970 cm^{-1}，2865 cm^{-1}（烷基的 ν_{CH}），1600 cm^{-1}，1500 cm^{-1}（苯环骨架），740 cm^{-1}，690 cm^{-1}（苯环 δ_{CH}，单取代），1375 cm^{-1}（CH$_3$ 的 δ_{CH}），1450 cm^{-1}（CH$_2$、CH$_3$ 的 δ_{CH}）。

^{1}H NMR 和 ^{13}C NMR：

结构单元	苯环				CH$_2$				CH$_3$
	1	2	3	4	α	β	γ	δ	
δ_H		7.15	7.25	7.15	2.6	1.6	1.3	1.3	0.9
δ_C	143	128	128.5	125	36	32.0	31.5	22.5	10

MS：主要的离子峰可由以下裂解反应得到：

各谱数据与结构均相符，可以确定未知物是正戊基苯。

例 7-6 某化合物的分子式为 C$_9$H$_{12}$O$_2$，其 ^{1}H NMR 谱（化学位移值对应于 7.10、6.82、3.74、3.73、2.75、2.54，提示 3.74 和 3.73 处单峰和三重峰谱图重合，共 5 个质子）、MS 谱、IR 光谱和 ^{13}C NMR 谱（化学位移对应于 158，131，130，114，64，55，38）如下，试推断其结构式。

解：

$\Omega = 1 + 9 - 12/2 = 4$

^{1}H NMR 谱：$\delta = 7.10$ 和 6.82 处的 4H 符合对位二取代苯环的特点；$\delta = 2.75$ 处 2H（三重峰）表明应该有 CH$_2$ 与之相连，结合谱图可知 $\delta = 3.73$ 和 3.74 附近的 5H 应该是化学环境相近的 CH$_2$ 和 CH$_3$ 吸收峰的重叠，根据化学位移的大小，判断它们都与 O 相连，即存在 —CH$_2$—CH$_2$—O— 和 —CH$_3$—O— 基团；$\delta = 2.54$ 处质子是 —OH。

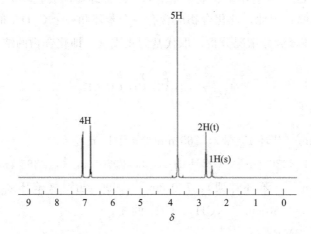

图 7-14　化合物 $C_9H_{12}O_2$ 的核磁共振氢谱

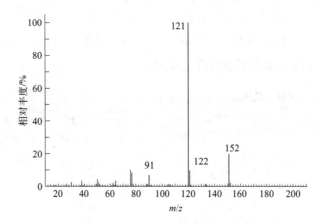

图 7-15　化合物 $C_9H_{12}O_2$ 的质谱

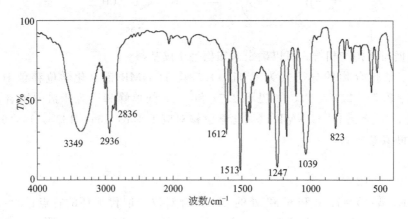

图 7-16　化合物 $C_9H_{12}O_2$ 的红外光谱

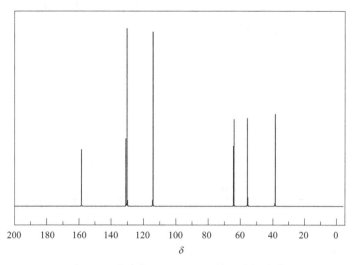

图 7-17　化合物 $C_9H_{12}O_2$ 的核磁共振碳谱

IR 光谱：3349 cm^{-1} 附近强而钝的峰对应—OH 的伸缩振动；2936 cm^{-1}、2836 cm^{-1} 附近是甲基、亚甲基 C—H 伸缩振动；1612 cm^{-1}、1513 cm^{-1} 附近是苯环相关的 C=C 伸缩振动吸收峰；1247 cm^{-1} 和 1039 cm^{-1} 附近的强吸收峰对应 C—O 伸缩振动，1039 cm^{-1} 的峰结合 3349 cm^{-1} 峰信息表明，该化合物是一个伯醇，含有—CH$_2$OH 基团；823 cm^{-1} 附近的吸收峰为 C—H 变形振动，表明苯环对位二取代信息。

结构式推测如下：

$$\overset{c}{H_3CO}\!-\!\!\overset{b}{\underset{}{\bigcirc}}\overset{a}{}\!-\!\overset{e}{CH_2}\overset{d}{CH_2}\overset{f}{OH}$$

氢谱谱峰归属：$\delta_a=7.10(2H)$，$\delta_b=6.82(2H)$，$\delta_c=3.74$，$\delta_d=3.73$，$\delta_e=2.75$，$\delta_f=2.5$

^{13}C NMR 谱峰归属：$\delta=158$ 对应甲氧基取代的苯环碳，与氧相连化学位移较大；131 对应烷基取代的苯环碳；130 和 114 对应其他苯环碳（对称）；64 对应 CH$_2$—OH 的亚甲基碳；55 对应 CH$_3$—O 的甲基碳；38 对应另一个亚甲基碳。

质谱主要碎片结构推测如表 7-2 所示。

表 7-2　质谱主要碎片离子

	m/z	离子	断裂反应
MS 解析	152	M+ •	HO—CH$_2$—CH$_2$—⬡—O—CH$_3$ $m/z=152$
	122	$(M-OCH_2)^+$	$^+$CH$_2$—⬡—O—CH$_3$ $m/z=121$　HO—CH$_2$—CH$_2$—⬡ $m/z=122$
	121	$[M-(HC\!=\!CH_2)]^+$	
	91	⬡—CH$_2^+$	$^+$CH$_2$—⬡ $m/z=91$

例 7-7　某化合物 $C_{11}H_{12}N_2O$ 的 ^{1}H NMR 和 ^{13}C NMR 谱如下，其中氢谱上化学位移 7.27 左右出现内高外低四重峰，化学位移 3～4 之间出现两个三重峰，2～3 之间出现单峰。

红外光谱上观察到 2250 cm^{-1} 处有中等强度的特征吸收峰，2820 cm^{-1} 和 2720 cm^{-1} 附近有两个吸收峰，1730 cm^{-1} 附近有强吸收峰，810 cm^{-1} 处也有明显吸收峰，其他峰信息略；推断该化合物可能结构。

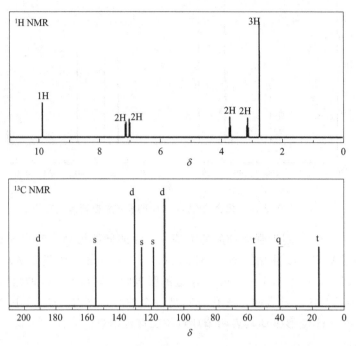

图 7-18　化合物 $C_{11}H_{12}N_2O$ 的核磁共振氢谱和核磁共振碳谱

解：

$\Omega = 1 + 11 - (12 - 2)/2 = 7$

氢谱中 $\delta = 9.89$ 的氢归属 CHO；$\delta = 7.01$ 处和 7.14 处的 2 个 2H（峰形对称）表明是对位二取代的苯；$\delta = 3.72$ 和 3.14 处的两个 2H 说明有 CH_2CH_2；$\delta = 2.75$ 处的 3H 说明有 CH_3；还剩 1 个 C 和 2 个 N，根据不饱和度 Ω 可知存在 C≡N 叁键。

红外光谱上观察到 2250 cm^{-1} 处中等强度的特征吸收峰对应 C≡N 叁键吸收，2820 cm^{-1} 和 2720 cm^{-1} 附近两个吸收峰对应醛类的费米共振峰；1730 cm^{-1} 附近有强吸收峰对应羰基伸缩振动；810 cm^{-1} 处的明显吸收峰说明苯环对位二取代信息。

碳谱中 $\delta = 191.0$ 处的 CH 说明存在醛基；$\delta = 155.4$ 和 126.4 处的 2 个季碳及 130.8 和 112.3 处的 2 个 CH 表明是对位二取代苯；$\delta = 119.0$ 处季碳峰表明 C≡N 存在；$\delta = 56.2$、40.9 和 16.4 表明存在两种不同化学环境的 CH_2 和一个 CH_3，与氢谱结论吻合。

根据各谱数据推测，化合物结构为：谱峰归属按化学位移由高到低顺序排列，氢谱质子分别对应 a→f 质子，碳谱各峰分别对应化合物 A→I 碳原子。

附录

常用数据表

附录 1 ^1H NMR 化学位移值参考表

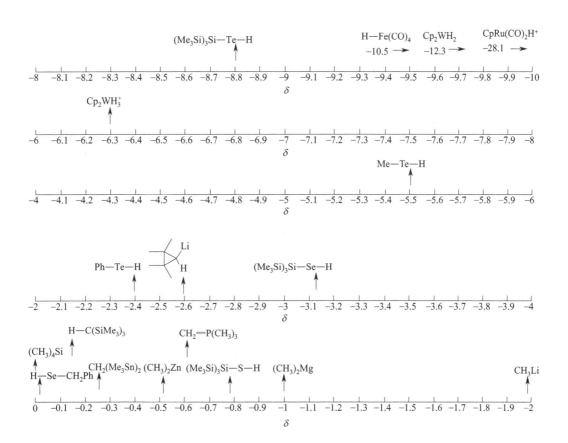

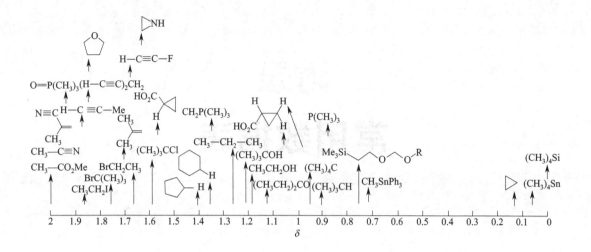

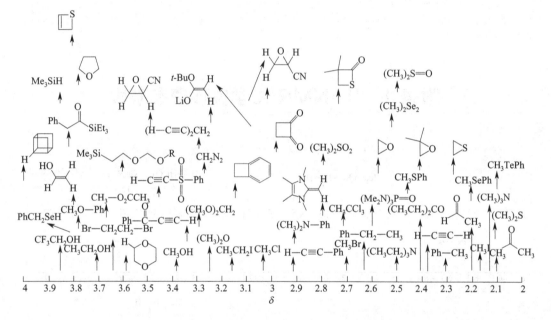

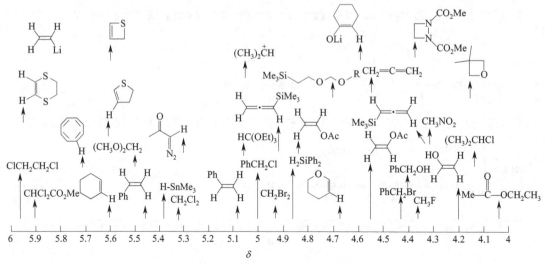

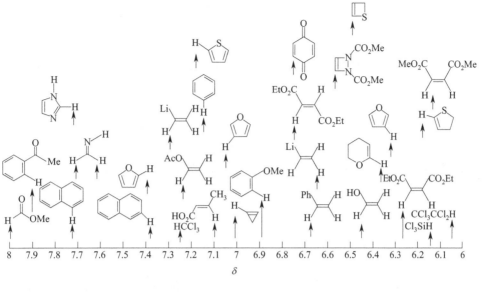

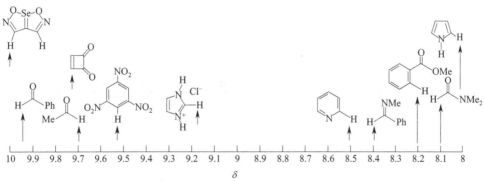

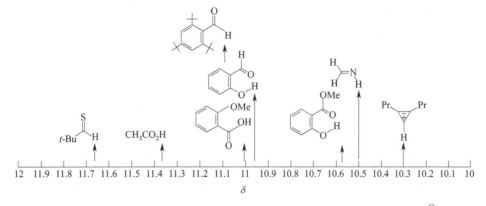

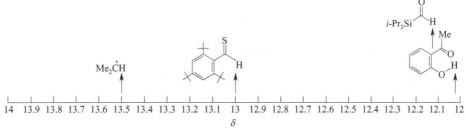

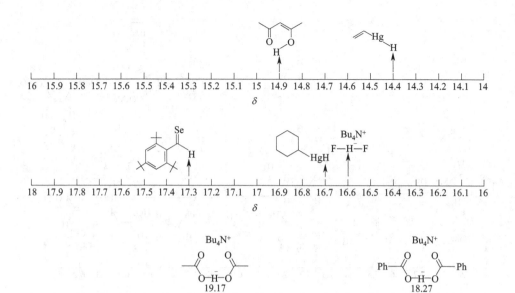

附录2 ^{13}C NMR 质子化学位移值参考表

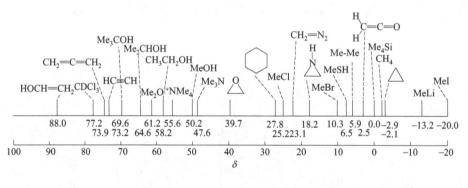

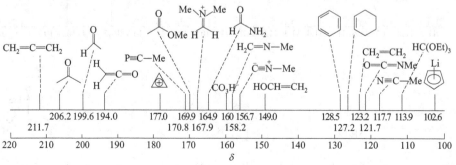

参 考 文 献

[1] 邓芹英，刘岚，邓慧敏.波谱分析教程 [M].北京：科学出版社，2003.

[2] 孟令芝，龚淑玲，何永炳.有机波谱分析 [M].武汉：武汉大学出版社，2003.

[3] 王玉枝，陈贻文，杨桂法.有机分析 [M].长沙：湖南大学出版社，2004.

[4] 陈耀祖.有机分析 [M].北京：高等教育出版社，1983.

[5] 陈洁，宋启泽.有机波谱分析 [M].北京：北京理工大学出版社，2007.

[6] 唐恢同.有机化合物的光谱鉴定 [M].北京：北京大学出版社，1994.

[7] 于世林，李寅蔚.波谱分析法 [M].重庆：重庆大学出版社，1999.

[8] 张华.现代有机波谱分析 [M].北京：化学工业出版社，2005.

[9] 宁永成.有机化合物结构鉴定与有机波谱学 [M].北京：科学出版社，2000.

[10] 汪茂田，谢培山，王忠东，等.天然有机化合物提取分离与结构鉴定 [M].北京：化学工业出版社，2004.

[11] 赵瑶兴，孙祥玉.光谱解析与有机结构鉴定 [M].合肥：中国科学技术大学出版社，2003.

[12] 李昌厚.紫外可见分光光度计 [M].北京：化学工业出版社，2005.

[13] 杨志林，李秀燕，胡建强，等.金纳米粒子光学性质中的尺寸和形状效应 [J].光散射学报，2003，15（1）：1-5.

[14] Jin R，Cao Y，Mirkin C A，et al. Photoinduced conversion of silver nanospheres to nanoprisms [J].Science，2001，294（5548）：1901-1903.

[15] 闫仕农，王永昌，朱键，等.金芯-银壳复合纳米微粒光学吸收光谱分析 [J].稀有金属材料与工程，2006，35（1）：161-163.

[16] Long E C，Barton J K. On Demonstrating DNA Intercalation [J].Acc. Chem. Res. ，1990，23（9）：271-273.

[17] Ruso J M，Attwood D，García M，et al. Interaction of Amphiphilic Propranolol Hydrochloride with Haemoglobin and Albumin in Aqueous Solution [J].Langmuir，2000，16（26）：10449-10455.

[18] 翁诗甫.傅立叶变换红外光谱仪 [M].北京：化学工业出版社，2005.

[19] 吴瑾光.近代傅立叶变换红外光谱技术与应用 [M].北京：科技文献出版社，1994.

[20] 赵藻藩，等.仪器分析 [M].北京：高等教育出版社，1990.

[21] 刘志广，张华，李亚明，等.仪器分析 [M].大连：大连理工大学出版社，2004.

[22] 厦门大学化学化工学院.仪器分析网络课程 [EB].北京：高等教育电子音像出版社.http：//hxjd. xmu. edu. cn/wlkc/index. html

[23] 刘密新，罗国安，张新荣，等.仪器分析 [M].北京：清华大学出版社，2002.

[24] National Institute of Advanced Industrial Science and Technology（AIST），Spectral Database for Organic Compounds，SDBS，Japan [DB].（有机化合物光谱数据库.日本）http：//riodb01. ibase. aist. go. jp/sdbs/cgi-bin/cre _ index. cgi?lang＝eng

[25] Reich H J. Proton Chemical Shifts [DB].（质子化学位移表，美国）http：//www. chem. wisc. edu/areas/reich/Handouts/nmr-h/hdata. htm

[26] Flego C，Kiricsi I，Perego C，Bellussi G. Adsorption of propene，benzene，their mixtures and cumene on H-beta zeolites studied by IR and UV-VIS. spectroscopy [J].Studies in Surface Science and Catalysis，1995，94：405-412.

[27] 严衍禄.近红外光谱分析基础与应用 [M].北京：中国轻工业出版社，2005.

[28] 陆婉珍，袁洪福，等.现代近红外光谱分析技术 [M].北京：中国石化出版社，2000.

[29] 王海，杜迎春，陈曙.原位红外光谱法研究沸石催化剂上苯与乙烯烷基化反应 [J].分子催化，2000，14（3）：195-199.

[30] 钱军，李欣欣，韩哲文，等.红外光谱法研究苯乙烯原子转移自由基聚合反应动力学 [J].功能高分子学报，1999，12（1）：6-10.

[31] 褚小立，袁洪福，陆婉珍.近年来我国近红外光谱分析技术的研究与应用进展 [J].分析仪器，2006，2：1-10.

[32] Rambla F J，Garrigues S，de la Guardia M. PLS-NIR determination of total sugar，glucose，fructose and sucrose in aqueous solution of fruit juices [J].Anal. Chim. Acta. ，1997，344（1-2）：41-53.

[33] 李宁.近红外光谱法非破坏性测定黄豆籽粒中蛋白质、脂肪含量 [J].光谱学与光谱分析，2004，24（1）：

45-49.

[34] 刘国珍，陈祖刚，李丹，等．近红外光谱分析技术进展及其在烟草行业的应用 [J]．烟草科技，2001，11：15-17.

[35] McClure W F. Near infrared spectroscopy：The giant is running strong [J]．Anal. Chem.，1994，66：43A-53A.

[36] 张建平，谢雯燕，束茹欣，等．烟草化学成分的近红外快速定量分析研究 [J]．烟草科技，1999，3：37-38.

[37] 王保兴，陈国辉，汪旭，等．近红外光谱技术在烟草领域的应用进展 [J]．光谱实验室，2006，5：1075-1084.

[38] Hamid A，McClure W F，Weeks W W. Rapid Spectrophotometric Analysis of the Chemical Composition of Tobacco，Part 2：Total Alkaloids [J]．Beitr. Tabakforsch. 1978. 9：267-274.

[39] 任斌，田中群．表面增强拉曼光谱的研究进展 [J]．现代仪器，2004，5：1-13.

[40] 龚运淮，丁立生．天然产物核磁共振碳谱分析 [M]．昆明：云南科技出版社，2006.

[41] 于德泉，杨峻山．分析化学手册（7）：核磁共振波谱分析 [M]．北京：化学工业出版社，2005.

[42] 马丹 M L，等．实用核磁共振波谱学 [M]．蒋大智，等译．北京：科学出版社，1987.

[43] 赵冰，沈学静．飞行时间质谱分析技术的发展 [J]．现代科学仪器，2006，4：30-33.

[44] 何美玉．现代有机与生物质谱 [M]．北京：北京大学出版社，2002.

[45] 丛浦珠．分析化学手册（9）：质谱分析 [M]．北京：化学工业出版社，2003.

[46] 台湾质谱学会．质谱分析技术原理与应用 [M]．北京：科学出版社，2019.

[47] 韦国兵，董玉．波谱分析 [M]．武汉：华中科技大学出版社，2021.

[48] 张晓磊，张文博，胡良宇．药物靶标蛋白筛选的化学蛋白质组学研究进展 [J]．中国科学：生命科学，2018，48：160-170.

[49] 范峰滔，徐倩，夏海岸，等．催化材料的紫外拉曼光谱研究 [J]．催化学报，2009，30（8）：717-739.

[50] 熊光，李灿．紫外拉曼光谱及其在催化研究中的应用 [J]．光散射学报，2000，12：71-76.

[51] 徐冰冰，金尚忠，姜丽，等．共振拉曼光谱技术应用综述 [J]．光谱学与光谱分析，2019，7：2119-2127.

[52] Emmons E D，Tripathi A，Guicheteau J A，et al. Journal of Physical Chemistry A，2013，117（20）：4158.

[53] 王姝凡，张雁玲，王少军，等．表面增强拉曼光谱基底研究进展 [J]．当代化工，2022，51：206-210.

[54] Haynes C L，Van D R P. Nanosphere lithography：a versatile nanofabrication tool for studies of size-dependent nanoparticle optics [J]．J. Phys. Chem. B.，2001，105（24）：5599-5611.

[55] Felid J N，Aubard J，Levi G. SERS studies and near field optical response of lithographically designed metal nanoparticles [J]．J. Chem. Phys.，1999，111：1195.

[56] Man W，XiaoWei C，Wenbo L，et al. Surface-enhanced Raman spectroscopic detection and differentiation of lung cancer cell lines（A549，H1129）and normal cell line（AT II）based on gold nanostar substrates [J]．Rsc Adv，2014（4）：64224-64234.

[57] Huang W，Hao W，Jun H，et al. Photochemical synthesis of porous CuFeSe2/Au heterostructured nanospheres as SERS sensor for ultrasensitive detection of lung cancer cells and their biomarkers [J]．ACS Sustainable Chemistry And Engineering，2019，7：5200-5208.

[58] 丁松园，吴德印，杨志林，等．表面增强拉曼散射增强机理的部分研究进展 [J]．高等学校化学学报，2008，29：2569-2581.

[59] 朱越洲，张月皎，李剑锋，等．表面增强拉曼光谱：应用和发展 [J]．应用化学，2018，35：984-992.

[60] 金静，马骁玮，宋薇，等．纳米酶表面增强拉曼研究进展 [J]．光散射学报，2019，4：326-335.

[61] Smith Ewen；Dent Geoffrey（E. Smith and G. Dent）．Modern Raman Spectroscopy：A Practical Approach. The Atrium，Southern Gate，Chichester，United Kingdom，John Wiley & Sons，Ltd，2005

[62] Kneipp K，et al. Phys. Rev. Lett.，1997，78：1667.

[63] Nie S，Emory S R. Science，1997，275：1102.

[64] Li J F，Huang Y F，Ding Y，Yang Z L，et al. Shell-isolated nanoparticle-enhanced Raman spectroscopy. Nature. 2010，464（7287）：392-395. doi：10.1038/nature08907. PMID：20237566.

[65] 邵锋，陈坤，罗志辉，等．SERS 技术在疾病诊断和生物分析中的应用 [J]．化学进展，2012，24：2391-2402.

[66] 陈朝方，林国生，陈剑峰，等．便携式拉曼光谱仪技术进展及在海关现场查验中的应用 [J]．广州化学，2019，44：56-65.